高等学校计算机教育
信息素养系列教材

大学计算机导论

甘勇 尚展垒 王伟 ◉ 编著

Introduction to Computer

人 民 邮 电 出 版 社
北 京

图书在版编目（CIP）数据

大学计算机导论 / 甘勇，尚展垒，王伟编著. 北京 ： 人民邮电出版社，2024. -- (高等学校计算机教育信息素养系列教材). -- ISBN 978-7-115-65066-5

Ⅰ. TP3

中国国家版本馆 CIP 数据核字第 202469P77X 号

内 容 提 要

“计算机科学导论”作为计算机科学与技术专业的必修课，旨在引导刚刚进入大学的学生对计算机基础知识及研究方向有宏观的认识，从而为正规而系统地学习计算机类专业的后续课程打下基础。本书的内容涉及计算机科学与技术的诸多方面，结构严谨、层次分明、叙述准确，同时与计算机的最新发展密切结合。本书共 12 章，主要内容包括：计算机科学概述、计算基础、计算机组成、计算机网络、程序设计语言、算法与数据结构、数据库技术、软件工程、操作系统、多媒体技术概述、社会和职业问题、计算机新技术。

本书可作为高等学校计算机类专业“计算机科学导论”课程的教材，也可作为其他相关专业学生或计算机爱好者了解、学习计算机知识的参考书。

◆ 编　　著　甘　勇　尚展垒　王　伟
　责任编辑　张　斌
　责任印制　陈　犇

◆ 人民邮电出版社出版发行　　北京市丰台区成寿寺路 11 号
　邮编　100164　　电子邮件　315@ptpress.com.cn
　网址　https://www.ptpress.com.cn
　大厂回族自治县聚鑫印刷有限责任公司印刷

◆ 开本：787×1092　1/16
　印张：16.25　　2024 年 10 月第 1 版
　字数：470 千字　　2024 年 10 月河北第 1 次印刷

定价：59.80 元

读者服务热线：(010) 81055256　印装质量热线：(010) 81055316
反盗版热线：(010) 81055315
广告经营许可证：京东市监广登字 20170147 号

前言 INTRODUCTION

“计算机科学导论”是计算机科学与技术专业学生入学学习的第一门专业必修课，它构建在计算学科认知模型的基础上，并以计算机科学的内容为背景，从学科思想与方法层面引导学生学习计算学科，着力提高学生的计算思维能力。它基于国际计算机学会（Association for Computing Machinery，ACM）教育委员会对“整个计算学科综述性导引”课程构建的要求，即用严密的方式将学生引入计算学科各个富有挑战性的领域之中。本书为学生正确认知计算学科提供方法，帮助学生为今后深入学习计算机相关课程打下基础。

通过对“计算机科学导论”课程的学习，学生可以更好地了解计算学科各个领域的基本内容及其相应的课程设置，以及计算学科中的核心概念、数学方法、系统科学方法、社会和职业问题等内容。通过对本书的学习，学生能够了解计算机行业的技术标准、知识产权的相关内容、产业政策和法律法规；能够分析计算机工程实践的经济效益与社会效益，在计算机软硬件开发工程实践过程中培养环保意识和可持续发展理念；能够认识和评价针对复杂工程问题的计算机软硬件工程实践对环境和社会可持续发展的影响；了解职业性质和责任，能够在计算机工程实践中自觉遵守职业道德和规范，培养责任感。

编者编写本书的初衷有以下 3 点。

一是使计算机类专业的学生在刚进入大学时就能全面了解计算机的专业知识、最新发展及应用；帮助学生更好地掌握计算机软硬件技术、数据库技术、多媒体技术、网络技术、信息安全技术、职业道德和规范、法律法规等。

二是使学生对今后学习的主要知识和专业方向有一定的了解，为后继课程构建基本知识框架，为今后学习和掌握专业知识并进行科学研究奠定基础；同时了解计算机行业的技术标准、软硬件发展知识，以及新技术和计算机行业的发展趋势。

三是为学生今后的专业学习做一个良好的铺垫，帮助学生了解相关的职业、职业道德和规范、法律法规。

本书内容密切结合教育部计算机类专业教学指导委员会对“计算机科学导论”课程的基本教学要求，同时兼顾计算机软硬件的最新发展，结构严谨、层次分明、叙述准确。各高等学校可根据实际教学学时、学生的基础对教学内容进行适当的选取。

本书由郑州工程技术学院的甘勇、郑州轻工业大学的尚展垒、郑州工程技术学院的王伟等编著。参加本书编写的还有郑州轻工业大学的张超钦、冯柳、陈冬冬和郑州工程技术学院的王贝贝。其中甘勇、尚展垒、王伟任主编，张超钦、冯柳、陈冬冬、王贝贝任副主编。本书编写分工如下：第 1 章、第 11 章由甘勇编写，第 2 章由尚展垒编写，第 3 章、第 6 章由王伟编写，第 4 章、第 12 章由冯柳编写，第 5 章、第 9 章由陈冬冬编写，第 7 章、第 8 章由张超钦编写，第 10 章由王贝贝编写。本书的编写得到了郑州工程技术学院、郑州轻工业大学、河南省高等学校计算机教育研究会及人民邮电出版社的大力支持和帮助，在此由衷地向相关人员表示感谢！

由于编者水平有限，书中难免有疏漏之处，敬请广大读者批评与指正。

作者

2024 年 4 月

目录 CONTENTS

01 第 1 章　计算机科学概述

计算机是人类历史上最伟大的发明之一。如果说蒸汽机的发明引领了工业革命，使人类社会进入了工业社会，则计算机的发明引领了信息革命，使人类社会进入了信息社会。如今“计算”已经无所不在，计算机及计算机技术已经深入人们的生活和工作。

本章将从计算机的发展、应用等内容入手，详细介绍计算机科学的相关基础知识。

通过本章的学习，学生应该能够：

1. 了解计算机的发展史；
2. 了解电子计算机的发展与应用；
3. 掌握计算机模型；
4. 掌握计算机应用系统的计算模式；
5. 了解计算学科及与其相关的课程体系。

1.1　计算机发展史

在人类文明发展的历史长河中，人类对计算方法和计算工具的探索、研究从来没有停止过。在远古时期，人类从长期的实践中逐渐有了数的概念，从“手指记数”“石子记数”“结绳记事”到使用“算筹”进行一些简单运算，人类创造了实用的记数体系和关于数的运算方法。尽管这些知识是零碎的，没有形成严密的理论体系，但它们是计算的萌芽，现代计算机科学的发展与成就，都始于这一时期人类对计算方法和计算工具的探索、研究。计算机的产生源于人类对计算的需求。在 1940 年以前出版的字典中，“computer”被定义为“执行计算任务的人”。在那时，虽然有些机器也能执行计算任务，但它们被称为“计算器”，而不是“计算机”。直到 1940 年，为满足军事需要而开发的第一台电子计算装置问世之后，计算机才慢慢被作为术语使用。计算机从概念上说除了平常人们所说的“电脑”外，还包括机械计算机和机电计算机，它们出现的时间都早于电子计算机出现的时间。计算机的产生和发展不是一蹴而就的，而是经历了漫长的历史过程。在这个过程中，科学家经过艰难的探索，发明了各种各样的“计算机”。这些“计算机”顺应了当时历史的发展趋势，发挥了巨大的作用，推动了社会的进步，也推动了计算机技术的发展。

要清楚地知道计算机产生的背景，首先要了解计算机的前身，然后要了解计算机的产生过程。

1. 算筹

在人类较早发明的计算工具中，春秋战国时期就已普遍使用的算筹是非常有代表性的。算筹又称算、筹、策、筹策等，后来又被称为算子。算筹一般用竹、木刻制而成，也有用金属、兽骨或象牙制成的。它是一种用来记数、列式和进行各种数与式演算的工具。使用算筹进行数值运算的方法称为筹算法。算筹可用来进行加、减、乘、除、开方、开立方及解多元一次方程组等运算。算筹在我国沿用了2000多年，我国古代数学家正是用算筹在数学史上写下了光辉的一页。然而它有不少缺点：大量的算筹不方便移动，且占地面积大；在挪动算筹运算下一步时，上一步就消失了；在使用算筹时难以避免由于摆放过程中木棍位置滑动而造成的计算错误。

2. 算盘

继算筹之后，我国古代劳动人民发明了更为方便的算盘，它结合了十进制记数法和一整套珠算口诀，并一直沿用至今。许多人认为算盘是最早的数字计算机，而珠算口诀则是最早的体系化的算法。“珠算”最早见于东汉数学家徐岳撰写的《数术记遗》，书中有“珠算，控带四时，经纬三才”的记述。在南宋数学家杨辉编撰的《乘除通变算宝》中载有“九归”口诀。算盘结构简单、便于掌握、使用方便，成为计算、理财不可缺少的工具。算盘从明代开始传入朝鲜、日本等东亚国家。在清代，算盘随着经济文化交流被传入东南亚。直到今天，算盘仍然是许多人钟爱的“计算机”。

3. 机械计算机

1623年，德国图宾根大学天文学和数学教授威廉•契卡德提出了一种能实现加法和减法的机械计算机的构思，这种机械计算机主要由加法器、乘法器和记录中间结果的机构3部分构成。

图1.1　帕斯卡

1642年，法国哲学家和数学家布莱兹•帕斯卡（见图1.1）发明了世界上第一台加减法计算机。它是利用齿轮传动原理制成的机械计算机，可通过手摇方式操作运算。帕斯卡称：“这种算术机器所进行的工作，比动物的行为更接近人类的思维”。这一思想对以后的计算机发展产生了重大的影响。帕斯卡的计算机是一系列齿轮组成的装置，外形像一个长方形盒子，旋紧发条后齿轮开始转动，只能做加法和减法运算。然而，即使只做加法运算，也会面临“逢十进一”的进位问题。帕斯卡采用了一种小爪子式的棘轮装置。当定位齿轮朝9转动时，棘爪逐渐升高；一旦齿轮转到0，棘爪就掉落下来，推动十位数的齿轮前进一挡。帕斯卡在发明成功后，一连制作了50台这种被人称为“帕斯卡加法器”的计算机，现今至少还有5台保存着。帕斯卡的成就是多方面的。他提出了描述液体压强性质的“帕斯卡定律”，为纪念帕斯卡这一功绩，国际单位制中将“压强”的单位规定为“帕斯卡”。1971年，由瑞士计算机科学家沃斯发明的一种高级语言被命名为“Pascal”语言，这也是为了纪念这位计算机制造的先驱。

1666年，英国人塞缪尔•莫兰发明了一台计算货币金额的加减法机械计算机。机器面板上有8个刻度盘，它们分别用来计算法新（英国铜币，1法新等于1/4便士）、便士、先令、英镑、十英镑、百英镑、千英镑和万英镑。在各个刻度盘中，有一些同样分度的圆盘围绕各自的圆心转动，将一根铁尖插入各分度对面的孔中，可使这些圆盘转过任何数目的分度。一个圆盘每转过一圈，该盘上的一个齿轮便将一个十等分刻度的小的记数圆盘转过一个分度，从而将这一周转动记录下来。在调整小圆盘和转动大圆盘时，必须遵守一定的规则，具体视所进行的是加法运算还是减法运算而定。

图1.2　莱布尼茨

德国著名的哲学家、数学家、物理学家莱布尼茨（见图1.2）从1671年开始着手研制计算机。1672年，莱布尼茨研制出了一个木制的机器模型，这个模型只能说明原理不能正常运行。1674年，在帕斯卡加法器的基础上，莱布尼茨研制成了一台可以进行连续四则运算的机械计算机。与帕斯卡加法器不同的是，莱布尼茨为计算机添加了一个“步进轮”装置。步进轮是一个有9个齿轮的长圆柱体，9个齿轮依次分布于圆柱体表面；旁边另有一个小齿轮可以轴向移动，以便逐次与步进轮啮合，每当小齿轮转动一圈，步进轮可以根据它与小齿轮啮合的齿数，分别转动1/10圈、2/10圈……直到9/10圈。这样，可以实现重复进行加法运算。这种思想就是现代计算机进行乘除运算所采用的方法，这也是莱布尼茨计算机比帕斯卡加法器先进的地方。莱布尼茨做出的另一个贡献是他第一个认识到二进制记数法的重要性，并提出了系统的“二进制”算术运算法则，初步创建了逻辑代数学。这些在当时由于应用系统领域的限制而未得到重视，但它们对200多年后计算机科学与技术的发展产生了重大而深远的影响。

帕斯卡和莱布尼茨的成功激发了不少人研究计算机的积极性。但由于当时条件的限制，研制的样机的性能都达不到设计要求，在一定程度上阻碍了机械计算机的进一步发展和应用。

4. 自动编织机

西汉年间，我国的纺织工匠已能熟练掌握提花编织机技术，平均60天即可织成一匹花布。花布用经线（纵向线）和纬线（横向线）编织而成，若要织出花样，织工必须按照预先设计的图案，用手在适当位置反复“提”起一部分经线，以便让滑梭牵引着不同颜色的纬线通过。

我国提花编织机技术经丝绸之路传入西方，引起了西方纺织机械师的兴趣和思考。法国机械师约瑟夫•贾卡大约在1801年完成了“自动提花编织机”的设计与制作，真正成功地改进了提花机。贾卡为提花机增加了一种装置，能够同时操纵1200个编织针，控制图案的穿孔纸带后来换成了穿孔卡片。1805年，拿破仑在里昂工业展览会上观看提花机表演后大加赞赏，授予贾卡古罗马军团荣誉勋章。自动提花编织机被人们普遍认可后，还衍生出一种新的职业——打孔工人，他们可被视为最早的“程序录入员”。

5. 差分机和分析机

英国著名科学家查尔斯•巴贝奇（见图1.3）在1822年研制出了第一台差分机。“差分”的含义是把函数表的复杂算式转换为差分运算，用简单的加法代替平方运算，即求出多项方程式的结果完全只需要用到加法与减法。简单地说，差分机就是一台多项式求值机，只要将欲求多项式方程的前3个初始值输入机器，机器每运转一轮，就能产生一个值。巴贝奇以他天才的思想，划时代地提出了类似于现代计算机的五大部件的逻辑结构。1847—1849年巴贝奇完成21幅差分机改良版的构图，遗憾的是这台机器并没有完成。1991年，为了纪念巴贝奇诞辰200周年，英国科学博物馆根据这些图纸重新建造了一台差分机。复制者特地采用18世纪中期的技术设备来制作，不仅成功地造出了机器，而且造出的机器可以正常运转。

图1.3 巴贝奇

奥古斯塔•埃达•拜伦（见图1.4）是计算机领域著名的女程序员。埃达是著名诗人拜伦的女儿，她没有继承父亲的浪漫，而是继承了母亲在数学方面的天赋。1843年，埃达发表了一篇论文，认为机器将来有可能被用来创作复杂的音乐、制图，以及应用于科学研究。埃达为如何计算“伯努利数”写了一份规划：首先她为计算拟定了“算法”，然后制作了一份“程序设计流程图”，被人们视为“第一个计算机程序”。1975年1月，美国国防部提出有必要研制一种通用高级语言，并为此进行了国际范围内的设计招标。1979年5月，确定了新设计的语言名为Ada，以表达人们对埃达的纪念。

图1.4 埃达

特别需要提出的是，在巴贝奇研制分析机的艰苦岁月里，埃达给予了他极大的帮助。埃达是世界计算机先驱中的第一位女性，她坚定地投入巴贝奇分析机的研制中，成为巴贝奇坚定的支持者和合作伙伴。埃达帮助巴贝奇研究分析机，建议用二进制数代替原来的十进制数，并发现了编程的要素。她还为某些计算开发了一些指令。晚年的巴贝奇因喉疾不能说话，一些介绍分析机的工作主要是由埃达完成的。埃达完美地体现了一位程序员应该具备的科学家与艺术家的双重素养：一方面，程序员需要在数学概念、形式理论、符号表示等基础上工作，所以程序员应该有科学家的素养；另一方面，对于一个高效、可靠、便于维护的软件系统，程序员必须刻画它的细节，并让它成为一个和谐的整体，所以程序员又应该有艺术家的素养。

6. 模拟计算机

19 世纪末，赫尔曼•霍利里思用穿孔卡完成了第一次大规模数据处理——全国人口普查数据处理。霍利里思雇用一些女职员来处理穿孔卡，每人每天处理 700 张卡片，这些女职员被看作世界上第一批“数据录入员”。每台制表机连接着 40 台计数器，在处理高峰期，一台制表机一天能统计 2000～3000 个家庭的数据。制表机穿孔卡第一次把数据转变成二进制信息。在早期计算机系统里，用穿孔卡输入数据的方法一直沿用到 20 世纪 70 年代，数据处理成为计算机的主要功能之一。霍利里思的成就使他成为“信息处理之父”。1890 年，他创办了一家专业“制表机公司”，专门生产打孔机、制表机等产品。这家公司就是“蓝色巨人”IBM（International Business Machine，国际商业机器）公司的前身。

1873 年，美国人鲍德温利用齿数可变齿轮，设计并制造出一种小型计算机样机（工作时需要摇动手柄）。两年后，该计算机专利获得批准，鲍德温便开始大量制造这种供个人使用的“手摇式计算机”。

英国数学家布尔广泛涉猎著名数学家牛顿、拉普拉斯、拉格朗日等人的数学名著，并写下大量笔记。这些笔记中的思想在 1847 年收录到他的第一部著作《逻辑的数学分析——演绎推理的演算法》之中。1854 年，已经担任爱尔兰科克大学教授的布尔再次出版《思维规律的研究——逻辑与概率的数学理论基础》。凭借这两部著作，布尔建立了一门新的数学学科——布尔代数。他在这门学科中构思出了关于 0 和 1 的代数系统，用基础的逻辑符号系统描述物体和概念，这为今后数字计算机开关电路设计提供了非常重要的数学方法。

1937 年，在贝尔实验室工作的施蒂比茨，运用继电器作为计算机的开关元件。1938 年，他设计出用于复数计算的全电磁式计算机，该计算机使用了 450 个二进制继电器和 10 个闸刀开关，由 3 台电传打字机输入数据，能在 30s 算出复数的商。1939 年，施蒂比茨将电传打字机用电话线连接在远在纽约的计算机上，实现了在异地进行复数计算，开创了计算机远程通信的先河。

1938 年，美国数学家香农第一次在布尔代数和继电器开关电路之间架起了“桥梁”，发明了以脉冲方式处理信息的继电器开关，从理论到技术彻底改变了数字电路的设计。1948 年，香农发表了《通信的数学理论》一文。由于香农在信息论方面的杰出贡献，他被誉为“信息论之父”。1956 年，香农参与发起了达特茅斯人工智能会议，率先把人工智能运用于计算机下棋方面。他还发明了一个能自动穿越迷宫的电子老鼠，以此验证了计算机可以通过学习提高智能。

7. 数字计算机

德国工程师康拉德•楚泽是“数字计算机之父”。1935 年，楚泽大学毕业后在一家飞机制造厂找到了工作，由于经常要对飞机强度进行分析，烦琐的计算使他萌生了制造一台计算机的想法。

1938 年，28 岁的楚泽完成了一台可编程数字计算机 Z-1 的设计，但由于无法买到合适的零件，Z-1 计算机实际上只是一个实验模型，始终未能投入使用。1939 年，楚泽用朋友给的一些废弃的继电器组装了第二台计算机 Z-2。这台机器已经可以正常工作，程序由穿孔纸带读取，数据可以用一个数字键盘输入，输出就显示在一个电灯上。1941 年，楚泽的电磁式计算机 Z-3 制造完成，它使用了约 2600 个继电器，用穿孔纸带进行输入，实现了二进制数字程序控制。1945 年，楚泽制造了 Z-4 计算机。1949 年，楚泽建立了“楚泽计算机公司”，继续开发更先进的机电式程序控制计算机。美国达特茅斯大学教授乔治•施蒂比茨也独立研制出二进制数字计算机 Model-K，有趣的是，施蒂比茨的计算机与楚泽的 Z-3 采用的元件相同，都使用电话继电器，所以施蒂比茨与楚泽并称为“数字计算机之父”。

在计算机发展史上占据重要地位的电磁式计算机称为 Mark I，也称为“自动序列受控计算机”，是计算机“史前史”里最后一台著名的计算机。该计算机的发明者是美国哈佛大学的霍华德 • 艾肯。他 36 岁时毅然辞去收入丰厚的工作，重新走进哈佛大学读博士。由于博士论文涉及空间电荷的传导理论，需要求解非常复杂的非线性微分方程，艾肯很想发明一种机器来代替人工求解，以帮助他解决数学难题。1944 年，Mark Ⅰ计算机在哈佛大学研制成功，它的外壳由钢和玻璃制成，长约 15m，高约 2.4m，重约 31.5t。它装备了 3000 多个继电器，约 15 万个元件和长达 800km 的电线，用穿孔纸带进行输入。这台机器每秒能进行 3 次运算，用它来计算 23 位数加 23 位数的加法，仅需要 0.3s；而进行同样位数的乘法，则需要 6s 多的时间。Mark Ⅰ的问世不但实现了巴贝奇的夙愿，也代表着自帕斯卡加法器问世以来机械计算机和机电计算机的最高水平。它使用十进制数、转轮式存储器、旋转式开关及电磁继电器，由数个计算单元平行控制，经由穿孔纸带进行程序化，因而有人认为 Mark Ⅰ是世界上第一台通用计算机。随后，艾肯相继研制出 Mark Ⅱ、Mark Ⅲ。有趣的是与巴贝奇类似，为 Mark 系列计算机编写程序的是一位女数学家格雷丝 • 霍珀，霍珀被后人称为“计算机软件之母”。Mark 系列计算机是电磁式计算机，它能自动实现人们预先选定的系列运算，甚至可以求解微分方程。然而，这种机器从投入运行那一刻开始已经过时了，因为与此同时在美国已经有人开始研制电子器件的计算机。

1.2　电子计算机的发展与应用

20 世纪 20 年代以后，电子科学技术和电子工业的迅速发展为制造电子计算机提供了可靠的物质基础和技术条件。早期的机械计算机和电磁式计算机的研制为电子计算机的研制积累了丰富的经验。基于社会经济发展、科学计算及国防军事上的迫切需要，世界上第一台数字电子计算机（Electronic Computer）诞生了。

1.2.1　电子计算机的发展

计算机家族包括机械计算机、电磁式计算机、电子计算机等。电子计算机又可分为模拟电子计算机和数字电子计算机。通常人们所说的计算机是指数字电子计算机，它是一种能自动地、高速地、精确地进行信息处理的电子设备，是 20 世纪最重大的发明之一，也是现代科学技术发展的结晶。微电子、光电、通信等技术以及计算数学、控制理论的迅速发展带动计算机不断更新。自数字电子计算机诞生以来，计算机的发展十分迅速，已经从开始的高科技军事应用渗透到了人类社会的各个领域，对人类社会的发展产生了极其深刻的影响。

1. 电子计算机的产生

1943 年，美国为解决新武器研制中的弹道计算问题而组织科研人员开始了数字电子计算机的研究。1946 年 2 月，电子数字积分计算机（Electronic Numerical Integrator And Computer，ENIAC）在美国宾夕法尼亚大学研制成功，它是世界上第一台通用数字电子计算机，如图 1.5 所示。这台计算机共使用了约 18000 只电子管、1500 个继电器，功率约为 150kW，占地面积约为 170m²，质量约 30t，每秒能完成 5000 次加法或 400 次乘法运算。

图 1.5　ENIAC

与此同时，美籍匈牙利计算机科学家冯 • 诺依曼也在为美国军方研制离散变量电子自动计算机（Electronic Discrete

Variable Automatic Computer，EDVAC）。在 EDVAC 中，冯·诺依曼采用了二进制数，并创立了“存储程序”的设计思想，EDVAC 也被认为是现代计算机的原型。

2. 电子计算机的发展阶段

自 1946 年以来，计算机经历了几次重大的技术革命，按所采用的电子器件可将计算机的发展划分为 4 代。

第一代计算机（1946—1959 年）的主要特点是：逻辑元件采用电子管，功耗大、易损坏；主存储器采用汞延迟线或静电存储管，容量很小；外存储器采用磁鼓；输入和输出装置主要采用穿孔卡；采用机器语言编程，即用“0”和“1”来表示指令和数据；运算速度仅为每秒数千至每秒数万次。

第二代计算机（1960—1964 年）的主要特点是：逻辑元件采用晶体管，与电子管相比，晶体管的体积小、耗电量低、速度快、价格低、寿命长；主存储器采用磁芯；外存储采用磁盘、磁带，存储容量有较大提高；软件方面产生了监控程序（Monitor），提出了操作系统的概念，而且编程语言有了很大的发展，先用汇编语言（Assembly Language）代替了机器语言，接着又发展了高级编程语言，如 FORTRAN、COBOL、ALGOL 等；计算机应用开始进入实时过程控制和数据处理领域，运算速度达到每秒数百万次。

第三代计算机（1965—1969 年）的主要特点是：逻辑元件采用集成电路（Integrated Circuit，IC），集成电路的体积更小、耗电量更低、寿命更长；主存储器以磁芯为主，开始使用半导体存储器，存储容量大幅度提高；系统软件与应用软件迅速发展，出现了分时操作系统和会话式语言；在程序设计中采用了结构化、模块化的设计方法，运算速度达到每秒千万次以上。

第四代计算机（1970 年至今）的主要特点是：逻辑元件采用了超大规模集成电路（Very Large Scale Integrated Circuit，VLSIC）；主存储器采用半导体存储器，容量已达第三代计算机的辅助存储器水平；作为外存的软盘和硬盘的容量成百倍增加，并开始使用光盘；在输入设备方面出现了光字符阅读器、触摸输入设备和语音输入设备等，它们使操作更加简洁、灵活，输出设备已逐步转向以激光打印机为主，这使得输出的字符和图形更加逼真，输出操作更加高效。

未来计算机的目标是具有智能性，具有知识表达和推理能力，能模拟人的分析、决策、计划和其他智能活动，具有人机自然通信能力，并成为知识信息处理系统。目前人们已经开始对神经网络计算机、生物计算机等进行研究，并取得了可喜的进展。特别是生物计算机的研究表明，采用蛋白分子为主要原材料的生物芯片的处理速度比现今最快的计算机的处理速度快 100 万倍，而其能量消耗仅为现代计算机的 10 亿分之一。

3. 微型计算机的发展阶段

微型计算机指的是个人计算机（Personal Computer，PC），简称微机。其主要特点是采用微处理器（Microprocessing Unit，MPU）作为核心部件，并由大规模、超大规模集成电路构成。

微型计算机的升级换代主要有两个标志：微处理器的更新和系统组成的变革。微处理器从诞生的那一天起的发展方向就是：更高的频率、更小的尺寸、更大的高速缓存。随着微处理器的不断发展，微型计算机的发展大致可以分为以下几代。

第一代（1971—1973 年）是 4 位和低档 8 位微处理器时代。典型微处理器产品有 Intel 4004、Intel 8008。其集成度为 2000 晶体管/片，时钟频率为 1MHz。

第二代（1974—1977 年）是 8 位微处理器时代。典型微处理器产品有 Intel 公司的 Intel 8080、Motorola 公司的 MC6800、Zilog 公司的 Z80 等。其集成度为 5000 晶体管/片，时钟频率为 2MHz。同时，微处理器的指令系统得到完善，形成典型的体系结构，具备中断、DMA（Direct Memory Access，直接存储器访问）等控制功能。

第三代（1978—1984 年）是 16 位微处理器时代。典型微处理器产品有 Intel 公司的 Intel 8086/8088/80286、Motorola 公司的 MC68000、Zilog 公司的 Z8000 等。其集成度为 25000 晶体管/片，时

钟频率为 5MHz。微型计算机的各种性能指标达到或超过中、低档小型计算机的水平。

第四代（1985—1992 年）是 32 位微处理器时代。其集成度已达到 100 万晶体管/片，时钟频率达到 60MHz 以上。典型微处理器产品有 Intel 公司的 Intel 80386/80486、Motorola 公司的 MC68020/68040、IBM 公司和 Apple 公司的 PowerPC 等。

第五代（1993 年至今）是 64 位微处理器时代。典型微处理器产品有 Intel 公司的酷睿系列芯片及 AMD 公司的锐龙系列芯片等。它们内部采用了超标量指令流水线结构，并具有相互独立的指令和数据高速缓存。随着多媒体扩展（Multimedia eXtension，MMX）微处理器的出现，微型计算机的发展在网络化、多媒体化和智能化等方面迈上了更高的台阶，目前已向双核和多核处理器发展。

4. 发展趋势

随着科技的进步，以及各种计算机技术、网络技术的飞速发展，计算机的发展已经进入了一个快速而崭新的时代，计算机的特点已经从功能单一、体积较大，发展到了功能复杂、体积微小、资源网络化等。计算机的未来充满了变数，其性能的大幅提升是不可置疑的，而且实现性能飞跃的途径有很多。不过性能的大幅提升并不是计算机发展的唯一路线，计算机的发展还应当越来越人性化，同时也要注重环保等方面。

目前计算机的发展趋势主要有如下几个方面。

（1）多极化。目前包括平板电脑、笔记本电脑等在内的微型计算机在我们的生活中已经随处可见，同时大型、巨型计算机也得到了快速的发展。特别是基于超大规模集成电路技术的多处理机技术使计算机的整体运算速度与处理能力得到了极大的提高。图 1.6 所示为我国自行研制的“神威 • 太湖之光”超级计算机，它的峰值性能为每秒 12.5 亿亿次，持续性能为每秒 9.3 亿亿次，它标志着我国的高性能计算机技术已经开始迈入世界前列。除了向微型化和巨型化发展之外，中小型计算机也有自己的应用领域和发展空间。在注意提高运算速度的同时，特别提倡的功耗小、对环境污染小的绿色计算机和综合应用的多媒体计算机已经被广泛应用，多极化的计算机家族还在迅速发展中。

图 1.6 “神威 • 太湖之光”超级计算机

（2）网络化。网络化是指把相互独立的计算机用通信线路连接起来，形成各计算机用户之间可以相互通信并能使用公共资源的网络系统。网络化能够充分利用计算机的宝贵资源并扩大计算机的使用范围，让计算机为用户提供方便、及时、可靠、广泛、灵活的信息服务。

（3）多媒体化。媒体可以理解为存储和传输信息的载体，文本、声音、图像等都是常见的信息载体。以前的计算机只能处理数值信息和字符信息，即单一的文本媒体信息。近几年发展起来的多媒体计算机则集多种媒体信息的处理功能于一身，实现了图、文、声、像等各种信息的收集、存储、传输和编辑处理，被认为是信息处理领域在 20 世纪 90 年代出现的又一次革命。

（4）智能化。虽然智能化是未来新一代计算机的重要特征之一，但现在已经能看到它的许多踪迹，例如能自动接收和识别指纹的门控装置、能听从主人语音指示的车辆驾驶系统等。使计算机具有人的某些智能将是计算机发展过程中的重要目标。

（5）新型化。新一代计算机将把信息采集、存储和处理，以及通信和人工智能结合在一起。新一代计算机将从以处理数据信息为主转向以处理知识信息为主，并具有推理、联想和学习等人工智能方面的能力，能帮助人类开拓未知领域。

1.2.2 计算机的应用领域

计算机的诞生和发展对人类社会产生了深刻的影响。计算机应用于科学技术、国民经济、社会生活等多个领域，具体可以分为如下几个方面。

1. 科学计算

计算机是基于高速完成科学研究和工程设计中大量复杂的数学计算的目的而发展的。科学计算（即数值计算）是指用于解决科学研究和工程技术中提出的数学问题的计算，它是计算机应用的一个重要领域。科学计算的步骤分为构造数学模型、选择计算方法、编制计算机程序、上机计算、分析结果。科学计算的特点是计算量大，且数值变化范围大。科学计算主要应用于天文学、量子化学、空气动力学、核物理学和天气预报等领域。

2. 信息传输和信息处理

信息传输是计算机内部的各部件之间、计算机与计算机之间、计算机与其他设备之间等进行数据传输的方式。信息是各类数据的总称。信息处理一般泛指非数值方面的计算（如各类资料的管理、查询、统计等），广泛应用于办公自动化、企业管理、事务管理、情报检索等方面。信息处理已成为当代计算机的主要任务，是现代管理的基础。全世界用于信息处理的计算机已占全部计算机的 80% 以上，这大大提高了工作效率和管理水平。

3. 实时过程控制

实时过程控制能及时采集检测数据，使计算机快速地进行处理并自动地控制被控对象的动作，实现生产过程自动化。实时过程控制在国防建设和工业生产中都有着广泛的应用。例如，地铁指挥控制系统、自动化生产线等，都需要在计算机控制下运行。

4. 计算机辅助工程

计算机辅助工程是近年来发展迅速的计算机应用领域，它包括计算机辅助设计（Computer-Aided Design，CAD）、计算机辅助制造（Computer-Aided Manufacturing，CAM）、计算机辅助教学（Computer-Aided Instruction，CAI）等多方面。

（1）CAD 是指利用计算机及其图形设备帮助设计人员进行设计工作。在工程和产品设计过程中，计算机可以帮助设计人员完成计算、信息存储和制图等工作。在设计中通常要用计算机对不同设计方案进行大量的计算、分析和比较，以决定最优方案；各种设计信息，不论是数字的、文字的或图形的，都能存放在计算机的内存或外存中，并能快速地进行检索；设计人员在最初通常用草图进行设计，将草图变为工作图的繁重工作可以交给计算机完成；利用计算机可以进行与图形的编辑、放大、缩小、平移和旋转等有关的图形数据加工工作。

（2）CAM 是指在机械制造业中，利用数字电子计算机通过各种数值控制机床和设备，自动完成离散产品的加工、装配 、检测和包装等制造过程。CAM 已在建筑设计、电子和电气、机械设计、软件开发、机器人、工厂自动化、土木建筑、地质、计算机艺术等各个领域得到广泛应用。

（3）CAI 是指在计算机辅助下进行各种教学活动，以对话方式与学生讨论教学内容、安排教学进程、进行教学训练的方法与技术。

5. 办公自动化

办公自动化（Office Automation，OA）是将现代化办公和计算机网络功能结合起来的一种新型的办公方式。办公自动化没有统一的定义，凡是在传统的办公室中采用各种新技术、新机器、新设备从事办公业务，都属于办公自动化的领域。行政机关大多把办公自动化称为电子政务，企事业单位一般将其称为 OA。通过实现办公自动化，或者说实现数字化办公，可以优化现有的管理组织结构，调整管理体制；在提高效率的基础上，提高员工协同办公的能力，强化决策的一致性，最终实现提高决策效能的目的。

6. 数据通信

“信息高速公路”主要是利用通信卫星群和光纤构成的计算机网络，它用于实现信息的双向交流，同时利用多媒体技术扩大计算机的应用范围。它利用计算机把整个地球网络连接起来，使“地球村”成为现实。总之，以计算机为核心的信息高速公路的实现，将进一步改变人们的生活方式。

7. 智能应用

智能应用即人工智能，既不同于单纯的科学计算，又不同于一般的信息处理。它不但要求具备高的运算速度，还要求具备对已有的数据（经验、原则等）进行逻辑推理和总结的功能（即对知识的学习和积累功能），并能利用已有的经验和逻辑规则对当前事件进行逻辑推理和判断。

8. 嵌入式系统

随着信息化的发展，计算机和网络已经渗透到人们日常生活的每一个角落。大部分人都不仅需要放在桌面上可以处理文档、进行工作管理和生产控制的计算机，还需要各种使用嵌入式技术的电子产品，例如，和我们出行相关的公交车上的刷卡机、学校餐饮窗口的终端机、智能家电、车载电子设备等。想象一下，若离开了它们，我们的生活会是怎样的。

1.3 计算机模型

什么是计算机？若不关心计算机的内部结构，可以简单地认为计算机是一个黑盒。但是仍需要定义计算机所完成的工作来区分它和其他黑盒。本节通过两个常见的计算机模型对计算机的工作进行介绍。

1.3.1 图灵模型

1. 图灵和图灵模型

1936 年，阿兰 • 图灵（见图 1.7）在他的一篇具有划时代意义的论文——《论可计算数及其在判定问题中的应用》中，论述了一种假想的通用计算机，即理想计算机，被后人称为“图灵机”（Turing Machine，TM）。当时，世界上还没有人提出通用计算机的概念，但图灵已经在理论上证明了它存在的可能性。

图灵机不是一种具体的机器，而是一种思想模型。根据这个模型可以制造一种十分简单但运算能力极强的计算设备，它用来计算所有能想象到的可计算函数。图灵将该模型建立在人们进行计算过程的行为上，并将这些行为抽象到用于计算的机器的模型中，真正改变了世界。

在讨论图灵模型之前，需要把计算机定义成一个数据处理器。依照这样的定义，可以认为计算机是一个输入数据、处理数据并输出数据的黑盒，如图 1.8 所示。

图 1.7 阿兰 • 图灵

图 1.8 数据处理器模型

尽管该模型能够体现现代计算机的功能，但其对计算机的定义太广泛。按照这种定义，可以认为便携式计算器是计算机。这种模型并没有说明它所完成的操作的类型，以及是否可以完成一种以上操作。换句话说，它并没有清楚地说明基于这个模型的机器能够完成操作的类型和数量及其是专用计算机还是通用计算机。这种模型可以表示一种用来完成特定任务的专用计算机（或处理器），如用来控制建筑物温度或汽车油料使用。现在所说的计算机是一种通用计算机，它可以完成不同的工作。这表明我们需要将该模型改变为图灵模型来反映当今的计算机。

2. 可编程数据处理器

一个相对较好的具有通用性的计算机模型如图 1.9 所示。

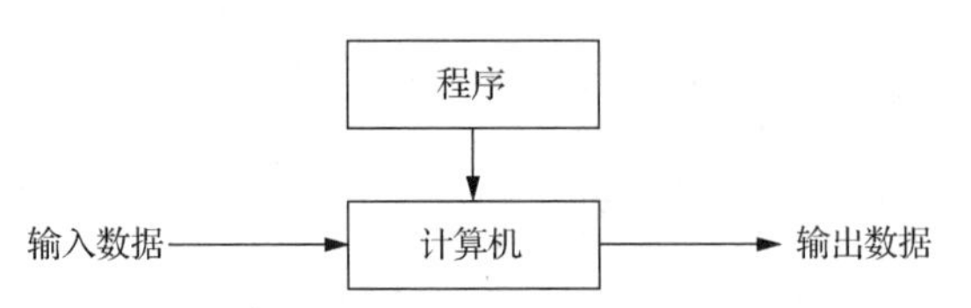

图 1.9 基于图灵模型的计算机：可编程数据处理器

图 1.9 所示模型给计算机增加了一个元素——程序。程序是用来告诉计算机如何对数据进行处理的指令集合。在早期的计算机中这些指令是通过对配线的改变或一系列开关的开闭来实现的。现在的程序是用计算机语言所编写的一系列指令的集合。

由图 1.9 可知，输出数据是由输入数据和程序来决定的。如果输入数据不变，程序改变，则输出数据不同。同理，如果程序不变，输入数据改变，则输出数据也不同。若输入数据和程序都不发生改变，则输出数据也不会发生改变。

1.3.2 冯 • 诺依曼模型

1. 冯 • 诺依曼与 ENIAC

1940 年，“控制论之父”诺伯特 • 维纳教授提出现代计算机应该是数字式的，由电子元件构成，采用二进制，并在内部存储数据。维纳提出的这些原则，为电子计算机的研制指引了正确的方向。

1944 年夏，正在参与研制 ENIAC 的戈德斯坦邂逅了数学家约翰 • 冯 • 诺依曼（见图 1.10）。戈德斯坦向冯 • 诺依曼介绍了正在研制的电子计算机，冯 • 诺依曼对此非常感兴趣。几天之后，冯 • 诺依曼就专程到莫尔学院参观尚未完成的 ENIAC，并参加了为改进 ENIAC 而举行的一系列专家会议。冯 • 诺依曼成为莫尔小组的实际顾问，逐步创建了电子计算机的系统设计思想。冯 • 诺依曼认为 ENIAC 致命的缺陷是程序与计算分离。程序指令存放在机器的外部电路里，如果要计算某个题目，必须人工接通数百条线路，需要几十人操作几天之后才可进行几分钟运算。冯 • 诺依曼决定重新设计一台计算机，于是起草了一份新的设计报告，他把新机器命名为 EDVAC。冯 • 诺依曼在设计报告中明确规定出计算机的五大部件，并用二进制替代十进制运算。EDVAC 方案的意义在于“存储程序”，从而让计算机自动依次执行指令。然而，莫尔小组发生分裂，EDVAC 无法被立即研制。直到 1951 年 EDVAC 完成研制并应用于科学计算和信息检索等领域，其主要源于“存储程序”的威力。EDVAC 只用了 3563 个电子管和 1 万个晶体二极管，以 1024 个 44 比特汞延迟线来存储程序和数据，消耗电力和占地面积只有 ENIAC 的 1/3。

图 1.10 冯 · 诺依曼

2. 冯 • 诺依曼模型与冯 • 诺依曼计算机

冯 • 诺依曼提出了计算机制造的三个基本原则，即采用二进制逻辑、程序存储执行以及计算机由五个部分组成（运算器、控制器、存储器、输入设备、输出设备），这就是冯 • 诺依曼模型，也称为冯 • 诺依曼体系结构。冯 • 诺依曼模型奠定了现代电子计算机的基础，定义了计算机的基本结构和工作原理。根据冯 • 诺依曼提出的存储程序概念设计的计算机被称为冯 • 诺依曼计算机。

（1）冯 • 诺依曼计算机的基本特征

尽管计算机经历了多次更新换代，但到目前为止，其整体结构仍基于冯 • 诺依曼计算机，还保持着冯 • 诺依曼计算机的基本特征，具体如下。

① 采用二进制数表示程序和数据。

② 能存储程序和数据，并能自动控制程序的执行。

③ 具备运算器、控制器、存储器、输入设备和输出设备五大部件，基本结构如图 1.11 所示。

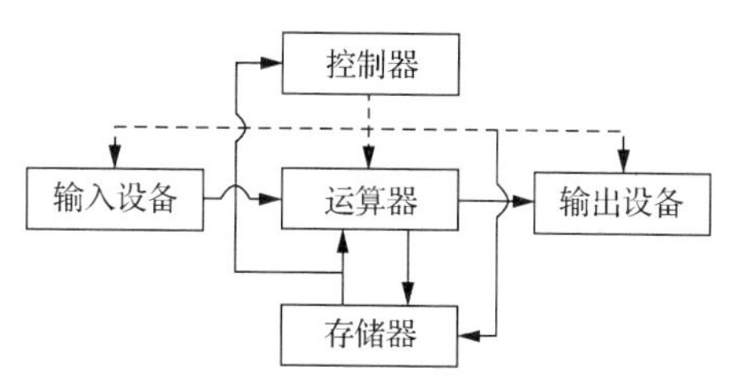

图 1.11　计算机硬件的基本结构

原始的冯 • 诺依曼计算机结构以运算器为核心，运算器连接着其他各部件，经由连接导线在各部件之间传送着各种信息。这些信息可分为两大类：数据信息和控制信息（在图 1.11 中分别用实线和虚线表示）。数据信息包括数据、地址和指令等，可存放在存储器中；控制信息由控制器根据指令译码结果即时产生，并按一定的时间次序发送给各部件，用以控制各部件的操作或接收各部件的反馈信号。

（2）冯 • 诺依曼计算机的基本部件和工作过程

在五大部件中，运算器（Arithmetic Unit）的主要功能是进行算术及逻辑运算，是计算机的核心部件，运算器每次能处理的最大的二进制数长度称为该计算机的字长（一般为 8 的整倍数）；控制器（Controller）是计算机的“神经中枢”，用于分析指令，根据指令要求产生各种协调各部件工作的控制信号；存储器（Memory）用来存放控制计算机工作过程的指令序列（程序）和数据（包括计算过程中的中间结果和最终结果）；输入设备（Input Equipment）用来输入程序和数据；输出设备（Output Equipment）用来输出计算结果，即将计算结果显示或打印出来。

根据计算机工作过程中的关联程度和相对的物理安装位置，通常将运算器和控制器合称为中央处理器（Central Processing Unit，CPU）。表示 CPU 能力的主要技术指标有字长和主频等。字长代表了每次操作能完成的任务量，主频则代表了在单位时间内能完成操作的次数。一般情况下，CPU 的工作速度要远高于其他部件的工作速度。为了尽可能地发挥 CPU 的工作潜力，解决运算速度和成本之间的矛盾，将存储器分为主存储器和辅助存储器两部分。主存储器成本高、速度快、容量小、能直接和 CPU 交换信息，由于它安装于机器内部，因此也称为内存；辅助存储器成本低、速度慢、容量大，要通过接口电路经由主存储器才能和 CPU 交换信息，是特殊的外部设备，也称为外存。

在计算机工作时，操作人员首先通过输入设备将程序和数据输入存储器中。计算机在启动并运行后从存储器顺序取出指令，将指令送往控制器进行分析，并根据指令的功能向各有关部件发出各种操作控制信号，最终的运算结果要送到输出设备输出。

1.4　计算机应用系统的计算模式

计算机应用系统中数据与应用程序的分布方式称为计算机应用系统的计算模式。自电子计算机诞生以来，计算机应用系统的计算模式发生了几次变革，产生了单主机计算模式、分布式客户/服务器（Client/Server，C/S）计算模式和浏览器/服务器（Browser/Server，B/S）计算模式。随着计算机和相关技术的进一步发展，还会产生新的计算模式。

1.4.1　单主机计算模式

1985 年以前，计算机应用系统一般采用的是单台计算机构成的单主机计算模式。在这个计算模式下，主机不需要通过网络获得服务，全部利用本机的软硬件资源（CPU、内存等）完成计算任务。单主机计算模式可细分为以下两个阶段。

（1）单主机计算模式的早期阶段，系统所用的操作系统为单用户操作系统。系统一般只有一个控制台（单主机—单终端），限单独应用，如劳资报表统计等。

（2）分时多用户操作系统的研制成功及计算机终端的普及，使早期的单主机计算模式发展成为单主机—多终端的计算模式。在单主机—多终端的计算模式中，用户通过终端使用计算机，每个用户都感觉在独自享用计算机资源。

单主机—多终端的计算模式在我国一般被称为“计算中心”。使用单主机计算模式，计算机应用系统中已可在多个应用（如物资管理应用和财务管理应用）间建立联系，但由于硬件结构的限制，只能将数据和应用程序集中放在主机上，因此，单主机—多终端计算模式有时也被称为“集中式的企业计算模式”。

1.4.2 分布式客户/服务器计算模式

20 世纪 80 年代，PC 和局域网技术逐渐趋于成熟，这使得用户可以通过计算机网络共享计算机资源，计算机之间可通过网络协同完成某些数据处理工作。虽然 PC 的资源有限，但在网络技术的支持下，应用程序不仅可利用本机资源，还可通过网络方便地共享其他计算机的资源。在这种背景下，分布式客户/服务器（C/S）计算模式形成了。

在分布式 C/S 计算模式中，网络中的计算机被分为两大类：一类是用于向其他计算机提供各种服务（主要有数据库服务、打印服务等）的计算机，称为服务器；另一类是享受服务器所提供的服务的计算机，称为客户机。

一般将微型计算机作为客户机，用于运行客户应用程序。应用程序被分散地安装在每台客户机上，这是 C/S 计算模式的重要特征。部门级和企业级的计算机作为服务器运行服务器系统软件（如数据库服务器系统软件、文件服务器系统软件等），向客户机提供相应的服务。

在 C/S 计算模式中，数据库服务是最主要的服务。客户机将用户的数据处理请求通过客户机的应用程序发送到数据库服务器，数据库服务器分析用户请求，实施对数据库的访问与控制，并将处理结果返回给客户机。在这种计算模式下，网络上传送的只是数据处理请求和少量的结果数据，网络负担较小。

C/S 计算模式是一种较成熟且应用广泛的企业计算模式，其客户端应用程序的开发工具较多，这些开发工具分为两类：一类是针对某一种数据库管理系统的开发工具（如针对 Oracle 的 Oracle Developer/2000），另一类是对大部分数据库系统都适用的前端开发工具（如 PowerBuilder、Visual Basic、Visual C++、Delphi、C++ Builder、Java 等）。

C/S 计算模式是松散的耦合系统，客户端和服务器通过消息传递机制进行对话，即由客户端发出请求给服务器，服务器进行相应处理后经传递机制将结果送回客户端。该计算模式的优点是能充分发挥客户端的处理能力，很多工作可以在客户端处理后再提交给服务器。但它存在以下缺点：①只适用于局域网，随着互联网的飞速发展，使用这种方式进行远程访问需要专门的技术，同时要对系统进行专门的设计来处理分布式的数据；②客户机需要安装专用的客户端软件，其维护和升级成本非常高，该计算模式后来被 B/S 计算模式所代替。

1.4.3 浏览器/服务器计算模式

浏览器/服务器（B/S）计算模式最大的优点就是用户可以在任何地方进行操作而不用安装任何专门的软件，只要有一台能上网的计算机就能使用服务器，客户端零维护。在这种计算模式下，系统的扩展非常容易，只要能连接互联网，再由系统管理员分配一个用户名和密码即可使用。

B/S 计算模式采用三层架构。该计算模式将 C/S 架构中的服务器端进一步深化，分解成应用服务器（Web 服务器）和多个数据库服务器，同时简化 C/S 架构中的客户端，将客户端的计算功能移至 Web 服务器上，仅保留其表示功能，从而形成一种由表示层（浏览器）、功能层（Web 服务器）与数据库服务层（数据库服务器）构成的三层架构。其中表示层负责处理用户的输入和输出；功能层负责建立数据库的连接，根据用户的请求生成访问数据库的 SQL（Structure Query Language，结构查询语言）语句，并把结果返回给客户端；数据库服务层负责实际的数据库存储和检索，响应功能层的数据处理请求，并将结果返回给功能层。

三层架构与二层架构相比具有更大的优势。三层架构适合群体开发，每个人可以有不同的任务，协同工作使效率倍增。三层架构属于“瘦客户”的模式，客户端即使只有一个较小的硬盘、较小的内存和工作速度较慢的 CPU，也可以获得不错的性能。另外，三层架构最大的优点是安全，客户端只能通过逻辑层来访问数据层，减少了入口点，把更多的危险的系统功能都屏蔽了。

从技术发展趋势看，B/S 计算模式终将取代 C/S 计算模式。但目前来看，在很多网络计算模式中，出现了 B/S 和 C/S 同时存在的混合计算模式。

1.4.4　新型计算模式

从 20 世纪 80 年代开始，美国、日本等国家在研究新一代计算机（日本也曾称第五代计算机）上投入了大量的人力、物力，该研究的目的是使计算机像人一样有看、说、听和思考的能力，即成为智能计算机。该研究涉及很多高新科技领域，如微电子学、高级信息处理、知识工程和知识库、计算机体系结构、人工智能和人机界面等。在硬件方面，已经出现一系列新技术，如微细加工和封装测试、砷化镓器件、约瑟夫森器件、光学器件、光纤通信及智能辅助设计系统等。

如今，人们都看到了一个新的计算时代的到来，它如同朝阳喷薄而出，光芒万丈。人们不禁会问：计算机产业将会怎么发展？未来的计算会是什么样的？下面介绍几种新型计算模式。

1. 普适计算

早在 1979 年，美国计算机专家魏泽尔就已经开始思考新型计算模式，他把他的思想整理成一篇文章《21 世纪的计算机》（The Computer for the 21st Century）。文章中提到：文字是人类社会最古老，也是最好的信息技术，其传奇特性在于，既可以存储信息，也可以传播信息。最关键的是，文字非常易于使用。当你使用文字时，你不会意识到正在使用它。因此，这个世界到处充满文字。魏泽尔大胆预言：未来的计算技术也将具有文字的上述特征——为人使用，但不为人所知，且无处不在。为了描述这一前景，他还专门创造了一个当时看起来有些生僻的术语 Ubiquitous Computing，即普适计算。这篇文章开创了普适计算这个研究领域，也奠定了魏泽尔在计算机科学史上的地位——“普适计算之父”，他的名字被永远载入史册。

所谓普适计算，指的是无所不在的、随时随地可以进行计算的一种方式——无论何时何地，只要需要，就可以通过某种设备访问到所需的信息。

普适计算（又称普及计算）的概念在 1999 年由 IBM 公司提出。它有两个特征，即间断连接和轻量计算（计算资源相对有限）。同时，它具有如下特性：①无所不在（Pervasive）特性，即用户可以随地以各种接入手段进入同一信息世界；②嵌入（Embedded）特性，即计算和通信能力存在于人们生活的世界中，用户能够感觉到它和作用于它；③游牧（Nomadic）特性，即用户和计算均可按需自由移动；④自适应（Adaptable）特性，即计算和通信服务可按用户需要和运行条件提供充分的灵活性和自主性；⑤永恒（Eternal）特性，即系统在开启以后不会死机，也不需要重启。

普适计算所涉及的技术有移动通信技术、小型计算设备制造技术、小型计算设备上的操作系统技术及软件技术等。普适计算的主要应用方向是：嵌入式技术[除笔记本电脑和台式计算机外的具有 CPU 且能进行一定的数据计算的电子产品（如手机等）是嵌入式技术研究的方向]、网络连接技术、基于 Web 的软件服务架构（即通过传统的 B/S 架构，提供各种服务）。

普适计算把计算和信息融入人们的生活空间，使人们生活的物理世界与信息空间中的虚拟世界融合为一个整体。人们生活在其中，可随时随地进行信息访问和获取计算服务。普适计算从根本上改变了人们对信息技术的思考，也改变了人们生活和工作的方式。

普适计算是对计算模式的革新，虽然对它的研究才刚刚开始，但它已展示了强大的生命力，并带来了深远的影响。普适计算的新思维极大地活跃了学术思想，推动了对新型计算模式的研究。在此方向上已出现了许多诸如平静计算（Calm Computing）、日常计算（Everyday Computing）、主动计算（Proactive Computing）等的新研究方向。

2. 网格计算

欧洲核子研究中心（European Organization for Nuclear Research）对网格计算是这样定义的：网格计算能够通过互联网来共享强大的计算能力和数据存储能力。它利用互联网把分散在不同地理位置的计算机组织成一个“虚拟的超级计算机”，其中每一台参与计算的计算机是一个“节点”，而整个计算是由成千上万个“节点”组成的“一张网格”，所以这种计算方式称为网格计算。这样组织起来的“虚拟的超级计算机”有两个优势：一个是数据处理能力超强；另一个是能充分利用网络上的闲置处理能力。

网格计算是伴随着互联网迅速发展起来的、专门针对复杂科学计算的新型计算模式。网格计算作为一种分布式计算体系结构日益流行，它非常适用于企业计算。很多行业都正在采用网格计算技术来解决自己关键的业务需求。例如，金融服务业已经广泛地采用网格计算技术来解决风险管理和风险规避问题；自动化制造业采用网格计算技术来加速产品的开发和协作；石油业大规模采用网格计算技术来加速石油勘探并提高成功采掘的概率。随着网格计算的不断成熟，该技术在其他领域的应用也会不断增加。

实际上，网格计算是分布式计算（Distributed Computing）的一种，如果说某项工作是分布式的，那么，参与这项工作的一定不只是一台计算机，而是一个计算机网络，显然这种方式将具有很强的数据处理能力。

充分利用网络上的闲置处理能力，则是网格计算的一个优势。网格计算首先把要计算的数据分割成若干个“小片”，而计算这些“小片”的软件通常是一个预先编制好的屏幕保护程序，然后不同节点的计算机可以根据自己的处理能力下载一个或多个“小片”和这个屏幕保护程序。于是，只要节点对应的计算机的用户不使用计算机，屏幕保护程序就会工作，这样这台计算机的闲置计算能力就被充分地调动起来了。

网格计算提供了增强的可扩展性。物理邻近和网络延时限制了集群地域分布的能力，基于这些动态特性，网格计算可以提供很好的可扩展性。

通常，人们会混淆网格计算与集群计算这两个概念，但实际上这两个概念之间有一些重要的区别。需要说明的是，集群计算实际上不能真正地被视为一种分布式计算解决方案，但将它视为一种分布式计算解决方案对于理解网格计算与集群计算之间的关系是很有用的。

网格是由异构资源组成的。集群计算主要关注的是计算资源，网格计算则对存储、网络和计算资源进行了集成。集群通常包含同种处理器和操作系统，网格则可以包含不同供应商提供的运行不同操作系统的机器。

网格本质上是动态的。集群包含的处理器和资源通常都是静态的，而在网格上，资源则可以动态出现。资源可以根据需要添加到网格中或从网格中删除。网格天生就分布在本地网、城域网或广域网上。通常，集群物理上都包含在一个位置的相同地方，而网格可以分布在任何地方。集群互连技术会产生非常低的网络延时，如果集群距离很远，可能会导致很多问题。

集群计算和网格计算是相互补充的。很多网格都在自己管理的资源中采用了集群。实际上，网格用户可能并不清楚他的工作负载是在一个远程的集群上执行的。尽管网格与集群之间存在很多区别，但是这些区别使它们密切相关，因为集群在网格中总有一席之地——特定的问题通常都需要使用一些紧耦合的处理器来解决。然而，随着网络功能和带宽的发展，以前采用集群计算很难解决的问题，现在可以使用网格计算技术解决。理解网格固有的可扩展性和集群提供的紧耦合互连机制所带来的性能优势之间的平衡是非常重要的。

3. 云计算

云计算是一个不断发展的术语。它的定义、用例、基本技术、问题、风险和收益将在公众和企业参与的激烈探讨中不断发展。目前，被广泛使用的云计算定义是：云计算是一种按使用量付费的模式，这种模式提供可用的、便捷的、按需的网络访问，进入可配置的计算资源共享池（资源包括网络、服务器、存储、应用软件、服务），这些资源能够被快速提供，只需投入很少的管理工作或与服务供应商进行很少的交互。关于云计算的详细内容参见本书第12章。

网格计算和云计算有相似之处，特别是它们在计算上都具有并行与合作的特点，但它们的区别也是明显的，具体如下。

（1）网格计算的思路是聚合分散资源、支持虚拟组织、提供高层次的服务（如分布协同科学研究等）。而云计算的资源相对集中，它主要通过以数据为中心的形式提供底层资源，并不强调虚拟组织的概念。

（2）网格计算用聚合资源来支持挑战性的应用，这是网格计算诞生的初衷，因为高性能计算的资源不能满足使用要求，所以需要把分散的资源聚合起来。2004年以后，逐渐强调网格计算要适应普遍的信息化应用。但云计算从一开始就支持广泛企业计算、Web应用，普适性更强。

（3）在对待异构性方面，二者的理念有所不同。网格计算用中间件屏蔽异构系统，力图使用户面向同样的环境，把困难留给中间件，让中间件完成任务。而云计算实际上承认异构，用镜像执行，或者提供服务的机制来解决异构性的问题。

（4）网格计算以作业形式使用，在一个阶段内完成作业产生数据。而云计算支持持久性服务，用户可以利用云计算作为其部分信息技术基础设施，实现业务的托管和外包。

（5）网格计算更多地面向科研应用，商业模型不清晰。而云计算从诞生开始就针对企业商业应用，商业模型比较清晰。

（6）云计算是以相对集中的资源运行分散的应用（大量分散的应用在若干较大的中心中执行）。而网格计算则是聚合分散的资源，支持大型集中式应用（一个大的应用分散到多处执行）。但从根本上说，就应对Internet应用的特征而言，它们是一致的，即在Internet情况下支持应用，用于解决异构性、资源共享等问题。

新型计算模式还有人工智能、物联网等。具体内容参见本书第12章。

令人向往的是，“连接一切”的社会虽然瞬息万变，但一切将趋于结构化、数据化、可管理化，这必将推动人类文明取得前所未有的进步。

1.5 计算学科

1.5.1 计算学科的历史背景

计算学科源于欧美，诞生于20世纪40年代。计算学科的理论基础在第一台电子计算机出现以前就已经建立起来了。在计算机出现之前，科学研究和工程设计主要依靠实验或试验提供数据，计算仅处于辅助地位。计算机的诞生使越来越多的复杂计算成为可能，而且促进了计算机设计、程序设计及计算机理论等领域的发展，并由此产生了计算机科学。最早的计算机科学学位课程是由美国普渡大学于1962年开设的。随后斯坦福大学也开设了同样的学位课程，但“计算机科学”这一名称在当时引起了激烈的争论。因为当时计算机主要用于数值计算，大多数科学家认为使用计算机只需要解决编程问题，不需要进行深刻的科学思考，没有必要设立学位。很多人认为计算机从本质上说仅是一种职业而非学科。虽然20世纪七八十年代计算技术得到了迅速的发展，并且开始渗透到大多数学科领域，但争论仍在持续。

1985 年，ACM 和 IEEE-CS 联合攻关，开始了对“计算作为一门学科”的存在性证明。经过 4 年的工作，研究组提交了《计算作为一门学科》报告。该报告第一次给出了计算学科的一个定义：计算学科主要是系统地研究信息描述和变换（包括它们的理论、分析、设计、效率、实现和应用）的算法过程。一切计算的基本问题是“什么能被（有效）自动化？”这是一个“活的”定义，是一个迅速发展的动态领域的瞬间“快照”，并可以随着该领域的发展进行修改。该报告回答了计算学科中长期以来争论的问题，完成了计算学科的“存在性”证明。该报告还提出了覆盖计算学科的 9 个领域，每个领域包含若干个知识单元（共 55 个）。每个领域都包含理论、抽象和设计 3 个过程。9 个领域和 3 个过程构成了知识—过程的 9 列 3 行矩阵（计算学科二维定义矩阵）。

1991 年，研究组在这个报告的基础上提交了关于计算学科的教学计划 CC1991（Computing Curricula 1991）。2001 年研究组提交了 CC2001 报告；2005 年研究组提交了 CC2005 报告。《计算作为一门学科》报告及 CC1991、CC2001、CC2005 报告一起解决了以下 3 个重要问题。

（1）计算学科的存在性证明（这对学科本身的发展至关重要）。

（2）整个学科核心课程的详细设计的解决，为高校制订计算机教学计划奠定基础，确定本科生应该掌握的核心内容（避免教学计划中的随意性，从而为科学地制订教学计划奠定基础）。

（3）整个学科综述性导引课程的构建（使人们对整个学科的认知科学化、系统化和逻辑化）。

1.5.2 计算学科的分化及核心内容

计算学科长期以来被认为包含两个重要领域：一个是计算科学；另一个是计算机工程。随着科学技术的发展，CC2001 报告中将计算学科分为 4 个领域，分别是计算机科学、计算机工程、软件工程和信息系统。CC2004 报告在上述 4 个领域基础上，为计算学科增加了信息技术专业学科领域，并预留了未来新发展领域。因此，计算学科的 5 个专业学科领域如下。

（1）计算机科学（Computer Science，CS）。

（2）计算机工程（Computer Engineering，CE）。

（3）软件工程（Software Engineering，SE）。

（4）信息系统（Information System，IS）。

（5）信息技术（Information Technology，IT）。

计算学科的分化表现了一种科学发展和知识演化与时俱进的趋势，这种分化对课程设置和教学方法产生了深远影响。计算机学科在加强自身课程体系建设的同时，注意与其他计算学科的合作和交流也很重要。各院校等既需要开发一致的计算机学科课程集，促进计算机学科课程体系的发展，又需要准备教授更多的服务课程集，以便与学习者的知识架构相联系、相适应。为此，我国计算机教育界在 CC2001 报告的基础上给出了自己的计算机学科本科教学核心课程体系参考计划，计算学科各主领域的内容归结为如下 14 个核心知识体。

1. 离散结构

将离散结构（Discrete Structure，DS）作为计算学科的第一个主领域，以强调计算学科对它的依赖。计算学科以离散型变量为研究对象，离散数学对计算技术的发展起着十分重要的作用。离散结构是研究离散数学结构和离散量之间的关系的科学，是现代数学的一个重要分支。它在各学科领域，特别是在计算机科学与技术领域有着广泛的应用。离散数学是计算机及其相关专业的核心课程，它为数据结构、编译原理、数据库、算法分析和人工智能等课程提供必要的数学基础。它的主要内容包括集合论、数理逻辑、近世代数、图论及组合数学等，与计算学科各主领域有着紧密的联系。

2. 程序设计基础

程序设计是计算学科课程中固定练习的一部分，是每一个计算学科专业的学生应具备的能力，是计算学科核心科目的一部分，程序设计语言还是获得计算机重要特性的有力工具。程序设计基础

（Programming Fundamental，PF）的主要内容包括程序设计结构、算法问题求解和数据结构等。

3. 程序设计语言

程序设计语言（Programming Language，PL）是程序员与计算机交流的主要工具。一个程序员不仅要知道如何使用一种语言进行程序设计，还应理解不同语言的程序设计风格。程序设计语言的主要内容包括程序设计模式、虚拟机、类型系统、执行控制模型、语言翻译系统、程序设计语言的语义学、基于语言的并行构件等。

4. 算法与复杂性

算法是计算机科学和软件工程的基础。在现实世界中，任何软件系统的性能仅依赖于两个基本方面：一方面是所选择的算法；另一方面是各不同层次实现的适宜性和效率。算法与复杂性（Algorithm & Complexity，ALC）的主要内容包括算法的复杂度分析、典型的算法策略、分布式算法、并行算法、可计算理论 P 类和 NP 类问题、自动机理论、密码算法及几何算法等。

5. 计算机结构与组织

计算机在计算中处于核心地位，如果没有计算机，计算学科只是理论数学的一个分支，因此，应该对计算机系统的功能构件及它们的特点、性能和相互作用有一定的理解。计算机结构与组织（Architecture & Organization，AR）的主要内容包括数字逻辑、数据的机器表示、汇编级机器组织、存储技术、接口和通信、多道处理和预备体系结构、性能优化、网络和分布式系统的体系结构等。

6. 操作系统

操作系统（Operating System，OS）定义了对硬件行为的抽象，程序员用它对硬件进行控制。操作系统还管理计算机用户间的资源共享。操作系统的主要内容包括操作系统的逻辑结构、并发处理、资源分配与调度存储管理、设备管理、文件系统、现代操作系统设计等。

7. 网络计算

计算机和通信网络的发展，尤其是基于 TCP/IP（Transmission Control Protocol/Internet Protocol，传输控制协议/互联网协议）的网络的发展使网络技术在计算学科中更加重要。网络计算（Network Computing，NC）的主要内容包括计算机通信网的基本概念和协议、计算机网络的体系结构、网络安全、网络管理、移动通信和无线网络、多媒体数据技术及分布式系统等。

8. 人机交互

人机交互（Human-Machine Interaction，HMI）的重点在于理解人对交互式对象的交互行为，知道如何使用以人为中心的方法开发和评价交互软件系统，以及了解人机交互设计的一般知识。人机交互的主要内容包括以人为中心的软件开发和评价、图形用户接口设计、多媒体系统的人机接口等。

9. 图形学和可视化计算

图形学和可视化计算（Graphics & Visualization Computing）的主要内容包括计算机图形学、可视化、虚拟现实和计算机视觉 4 个学科子领域的研究内容。图形学和可视化计算利用图形的方式将科学数据中所蕴含的现象、规律表现出来，从而促进人们对数据的洞察，加深人们对数据的理解。

10. 智能系统

人工智能领域关心的问题是自主代理的设计和分析。智能系统（Intelligent System，IS）必须知道其所处的环境，合理地为完成指定的任务而行动，并与其他代理和人进行交互。智能系统的主要内容包括约束可满足性问题、知识表示和推理、代理（Agent）、自然语言处理、机器学习和神经网络、人工智能规划系统和机器人学等。

11. 软件工程

软件工程是关于如何有效地利用建立满足用户和客户需求的软件系统理论知识和实践的学科，可以应用于小型、中型、大型系统。软件工程的主要内容包括软件过程、软件需求与规格说明、软件设计、软件验证、软件演化、软件项目管理、软件开发工具与环境、基于构件的计算形式化方法、软件可靠性、专用系统开发等。

12. 数值计算科学

从计算学科的诞生之日起，科学计算的数值方法和技术就构成了计算机科学研究的一个主要领域。数值计算科学（Numerical Computation Science，CN）是指有效地使用数字电子计算机求数学问题近似解的方法与过程，以及相关理论的学科。它随着计算机的发展而发展。作为计算数学的主要部分，数值计算研究用计算机求解各种数学问题的数值计算方法及其理论和软件的实现，是一门与计算机关系密切的实用性和实践性很强的数学课程。数值计算科学的主要内容包括数值分析、运筹学、模拟和仿真、高性能计算。

13. 信息管理

信息管理（Information Management，IM）是人类为了有效地开发和利用信息资源，以现代信息技术为手段，对信息资源进行计划、组织、领导和控制的社会活动。简单地说，信息管理就是人对信息资源和信息活动的管理。信息管理是指在整个管理过程中，人们收集、加工、输入和输出的信息的总称。信息管理的主要内容包括信息模型与信息系统、数据库系统、数据建模、关系数据库、数据库查询语言、关系数据库设计、事务处理、分布式数据库、数据挖掘、信息存储与检索、超文本和超媒体、多媒体信息与多媒体系统、数字图书馆等。

14. 社会和职业问题

我们培养的人才需要懂得计算学科本身的基本的文化、社会、法律和道德问题，还需要有提出有关计算的社会影响这样的严肃问题及对这些问题的可能答案进行评价的能力。社会和职业问题（Social & Professional Issue，SPI）的主要内容包括计算的历史、计算的社会背景、分析方法和工具、专业和道德责任、基于计算机系统的风险与责任、知识产权、隐私与公民的自由、计算机犯罪、与计算有关的经济问题、哲学框架等。

未来计算学科的课程体系与 CC2001、CCC2002 报告中的体系相比必然有所改变，但其核心课程变化不大，因为计算机科学已经进入一个工程学科的正常发展轨道。这使课程体系的构成既具有核心集，又要灵活和富有弹性，凸显教育的个性化。同时，由于计算学科的理论与实践密切联系，伴随计算机技术的飞速发展，计算学科已成为一个应用得极为广泛的学科。重视基本理论和基本技能的培训内容主要表现在与计算技术有关的学位教学计划的多样性和计算机科学本身课程体系的多样性上。这意味着计算机科学相对以前更能够作为一个工程学科和学术服务的学科，二者之间始终处于既相互协调又相互矛盾的发展过程中，使得计算知识和技能成为高等教育的基本需求。

1.6 小结

本章从计算机的起源开始，介绍了计算机的发展、应用、基本概念、类型、特点，计算机应用系统的计算模式，计算学科及其核心内容，阐述了计算机对信息化社会的影响及信息化社会对计算机知识的需求。通过本章的学习，读者应了解整个人类计算的历史及计算机的发展史，理解计算机的基本概念，了解信息化社会对计算机人才的需求，并初步了解计算机科学技术的研究范畴，明确今后学习的目标和相关知识。

习题 1

一、选择题

1. 第一代计算机采用的逻辑元件是（　　）。

A. 晶体管　　B. 电子管　　C. 集成电路　　D. 超大规模集成电路

2. 计算机主机是指（　　）。

A. CPU 和运算器　　B. CPU 和内存储器

C. CPU 和外存储器　　D. CPU、内存储器和 I/O 接口

3. 我国研制的银河计算机是（　　）。

A. 微型计算机　　B. 巨型计算机　　C. 小型计算机　　D. 中型计算机

4. 人们称将有关数据加以分类、统计、分析，以取得有利用价值的信息的过程为（　　）。

A. 科学计算　　B. 辅助设计　　C. 数据处理　　D. 过程控制

5. 人们每天收听到的天气预报的主要数据处理是由计算机来完成的，这属于计算机的（　　）应用领域。

A. 科学计算与数据处理　　B. 人工智能

C. 科学计算　　D. 过程控制

6. 数控机床是计算机在（　　）领域的应用。

A. 科学计算　　B. 人工智能　　C. 数据处理　　D. 过程控制

7. 为解决某一个特定问题而设计的指令序列称为（　　）。

A. 文档　　B. 语言　　C. 系统　　D. 程序

8. 世界上第一台通用数字电子计算机是（　　）。

A. ENIAC　　B. EDVAC　　C. EDSAC　　D. UNIVAC

9. 世界上第一台通用数字电子计算机研制成的时间是（　　）年。

A. 1946　　B. 1947　　C. 1951　　D. 1952

10. 目前，制造计算机所用的电子器件是（　　）。

A. 大规模集成电路　　B. 晶体管

C. 集成电路　　D. 大规模集成电路与超大规模集成电路

11. 以存储程序和程序控制为基础的计算机结构是由（　　）提出的。

A. 帕斯卡　　B. 图灵　　C. 布尔　　D. 冯 • 诺依曼

12. 计算机与计算器最根本的区别在于前者（　　）。

A. 具有逻辑判断功能　　B. 速度快

C. 信息处理量大　　D. 具有记忆功能

13. 通常人们说，计算机的发展经历了 4 代，“代”的划分是根据计算机的（　　）。

A. 运算速度　　B. 功能　　C. 主要元器件　　D. 应用范围

14. 计算机的发展趋势是巨型化、微型化、网络化、智能化。其中“巨型化”是指（　　）。

A. 体积大

B. 重量重

C. 功能更强、运算速度更高、存储容量更大

D. 外部设备更多

15. CAI 指的是（　　）。

A. 系统软件　　B. 计算机辅助教学

C. 计算机辅助设计　　D. 办公自动化

16. CAD是计算机应用的一个重要方面，它是指（　　）。

A. 计算机辅助设计　　B. 计算机辅助工程

C. 计算机辅助教学　　D. 计算机辅助制造

17. 计算机最早的应用领域是（　　）。

A. 办公自动化　　B. 人工智能　　C. 自动控制　　D. 科学计算

18. 用晶体管作为电子器件制成的计算机属于（　　）。

A. 第一代　　B. 第二代　　C. 第三代　　D. 第四代

19. 电子计算机技术在半个世纪中虽有很大进步，但至今其运行仍遵循着一位科学家提出的基本原理。这位科学家就是（　　）。

A. 牛顿　　B. 爱因斯坦　　C. 爱迪生　　D. 冯·诺依曼

20. 数字电子计算机工作最重要的特征是（　　）。

A. 高速度　　B. 高精度

C. 存储程序自动控制　　D. 记忆力强

二、简答题

1. 微型计算机系统由哪几部分组成？其中硬件包括哪几部分？软件包括哪几部分？各部分的功能如何？

2. 什么是计算模式？计算模式分哪几种？

3. 新型计算模式有哪几种？各有什么特点？

4. 计算机更新换代的主要技术指标是什么？

5. 简述计算机的发展阶段。

6. 简述计算机的发展趋势。

7. 利用网络资源了解计算机在我国的发展历史及其在我国的发展趋势。

02 第2章　计算基础

不同类型的数据在计算机内有着不同的表示方式。数据在计算机内的表示与编码是计算机处理数据的基础。数据组织则是指通过一定的技术对存储单元加以组织，以保证具体应用中对数据的高效操作。本章在给出数制的定义后详细介绍计算机中常用的数制、二进制数，以及二进制数与十进制数、八进制数、十六进制数之间的转换关系，并对计算机内的数据存储单位和存储设备结构进行介绍；在此基础上，对计算机内部各种信息，如数值信息、文本信息等的编码方式进行详细介绍。

通过本章的学习，学生应该能够：

1. 理解并掌握数制的定义和数制的转换方式；
2. 掌握二进制数的各种运算方法；
3. 了解数据存储单位和存储设备结构；
4. 理解并掌握数值在计算机中的表示方法，特别是原码、反码和补码的计算方法，以及相应的用途；
5. 了解信息的各种编码方式。

2.1　数制

2.1.1　数制的定义

数制，也称为进位记数制，是按进位的方法进行记数，用一组固定的符号和统一的规则来表示数值的方法。一种进位记数制由数码、基数和位权3部分组成。数码是组成该数的所有数字和字母，而进位记数制中所使用的不同基码的个数称为该进位记数制的基数，计算每个数码在其所在位上代表的数值时所乘的常数称为位权。位权是一个指数，以基数为底，其幂次是对应数码的数位。

日常生活中，人们最常用到的是十进制数，但也会在许多地方使用非十进制的记数方法，如 1min=60s，1h=60min，采用的是六十进制；一周有 7 天，采用的是七进制；一年有 12 个月，采用的是十二进制等。

由于二进制电路具有设计简单、运算简单、工作可靠、逻辑性强等优点，因此计算机中使用的是二进制记数制。但人们日常使用的是十进制记数制，所以计算机的输入输出也要使用十进制数据。此外，为了编制程序的方便，还常使用八进制和十六进制。

2.1.2 数制的规律

虽然数制有多种类型，但每种类型的记数运算有共同的规律和特点。

（1）逢 N 进一，借一当 N。N 是指基数。每位记满 N 时向高位进一；向高位借一位，相当于借 N。例如，十进制（其基数为十），就有“逢十进一，借一当十”的规律。

（2）位权表示法。处在不同位置上的数码所表示的值各不相同，每个数码的位置决定了它的值。任何一种数制表示的数都可以写成按位权展开的多项式之和。

位权表示法的原则是：每个数码都要乘基数的幂次，而幂次是该数码的数位序号。某位数码的数位序号以小数点为界，其左边的数位序号为 0，向左每移动一位序号加“1”，右边的数位序号为 -1，向右每移动一位序号减“1”，即以小数点为界，整数部分自右向左分别为 0 次幂、1 次幂、2 次幂等；小数部分自左向右分别为-1 次幂、-2 次幂、-3 次幂等。

例如：

	1	1	1	1	1	1	1	1
	↓	↓	↓	↓	↓	↓	↓	↓
十进制中：	10^4	10^3	10^2	10^1	10^0	10^{-1}	10^{-2}	10^{-3}
二进制中：	2^4	2^3	2^2	2^1	10^0	2^{-1}	2^{-2}	2^{-3}

【例 2.1】 十进制数 123.96 的基数为 10，可以表示为

$$(123.96)_{10}=1\times10^2+2\times10^1+3\times10^0+9\times10^{-1}+6\times10^{-2}$$

式中，1 在百位，表示 100（即 1×10^2）；2 在十位，表示 20（即 2×10^1）；3 在个位，表示 3（即 3×10^0）；9 在小数点后第 1 位，表示 0.9（即 9×10^{-1}）；6 在小数点后第 2 位，表示 0.06（即 6×10^{-2}）。

2.1.3 常用的数制

1. 十进制

十进制（Decimal System）使用 0、1、2、3、4、5、6、7、8、9 这 10 个符号作为数码，基数为 10，相邻两位之间采用“逢十进一”的进位记数制。它的“位权”可表示成“10^i”，10 为其基数，i 为数位序号。任意一个十进制数都可以表示为一个按位权展开的多项式之和。十进制数各位的权如表 2. 1 所示。

表 2.1 十进制数各位的权

第 i 位	位权 10^i	对应的十进制数	第 i 位	位权 10^i	对应的十进制数
0	$10^0=1$	1	—	—	—
1	$10^1=10$	10	-1	$10^{-1}=0.1$	0.1
2	$10^2=100$	100	-2	$10^{-2}=0.01$	0.01
3	$10^3=1000$	1000	-3	$10^{-3}=0.001$	0.001
⋮	⋮	⋮	⋮	⋮	⋮
$n-1$	10^{n-1}	$1\underbrace{00\cdots0}_{n-1\text{个}}$	$-m$	10^{-m}	$0.\underbrace{00\cdots0}_{m-1\text{个}}1$

【例 2.2】 十进制数 1234.5 可表示为

$$1234.5 = 1\times10^3+2\times10^2+3\times10^1+4\times10^0 +5\times10^{-1}$$

式中，10^3、10^2、10^1、10^0、10^{-1} 分别是千位、百位、十位、个位和十分位的位权。

2. 二进制

二进制（Binary System）使用 0、1 这两个符号作为数码，基数为 2，相邻两位之间采用“逢二进一”的进位记数制。它的“位权”可表示成“2^i”，2 为其基数，i 为数位序号。任意一个二进制数都可以表示为一个按位权展开的多项式之和。二进制数各位的权如表 2.2 所示。

表 2.2　二进制数各位的权

第 i 位	位权 2^i	对应的二进制数	第 i 位	位权 2^i	对应的二进制数
0	$2^0=1$	1	—	—	—
1	$2^1=2$	10	−1	$2^{-1}=0.5$	0.1
2	$2^2=4$	100	−2	$2^{-2}=0.25$	0.01
3	$2^3=8$	1000	−3	$2^{-3}=0.125$	0.001
4	$2^4=16$	10000	−4	$2^{-4}=0.0625$	0.0001
5	$2^5=32$	100000	−5	$2^{-5}=0.03125$	0.00001
6	$2^6=64$	1000000	−6	$2^{-6}=0.015625$	0.000001
⋮	⋮	⋮	⋮	⋮	⋮
$n-1$	2^{n-1}	$1\overbrace{00\cdots0}^{n-1个}$	$-m$	2^{-m}	$0.\overbrace{00\cdots0}^{m-1个}1$

【例 2.3】二进制数 1011.1 可表示为

$$1011.1 = 1\times2^3+0\times2^2+1\times2^1+1\times2^0 +1\times2^{-1}$$

3. 八进制

八进制（Octal System）使用 0、1、2、3、4、5、6、7 这 8 个符号作为数码，基数为 8，相邻两位之间采用的是“逢八进一”的进位记数制。它的“位权”可表示成“8^i”，8 为其基数，i 为数位序号。任意一个八进制数都可以表示为一个按位权展开的多项式之和。八进制数各位的权如表 2.3 所示。

表 2.3　八进制数各位的权

第 i 位	位权 8^i	对应的八进制数	第 i 位	位权 8^i	对应的八进制数
0	$8^0=1$	1	—	—	—
1	$8^1=8$	10	−1	$8^{-1}=0.125$	0.1
2	$8^2=64$	100	−2	$8^{-2}=0.015625$	0.01
3	$8^3=512$	1000	−3	$8^{-3}=0.001953125$	0.001
⋮	⋮	⋮	⋮	⋮	⋮
$n-1$	8^{n-1}	$1\overbrace{00\cdots0}^{n-1个}$	$-m$	8^{-m}	$0.\overbrace{00\cdots0}^{m-1个}1$

【例 2.4】八进制数 7654.3 可表示为

$$7654.3 = 7\times8^3+6\times8^2+5\times8^1+4\times8^0 +3\times8^{-1}$$

4. 十六进制

十六进制（Hexadecimal System）使用 0、1、2、3、4、5、6、7、8、9 和 A、B、C、D、E、F 这 16 个符号作为数码（其中 A、B、C、D、E、F 分别对应十进制数的 10、11、12、13、14 和 15），基数为 16，相邻两位之间采用“逢十六进一”的进位记数制。它的“位权”可表示成“16^i”，16 为其基数，i 为数位序号。任意一个十六进制数都可以表示为一个按位权展开的多项式之和。

【例 2.5】十六进制数 B0F1.9 可表示为

$$\text{B0F1.9} = 11\times16^3+0\times16^2+15\times16^1+1\times16^0 +9\times16^{-1}$$

5. 任意的 K 进制

K 进制使用 K 个符号作为数码，基数为 K，相邻两位之间采用“逢 K 进一”的进位记数制。它的“位权”可表示成“K^i”，K 为其基数，i 为数位序号。任意一个 K 进制数都可以表示为一个按位权展开的多项式之和，则该多项式的表达式就是数的一般展开表达式：

$$D=\sum_{i=1}^{n}(A_i K^i)$$

式中，K 为基数；A_i 为第 i 位上的数码；K^i 为第 K 位上的位权。

不同基数的进制数之间的对应关系如表 2.4 所示。

表 2.4　不同基数的进制数之间的对应关系

数值（K=10）	K=2	K=3	K=4	K=8	K=16
0	0	0	0	0	0
1	1	1	1	1	1
2	10	2	2	2	2
3	11	10	3	3	3
4	100	11	10	4	4
5	101	12	11	5	5
6	110	20	12	6	6
7	111	21	13	7	7
8	1000	22	20	10	8
9	1001	100	21	11	9
10	1010	101	22	12	A
11	1011	102	23	13	B
12	1100	110	30	14	C
13	1101	111	31	15	D
14	1110	112	32	16	E
15	1111	120	33	17	F
16	10000	121	100	20	10
17	10001	122	101	21	11
18	10010	200	102	22	12
19	10011	201	103	23	13
20	10100	202	110	24	14

2.1.4　二进制数

1．采用二进制数的优点

在计算机中采用二进制数具有如下优点。

（1）二进制数只需要使用两个不同的数字符号。任何具有两种状态的物理器件的状态都可以用二进制数表示。例如，电容器的充电、放电等，电信号的两种状态表现在电位的高低电平上。此外，制造具有两种状态的电子器件比制造具有多种状态的电子器件要简单、便宜。

（2）采用二进制数，用逻辑上的“1”“0”表示电信号的高低电平，既适应了数字电路的性质，又使用了逻辑代数作为数学工具，为计算机的设计提供了方便。

（3）从运算操作的简便性上考虑，二进制是最方便的一种记数制。二进制只有两个数码（0 和 1），在进行运算时非常简便，相应地，计算机的电路就简单了。

（4）计算机采用二进制数可以节省存储器件。可以从一个简单的推导中得到这样的结论：假设 N 是数的位数，R 是数的基数，则 R^N 就是这些位数能够表示的最大的信息量。例如，3 位十进制数能够表示 0～999 这 1000（10^3）个数。为了实现稳定的状态所需要的器件数量为 $N \times R$，存储十进制数 1000（10^3）需要的器件数量 $N \times R=3 \times 10=30$，而采用二进制数表示 1000 个数，则需要 10 位二进制信息（$2^{10}=1024$），所需器件数量 $N \times R=2 \times 10=20$。显然，在这种情况下，使用二进制数表示比使用十进制数表示所需要的器件少。

2．二进制数的算术运算

二进制数的算术运算与十进制数的算术运算类似，即二进制数可以进行四则运算，并且由于二进制数只有 0 和 1 两个数码，它的算术运算规则比十进制数的算术运算规则简单得多，操作起来更直接、更容易实现。

（1）二进制数的加法运算。

二进制数的加法规则如下：

0+0=0

0+1=1

1+0=1

1+1=0（向高位进位 1）

【例 2.6】求二进制数 1111 与 1001 的和，竖式计算如下：

```
    1 1 1 1    被加数
+   1 0 0 1    加数
-----------
  1 1 0 0 0    和
```

所以 1111+1011=11000。

（2）二进制数的减法运算。

二进制数的减法规则如下：

0−0=0

1−0=1

1−1=0

0−1=1（向相邻的高位借 1 当 2）

【例 2.7】求二进制数 1001 与 0111 的差，竖式计算如下：

```
    1 0 0 1    被减数
−   0 1 1 1    减数
-----------
    0 0 1 0    差
```

所以 1001−0111=0010。

（3）二进制数的乘法运算。

二进制数的乘法规则如下：

0×0=0

0×1=0

1×0=0

1×1=1

【例 2.8】求二进制数 1101 与 1000 的乘积，竖式计算如下：

```
         1 1 0 1    被乘数
×        1 0 0 0    乘数
-----------------
         0 0 0 0
       0 0 0 0
     0 0 0 0        部分乘积
+  1 1 0 1
-----------------
   1 1 0 1 0 0 0    乘积
```

所以 1101×1000=1101000。

由此例可知二进制数的乘法运算过程和十进制数的乘法运算过程一致，仅换用了二进制数的加法和乘法规则，计算更为简洁。

（4）二进制数的除法运算。

二进制数的除法规则如下：

0÷0=0

0÷1=0

1÷0（无意义）

1÷1=1

二进制数的除法同样是乘法的逆运算，其运算过程也与十进制数的除法运算过程类似，仅换用了二进制数的减法和除法规则。

3. 二进制数的逻辑运算

程序中的所有数在计算机内存中都是以二进制的形式存储的。二进制数的逻辑运算也称为位运算，位运算的实质是将参与运算的两个数据，按对应的二进制数逐位进行逻辑运算，也就是直接对整数在内存中的二进制位进行操作。

二进制数的逻辑运算主要有4种运算："与"运算、"或"运算、"非"运算和"异或"运算。

（1）"与"（AND）运算。"与"运算又称为逻辑乘运算，可以用符号"•""×""∧"来表示。例如有*A*、*B*两个逻辑变量，每个逻辑变量只能有0和1两种取值，可能的取值情况有4种。在各种取值条件下，"与"运算的运算规则如表2.5所示。当且仅当*A*、*B*两个变量的取值同时为1时，它们的"与"运算的结果才是1，其余情况下的结果均为0。

表2.5 "与"运算的运算规则

A	*B*	*A*∧*B*
0	0	0
0	1	0
1	0	0
1	1	1

【例2.9】 11010111 ∧ 00001111=00000111，计算过程如下：

```
  11010111
∧ 00001111
----------
  00000111
```

"与"运算通常用于二进制取位操作，它主要有以下两个作用。

① 取某数的指定位（mask中特定位置1，其他位为0，*s*=*s*∧mask）。例如，mask=1，一个数与mask进行"与"运算就是取这个二进制数的最末位，这样做可以判断这个数的奇偶：如果结果为0，表示这个数的末位是0，是偶数；反之，结果为1，表示这个数的末位是1，为奇数。

② 清零特定位（mask中特定位置0，其他位为1，*s*=*s*∧mask）。

（2）"或"（OR）运算。"或"运算又称为逻辑加运算，可以用符号"+""∨"来表示。"或"运算的运算规则如表2.6所示。当且仅当*A*、*B*两个变量的取值同时为0时，它们的"或"运算的结果才是0；只要*A*、*B*两个变量有一个取值为1，它们的"或"运算的结果就为1。

表2.6 "或"运算的运算规则

A	*B*	*A*∨*B*
0	0	0
0	1	1
1	0	1
1	1	1

【例2.10】 11110010 ∨ 00000001=11110011，计算过程如下：

```
  11110010
∨ 00000001
----------
  11110011
```

“或”运算通常用于为二进制数的特定位无条件赋值，它的作用主要就是将源操作数某些位置 1，同时保持其他位不变。例如，一个数与 1 进行“或”运算的结果就是把二进制数的最末位强行变成 1。如果需要把二进制数的最末位变成 0，只需在这个数与 1 进行“或”运算之后再减 1 即可，其实际意义是把这个数强行变成最接近的偶数。

（3）“非”（NOT）运算。“非”运算又称为逻辑否运算，用符号“¬”来表示。“非”运算仅需要一个参与运算的逻辑变量，其运算规则如表 2.7 所示，运算结果的各位取与逻辑变量相反的值。

表 2.7　“非”运算的运算规则

A	$\neg A$
0	1
1	0

【例 2.11】¬(11110010)=00001101。

（4）“异或”（XOR）运算。“异或”运算可以用符号“⊕”来表示。“异或”运算的运算规则如表 2.8 所示。当且仅当 A、B 两个变量取值相异时，它们的“异或”运算的结果才是 1；当 A、B 两个变量取值相同时，它们的“异或”运算的结果就为 0。

表 2.8　“异或”运算的运算规则

A	B	$A \oplus B$
0	0	0
0	1	1
1	0	1
1	1	0

【例 2.12】11110010 ⊕ 00000001=11110011，计算过程如下：

$$\begin{array}{r} 11110010 \\ \oplus\ 00000001 \\ \hline 11110011 \end{array}$$

【例 2.13】11110011 ⊕ 00000001=11110010，计算过程如下：

$$\begin{array}{r} 11110011 \\ \oplus\ 00000001 \\ \hline 11110010 \end{array}$$

“异或”运算的逆运算是它本身，也就是说两次异或同一个数，最后结果不变，即$(A \oplus B) \oplus B = A$。“异或”运算的作用主要有以下两个。

① 将特定位的值取反（mask 中特定位置 1，其他位为 0，$s=s \oplus$ mask）。

② 把一个数自清零，如 $A=A \oplus A$，不管 A 是多少，最后 A 都等于 0。

“异或”运算可以用于简单的加密。例如，若想对某人说 1314，但怕别人知道，于是双方约定将 2024 作为密钥。$(1314)_{10}=(10100100010)_2$，$(2024)_{10}=(11111101000)_2$，$(1314)_{10} \oplus (2024)_{10}=(10100100010)_2 \oplus (11111101000)_2=(01011001010)_2=(714)_{10}$，由此把 714 告诉某人，某人计算 714 ⊕ 2024 的值，就可以得到 1314。

2.1.5　数制转换

1. 将二进制数、八进制数、十六进制数转换成十进制数

转换的方法就是按照位权展开表达式。

【例 2.14】$(1001.11)_2 = 1\times2^3+0\times2^2+0\times2^1+1\times2^0+1\times2^{-1}+1\times2^{-2}$

$= 8 + 0 + 0 + 1 + 0.5 + 0.25 =(9.75)_{10}$

式中，利用括号加脚码的方式表示转换前后的不同进制，后文不再加以说明。

【例 2.15】$(136)_8 = 1\times8^2+3\times8^1+6\times8^0=(94)_{10}$

【例 2.16】$(10F.8C)_{16} = 1\times16^2+0\times16^1+F\times16^0+8\times16^{-1}+C\times16^{-2}$

$$= 1\times16^2+0\times16^1\times15\times16^0+8\times16^{-1}+12\times16^{-2}$$

$$= 256 + 0 + 15 + 0.5 + 0.046875= (271.546875)_{10}$$

2. 将十进制数转换成二进制数

将十进制数转换成等值的二进制数，需要对整数和小数部分分别进行转换。转换整数部分的方法是连续除 2，直到商为 0，逆向取各个余数得到的一串数位即为转换结果。

【例 2.17】$(56)_{10}=(111000)_2$，计算过程如下：

除数	被除数/商	余数
2	56	0
2	28	0
2	14	0
2	7	1
2	3	1
2	1	1
	0	

逆向取余数（后得的余数为结果的高位）得：$(56)_{10}=(111000)_2$。

转换小数部分的方法是连续乘 2，直到小数部分为 0 或已得到足够多个整数位，正向取积的整数（后得的整数位为结果的低位）位组成的一串数位即为转换结果。

【例 2.18】$(0.6)_{10}\approx(0.1001)_2$（保留 4 位小数），计算过程如下：

	小数部分	整数部分
0.6×2=1.2	0.2	1
0.2×2=0.4	0.4	0
0.4×2=0.8	0.8	0
0.8×2=1.6	0.6	1
0.6×2=1.2	0.2	1（进入循环过程）

若要求 4 位小数，则运算到第 5 位，以便舍入。结果得：$(0.6)_{10}\approx(0.1001)_2$。

由此可见有限位的十进制小数所对应的二进制小数可能是无限位的循环或不循环小数，这必然会导致转换误差。对上述转换方法的简单证明如下。

若有一个十进制整数 A，必然有一个与它对应的 n 位二进制整数 B，将 B 展开表示得到的表达式为

$$(A)_{10} = b_{n-1}\times2^{n-1}+ b_{n-2}\times2^{n-2}+\cdots+ b_2 \times 2^2+ b_1\times2^1+b_0\times2^0$$

如果在表达式两端同除以 2，则两端的结果和余数都应当相等。分析表达式右端，除了最末项外各项都含有因子 2，所以其余数就是 b_0，同时 b_1 项的因子 2 没有了。当再次除以 2 时，b_1 就是余数。以此类推，就逐次得到了 $b_2,b_3,b_4,\cdots$，直到表达式左端的商为 0。

转换小数部分的方法证明同样利用转换结果的展开表达式，其表达式为

$$(A)_{10} = b_{-1}\times2^{-1}+ b_{-2}\times2^{-2}+\cdots+ b_{-(m-1)} \times2^{(m-1)}+b_{-m} \times2^{-m}$$

显然，如果在表达式两端乘 2，其右端的整数位就等于左端的 b_{-1}。当式子两端再次乘 2 时，其右端的整数位等于左端的 b_{-2}。以此类推，直到右端的小数部分为 0，或得到了满足要求的二进制小数位数。

将小数部分和整数部分的转换结果合并，并用小数点隔开就得到最终转换结果。

常用的二进制数与十进制数之间的转换如表 2.9 所示。

表 2.9 常用的二进制数与十进制数之间的转换

第 i 位	权值 2^i	对应的二进制数	对应的十进制数	第 i 位	权值 2^i	对应的二进制数	对应的十进制数
0	2^0	0	0	7	2^7	10000000	128
1	2^1	10	2	8	2^8	100000000	256
2	2^2	100	4	9	2^9	1000000000	512
3	2^3	1000	8	10	2^{10}	10000000000	1024=1K
4	2^4	10000	16	11	2^{11}	100000000000	2048=2K
5	2^5	100000	32	20	2^{20}	100000000000000000000	1048576=1M
6	2^6	1000000	64	30	2^{30}	1000000000000000000000000000000	1073741824=1G

3. 将十进制数转换为八进制数和十六进制数

对整数部分“连除基数，逆向取余”、对小数部分“连乘基数，正向取整”的转换方法可以推广到十进制数向任意进制数的转换，这时的基数要用十进制数表示。例如，用“连除 8，逆向取余”“连乘 8，正向取整”的方法可以实现十进制数向八进制数的转换；用“连除 16，逆向取余”“连乘 16，正向取整”的方法可以实现十进制数向十六进制数的转换。

【例 2.19】将十进制数 369 转换为八进制数和十六进制数，计算过程如下：

```
              余数                   余数
8 | 369        1       16 | 369        1
 8 | 46        6        16 | 23        7
  8 | 5        5         16 | 1        1
      0                        0
```

结果得：$(369)_{10}=(561)_8=(171)_{16}$。

【例 2.20】将十进制数 0.6 转换为八进制数和十六进制数，计算过程分别如下：

	小数部分	整数部分		小数部分	整数部分
0.6×8=4.8	0.8	4	0.6×16=9.6	0.6	9
0.8×8=6.4	0.4	6	0.6×16=9.6	0.6	9（进入循环过程）
0.4×8=3.2	0.2	3			
0.2×8=1.6	0.6	1			
0.6×8=4.8	0.8	4（进入循环过程）			

若要求 4 位小数，则运算到第 5 位，以便舍入。结果得：$(0.6)_{10}\approx(0.4631)_8\approx(1.0000)_{16}$

4. 八进制数和十六进制数与二进制数之间的转换

由于 3 位二进制数所能表示的是 8 个状态，1 位八进制数与 3 位二进制数之间有着一一对应的关系，因此八进制数与二进制数的转换就十分简单。在将八进制数转换成二进制数时，只需将每一位八进制数码用 3 位二进制数码代替即可。

【例 2.21】$(363.06)_8=(\underline{011}\ \underline{110}\ \underline{011}\ .\ \underline{000}\ \underline{110})_2$。

为了便于阅读，这里在数字之间特意添加了空格，并在数字下添加了下画线。若要将二进制数转换成八进制数，只需从小数点开始，分别向左和向右将每 3 位二进制数码分成一组，用一位八进制数码对一组的数码进行代替即可。

【例 2.22】$(11110010.00100101)_2=(\underline{011}\ \underline{110}\ \underline{010}\ .\ \underline{001}\ \underline{001}\ \underline{010})_2=(362.112)_8$。

如果整数部分的最后一组不足 3 位，应该在头部用 0 补足 3 位再进行转换；如果小数部分的最后一组不足 3 位，应该在尾部用 0 补足 3 位再进行转换。

与八进制数类似，一位十六进制数与 4 位二进制数之间也有着一一对应的关系。在将十六进制数转换成二进制数时，只需将每一位十六进制数码用 4 位二进制数码代替即可。

【例 2.23】$(6F.0C)_{16}=(\underline{0110}\ \underline{1111}\ .\ \underline{0000}\ \underline{1100})_2=(110\ 1111.0000\ 11)_2$。

在将二进制数转换成十六进制数时，只需从小数点开始，分别向左和向右将每 4 位二进制数码分成一组，用一位十六进制数码对一组的数码进行代替即可。如果整数部分的最后一组不足 4 位，应该在头部用 0 补足 4 位再进行转换；如果小数部分的最后一组不足 4 位，应该在尾部用 0 补足 4 位再进行转换。

【例 2.24】$(10010110.101011)_2=(\underline{1001}\ \underline{0110}\ .\ \underline{1010}\ \underline{1100})_2=(96.AC)_{16}$。

通常，要将十进制数转换成八进制数、十六进制数，可以先将其转换为二进制数，再将得到的二进制数转换成需要的进制数，反之亦然。

2.2 数据存储的组织方式

目前计算机的应用已渗透到了人们生活的方方面面。计算机所处理的数据（无论是哪方面的数据），在计算机内部都是以二进制数的形式存储的。一串二进制数，既可以表示数字，也可以表示字符、图形/图像、声音等。不同的二进制数的含义不同。那么，数据在被处理时，计算机是如何存储数据的呢？

2.2.1 数据存储单位

数据可以存储在计算机的物理存储介质（如硬盘、光盘等）上。计算机中信息的常用存储单位有位、字节和字。

1. 位

位（bit）是计算机存储设备的最小存储单位，译为“比特”，1bit 表示二进制数中的一位。一个二进制位可以表示 2^1 种状态，即“0”或“1”。位数越多，所表示的状态就越多。

2. 字节

字节（Byte）是计算机中用于描述存储容量和传输容量的一种计量单位（计算机中以字节为单位解释信息），简写为“B”。8 个二进制位编为一组，这一组称为 1 字节，即 1B=8bit。通常人们所说的计算机内存大小为 2GByte，简写为 2GB，表示该计算机主存储器的容量为 2^{30} 字节，也就是说，该计算机的内存由 2^{30} 个存储单元构成，每个存储单元包含 8 位二进制信息。在计算机内部传递的数据的大小是字节的倍数。

3. 字长

一般而言，计算机在同一时间内处理的一组二进制数称为一个计算机的“字”，而这组二进制数的位数就是“字长”。字长与计算机的功能和用途有很大的关系，是计算机的一个重要技术指标。字长直接反映了一台计算机的计算精度。字长总是 8 的整数倍，通常 PC 的字长为 16 位（早期）、32 位、64 位，对应人们常说的 16 位机、32 位机、64 位机。字长是 CPU 的主要技术指标之一，指的是 CPU 一次能并行处理的二进制位数。在其他指标相同时，字长越大，计算机处理数据的速度就越快。早期的微型计算机字长一般是 8 位和 16 位，Intel 80386 及更高的处理器大多是 32 位。目前市面上计算机的处理器大部分已达到 64 位。

通常，1 字节的每一位自右向左依次编号。例如，16 位机各位依次编号为 b_0～b_{15}；32 位机各位依次编号为 b_0～b_{31}；64 位机各位依次编号为 b_0～b_{63}。

位、字节和字长的关系如图 2.1 所示。

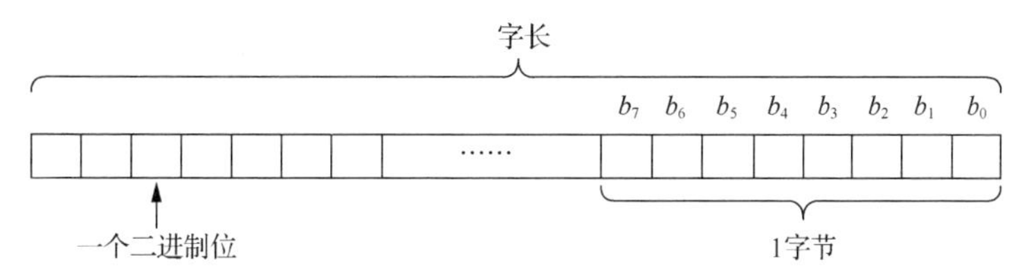

图 2.1 位、字节和字长的关系

2.2.2 存储设备结构

1. 概述

用来存储数据的设备称为计算机的存储设备，主要包括内存、硬盘、光盘、U 盘等。无论哪一种存储设备，其最小存储单位都是“位”，存储数据的基本单位都是“字节”，即数据是按字节进行存放的。

2. 存储单元

存储单元是计算机存储设备容量最基本的计量单位，目前的计算机以 8 位二进制信息（即 1 字节）为一个存储单元。当一个数据作为一个整体进行存取时，它一定存放在 1 字节或几字节中。物理存储单元的特点是：只有当新的数据送入存储单元时，该存储单元才会用新值替代旧值，否则，它将永远保持原有数据。

3. 存储容量

存储容量是指存储设备可以容纳的二进制信息量，它是衡量计算机存储能力的重要指标。存储容量通常用字节进行计算和表示，常用的单位有 B、KB、MB、GB、TB 等。

内存容量是指计算机的随机存储器（Random Access Memory，RAM）的容量，是内存的关键参数，通常内存容量为 1GB、2GB 等。外存多以硬盘、光盘和 U 盘为主，每个设备所能容纳的总的字节数称为外存容量，如 500GB、1TB 等。

常用的存储单位之间的换算关系如表 2.10 所示。

表 2.10 常用的存储单位之间的换算关系

单位	对应关系	备注
bit（位）	1bit=一个二进制位（2^0）	“0”或“1”
B（Byte，字节）	1B=2^3bit=8bit	
KB（千字节）	1KB=2^{10}B=1024B	
MB（兆字节）	1MB=2^{20}B=1024KB	
GB（吉字节）	1GB=2^{30}B=1024MB	超大规模
TB（太字节）	1TB=2^{40}B=1024GB	海量数据
PB（拍字节）	1PB=2^{50}B=1024TB	大数据
……	……	……

2.2.3 编址与地址

每个存储设备都是由一系列的存储单元构成的。为了对存储设备进行有效的管理，并清楚地区别每一个存储单元，需要对每个存储单元进行编号。这些都是由操作系统完成的。其中，对存储单元进行编号的过程称为“编址”，而存储单元的编号称为“地址”。

在计算机系统中，地址是用二进制编码并以字节为单位表示的，但通常为了便于识别与应用而用十六进制表示。存储单元与地址之间是一一对应的关系，CPU 就是借助地址访问指定存储单元中的信息的，这些信息就是 CPU 操纵的指令或数据。

存储体结构与地址表示如图 2.2 所示。

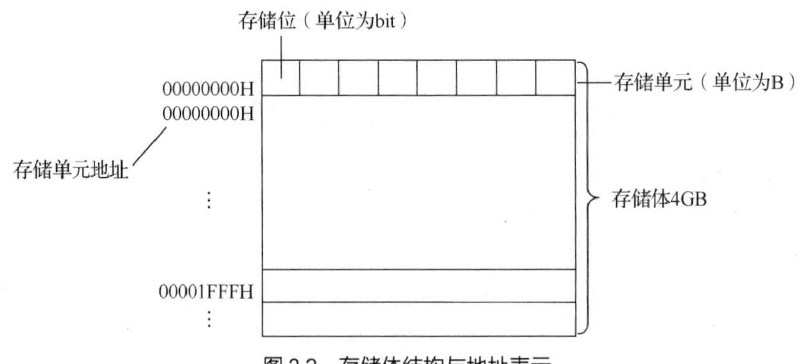

图 2.2　存储体结构与地址表示

2.3　数值在计算机中的表示

现实生活中经常会遇到数值计算问题，如计算购买物品金额、计算成绩等，其计算结果为一个确切的数值，而且有正、负之分。通常在数学上用“+”“-”符号表示这些数值的正、负，且符号会放在数值的最左边，“+”通常可以省略。有时，还会遇到带有小数点的数。由于计算机只能存放二进制数，因此信息在计算机内部都是以二进制编码的形式存放的。换言之，一切输入计算机中的数据都是由“0”“1”两个数字组合而成的，数值的“+”“-”符号在计算机中也要用“0”“1”来表示，即进行所谓的数学符号数值化。

通常，在计算机内部，用二进制数字“0”表示“+”，用二进制数字“1”表示“-”，并放在数的最左边。人们把这种符号数值化了的数称为机器数，而把原来的数值称为机器数的真值。例如，已知$(10)_{10}=(1010)_2$，假如分别用 1 字节表示+10 和-10，则其机器数表示如图 2.3 所示。

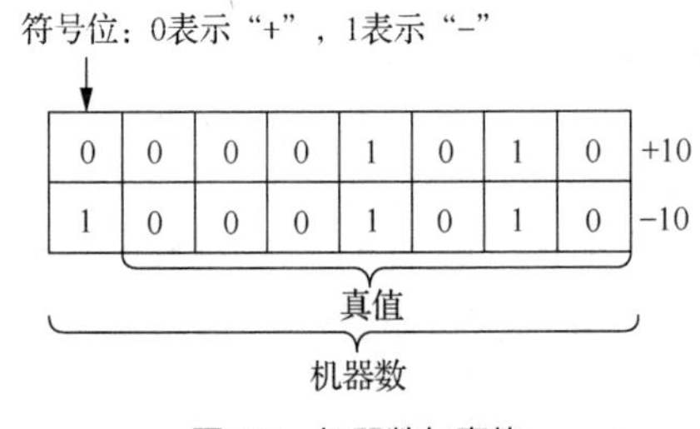

图 2.3　机器数与真值

2.3.1　数的定点和浮点表示

在计算机中，一个带小数点的数据通常有两种表示方法：定点表示法和浮点表示法。在计算过程中，小数点位置固定的数据称为定点数，小数点位置浮动的数据称为浮点数。计算机中常用的定点数有两种，即定点纯整数和定点纯小数。

将小数点固定在数的最低位之后，该数就是定点纯整数。格式如下：

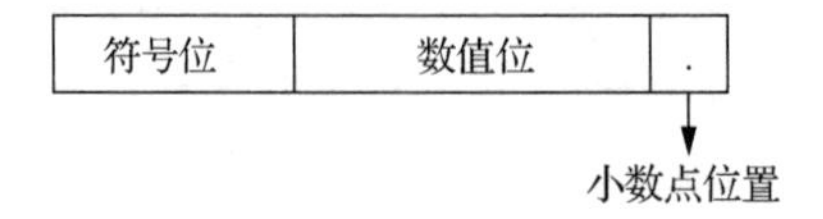

将小数点固定在符号位之后、最高数值位之前，该数就是定点纯小数。格式如下：

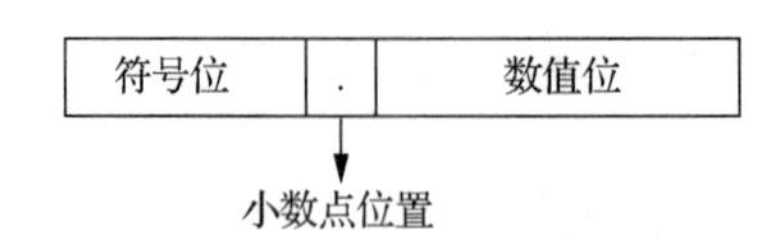

一个十进制数可以表示成一个纯小数与一个以 10 为底的整数次幂的乘积。

【例 2.25】十进制数 123.45 可表示为 0.12345×10^3。同理，一个任意二进制数 N 可以表示为

$$N= S \times 2^J$$

式中，S 称为尾数，是二进制纯小数，表示 N 的有效数位；J 称为 N 的阶码，是二进制整数，指明了小数点的实际位置，改变 J 的值就改变了数 N 的小数点的位置。该式就是数的浮点表示形式，而其中的尾数和阶码分别是定点纯小数和定点纯整数。

【例 2.26】二进制数 1001.11 的浮点表示形式可为 0.100111×2^{100}。

2.3.2 数的编码表示

计算机内，有符号机器数通常用原码、反码和补码 3 种方式表示，其主要目的是解决减法运算的问题。

1. 原码

一般的数都有正负之分，但计算机只能记忆 0 和 1，要在计算机中存放和处理数，就要对数的符号进行编码。编码的基本方法是在数中增加一位符号位（一般将其安排在数的最高位之前），并用“0”表示“+”，用“1”表示“−”。

【例 2.27】数+11100 在计算机中可存为 011100；数−11100 在计算机中可存为 111100。

这种数值位部分不变，仅用 0 和 1 表示其符号得到的数的编码，称为原码。将原来的数称为真值，将其编码称为机器数。

按上述原码的定义和编码方法，数 0 就有两种编码形式，即 0000…0 和 100…0。对于带符号的整数而言，n 位二进制原码表示的数值范围为

$$-(2^{n-1}-1)\sim+(2^{n-1}-1)$$

例如，8 位原码的表示范围为−127～+127，16 位原码的表示范围为−32767～+32767。

用原码进行乘法运算对应的计算机的控制较为简单，两个符号位单独相乘就可以得到结果的符号位，数值部分相乘就可以得到结果的数值。但用其进行加减法运算就较为困难，主要难在结果符号的判定，并且实际进行加法还是进行减法操作还要依据操作对象具体判定。为了简化运算操作，也为了把加法和减法统一起来以简化运算器的设计，计算机中用到了其他的编码形式，主要有补码和反码。

为了说明补码的原理，在此先介绍数学中的“同余”概念。对于 A、B 两个数，若用一个正整数 K 去除，所得的余数相同，则称 A、B 对于模 K 是同余的（或称它们互补），即 A 和 B 在模 K 的意义下相等，记作 A=B(MOD K)。

例如，A=11，B=6，K=5，用 K 去除 A、B，余数都是 1，记作 11 = 6(MOD 5)。

实际上，在校对钟表时间时，将时针按顺时针方向拨 7h 与按逆时针方向拨 5h 的效果是相同的，即加 7 和减 5 的结果是一样的。这是因为表盘上只有 12 个记数状态，即其模为 12，可表示为

$$7 = -5(\text{MOD}12)$$

在计算机中，其运算器每次能处理的最大的二进制数长度（字长）总是有限的，即它也有“模”的存在，利用“补数”可以实现加减法之间的相互转换。下面给出求反码和补码的算法和应用举例。

2. 反码

反码的计算方法：对于正数，其反码和原码同形；对于负数，则将其原码的符号位保持不变，而将其他位按位求反（即将 0 换为 1，将 1 换为 0）。

【例 2.28】求+0101100 和−0101100 的反码。

+0101100 的反码为 00101100；

−0101100 的原码为 10101100，反码为 11010011。

3. 补码

补码的计算方法：对于正数，其补码和原码同形；对于负数，先求其反码，然后在最低位加“1”

（称为末位加 1）。

【例 2.29】求+0101100 和−0101100 的补码。

+0101100 的原码为 00101100，补码为 00101100；

−0101100 的原码为 10101100，反码为 11010011，补码为 11010100。

表 2.11 列出了 4 个数值的常用数制表示及其原码、反码和补码的 3 种编码表示（仅以 8 位编码为例）。

表 2.11　真值、原码、反码、补码对照举例

十进制数	二进制数	十六进制数	原码	反码	补码	说明
+37	100101	25	00100101	00100101	00100101	定点正整数
−69	−1000101	−45	11000101	10111010	101111011	定点负整数
+0.75	0.11	0.C	01100000	01100000	01100000	定点正小数
−0.25	−0.01	−0.4	10100000	11011111	11100000	定点负小数

如果表 2.13 中的数据是正数，则其 3 种编码同形；如果是负数，按照原码、反码、补码的计算顺序可以得出最终的补码表示形式。反之，对一个负数的补码求补就会得到对应的原码。

4. 补码运算

在计算机中，补码是一种重要的编码形式。采用补码后，可以方便地将减法运算转换成加法运算，使运算过程得到简化。

（1）补码的加法。补码加法运算的基本规则是$[X+Y]_{补}= [X]_{补}+[Y]_{补}$。由于采用补码进行运算，因此所得结果仍为补码。

（2）补码的减法。补码减法运算的基本规则是$[X-Y]_{补}= [X]_{补}+[-Y]_{补}$。由于采用补码进行运算，因此所得结果仍为补码。

【例 2.30】20+16=36 的补码计算过程如下。

首先将十进制数 20 和 16 利用十进制整数“连除 2，逆向取余”的方法转换为二进制数，结果为$(20)_{10}=(10100)_2$，$(16)_{10}=(10000)_2$。

假设机器字长为 8 位，由于正数的补码与原码同形，则十进制数 20 的 8 位二进制补码表示形式为 00010100；十进制数 16 的 8 位二进制补码表示形式为 00010000。

由式$[20+16]_{补}= [20]_{补}+[16]_{补}$，8 位补码计算的竖式如下：

$$
\begin{array}{r}
00010100 \\
+\ 00010000 \\
\hline
00100100
\end{array}
$$

结果的符号位为 0，表示结果为正数，补码与原码同形。将结果转换为十进制数为 36，运算结果正确。

【例 2.31】16−20=−4 的补码计算过程如下。

首先将十进制数 16 和 20 利用十进制整数“连除 2，逆向取余”的方法转换为二进制数，结果为$(16)_{10}=(10000)_2$，$(20)_{10}=(10100)_2$。

假设机器字长为 8 位，由于正数的补码与原码同形，则十进制数 16 的 8 位二进制补码表示形式为 00010000；十进制数−20 的 8 位二进制原码表示形式为 10010100，反码表示为 11101011，补码表示为 11101100。

由式$[16-20]_{补}= [16]_{补}+[-20]_{补}$，8 位补码计算的竖式如下：

$$
\begin{array}{r}
00010000 \\
+\ 11101100 \\
\hline
11111100
\end{array}
$$

结果的符号位为 1，表示结果为负数。由于负数的补码与原码不同形，所以将其求补得到原码为 10000100，再转换为十进制数为−4，运算结果正确。

2.3.3　计算机中数的浮点表示

2.3.1 小节已经介绍过数的浮点表示形式，即阶码和尾数的表示形式。原则上，阶码和尾数都可以任意选用原码、补码或反码，这里仅简单举例说明采用补码表示的定点纯整数表示阶码、采用补码表示的定点纯小数表示尾数的浮点表示方法，其格式如下：

E_0	$E_1E_2\cdots E_m$	M_0	$M_1M_2\cdots M_n$
阶符	←阶码→	数符	←尾数→

例如，在 IBM PC 系列微型计算机中，采用 4 字节存放一个实型数据，其中阶码占 1 字节，尾数占 3 字节。阶码的符号（简称阶符）和数值的符号（简称数符）各占一位，且阶码和尾数均为补码形式。

【例 2.32】 求十进制数 128.8125 的浮点表示形式，并写出其浮点表示格式。

计算过程如下。

① 求十进制数的二进制表示形式。

整数部分：

除数	被除数	余数
2	128	0
2	64	0
2	32	0
2	16	0
2	8	0
2	4	0
2	2	0
2	1	1
	0	

逆向取余后的结果为 10000000。

小数部分：

	小数部分	整数部分
0.8125×2=1.6250	0.6250	1
0.6250×2=1.2500	0.2500	1
0.2500×2=0.5000	0.5000	0
0.5000×2=1.0000	0	1

正向取整后的结果为 1101。

将整数部分和小数部分合并，得到十进制数 128.8125 的二进制表示形式，即

$(128.8125)_{10}=(10000000.1101)_2$

② 将二进制表示形式通过小数点的移位转换为尾数加阶码的浮点表示形式，即

$(128.8125)_{10}=(10000000.1101)_2=(0.100000001101\times2^{1000})_2$

③ 由于阶码和尾数均为正数，则可直接写出其浮点表示格式为

0	000 1000	0	1000000 01101000 00000000
阶符	←阶码→	数符	←尾数→

【例 2.33】 求十进制数-0.21875 的浮点表示形式，并写出其浮点表示格式。

计算过程如下。

① 求十进制数的二进制表示形式。

由于该数值只有小数部分，因此只完成小数部分的转换。

	小数部分	整数部分
0.21875×2=0.43750	0.43750	0
0.43750×2=0.87500	0.87500	0
0.87500×2=1.75000	0.75000	1
0.75000×2=1.50000	0.50000	1
0.50000×2=1.00000	0	1

根据转换结果，可得出十进制数-0.21875 的二进制表示形式，即

$(-0.21875)_{10}=(-0.00111)_2$

② 将二进制表示形式通过小数点的移位转换为尾数加阶码的浮点表示形式，即

$(-0.21875)_{10}=(-0.00111)_2=(-0.111\times2^{-10})_2$

③ 由于阶码和尾数均为负数，还需求出其补码表示形式。

尾数的原码表示形式为 1 1110000 00000000 00000000。

根据补码计算规则，先求反码，表示形式为 1 0001111 11111111 11111111。

再求得补码表示形式为 1 0010000 00000000 00000000。

阶码的原码表示形式为 1 0000010。

根据补码计算规则，先求反码，表示形式为 1 1111101。

再求得补码表示形式为 1 1111110。

④ 根据尾数和阶码的补码表示形式，可直接写出其浮点表示格式为

1	111 1110	1	0010000 00000000 00000000
阶符	← 阶码 →	数符	← 尾数 →

由此可知，在写一个编码时必须按规定写足位数，必要时可补写 0 或 1。另外，为了充分利用编码表示高精度的数据，计算机中采用了“规格化”的浮点数的概念，即尾数小数点的后一位必须非“0”。对于用补码形式表示的尾数而言，正数小数点的后一位必须是“1”，负数小数点的后一位必须是“0”，否则就左移一次尾数，阶码减 1，直到符合规格化要求。

2.4 信息编码

计算机是以二进制形式组织、存放信息的。计算机编码是指对输入计算机中的各种数值和非数值数据用二进制数进行编码的方式。对于不同类型的机器、不同类型的数据，其编码方式也不同。为了方便信息的表示、交换、存储和处理，计算机系统通常采用统一的编码方式，因此制定了编码的国家标准或国际标准，如 BCD（Binary Coded Decimal，二进制编码的十进制）码、ASCII（American Standard Code for Information Interchange，美国信息交换标准码）、汉字编码、图像编码等。计算机就是通过这些编码与外部设备或其他计算机进行信息交换的。

2.4.1 二—十进制编码

现实生活中人们通常用十进制数表示数值，在计算机中需要将十进制数转换为二进制数。其转换方式有多种，不管采用哪种转换方式，得到的编码均称为二—十进制编码，即 BCD 码。

由于十进制数有 10 个数码，至少要用 4 位二进制数才能表示 1 位十进制数，而 4 位二进制数能表示 16 个编码，因此就存在多种编码方法。其中，最常用的是 8421BCD 码。它采用 4 位二进制编码表示 1 位十进制数，其中，4 位二进制数中由高位到低位的每一位权分别为 2^3、2^2、2^1、2^0，即 8、4、2、1。十进制数与 8421BCD 码的对应关系如表 2.12 所示。

表 2.12　十进制数与 8421BCD 码的对应关系

十进制数	8421BCD 码	十进制数	8421BCD 码
0	0000	5	0101
1	0001	6	0110
2	0010	7	0111
3	0011	8	1000
4	0100	9	1001

【例 2.34】用 8421BCD 码表示十进制数 1369，可以直接写出结果：0001 0011 0110 1001。

BCD 码编码比较直观，只要熟悉 4 位二进制编码表示的 1 位十进制数，就很容易实现十进制数与 BCD 码的转换。但需要注意的是，BCD 码与二进制数之间的转换不是直接进行的，要先经过十进制数的转换，即将 BCD 码先转换为十进制数，再转换成二进制数；反之亦然。

2.4.2　字符编码

字符编码是指对输入计算机中的字符进行二进制编码的方式。国际上广泛采用的是 ASCII。

字符实际上是计算机中使用最为广泛的非数值型数据，包括英语字母 52 个（大、小写字母各 26 个）、数码 10 个、数学运算符和其他标点符号等约 32 个，加上用于打字机控制的无图形符号等，共计近 128 个符号。因为 1 位二进制数可以表示两种状态，即 0 或 1（$2^1=2$）；2 位二进制数可以表示 4 种状态，即 00、01、10 或 11（$2^2=4$）；依此类推，对 128 个符号编码需要使用 7 位二进制数，因为 $2^7=128$。因此，ASCII 有 7 位和 8 位代码两种形式，7 位 ASCII 就是用 7 位二进制数进行编码，刚好可以表示 128 个字符。

ASCII 如表 2.13 所示，128 个字符分配为：0～32 及 127（共 34 个）表示控制字符，主要用于换行、回车等功能字符；33～126（共 94 个）表示的字符中，48～57 表示 0～9 这 10 个数字符号，65～90 表示 26 个英文大写字母，97～122 表示 26 个英文小写字母，其余表示一些标点符号、运算符等。

表 2.13　ASCII

<table>
<tr><th rowspan="2">$b_3b_2b_1b_0$</th><th colspan="8">$b_6b_5b_4$</th></tr>
<tr><th>000</th><th>001</th><th>010</th><th>011</th><th>100</th><th>101</th><th>110</th><th>111</th></tr>
<tr><td>0000</td><td>NUL</td><td>DLE</td><td>SPACE</td><td>0</td><td>@</td><td>P</td><td>`</td><td>p</td></tr>
<tr><td>0001</td><td>SOH</td><td>DC1</td><td>!</td><td>1</td><td>A</td><td>Q</td><td>a</td><td>q</td></tr>
<tr><td>0010</td><td>STX</td><td>DC2</td><td>"</td><td>2</td><td>B</td><td>R</td><td>b</td><td>r</td></tr>
<tr><td>0011</td><td>ETX</td><td>DC3</td><td>#</td><td>3</td><td>C</td><td>S</td><td>c</td><td>s</td></tr>
<tr><td>0100</td><td>EOT</td><td>DC4</td><td>$</td><td>4</td><td>D</td><td>T</td><td>d</td><td>t</td></tr>
<tr><td>0101</td><td>ENQ</td><td>NAK</td><td>%</td><td>5</td><td>E</td><td>U</td><td>e</td><td>u</td></tr>
<tr><td>0110</td><td>ACK</td><td>SYN</td><td>&</td><td>6</td><td>F</td><td>V</td><td>f</td><td>v</td></tr>
<tr><td>0111</td><td>BEL</td><td>ETB</td><td>'</td><td>7</td><td>G</td><td>W</td><td>g</td><td>w</td></tr>
<tr><td>1000</td><td>BS</td><td>CAN</td><td>(</td><td>8</td><td>H</td><td>X</td><td>h</td><td>x</td></tr>
<tr><td>1001</td><td>HT</td><td>EM</td><td>)</td><td>9</td><td>I</td><td>Y</td><td>i</td><td>y</td></tr>
<tr><td>1010</td><td>LF</td><td>SUB</td><td>*</td><td>:</td><td>J</td><td>Z</td><td>j</td><td>z</td></tr>
<tr><td>1011</td><td>VT</td><td>ESC</td><td>+</td><td>;</td><td>K</td><td>[</td><td>k</td><td>{</td></tr>
<tr><td>1100</td><td>FF</td><td>FS</td><td>,</td><td><</td><td>L</td><td>\</td><td>l</td><td>|</td></tr>
<tr><td>1101</td><td>CR</td><td>GS</td><td>-</td><td>=</td><td>M</td><td>]</td><td>m</td><td>}</td></tr>
<tr><td>1110</td><td>SO</td><td>RS</td><td>.</td><td>></td><td>N</td><td>^</td><td>n</td><td>~</td></tr>
<tr><td>1111</td><td>SI</td><td>US</td><td>/</td><td>?</td><td>O</td><td>_</td><td>o</td><td>DEL</td></tr>
</table>

ASCII 在初期主要用于远距离的有线或无线电通信，因此，为了及时发现在传输过程中因电磁干扰引起的代码出错，设计了各种校验方法，其中奇偶校验是使用得最多的一种。奇偶校验是在 7 位 ASCII 之前增加一位用作校验位，形成 8 位编码，其编码结构如下：

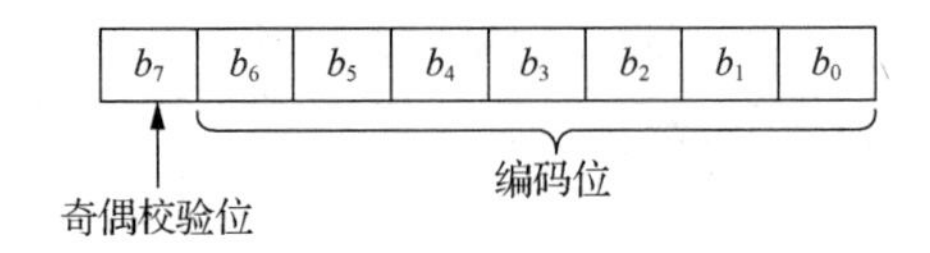

若采用偶校验，则选择校验位的状态使包括校验位在内的编码内所有为“1”的位数之和为偶数。例如，大写字母“C”的7位编码是“1000011”，共有3个“1”，使校验位置“1”，则可得到字母“C”的带校验位的8位编码“11000011”；若原7位编码中已有偶数个“1”，则使校验位置“0”。在数据接收端对接收的每一个8位编码进行奇偶性校验，若不符合偶数个（或奇数个）“1”的约定就认为该编码是一个错码，并通知对方重复发送一次。由于8位编码被广泛应用，因此8位二进制数被定义为1字节，成为计算机中的一个重要单位。

2.4.3 汉字编码

汉字是世界上使用最多的文字之一，汉语是联合国的工作语言之一。汉字处理的研究对计算机在我国的推广、应用和加强国际交流是十分重要的。但汉字属于图形符号，结构复杂，多音字和多义字比例较大，且数量非常多（字形各异的汉字据统计有50000个左右，常用的也有7000个左右）。西文是拼音文字，基本符号较少，编码比较容易，因此在一个计算机系统中，输入、内部处理、存储和输出都可以使用统一编码。汉字编码处理和西文编码处理有很大的区别，由于汉字数量多，编码比拼音文字困难，在键盘上难以表现，输入和处理比较难，因此其输入、内部处理、存储和输出需要使用不同的编码。

1. 输入码

输入码也称机外码，主要解决如何使用西文标注键盘实现将汉字输入计算机的问题。使用键盘输入汉字用到的汉字输入码现在已经有数百种，商品化的也有数十种，被广泛应用的有五笔字型码、全/双拼音码、自然码等。归纳起来，输入码可分为数字码、拼音码、字形码和自然码。

（1）数字码。数字码以区位码、电报码为代表，一般用4位十进制数表示一个汉字，每个汉字的编码唯一。其主要问题在于记忆困难。

（2）拼音码。拼音码是按照拼音规则来输入汉字的，不需要特殊记忆，符合人们的思维习惯，只要会拼音即可输入汉字。拼音码又分全拼和双拼，基本上无须记忆。但是，汉字中的同音字太多，为此又提出双拼双音、智能拼音和联想等方案，推进了拼音码的普及。常用的输入法有智能ABC、微软拼音、搜狗拼音等。其主要问题在于：一是同音字太多，重码率高、输入效率低；二是对不认识的生字难以处理；三是对用户的发音要求高。

（3）字形码。字形码是以汉字的形状确定的编码，即按照汉字的笔画用字母或数字进行编码。字形码以五笔字型码为代表，包括八画、表形码等。其优点是重码率低，不受方言干扰，经过一定的训练使用它输入汉字的效率会很高，适用于专业打字人员，而且不涉及拼音，不受发音影响；缺点是记忆量大。

（4）自然码。自然码则将汉字的音、形、义都反映在编码中，是混合编码的代表。

2. 字形码（汉字字库）

字形码是指文字信息的输出编码，即通常所说的汉字字库，它是使用计算机时显示或打印汉字的图像源。要在屏幕上显示或在打印机上打印汉字，就需要用到汉字的字形信息。目前表示汉字字形常用点阵字形和矢量字形。

（1）点阵字形。点阵字形是指将汉字写在一个方格纸上，用一位二进制数表示一个方格的状态，将有笔画经过的方格的状态记为“1”，否则记为“0”，并称其为点阵。把点阵上的状态代码记录下来就可以得到一个汉字的字形码。显然，同一汉字用不同的字体或不同大小的点阵将得到不同的字形码。由于汉字笔画多，至少要用 16×16 的点阵（简称 16 点阵）才能描述一个汉字，这就需要 256 个二进制位，即用 32 字节的存储空间来存放它。例如，汉字“田”的存储格式示意如图 2.4 所示。若要更精密地描述一个汉字需要更大的点阵，如 24×24 点阵（简称 24 点阵）或更大。将字形信息有组织地存放起来可以形成汉字字形库。一般 16 点阵字形用于显示，相应的字形库称为显示字库。

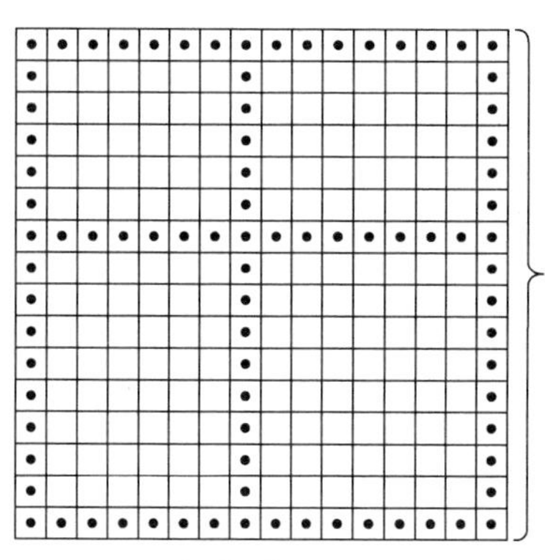

图 2.4 汉字“田”的存储格式示意

（2）矢量字形。矢量字形则是指抽取并存放汉字中每个笔画的特征坐标值，即汉字的矢量字形信息。在输出时依据这些信息经过运算恢复原来的字形，所以矢量字形信息可适应显示和打印各种字号的汉字。其缺点是每个汉字需存储的矢量字形信息量有较大的差异，存储长度不一样，查找困难，在输出时需要耗费较多的运算时间。

3. 处理码

处理码也称机内码、内码，它是计算机内部存储、处理汉字时所使用的编码，即汉字系统中使用的二进制字符编码。有了字形库，要快速地找到所需的信息，必须知道其存储单元的地址。要输入一个汉字并将它显示出来，就要将其输入码转换为能表示其字形码存储地址的处理码。根据字库的选择和字库存放位置的不同，同一汉字在同一计算机内的处理码是不同的。

4. 交换码

汉字的输入码、字形码和处理码都不是唯一的，不便于不同计算机系统之间的汉字信息交换。为此，人们又引入了交换码。常见的交换码有如下几种。

（1）国标码

我国制定了《信息交换用汉字编码字符集 基本集》（GB/T 2312—1980），其中提供了统一的国家信息交换用汉字编码，这种编码称为国标码（也称交换码 GB2321）。该标准集中规定了 682 个西文字符和图形符号、6763 个常用汉字。6763 个汉字被分为一级汉字 3755 个和二级汉字 3008 个。每个汉字或符号的编码为两字节，每字节的低 7 位为汉字编码，共计 14 位，最多可编码 16384 个汉字和符号。国标码规定了 94×94 的矩阵，即 94 个可容纳 94 个汉字的“区”，并将汉字在区中的位置称为“位号”。一个汉字所在的区号和位号合并起来就组成了该汉字的区位码。区位码可以方便地换算为处理码：

高位处理码 ＝ 区号 ＋20H＋80H；

低位处理码 ＝ 位号 ＋20H＋80H。

式中+20H 是为了避开 ASCII 的控制字符（0～32）；+80H 是为了将每字节的最高位置“1”，与基本的 ASCII 区分开来。

根据国标码的规定，每一个汉字都有确定的二进制编码，但是这个编码在计算机内部处理时会与 ASCII 发生冲突。为解决此问题，在国标码的每字节的首位上加 1。由于 ASCII 只用 7 位，因此这个首位上的“1”就可以作为汉字编码的标志，计算机在处理到首位是“1”的编码时将其理解为汉字，在处理到首位是“0”的编码时将其理解为ASCII。经过这样处理后的国标码就是处理码。

汉字的处理码、国际码与区位码之间的关系是：$(汉字处理码前两位)_{16}$=$(国标码前两位)_{16}$+80H=$(区码)_{16}$+A0H；$(汉字处理码后两位)_{16}$=$(国标码后两位)_{16}$+80H=$(区码)_{16}$+A0H。将用十六进制表示的处理码的前两位和处理码的后两位连起来，就得到完整的用十六进制表示的处理码。在微型计算机内部汉字编码都用处理码，在磁盘上记录汉字编码也使用处理码。

除GB/T 2312—1980外，GB/T 7589—1987和GB/T 7590—1987两个辅助集也对不常用汉字进行了规定，三者定义汉字共21039个。

（2）Big5码。

Big5码是针对繁体汉字的汉字编码，每个汉字也由两字节组成。

（3）GBK码。

GBK码是GB码的扩展字符编码，可对2万多的简/繁体汉字进行编码。GBK全称是《汉字内码扩展规范》。GB即“国标”，K是“扩展”的汉语拼音的第一个字母。GBK码向下与GB/T 2312—1980编码兼容，向上支持ISO 10646.1国际标准，是前者向后者过渡过程中的一个承上启下的标准。

GBK码采用双字节表示，共收录21886个汉字和图形符号，其中汉字21003个，图形符号883个。

为满足信息处理的需要，在国标码的基础上，2000年3月我国又推出了《信息技术 信息交换用汉字编码字符集 基本集的扩充》国家标准，其中共收录了27000多个汉字，还包少数民族文字，采用单、双、四字节混合编码，总编码空间占150万个码位以上，基本解决了计算机汉字和少数民族文字的使用问题。

汉字输入码、处理码、交换码和字形码之间的关系如图2.5所示。

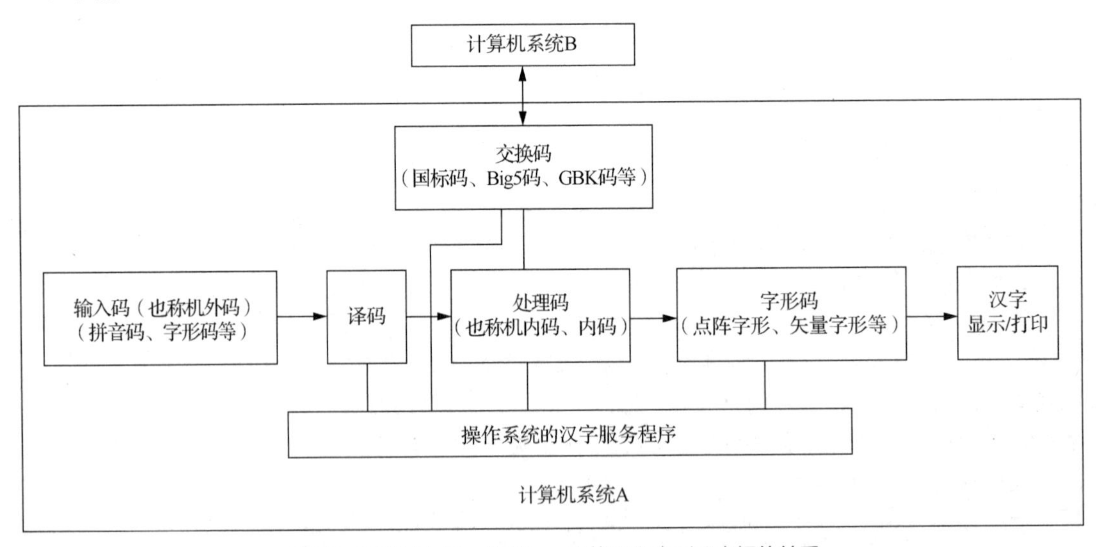

图2.5　汉字输入码、处理码、交换码和字形码之间的关系

2.4.4 多媒体信息编码

多媒体是对多种媒体的融合，它将文字、音频、图像、视频等通过计算机技术和通信技术集成在一个数字环境中，以协同表示更多的信息。多媒体信息是指以文字、音频、图形、图像为媒体的信息。多媒体信息编码是指用二进制数码表示音频、图像和视频等信息，也称为多媒体信息的数字化。

1. 编码过程

生活中的声音、图像和视频等信息都是连续变化的物理量，需要通过传感器（如话筒）将它们转换为电流或电压等模拟量（连续、平滑变化的量），然后经过“模数转换”过程把它们转换为数字量，即一系列二进制数据，计算机才能对它们进行处理，这就是编码过程。因此，编码过程要使用模数转换器，需经过采样、量化和编码 3 个步骤。

（1）采样。采样也称为抽样或取样，它是编码的第一步，其具体操作是对模拟信号进行周期性的扫描，把时间上连续的模拟信号转换为时间上离散的数字信号，也就是在某些特定的时刻对这种模拟信号进行幅度测量（即采样）。这些特定时刻采样得到的信号称为离散时间信号。采样时在时间轴上对模拟信号进行离散化，采样后所得出的一系列离散的采样数值称为样本序列。该模拟信号经过采样后应当包含原有信号中所有的信息，也就是说它能无失真地恢复原模拟信号。

（2）量化。量化是指把模拟信号在幅度轴上的连续值变为离散值，也就是把经过采样得到的瞬时值将其幅度离散，通常使用二进制数表示。如果把信号幅度取值的数目加以限定，用有限数值描述信号幅度，就能实现量化。

（3）编码。编码是指使用二进制数描述采样和量化之后得到的有关音频和图像信号的数据的过程。编码之后，计算机就可以进行编辑、存储、传输或进行其他应用了。但是，数字化了的图像、音频等信息的数据量是很大的，因此，需要对媒体信息进行有效的编码，即图像、音频等信息的编码通过采用特定的数使描述相应对象的二进制符号数量达到最少。

2. 音频信息数字化

声音的声波振动越强，声音越大；振动频率越高，音调则越高。模拟音响的主要参数是振幅和频率：波形的振幅表示声音的大小（音量），振幅越大，声音就越响，反之，声音就越轻；频率的高低表示声音音调的高低，两波峰之间的距离越近，声音越尖锐（平时称之为高音），反之，声音越低沉（平时称之为低音）。

要把声波用数字方法表示，即模拟音频信息的数字化过程，如图 2.6 所示，需要经过 3 个步骤。

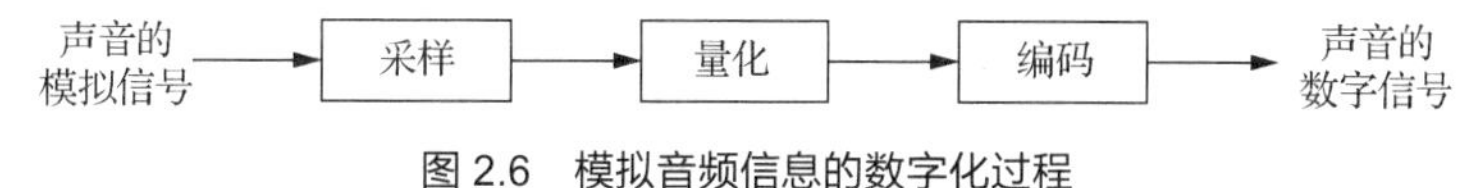

图 2.6　模拟音频信息的数字化过程

（1）采样。采样是指每隔一定时间间隔在模拟波形上取一个幅度值，把时间上的连续信号变成时间上的离散信号。该时间间隔为采样周期，其倒数为采样频率，如图 2.7 所示。

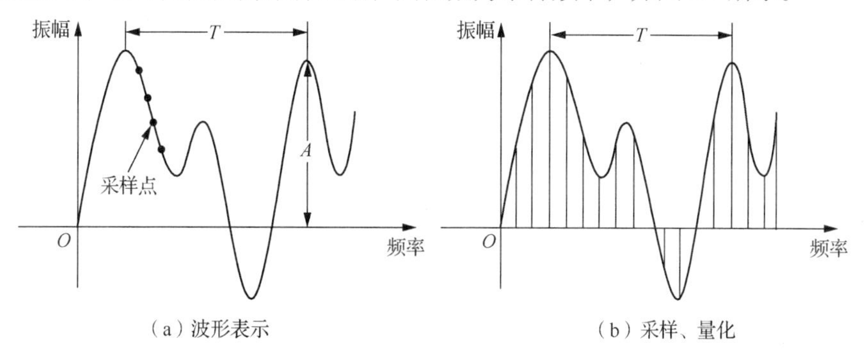

图 2.7　声音的波形表示、采样与量化

采样频率即每秒的采样次数，采样频率越高，数字化音频信息的质量越高，但数据量越大。根据采样定律，在对模拟信号进行采集时，选用该信号最高频率的两倍的频率采样，才能基本保证原信号的质量。因此，目前普通声卡的最高采样频率通常为 48kHz 或 44.1kHz，此外还支持 22.05kHz 和 11.025kHz 的采样频率。

（2）量化。量化是指将每个采样点得到的表示声音强弱的模拟电压的幅度值以数字存储。量化位数（即采样精度）表示存放采样点振幅值的二进制位数，它决定了模拟信号数字化以后的动态范围。通常，量化位数有 8 位、16 位，其中 8 位量化位数的精度有 256 个等级，即对每个采样点的音频信号的幅度精度为最大振幅的 1/256；16 位量化位数的精度有 65536 个等级，即对每个采样点的音频信号的幅度精度为最大振幅的 1/65536。由此可见，量化位数越多，对音频信号的采样精度就越高，信息量也相应提高。在相同的采样频率下，量化位数越多，则采样精度越高，声音的质量也越好，信息的存储量也相应越大。

（3）编码。编码是指将采样和量化后的数字数据以一定的格式记录下来。编码的方式很多，常用的编码方式是脉冲编码调制（Pulse Code Modulation，PCM），其主要优点是抗干扰能力强、失真小、传输特性稳定。

计算机声音有两种产生途径：一种是通过数字化录制直接获取；另一种是利用声音合成技术实现，它是计算机音乐产生的基础。声音合成技术使用微处理器和数字信号处理器代替发声部件，模拟出声音波形数据，然后将这些数据通过数模转换器转换成音频信号并发送到放大器，合成声音或音乐。乐器生产商利用声音合成技术生产出各种各样的电子乐器。

20 世纪 80 年代，随着 PC 的兴起，声音合成技术与计算机技术的结合产生了新一代数字合成器标准 MIDI（Music Instrument Digital Interface，乐器数字接口）。这是一个控制电子乐器的标准化串行通信协议，它规定了各种电子合成器和计算机之间连接的数据线和硬件接口标准及设备之间数据传输的协议。MIDI 确立了一套标准，该协议允许各种电子合成器互相通信，从而保证不同品牌的电子乐器之间能保持适当的硬件兼容性，同时为与 MIDI 兼容的设备之间传输和接收数据提供了标准化协议。

3. 多媒体视频信息数字化

多媒体视频信息数字化（即视频编码方式）是指通过特定的压缩技术，将某个视频格式的文件转换成另一种视频格式文件的方式。

目前视频流传输中最为重要的编解码标准有国际电信联盟的 H.264、H.265，运动静止图像专家组的 M-JPEG 和国际标准化组织动态图像专家组（Moving Picture Experts Group）的 MPEG 系列标准，此外在互联网上被广泛应用的还有微软公司的 WMV 及 Apple 公司的 QuickTime 等。

动态图像专家组成立于 1988 年，是为数字音/视频制定压缩标准的专家组。MPEG 最初得到的授权是制定用于“动态图像”编码的各种标准，随后扩充为“及其伴随的音频”和组合编码。后来，MPEG 针对不同的应用需求，解除了“用于数字存储媒体”的限制，成为现在制定“动态图像和音频编码”标准的组织。MPEG 制定的各个标准都有不同的目标和应用，目前已提出 MPEG-1、MPEG-2、MPEG-4、MPEG-7 和 MPEG-21 等标准。

2.5 小结

本章从数制的定义开始，详细介绍了各种数制的特点及表示方式，并介绍了常用的十进制数、二进制数、八进制数和十六进制数之间的转换关系，以及二进制数的算术运算和逻辑运算。在此基础上，简单介绍了计算机内部数据的存储单位和各种数值、非数值数据的编码方式。本章需要读者理解并掌握各种进制之间的转换以及二进制数的运算；了解计算机系统内的数据存储单位；掌握数值信息的定点和浮点表示形式，并熟练掌握原码、反码和补码的编码方式及相应的运算；同时，了解非数值信息（如汉字、多媒体信息等）的编码方式。通过本章的学习，读者可以对计算机中数据的表示和存储有基本的认识和理解，为进一步学习本书的后续章节打下基础。

习题 2

一、选择题

1. 下列各无符号十进制整数中，能用 8 位二进制数表示的是（　　）。
   A. 296　　B. 333　　C. 256　　D. 199
2. 下列数据中，有可能是八进制数的是（　　）。
   A. 238　　B. 764　　C. 396　　D. 789
3. 二进制数 1110111.11 对应的十进制数是（　　）。
   A. 119.375　　B. 119.75　　C. 119.125　　D. 119.3
4. 若十进制数为 57，则其对应的二进制数为（　　）。
   A. 111011　　B. 111001　　C. 110001　　D. 110011
5. 把十进制数 513 转换成二进制数是（　　）。
   A. 1000000001　　B. 1100000001　　C. 1100000011　　D. 1100010001
6. 与十六进制数 BB 等值的十进制数是（　　）。
   A. 187　　B. 188　　C. 185　　D. 186
7. 若十六进制数为 A3，则其对应的十进制数为（　　）。
   A. 163　　B. 172　　C. 179　　D. 188
8. 二进制数 01100100 对应的十六进制数是（　　）。
   A. 64　　B. 63　　C. 100　　D. 144
9. 将二进制数 10101010 和 01001010 进行加法运算，结果是（　　）。
   A. 1010　　B. 11110100　　C. 10101　　D. 11101010
10. bit 的意思是（　　）。
    A. 字　　B. 字长　　C. 字节　　D. 二进制位
11. 在计算机数据中，1KB=（　　）B。
    A. 8　　B. 1024　　C. 2　　D. 1000
12. 1MB 等于（　　）。
    A. 1000 字节　　B. 1024 字节
    C. 1000×1000 字节　　D. 1024×1024 字节
13. 在存储容量表示中，1TB 等于（　　）。
    A. 1000GB　　B. 1000MB　　C. 1024GB　　D. 1024MB
14. 存储容量一般以字节为基本单位进行计算，1 字节为（　　）二进制位。
    A. 8 位　　B. 10 位　　C. 6 位　　D. 4 位
15. 一个汉字占（　　）字节，1KB 能存放（　　）个汉字。
    A. 2500　　B. 2512　　C. 11000　　D. 1500
16. 如果一个存储单元能存放 1 字节，则容量为 32KB 的存储器中存储单元个数为（　　）。
    A. 32000　　B. 32768　　C. 32767　　D. 65536
17. 下列编码中，（　　）不属于汉字输入码。
    A. 点阵码　　B. 区位码　　C. 五笔字型码　　D. 全拼输入码
18. 汉字由计算机键盘输入后，要转换为汉字的（　　）才能够输出。
    A. 外码　　B. 机内码　　C. 字形码　　D. 交换码
19. 目前国际上流行的 ASCII 是“美国信息交换标准码”的简称，若已知大写英文字母 A 的 ASCII 值为 41H，则大写英文字母 D 的 ASCII 值为（　　）。
    A. 01000100　　B. 01000101　　C. 01000011　　D. 01000010

20. 在计算机内部，一切信息的存取、处理和传送的形式是（　　）。
A. ASCII　　B. BCD 码　　C. 二进制数　　D. 十六进制数

二、简答题

1. 什么是数制？数制是如何表示的？
2. 为什么计算机内部采用的是二进制数？
3. 计算机中常用的存储单位是什么？KB、MB、GB 代表什么意思？
4. 在计算机内部存储、传输和检索汉字所使用的编码称为什么？汉字输入码是如何转换成该编码的？

三、计算题

1. 将十进制数 12369 转换成二进制数、八进制数和十六进制数。
2. 将十六进制数 F56C 转换成二进制数、八进制数和十进制数。
3. 计算二进制数 1011011×1011 的结果。
4. 计算下列二进制数逻辑运算的结果。
① 101101100 ∧ 111110111
② 101101100 ∨ 111110111
③ ¬101101100
④ 101101100 ⊕ 111110111
5. 用规格化的浮点格式表示十进制数 322.8125。
6. 设浮点表示格式中阶码（包括 1 位符号位）取 8 位补码，尾数（包括 1 位符号位）取 24 位原码，基数为 2。请写出二进制数-110.0101 的浮点表示格式。
7. 分别用原码、补码、反码表示有符号十进制数+96 和-96。
8. 已知 X的补码为 11000110，求其真值。
9. 用补码运算计算出 32-89 的结果。
10. 将二进制数+11011001 转换成十进制数，并用 8421BCD 码表示。

03

第3章 计算机组成

现代计算机自问世以来发展迅速，但其仍然遵循冯·诺依曼计算机的基本结构，由控制器、运算器、存储器、输入设备和输出设备等五大部件组成。计算机组成是指计算机主要功能部件的组成结构、逻辑设计及功能部件的相互连接关系。完整的一台计算机系统不仅包含硬件系统，还包含软件系统。硬件系统只有搭配合适的软件系统才能使计算机正常工作。

本章将从计算机的基本结构入手，详细介绍计算机的系统组成，并说明计算机的工作原理。

通过本章的学习，学生应该能够：

1. 了解计算机的硬件系统；
2. 了解计算机的软件系统；
3. 掌握计算机的工作原理；
4. 了解计算机的性能评价指标。

3.1 计算机的系统组成

完整的一台计算机的系统包括硬件系统和软件系统两大部分，如图3.1所示。

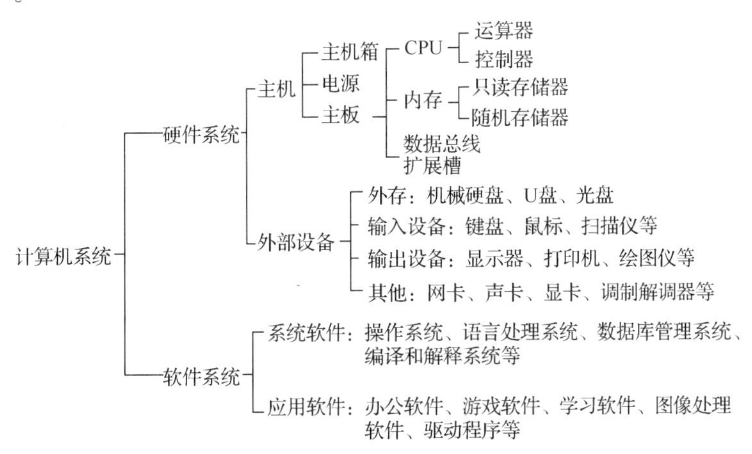

图3.1 计算机的系统组成

3.1.1 计算机的硬件系统

计算机硬件系统是指构成计算机的所有实体部件的集合，通常这些部件由电子、机械和光电元件等物理部件组成。直观地看，计算机硬件是看得见、摸得着的一大堆设备，是计算机进行工作的物质基础，也是计算机软件发挥作用、施展技能的舞台。

目前，计算机硬件结构均是基于冯·诺依曼模型进行构建的，因此逻辑上而言，计算机硬件系统是由控制器、运算器、存储器、输入设备、输出设备等五大部件组成的，如图 3.2 所示。这五大部分在物理上包含主机箱、主板、电源、CPU、内存、显卡、网卡、声卡、风扇、硬盘、光驱、显示器、键盘、鼠标、扫描仪、打印机、摄像头、话筒、音箱等。

1. 主机箱及主板

计算机是按照指令对各类信息和数据进行自动处理的电子设备。电子计算机按照其信息表示方式可以分为数模混合计算机、模拟计算机和数字计算机；按照其应用范围可以分为专用计算机和通用计算机；按照其规模或处理能力可以分为巨型计算机、大型计算机、小型计算机、微型计算机、工作站和服务器等；按照其结构形式可以分为台式计算机和便携式计算机。人们日常工作中使用的计算机属于微型计算机，简称微机、PC。

无论哪类计算机，其基本组成部件基本相同。常用的台式计算机主要由主机、显示器、键盘和鼠标等部件组成，如图 3.3 所示。

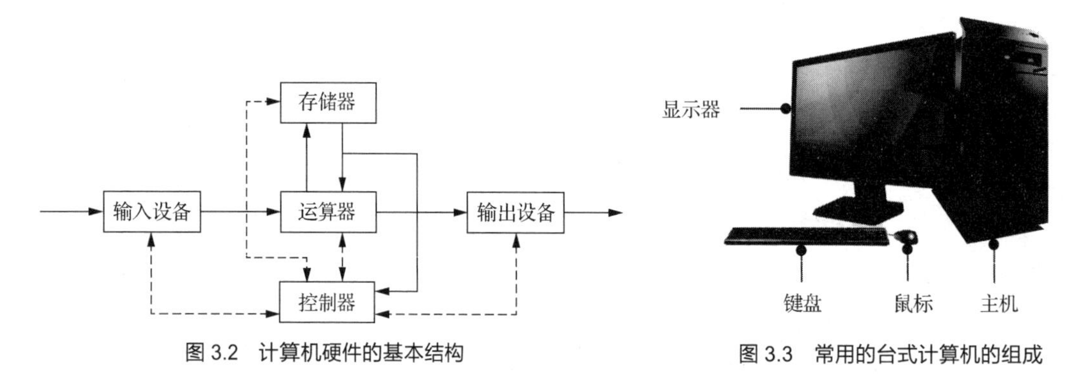

图 3.2 计算机硬件的基本结构

图 3.3 常用的台式计算机的组成

（1）主机箱。把 CPU、显卡、内存、声卡、网卡、硬盘、电源和光驱等硬件，通过计算机主板的接口或数据线连接，并封装到一个密闭的机箱中，该设备被称为主机。主机是一个能够独立工作的系统，包含除输入设备、输出设备以外的所有计算机部件。

① 前面板接口。主机箱的前面板上有光驱、前置输入接口[USB（Universal Serial Bus，通用串行总线）接口、耳机插口和前置话筒]、电源开关、重启开关等。

② 后部接口。主机箱的后部接口丰富，不同型号的计算机主机箱的后部接口的位置和类型有所差异，主要包括电源接口、HDMI（High Definition Multimedia Interface，高清多媒体接口）、DVI（Digital Video Interactive，数字视频交互）接口、音频接口、RJ45 网线接口、PS/2 键盘鼠标接口、USB 接口、eSATA 接口等，如图 3.4 所示。

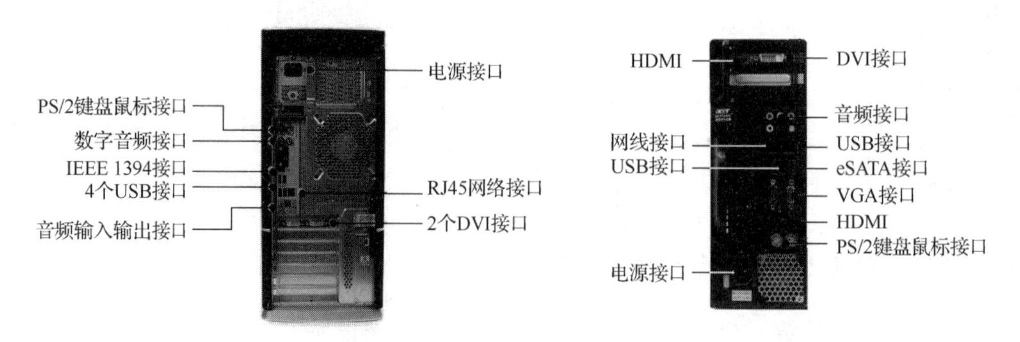

图 3.4 不同型号的计算机主机箱后部接口

③ 内部结构。主机箱内部有主板、内存、显卡、网卡、声卡、硬盘、光驱、电源等硬件设备，如图 3.5 所示，其中，声卡和网卡多集成在主板上。

（2）主板。主板又称主机板、系统板或母板，它是安装在主机箱内的最大的 PCB（Printed-Circuit Board，印制电路板），它将各种硬件设备通过接口或数据线连接在一起，如图 3.6 所示。主板上主要包括 CPU 插槽、内存插槽、扩展主板功能的扩展槽、实现外部设备与 CPU 通信的扩展槽、连接外部设备的插槽或插座、存储驱动器的插槽或插座、电源插座（主板连接电源接口，负责为 CPU、内存、芯片组、各种网卡提供电源）、连接主机面板上的指示灯和功能按钮的插件、在主板各部件之间传输数据和指令的数据线等。

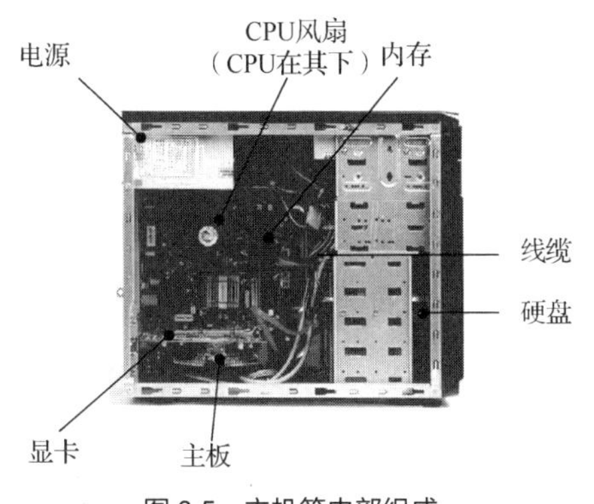

图 3.5 主机箱内部组成

图 3.6 主板

2. CPU

CPU 主要包括控制器和运算器两部分，负责计算机系统中的运算、控制和判断等核心工作，是计算机的核心部件。CPU 采用大规模集成电路将近亿个晶体管集成在一块硅片上，其又称为微处理器。CPU 的内部结构包括运算部件（算术逻辑部件）、控制部件（控制单元）、寄存器（快速存储单元），如图 3.7 所示。

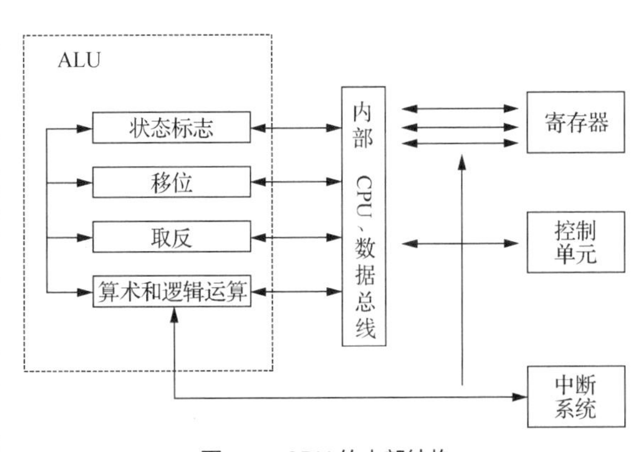

图 3.7 CPU 的内部结构

（1）运算部件。运算部件又称算术逻辑部件（Arithmetic and Logic Unit，ALU），是计算机中执行各种算术和逻辑运算的部件。其主要功能是对数据进行各种运算，包括加/减/乘/除等基本的算术运算、“与”“或”“非”“异或”这样的基本逻辑运算及数据的比较、移位、求补等操作。

（2）控制部件。控制部件通过发送信号到其他子系统实现各个子系统的控制操作。它是整个计算机系统的控制中心，它会发出各种控制信号（包括什么时间、什么条件下、执行什么动作等），指挥整台计算机有条不紊地工作。

（3）寄存器。寄存器是用来存放临时数据的高速独立的存储单元。CPU 的运算离不开多个寄存器，包括数据寄存器、指令寄存器和程序计数器等。在过去，计算机中只有几个数据寄存器，用来存放输入的数据和运算的结果。现在越来越多的复杂运算从由软件实现改为由硬件设备实现，因此在 CPU 中需要使用几十个寄存器来提高运算速度，同时需要使用一些寄存器保存运算的中间结果。

在计算机运行过程中，运算器的操作及操作种类由控制器决定。运算器处理的数据来自存储器，处理后的结果数据通常送回存储器或暂时寄存在运算器中。CPU 是计算机的核心部件，对计算机的整体性能有全面的影响。因此，在工业生产中，总是采用最先进的超大规模集成电路技术来制造 CPU。不同厂商生产的 CPU 如图 3.8 所示。

（a）Intel 生产的 CPU （b）AMD 生产的 CPU

图 3.8 不同厂商生产的 CPU

3. 存储器

存储器主要用于存储程序和各种数据信息，其能在计算机运行过程中自动、高速地完成程序或数据的存储。

（1）存储器分类。根据功能和用途，存储器可分为主存储器和辅助存储器。

① 主存储器，又称内存储器，简称内存，是计算机中的主要部件。其与 CPU 相连，主要用来存放当前正在使用的/随时要使用的程序或数据，是计算机中主要的工作存储器。在计算机进行运算之前，程序或数据通过输入设备送入内存；运算开始后，内存不仅要为其他部件提供必需的信息，也要保存运算的中间结果及最后结果。因此，在计算机运行过程中，内存由 CPU 进行直接访问。内存的特点是存取数据速度快、存储信息量少、价格较贵。

内存按照其工作方式的不同，可分为随机存储器（RAM）、只读存储器（Read-Only Memory，ROM）和 CMOS（Complementary Metal-Oxide-Semiconductor，互补金属氧化物半导体）存储器。

RAM 是计算机中内存的主要组成部分，通常用于存放用户临时输入的程序和数据等。RAM 中可以随机进行读或写操作，即用户在 RAM 中写信息之后可以方便地通过覆盖来擦除原有信息。当计算机断电后，存储在 RAM 中的信息将被删除，即数据会丢失。RAM 是人们一般说的内存，如图 3.9 所示。

图 3.9 RAM

对于 ROM，用户只能进行读操作不能进行写操作。即使切断计算机的电源，ROM 中的数据信息也会保持不变，因此 ROM 通常用来存储固定不变的一些程序（如系统引导程序和中断处理程序）或数据。当计算机打开时，CPU 首先会执行 ROM BIOS 中的指令，搜索磁盘上的操作系统文件，将这些文件调入 RAM，以便进行后续的工作。

CMOS 存储器位于主板上，用来保存计算机系统配置等重要信息。由于其用电量少，主板上的纽扣电池即可为其供电，因此 CMOS 存储器中的信息能被保存。当改变系统配置后，可以对 CMOS 存储器中的信息进行更新。

② 辅助存储器，又称外存储器，简称外存，是存放数据的“仓库”。其主要用于存储暂时不用的程序或数据。通常外存不与计算机内其他部件交换数据，也不按单个数据进行存储，只与内存成批地交换数据。与内存相比，外存的特点包括：价格便宜；其容量不像内存的容量那样受到多种限制，因此存储信息量大，但是存取信息的速度较慢；外存不怕断电、存储信息时间可达数年之久。常用的外存有 U 盘（半导体存储器）、机械硬盘（磁表面存储器）、光盘（光表面存储器）等，如图 3.10 所示。

U 盘（全称为 USB 闪存盘）通过 USB 接口与计算机进行连接，可以实现即插即用，其内部结构如图 3.11 所示。U 盘的特点是：价格低、便于携带、存储量大、性能可靠。目前，常见的 U 盘容量有 8GB、16GB、32GB、64GB 等。使用 U 盘时需要注意：第一，不要在指示灯快速闪烁时拔出 U 盘，因为这时 U 盘正在进行数据的读写，中途拔出有可能造成数据甚至硬件的损坏；第二，在系统提示无法停止时不要拔出 U 盘，否则可能会造成数据丢失；第三，不要长时间将 U 盘插在 USB 接口上，这样做不仅损耗 U 盘，还容易造成接口老化；第四，不要在备份文档完后立即关闭相关的程序，因为程序可能还没有完全结束运行，这时关闭程序可能会影响备份（应该在文件备份到 U 盘后过一段时间再关闭相关程序，以防意外发生）。

（a）U 盘

（b）机械硬盘

（c）光盘

图 3.10　外存

图 3.11　U 盘的内部结构

机械硬盘的信息存储依赖磁性原理。机械硬盘的特点是：容量大、性价比高。其内部结构如图 3.12 所示。

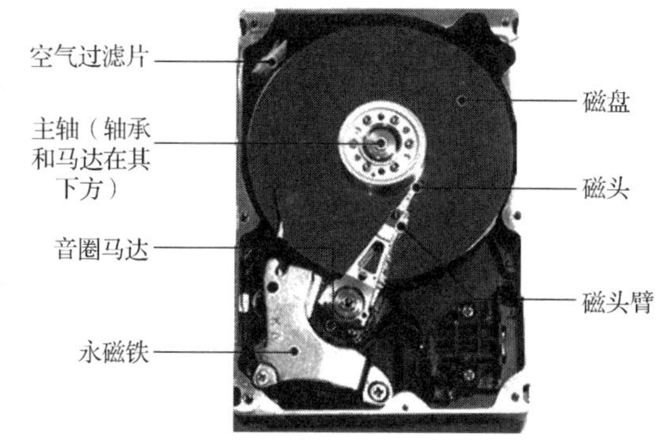

图 3.12　机械硬盘的内部结构

光盘（Compact Disc，CD）是通过聚焦的氢离子激光束实现信息的存储和读取的，因此它又称激光光盘。根据结构的差异，光盘可以分为 DVD（Digital Versatile Disc，数字通用光碟）、蓝光光盘等；根据其是否可写，光盘被分为不可擦写光盘（CD-ROM、DVD-ROM）和可擦写光盘（CD-RW、DVD-RAM 等）。计算机读写光盘内容需要依靠光驱实现，光驱结构如图 3.13 所示。

（2）存储器的层次结构。计算机存储器的设计要考虑 3 个关键的指标：存取速度、容量和单位容量的价格。通常情况下，这 3 个指标具有如下关系：容量越小，存取速度越快，单位容量的价格越高；容量越大，存取速度越慢，单位容量的价格越低。为了均衡这 3 个指标，计算机中不是使用单一的存储部件，而是构造出一个存储器层次结构，如图 3.14 所示。在该层次结构图中，从上而下，存取速度越来越慢，容量越来越大，单位容量的价格越来越低。

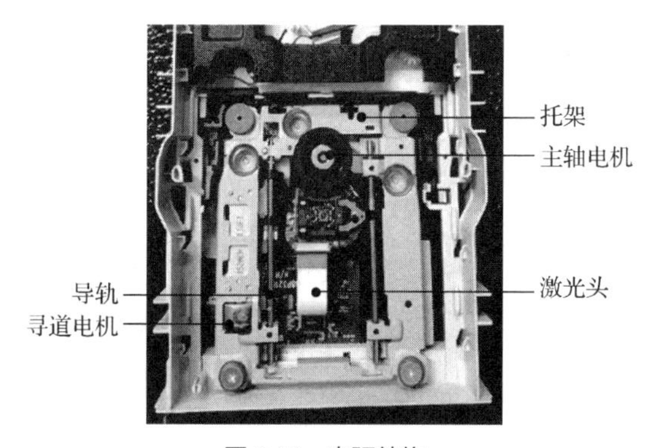

图 3.13　光驱结构

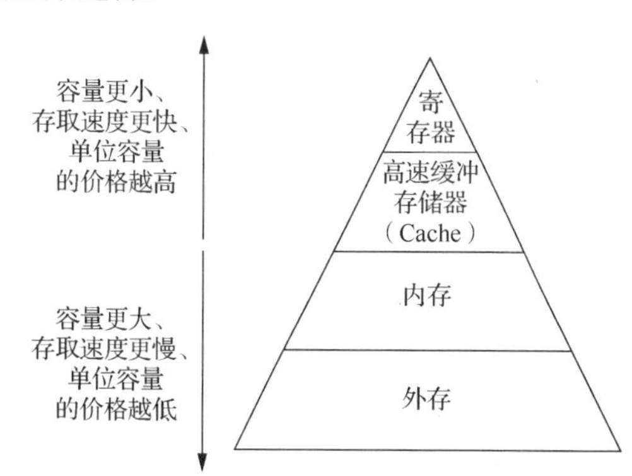

图 3.14　存储器层次结构

在存储器层次结构中，最上层的是寄存器，其通常位于 CPU 的芯片内部，字长和 CPU 字长相同，主要用于存放数据、地址及运算的中间结果，其存取速度与 CPU 工作速度匹配，但是容量很小；内存主要用来存放当前正在使用的或者随时要使用的程序或数据，是计算机中主要的工作存储器，但其存取速度与 CPU 工作速度不匹配。为了解决这一问题，计算机设置了一个小容量的高速缓冲存储器（Cache）。在计算机运行程序时，较短时间内 CPU 对内存的访问主要集中在一个局部区域内，将这个局部区域内的程序和数据复制到 Cache 中，CPU 就可以以较高的速度从 Cache 中读取内容，Cache 中的内容随着程序的执行被不断地替换。因此，Cache 主要用于保存近期最活跃的程序和数据，作为内存局部区域的副本，其存取速度与 CPU 工作速度相匹配。外存主要用于存放当前暂时不用的程序和数据，其容量大，但存取速度较低。

4. 输入设备和输出设备

输入设备和输出设备被统称为外部设备，简称 I/O（Input/Output，输入输出）设备。

（1）输入设备是计算机与人或外部事物进行交互的部件，其主要功能是向计算机输入各种原始数据和指令。输入设备会把各种形式的信息，如文字、数字、图像等转换为数字形式的“编码”，即计算机能够识别的用 1 和 0 表示的二进制编码，并把它们输入计算机中存储起来。常用的输入设备有键盘、扫描仪、鼠标、话筒、摄像头、条码阅读器等，如图 3.15 所示。

（2）输出设备。与输入设备一样，输出设备也是计算机与人交互的一种部件。输出设备主要用于数据的输出，即把计算机处理的结果（数字形式的编码）变换为人或其他设备所能接收或识别的信息形式，如数字、文字、图形、声音或电压等。常用的输出设备有显示器、音箱、打印机、绘图仪等，如图 3.16 所示。

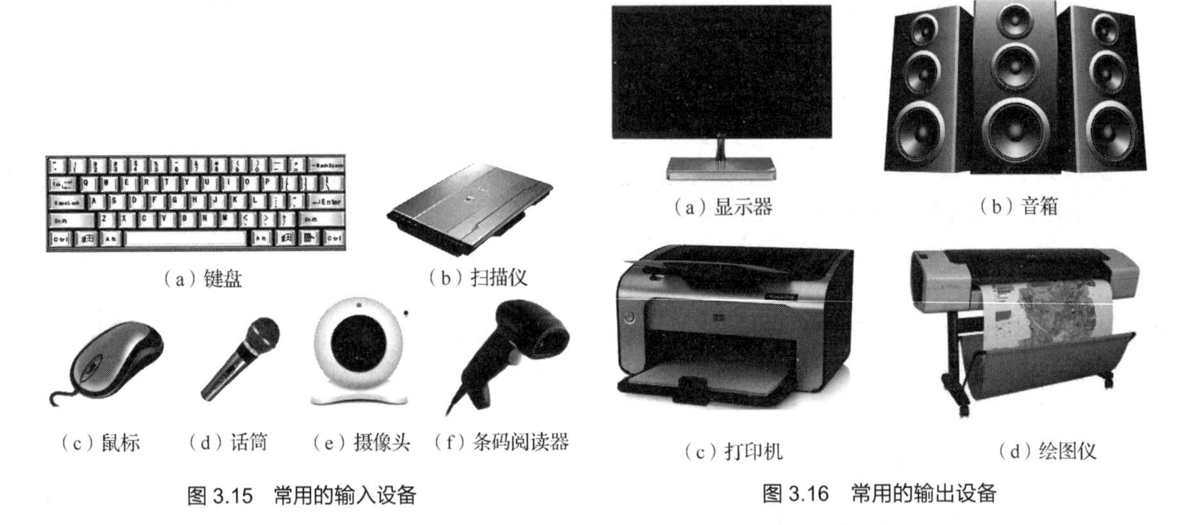

（a）键盘　（b）扫描仪　（c）鼠标　（d）话筒　（e）摄像头　（f）条码阅读器

图 3.15　常用的输入设备

（a）显示器　（b）音箱　（c）打印机　（d）绘图仪

图 3.16　常用的输出设备

5. 总线

计算机的五大部件在计算机中是采用总线进行连接的。总线是计算机中信息和数据传输或交换的通道（当前总线宽度从以 32 位为主向以 64 位为主过渡）。频率被用于衡量总线传输速率，其单位为赫兹（Hz）。根据连接的不同，总线可以分为系统总线、内部总线和外部总线。

（1）系统总线：计算机内部不同部件之间连接的总线，又称内总线或板级总线，用来连接微型计算机的各功能部件，从而构成一个完整的微型计算机系统。系统总线上传送的信息包括数据信息、地址信息、控制信息，因此，系统总线包含 3 种具有不同功能的总线，即数据总线（Data Bus，DB）、地址总线（Address Bus，AB）和控制总线（Control Bus，CB）。CPU 和内存之间通常通过这 3 种总线连接在一起，如图 3.17 所示。

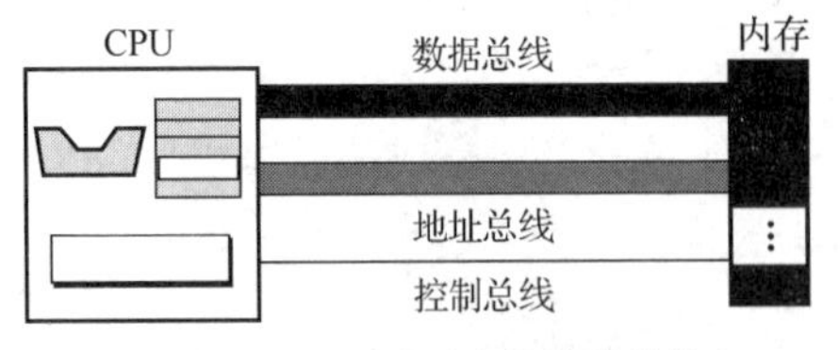

图 3.17　CPU 和内存之间的总线

① 数据总线。数据总线用于进行数据信息传送，既可以把 CPU 的数据传送到存储器或 I/O 接口等其他部件，也可以将其他部件的数据传送到 CPU，因此数据总线是双向三态的。数据总线是由多根线组成的，每根线上每次传送 1 位数据（线的数量取决于字的大小）。因此，数据总线的位数是微型计算机的一个重要指标，通常与计算机的字长相一致。例如，计算机的字是 32 位（4 字节），那么需要有 32 根数据总线，以便同一时刻能够同时传送 32 位的字。需要注意的是，这里的“数据”

是广义的，可以是真正的数据，也可以是指令代码或状态信息，甚至可以是一个控制信息。因此，在实际工作中，数据总线上传送的并不一定仅是真正意义上的数据。

② 地址总线。地址总线是专门用来传送地址的。由于地址只能从 CPU 传向外存或 I/O 端口，因此与数据总线不同，地址总线是单向三态的。地址总线的位数决定了 CPU 可直接寻址的内存空间大小，如在 1970 年和 1980 年早期的 8 位微型计算机的地址总线为 16 位，则其最大可寻址空间为 2^{16}B=65536B=64KB；16 位微型计算机的地址总线为 20 位，其可寻址空间为 2^{20}B=1048576B=1MB；一个 32 位地址总线可以寻址的内存空间为 2^{32}B=4294967296B=4GB。一般而言，若地址总线为 n 位，则可寻址空间为 2^nB。换言之，若地址总线允许访问存储器中的某个字，地址总线的线数就取决于存储空间的大小。如果存储器容量为 2^n 个字，那么地址总线一次需要传送 n 位的地址数据，因此它需要 n 根地址总线。

③ 控制总线。控制总线传递控制信号，实现对数据线和地址线的访问控制。控制总线负责在 CPU 和存储器、I/O 设备间进行信息的传送。在传送的信息中，有的是 CPU 送往存储器和 I/O 接口电路的，如读/写信号、中断响应信号等；有的是其他部件反馈给 CPU 的，如中断申请信号、复位信号、总线请求信号、设备就绪信号等。因此，控制总线一般是双向的，其传送方向视具体控制信号而定。控制总线的线数取决于计算机所需要的控制命令的总数。如果计算机有 2^m 条控制命令，那么控制总线需要有 m 根，因为 m 位可以定义 2^m 个不同的操作。实际上，控制总线的具体情况主要取决于 CPU。

（2）内部总线：同一部件内部连接的总线。

（3）外部总线：主机和外部设备之间连接的总线。

CPU 通过系统总线对存储器的内容进行读写，同样，可以通过总线实现将 CPU 内数据写入外部设备，或将数据由外部设备读入 CPU。微型计算机都采用总线结构。总线就是用来传送信息的一组通信线。微型计算机通过总线将 CPU 与存储器、I/O 部件连接到一起，实现了微型计算机各部件间的信息交换。与 CPU 和内存的本质（电子设备）不同，I/O 设备都是机电、磁性或光学设备，因此不能直接与连接 CPU 和内存的总线相连。与 CPU 和内存相比，I/O 设备的操作速度要慢得多，它是通过一种被称为 I/O 控制器或接口的器件（处理 I/O 设备和 CPU、内存间差异的媒介）连接到总线上的。I/O 控制器或接口消除了 I/O 设备与 CPU 及内存在本质上的障碍。控制器可以是串行或并行的设备。串行控制器只有一根数据线连接到设备上；而并行控制器则有数根数据线连接到设备上，一次能同时传送多个位。目前，还有几种控制器在使用，如常见的有 SCSI（Small Computer System Interface，小型计算机系统接口）、火线和 USB。

由此可知，一台微型计算机以 CPU 为核心，其他部件全“挂接”在与 CPU 相连接的系统总线上，如 I/O 设备与总线的连接，如图 3.18 所示。

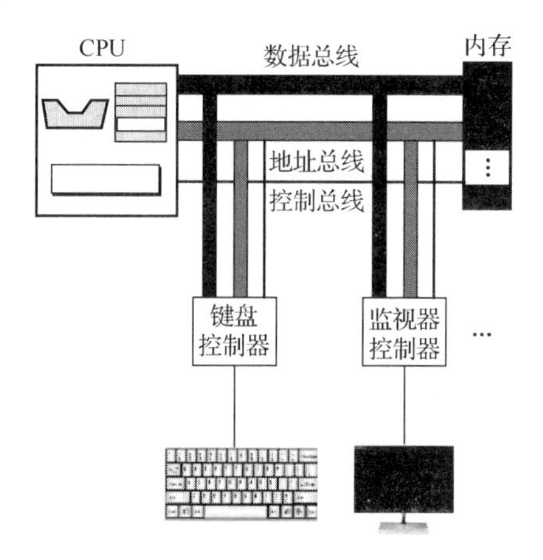

图 3.18　I/O 设备与总线的连接

3.1.2 计算机的软件系统

软件是用户与硬件之间的接口界面，它不仅指程序，还指计算机中程序、数据、有关文档及它们之间的联系所表现出来的信息的总称，是运行在硬件设备上的各种程序、数据及相关资料。软件是计算机必不可少的组成部分，计算机的每一步操作都是在软件的控制下执行的，计算机的所有功能都要通过软件来实现。没有安装任何软件的计算机被称为裸机，它几乎不能实现任何功能。

1. 软件概述

软件是计算机的“灵魂”，它包含程序和文档两部分。目前计算机软件已经形成一个庞大的体系。

（1）程序。程序是一系列按照特定顺序组织的计算机数据和指令的集合。程序应具有 3 个方面的特征：一是目的性，即要得到结果；二是可执行性，即编制的程序必须能在计算机中运行；三是程序是代码化的指令序列，即程序要用计算机语言编写。

（2）文档。文档是了解程序所需的阐述性资料。它是指用自然语言或形式化语言所编写的用来描述程序的内容、组成、设计、功能规格、开发情况、测试结构和使用方法的文字资料和图表，如程序设计说明书、流程图、用户手册等。

程序和文档是软件系统不可分割的两部分。为了开发程序，设计者需要用文档来描述程序的功能和如何设计与开发等，这些信息用于指导设计者编制程序。当程序编制好后，还要为程序的运行和使用提供相应的使用说明等相关文档，以便其他人员使用程序。

2. 软件分类

计算机的软件可以分为两大类：系统软件和应用软件。

（1）系统软件是用于控制与协调计算机本身及其外部设备的一类软件，它相当于构建了一个平台。在这个平台上，可以通过调动硬件资源的方式，满足平台本身及其他应用软件的工作需求。系统软件与具体的领域无关，仅在系统一级提供服务。其他软件都要通过系统软件发挥作用，因此，系统软件是软件系统的核心。系统软件包括操作系统、语言处理软件、数据库管理系统和工具软件等。

① 操作系统。操作系统是通用型计算机的必备软件，是直接运行于裸机上的系统软件，为用户提供友好、方便、有效的人机操作界面。它主要用于进行软硬件资源的控制和管理，调度、监控和维护计算机系统，管理计算机系统中各个硬件之间的协调工作。当多个软件同时运行时，操作系统负责分配和优化系统资源，并控制程序的运行。操作系统的基本功能包括处理机管理、设备管理、存储管理、文件管理和作业管理 5 项。操作系统的种类很多，根据其应用领域可分为以下 3 种。

桌面操作系统。桌面操作系统根据人通过鼠标和键盘发出的各种命令进行工作，是目前应用最为广泛的系统。在 PC 上，微软的 Windows 系列占据了大部分桌面操作系统的市场，而 macOS 系列和 Linux 系列也有一定的市场占有率。

服务器操作系统。服务器操作系统一般是指安装在大型计算机和服务器（如 Web 服务器、应用服务器和数据库服务器等）上的操作系统。常见的服务器操作系统有 Linux 系列、UNIX 系列和 Windows 系列。

嵌入式操作系统。嵌入式操作系统是指应用在嵌入式环境中的操作系统。嵌入式环境广泛应用于生活的各个方面，涵盖范围从便携设备到大型固定设施，如手机、平板电脑、数码相机、家用电器、交通灯、医疗设备、航空电子设备和工厂控制设备等。常用的操作系统有嵌入式 Linux、Windows Embedded、VxWorks 等，以及广泛使用在智能手机或平板电脑等上的操作系统，如 Android、iOS 等。

② 语言处理软件。语言处理软件是一种把各种语言编写的源程序翻译成二进制代码程序（如汇编程序、各种编译程序及解释程序）的软件。

③ 数据库管理系统。数据库管理系统为组织大量数据提供了动态、高效的管理手段，为信息管理应用系统的开发提供有力支持，常用的数据库管理系统有 FoxBASE、Oracle、FoxPro 等。

④ 工具软件。工具软件是为了方便软件开发、系统维护而提供的。

（2）应用软件是为了满足用户不同领域、不同问题的应用需求而提供的软件。常见的应用软件有以下几种。

① 办公软件。办公软件主要有文字处理软件（如 Windows 操作系统中的记事本、Word、WPS 等）、表格处理软件（如 Excel）、演示文稿处理软件（如 PowerPoint）。

② 媒体处理软件。媒体处理软件包括声音处理软件（如 Windows 附件中的录音）、图形图像处理软件（如 Windows 自带的 Microsoft Paint 及其他开发商提供的 Photoshop、Illustrator、CorelDRAW、AutoCAD）、三维及效果图处理软件（3ds Max、Maya、ZBrush 等）、网页和动画处理软件（Dreamweaver、Animate）等。

③ 统计软件。统计软件包括 SPSS、SAS、BMDP 等。

④ 网络通信软件。网络通信软件包括网页浏览器、下载工具、远程管理工具、电子邮件工具、网页设计与制作工具，如 Edge、FTP、Telnet、Outlook Express、Foxmail 等。

在上述软件中，文字处理软件、表格处理软件、图形图像处理软件、统计软件、网络通信软件等都属于通用软件类。除此之外，还存在专用的应用软件，如财务管理软件、图书管理软件、人事管理软件等，这类软件的针对性较强，不具有通用性。不同软件在计算机中所处的层次不同，软件系统的层次结构如图 3.19 所示。

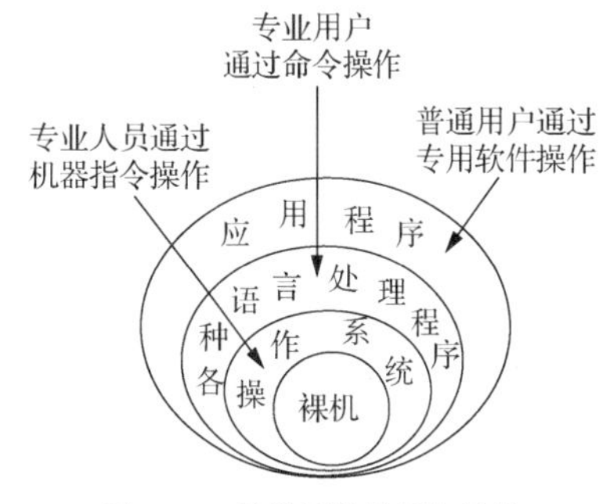

图 3.19 软件系统的层次结构

3.1.3 计算机软硬件系统之间的关系

计算机硬件是计算机进行各项任务的物质基础，具有原子特性；计算机软件是指计算机所需的各种程序及有关资料，是计算机的“灵魂”。计算机的硬件和软件是计算机系统中非常重要的两大部分，它们的关系主要体现在以下几个方面。

（1）硬件和软件互相依存。计算机硬件是软件工作的物质基础，软件的正常工作是在硬件具有合理设计且处于正常工作状态的情况下进行的；计算机硬件系统需要配备完善的软件系统才能正常工作，发挥硬件的各种功能。裸机是无法进行任何工作的。

（2）硬件与软件之间无严格界限。随着计算机技术的发展，计算机的某些功能既可以由硬件实现，也可以由软件实现。就这个意义而言，硬件与软件之间没有绝对严格的界限。

（3）硬件和软件协同发展。计算机软件随硬件技术的迅速发展而发展，而软件的不断发展与完善又促进了硬件的更新，两者在发展上密不可分。

3.2 计算机指令和工作原理

计算机工作的一般过程包括输入（接收来自输入设备的数据和信息）、处理（对数据和信息进行处理）、输出（由输出设备显示处理结果）和存储（将处理结果进行保存）4 个阶段。在利用计算机进行科学计算时，需要用计算机可以识别的操作命令来制定解决问题的方案。计算机能够识别并执行的操作命令称为“机器指令”，这些机器指令按照一定顺序排列就组成了“程序”，计算机按照程序规定的流程依次执行指令，最终完成要实现的目标。

3.2.1 计算机指令

1. 指令和指令集

指挥计算机执行某种基本操作的命令称为指令，它是使计算机完成操作的依据。指令规定了计算机执行操作的类型和操作数，是能被计算机识别并执行的二进制编码。一条指令规定一种操作。指令是由 1 字节或多字节组成的。

CPU 能执行的各种指令的集合称为 CPU 的指令集。CPU 的操作是由它执行的指令所决定的，而 CPU 可完成的各类功能都反映在 CPU 所支持的各类指令集中。

2. 指令的组成

指令通常由操作码和地址码两部分组成。操作码用于指明计算机执行的某种操作的性质和功能，它是指明计算机要执行操作的二进制编码，执行加、减、取数、移位等操作均有各自相应的操作码。通常，操作码的位数反映了机器的指令数目。如果操作码占 4 位，则该机器最多包含 2^4=16 条指令。地址码用于指出该指令源操作数（一个或两个）的地址、运算结果的地址及下一条要执行的指令的地址。源操作数和运算结果的地址可以是内存、寄存器或者 I/O 设备的地址。下一条要执行的指令的地址通常位于内存中，而且紧跟在当前指令之后，所以在当前指令中通常不必显式给出。如果指令不是顺序执行的，则下一条要执行的指令的地址需要显式给出。有的指令格式允许其地址码部分就是操作数本身。

3. 指令的类型

计算机的指令集是硬件和软件之间的接口，计算机设计人员和编程人员对同一台计算机的关注点是以指令集为界的。就设计人员的观点而言，指令集提出了对 CPU 的功能性需求，后期 CPU 涉及的主要任务是如何实现整个指令集。就编程人员的观点而言，为了写出能够被计算机执行的程序，必须通晓机器的指令集、寄存器、存储器结构及数据类型等信息，而对底层指令集的实现毫不关心。当然，这里的编程人员是指使用机器语言编程的编程人员，高级语言有利于编译程序和解释程序，其诞生之后程序员对指令集也不再关心。不同的计算机的指令集相差很大，但几乎在所有的计算机上都可以发现以下几类指令。

（1）数据传送指令。该指令用于把源地址的数据传送到目标地址，传送可以在寄存器与寄存器、寄存器与存储单元、存储单元与存储单元之间完成。

（2）算术指令。该指令用于完成两个操作数的加、减、乘、除等各种算术运算。低档机一般只支持最基本的二进制加减、比较、求补等运算，而高档机还支持浮点计算或十进制运算等。

（3）逻辑指令。该指令用于完成基本逻辑运算，包括与、或、非、异或等。

（4）移位指令。该指令用于完成移位操作，包括算术移位、逻辑移位和循环移位 3 种。算术移位和逻辑移位分别可实现对有符号和无符号数乘 2^n（左移 n 位）或整除 2^n（右移 n 位）的运算，而移位操作所需的时间比乘除操作所需的时间要短得多。

（5）转移指令。在大多数情况下，计算机按顺序执行程序中的指令，但有时需要改变这种顺序，此时使用转移指令。使用转移指令需要在指令中给出转移地址，按其转移特征可分为无条件转移、条件转移、过程调用与返回等。

（6）I/O 指令。计算机中通常设有 I/O 指令，用来从外部设备的寄存器中读入一个数据到 CPU 的寄存器中，或将数据从 CPU 的寄存器输出到某外部设备的寄存器中。

（7）其他指令。其他指令是指一些杂项指令，包括等待指令、停机指令、空操作指令等。

4. 指令的执行过程

计算机指令的执行过程一般分为两个阶段。第一阶段，将要执行的指令从内存中取到 CPU 内。第二阶段，将 CPU 取入的指令进行分析、译码，判断该条指令要完成的操作，然后向各部件发出完成该操作的控制信号，实现该指令的功能；当一条指令执行完后进入下一条指令的取指操作。一般将第一阶段称为取指周期，将第二阶段称为执行周期。

3.2.2　计算机的工作原理

现在，通用计算机使用称为程序的一系列指令来处理数据，即计算机通过执行程序，将输入数据转换成输出数据。程序是由一系列指令的有序集合构成的，计算机执行程序就是执行一系列指令。CPU 从内存读出一条指令到 CPU 内执行，执行完后再从内存读出下一条指令到 CPU 内执行。CPU 不断地取指令并执行指令，这就是程序的执行过程。

在冯·诺依曼计算机中，程序与数据均以二进制形式存储。根据程序编排的顺序，一步一步地取出指令，自动完成指令规定的操作是计算机最基本的工作原理。CPU 是利用重复的机器周期来执行程序中的指令的。一个简化的机器周期包括取指令、译码和执行，如图 3.20 所示。

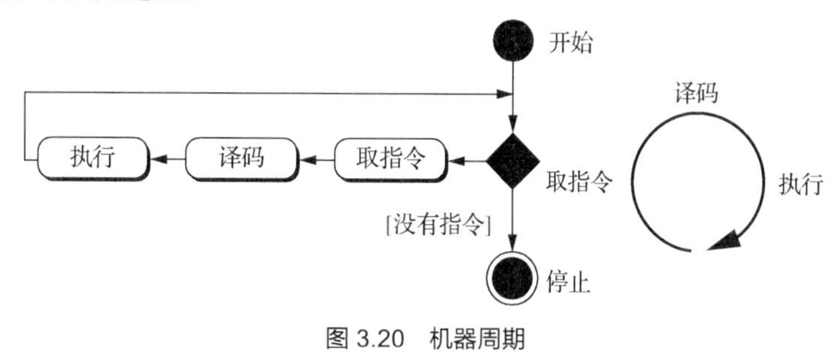

图 3.20　机器周期

（1）取指令。在取指令阶段，控制单元命令系统将下一条要执行的指令复制到 CPU 的指令寄存器中，被复制指令的地址保存在程序计数器中，复制完成后，程序计数器自动加 1 并指向内存中的下一条指令。

（2）译码。当指令置于指令寄存器后，将由控制单元负责对该指令译码。指令译码会产生一系列计算机可以执行的二进制编码。

（3）执行。指令译码完后，控制单元向 CPU 的某个部件发送任务命令。例如，控制单元告知系统，让它从内存中加载（读）数据项，或者是 CPU 让 ALU 将两个输入寄存器中的内容相加并将结果保存在输出寄存器中——这就是执行。

计算机在工作时离不开 I/O 设备和 CPU 及内存之间的数据传输。结合 I/O 设备与 CPU 及内存之间的数据传输，计算机的工作过程可概括为：首先由输入设备接收外界信息（程序和数据），控制器发出指令将数据送入（内）存储器，然后向内存发出取指令命令；在取指令命令下，程序将指令逐条送入控制器；控制器对指令进行译码，并根据指令的操作请求向存储器和运算器发出存数、取数命令和运算命令，经过运算器计算得到结果并将计算结果保存在存储器内；最后在控制器发出的取数和输出命令的作用下，通过输出设备输出计算结果。

3.3　计算机的性能评价指标

为了对计算机进行综合评价，人们概括出一些主要的性能评价指标。对于不同用途的计算机，其不同部件的性能指标要求有所不同。例如，对于主要用于科学计算的计算机，其对主机的运算速度要求很高；对于主要用于大型数据库处理的计算机，其对主机的内存容量、存取速度和外存的读写速度要求较高；对于主要用于网络传输的计算机，其要求有很高的 I/O 速度，因此应当有高速的 I/O 总线和相应的 I/O 接口。

计算机的主要性能评价指标如下。

（1）运算速度。计算机的运算速度是指计算机每秒执行的指令条数，其单位为每秒百万条指令（Million Instructions Per Second，MIPS）或者每秒百万条浮点操作（Million Floating-point Operations Per Second，MFPOPS）指令。它们都是用基本程序进行测试的。运算速度越快的计算机，其性能越好。影响运算速度的主要因素有以下几种。

① 主频。主频又称 CPU 的工作频率，它是指计算机的时钟频率。一般情况下，主频越高，CPU

工作速度就越快，它与计算机实际的运算速度有一定的关系，但并不能直接代表运算速度。因此，现实中存在着CPU主频较高但计算机实际运算速度较低的现象。

② 字长。字长是计算机一次可以处理的二进制的位数。字长越长，则一个字所能表示的数据精度就越高。目前，PC的字长已由8088的准16位（运算用16位，I/O用8位）发展到现在的32位、64位。

③ 指令系统的合理性。每种机器都设计了一套指令，一般均有数十条到上百条，如加、浮点加、逻辑与、跳转等指令，组成了指令系统。

（2）存储器的指标。其指标包括以下几个。

① 存取周期。内存完成一次读（取）或写（存）操作所需的时间称为存储器的存取周期、存取时间或者访问时间。存取周期的长度也会影响计算机的运行速度。

② 存储容量。存储容量表示计算机存储二进制信息量的大小，一般用字节数来度量。PC的内存已从过去的256MB，发展到现在的2GB、4GB、8GB、16GB甚至更大。硬盘容量也发展到现在通用的500GB、1TB、2TB、4TB等。

（3）I/O的速度。I/O的速度对低速设备（如键盘、打印机）的影响不大，但对高速设备的影响十分明显。主机I/O的速度，取决于I/O总线的设计。

（4）外部设备扩展能力。外部设备扩展能力主要是指计算机系统配置各种外部设备的可能性、灵活性和适应性。一台计算机允许配置多少外部设备，对于系统接口和软件研制都具有重大影响。

（5）软件配置。软件配置是否齐全直接关系到计算机性能的好坏和效率的高低。例如，功能是否很强，是否已安装能满足应用要求的操作系统、高级语言和汇编语言，是否有丰富的、可供选用的应用软件等，这些都是在购置计算机系统时需要考虑的。

（6）其他。除了以上指标外，系统可靠性（平均无故障工作时间）、计算机的兼容性和可维护性（故障的平均排除时间）等都会对计算机有一定的影响。

3.4 小结

本章主要介绍计算机的系统组成、计算机的工作原理和计算机的性能评价指标。在“计算机的系统组成”一节，主要涉及计算机硬件的系统组成和功能、计算机软件的类型和功能、计算机软硬件系统之间的关系；在“计算机的工作原理”一节，详细描述了计算机如何按照要求，通过协调计算机各组成部分完成指令执行，从而完成相应的任务；在“计算机的性能评价指标”一节，详细介绍了评价计算机性能时用到的主要技术指标。

计算机硬件系统主要由控制器、运算器、存储器、输入设备和输出设备五大部件组成，控制器和运算器统称为CPU；存储器用于存储数据和程序，是计算机的“记忆”部件；输入设备接收来自用户的程序和数据，主要包括键盘、扫描仪、鼠标、话筒、摄像头、条码阅读器等；输出设备将计算机中的信息或数据反馈给用户，主要包括显示器、音箱、打印机、绘图仪等。总线是CPU与其他设备之间传送信息的一组信号线，可以分为数据总线、地址总线和控制总线。指令是能被计算机识别并执行的二进制编码，通常由操作码和地址码两部分组成。计算机的工作原理就是在CPU、存储器、I/O设备及它们之间的信号线基础上，根据编写好的程序，一步步取出指令、译码和执行指令规定的操作的过程。计算机的性能可以通过主频、字长、指令系统的合理性、存取周期、存储容量、I/O速度、外部设备可扩展性、软件配置、系统可靠性、计算机的兼容性和可维护性等进行衡量和评价。

习题3

一、填空题

1. 计算机硬件系统由________、________、________、_________和_________等五大部件组成。
2. ________和_________统称为中央处理器。
3. 根据功能和用途，存储器可分为__________和___________两类。
4. 按照工作方式的不同，内存可分为_________、_________和_________。
5. 计算机软件系统可以分为__________和___________两大类。
6. 根据连接的不同，总线可以分为_________、_________和_________。
7. 根据功能的不同，系统总线可分为_________、_________和_________。

二、简答题

1. 计算机各组成部分的功能分别是什么？
2. 常见的计算机输入设备有哪些？输出设备有哪些？
3. 计算机软硬件系统之间是什么关系？
4. 什么是总线？
5. 简述主机箱内的主要部件和外部的主要接口。
6. 什么是指令？什么是指令集？
7. 简述计算机的工作原理。
8. 计算机的性能评价指标有哪些？

04 第4章 计算机网络

计算机网络是结合了计算机技术与通信技术的专业技术。在现代社会经济中，计算机网络起着非常重要的作用，对人类社会进步做出了巨大的贡献。进入20世纪90年代以后，以因特网（Internet）为代表的计算机网络得到了飞速的发展，并有望成为融合电话网络、电视网络的“终极信息网络”。现代人们的生活、工作、学习及交流都已离不开因特网。本章主要介绍计算机网络的概念、网络中间系统、计算机局域网、Internet的基础知识。

通过本章的学习，学生应该能够：

1. 掌握计算机网络的概念；
2. 掌握计算机网络的组成；
3. 掌握计算机网络的发展与分类；
4. 掌握网络中间系统的基础知识；
5. 了解计算机局域网的基础知识；
6. 了解Internet的基础知识。

4.1 计算机网络概述

4.1.1 计算机网络的概念

目前，计算机网络并没有统一的精确定义。我们可以将计算机网络简单定义为以交换共享信息为目的的多台自治计算机的互连集合。自治是指网络中的计算机之间不存在主从关系，各自是一个独立的工作系统；互连是指两台计算机通过通信介质连接在一起，并且能够交换信息。此外，也可以将计算机网络的组成和功能定义得具体一些，即计算机网络是指将地理位置不同的多台自治计算机及其外部设备，通过通信介质互连，在网络操作系统、网络管理软件及网络通信协议的管理和协调下，实现资源共享和信息传递的系统。最简单的计算机网络只有两台计算机和连接它们的一条通信线路，即两个节点和一条链路。

在理解计算机网络定义的时候，要注意以下3点。

（1）自治：计算机之间没有主从关系，所有计算机都是平等独立的。

（2）互连：计算机之间由通信信道相连，并且能够交换信息。

（3）集合：网络是计算机的群体。

4.1.2 计算机网络的组成

计算机网络主要由物理硬件和功能软件两部分组成。

计算机网络的物理硬件主要由物理节点和通信链路组成。物理节点分为网络主机和中间设备两类。网络主机从服务功能上可以分为客户机和服务器。客户机是指使用网络服务的计算机；服务器是指提供某种网络服务的计算机。中间设备包括集线器、中继器、网桥、交换机、路由器、网关等。通信链路则包括网卡和传输介质。网卡即网络适配器，是让计算机与传输介质连接的接口设备。传输介质是计算机网络最基本的组成部分，任何信息的传输都离不开它。传输介质包括有线介质和无线介质两种。有线介质包括双绞线、同轴电缆、光纤等；无线介质包括微波和卫星等。

计算机网络的功能软件主要由网络传输协议、网络操作系统、网络管理软件和网络应用软件等组成。其中，网络传输协议是连入网络的计算机必须共同遵守的一组规则和约定，以保证数据传送与资源共享能顺利完成。网络操作系统是控制、管理、协调网络的计算机，使之能方便、有效地共享网络的硬件、软件资源，为网络用户提供所需的各种服务的软件和有关规程的集合。一般而言，网络操作系统除具有一般操作系统的功能外，还具有网络通信能力和多种网络服务功能。网络管理软件的功能是对网络中大多数参数进行测量与控制，以保证用户安全、可靠、正常地得到网络服务，使网络性能得到优化。网络应用软件是使用户在网络中完成和使用相关网络服务的工具软件的集合，例如，能够实现网上漫游的 Edge 或 Chrome 浏览器，能够收发电子邮件的 Outlook Express 等。随着网络应用的普及，网络应用软件将越来越多，让用户更方便地使用网络。

计算机网络是计算机技术和通信技术紧密相结合的产物，它涉及通信与计算机两个领域。它的诞生使计算机体系结构发生了巨大变化。从某种意义上而言，计算机网络的发展水平不仅可以反映一个国家的计算机科学和通信技术水平，而且已经成为衡量一个国家的国力及现代化程度的重要标志之一。

4.1.3　计算机网络的发展

计算机网络出现的时间不长，但它的发展速度很快。在几十年的时间里，它经历了一个从简单到复杂、从单机到多机、从地区到全球的发展过程。它的发展过程大致可概括为 4 个阶段：具有通信功能的单机系统阶段；具有通信功能的多机系统阶段；以共享资源为主的计算机网络阶段；以局域网及其互连为主要支撑环境的分布式计算阶段。

1. 具有通信功能的单机系统阶段

具有通信功能的单机系统又称终端—计算机网络，它是早期计算机网络的主要形式。它由一台中央计算机连接在地理位置上分散的大量终端。20 世纪 60 年代中期，典型的单机系统应用是由一台中央计算机和全美范围内 2000 多个终端组成的飞机订票系统，它将订票信息通过通信线路汇集到一台中央计算机进行集中处理，从而首次实现了计算机技术与通信技术的结合。

2. 具有通信功能的多机系统阶段

在具有通信功能的单机系统中，中央计算机的负担较重，它既要进行数据处理，又要承担通信控制工作，实际工作效率较低；而且主机与每一台远程终端都用一条专用通信线路连接，线路的利用率较低。由此出现了数据处理和数据通信的分工，即在主机前增设一个前端处理机负责通信工作，并在终端比较集中的地区设置集中器。集中器通常由微型计算机或小型计算机实现，它首先通过低速通信线路将附近各远程终端连接起来，然后通过高速通信线路与主机的前端处理机相连。这种具有通信功能的多机系统，构成了计算机网络的雏形。20 世纪六七十年代，这种系统在军事、运输、教育等方面都有应用。

3. 以共享资源为主的计算机网络阶段

20 世纪 70 年代末至 20 世纪 90 年代，出现了由若干个计算机互连构成的系统，开创了“计算机—计算机”通信的时代，并呈现出多处理中心的特点，即利用通信线路将多台计算机连接起来，实现了计算机之间的通信。

4. 以局域网及其互连为主要支撑环境的分布式计算阶段

自20世纪90年代末至今，随着大规模集成电路技术和计算机技术的飞速发展，局域网技术得到迅速发展。早期的计算机网络是以主计算机为中心的，计算机网络控制和管理功能都是集中式的，但随着PC功能的增强，用户可以在PC中处理所需的作业，PC已逐步发展成为独立的平台，这样就引发了一种新的计算结构——分布式计算模式的诞生。

目前，计算机网络的发展正处于第4阶段。这一阶段的计算机网络发展的特点是综合、高效、智能与更为广泛的应用。

4.1.4 计算机网络的分类

计算机网络的种类繁多，它们的性能也各不相同。我们可以根据不同的分类原则对计算机网络进行分类。

1. 按计算机网络的分布范围分类

按计算机网络的分布范围对其进行分类，可以很好地反映不同类型网络的技术特征。按分布范围进行分类，计算机网络可以分为局域网、广域网和城域网3种。

（1）局域网（Local Area Network，LAN）。局域网是最常见、应用最广的一种网络。所谓局域网，是指在一个局部的地理范围（一般为方圆几千米，如一个学校、工厂和公司）内，将各种计算机、外部设备和数据库等互相连接起来组成的计算机通信网。局域网用于连接PC、工作站和各类外围设备以实现资源共享和信息交换。它的特点是分布距离近、传输速率高、连接费用低、数据传输可靠、误码率低等。为了区别于其他网络，局域网具有以下特点。

① 地理分布范围较小，一般为几百米至几千米，可覆盖一幢大楼、一所校园或一个企业等。

② 数据传输速率较高，一般为10Mbit/s～1000Mbit/s，可交换各类数字信息和非数字信息（如语音、图像、视频等）。

③ 误码率低，这是因为局域网通常采用短距离基带传输，可以使用高质量的传输媒体，从而提高了数据传输质量。

④ 以计算机为主体，包括终端及各种外部设备，一般不包含大型网络设备。

⑤ 结构灵活、建网成本低、周期短、便于管理和扩充。

（2）广域网（Wide Area Network，WAN）。广域网也称远程网，它的分布范围广，一般从数千米到数千千米。广域网通过一组复杂的分组交换设备和通信线路将各主机与通信子网连接起来，因此网络所涉及的范围可以是市、省、国家，乃至世界。由于它具有这一特点，单独建造一个广域网是极其昂贵和不现实的，因此常常借用传统的公共传输（电报、电话）网来实现。此外，广域网由于传输距离远，又依靠传统的公共传输网，所以错误率较高。

（3）城域网（Metropolitan Area Network，MAN）。城域网的分布范围介于局域网和广域网的之间，这种网络的连接距离可以在10～100 km。城域网与局域网相比扩展的距离更长，连接的计算机数量更多，在地理范围上可以说是局域网的延伸。在一个大型城市或都市地区，一个城域网通常连接着多个局域网。

2. 按网络的拓扑结构分类

抛开网络中的具体设备，把网络中的计算机等设备抽象为点，把网络中的通信媒体抽象为线，从拓扑学的观点去看计算机网络，就可以将计算机网络看作由点和线组成的几何图形，从而抽象出网络系统的具体结构。这种采用拓扑学方法描述各个节点之间的连接方式称为网络的拓扑结构。计算机网络常采用的基本拓扑结构有总线型拓扑结构、环形拓扑结构、星形拓扑结构。具体内容见4.3节“计算机局域网”。

4.1.5 计算机网络体系结构

计算机网络体系结构描述的是网络系统设计师与分析师眼中的计算机网络。计算机网络体系结构是使用系统的概念、方法和理论对计算机网络要素及它们之间的联系进行的设计和分析。1974 年，IBM 公司公布了世界上第一个计算机网络体系结构（System Network Architecture，SNA），凡是使用该结构的网络设备都可以很方便地进行互连。目前最主要的网络体系结构大多是层次网络体系结构，它指的是网络分层及其相关协议的总和，包括两种网络边界，即操作系统边界和协议边界。典型的层次网络体系结构有两种：ISO OSI/RM 和 TCP/IP 参考模型。

1. ISO OSI/RM

1977 年 3 月，国际标准化组织（International Organization for Standardization，ISO）的技术委员会 TC97 成立了一个新的技术分委会 SC16 专门研究“开放系统互连”（Open System Interconnection，OSI），并于 1983 年提出了开放系统互连参考模型，即 ISO 7498 国际标准（我国相应的国家标准是 GB/T 9387），记为 OSI/RM。在 OSI 中采用了三级抽象，包括参考模型（即体系结构）、服务定义和协议规范（即协议规格说明），自上而下逐步求精。OSI/RM 并不是一般的工业标准，而是一个为制定标准用的概念性框架。

经过各国专家的反复研究，在 OSI/RM 中采用了表 4.1 所示的 7 层协议模型。

表 4.1 OSI/RM 7 层协议模型

层号	名称	主要功能简介
7	应用层	作为用户与应用进程的接口，该层负责用户信息的语义表示，并在两个通信者之间进行语义匹配。它不仅要提供应用进程所需要的信息交换和远程操作，而且要作为互相作用的应用进程的用户代理来完成一些为进行语义上有意义的信息交换所必需的功能
6	表示层	对源站点内部的数据结构进行编码，形成适用于传输的比特流，到了目的站再进行解码，转换成用户所要求的格式并进行解码，而且要保持数据的含义不变。主要用于数据格式转换
5	会话层	提供一个面向用户的连接服务，它为合作的会话用户之间的对话和活动提供组织和同步所必需的手段，以便对数据的传送提供控制和管理。主要用于会话的管理和数据传输的同步
4	传输层	从端到端经过网络透明地传送报文，完成端到端通信链路的建立、维护和管理
3	网络层	进行分组传送、路由选择和流量控制，主要用于实现端到端通信系统中中间节点的路由选择
2	数据链路层	通过一些数据链路层协议和链路控制规程，在不太可靠的物理链路上实现可靠的数据传输
1	物理层	实行相邻计算机节点之间比特流的透明传送，尽可能屏蔽具体传输介质和物理设备的差异

这 7 层由低到高分别是物理层、数据链路层、网络层、传输层、会话层、表示层、应用层。每层完成一定的功能，每层都直接为其上层提供服务，并且所有层次都互相支持。第 4 层～第 7 层主要负责互操作性，而第 1 层～第 3 层则用于创造两个网络设备间的物理连接。

OSI/RM 对各个层次的划分应遵循以下几个原则。

（1）网络中各节点都有相同的层次，相同的层次具有相同的功能。

（2）同一节点内相邻层之间通过接口通信。

（3）每一层使用下层提供的服务，并向其上层提供服务。

（4）不同节点的同等层按照协议实现对等层之间的通信。

2. TCP/IP 参考模型

TCP/IP 是目前异种网络通信使用的唯一协议体系。它的使用范围极广，既可用于局域网，又可用于广域网，许多厂商的计算机操作系统和网络操作系统产品都采用或含有 TCP/IP。TCP/IP 已成为目前事实上的国际标准和工业标准。TCP/IP 也是一个分层的网络协议，不过它所分的层次与 OSI/RM 所分的层次有所不同。TCP/IP 参考模型自下而上分为网络接口层、互联网层、传输层、应用层共 4 个层次，各层功能如下。

（1）网络接口层。它是 TCP/IP 参考模型的最低层，负责接收从 IP（Internet Protocol，互联网协议）层交来的 IP 数据报并将 IP 数据报通过低层物理网络发送出去，或者从低层物理网络上接收物理帧，抽出 IP 数据报，交给 IP 层。网络接口有两种类型：第一种是设备驱动程序，如局域网的网络接口；第二种是含自身数据链路协议的复杂子系统，如 X.25 中的网络接口。

事实上，在 TCP/IP 参考模型的描述中，互联网层的下面什么都没有，即 TCP/IP 参考模型没有真正描述这一部分，只是指出主机必须使用某种协议与网络连接，以便能在其上传递 IP 分组。这种协议未被定义，并且随主机和网络的不同而不同。

（2）互联网层。互联网层的主要功能是负责相邻节点之间的数据传送，包括 3 个方面。第一，处理来自传输层的分组发送请求，即将分组装入 IP 数据报，填充报头，选择去往目的节点的路径，然后将数据报发往适当的网络接口。第二，处理输入数据报，即首先检查数据报的合法性，然后进行路由选择，假如该数据报已到达目的节点（本机），则去掉报头，将 IP 报文的数据部分交给相应的传输层协议；假如该数据报尚未到达目的节点，则转发该数据报。第三，处理 ICMP（Internet Control Message Protocol，互联网控制报文协议）报文，即处理网络的路由选择、流量控制和拥塞控制等问题。TCP/IP 参考模型的互联网层在功能上类似于 OSI/RM 中的网络层。

（3）传输层。TCP/IP 参考模型中传输层的作用与 OSI/RM 中传输层的作用是一样的，即在源节点和目的节点的两个进程实体之间提供可靠的端到端的数据传输。为保证数据传输的可靠性，传输层协议规定接收端必须发回确认，并且假定分组丢失，必须重新发送。

传输层还要解决不同应用程序的标识问题，因为在一般的通用计算机中，常常有多个应用程序同时访问互联网。为区别各个应用程序，传输层在每一个分组中增加识别信源和信宿应用程序的标记。另外，传输层的每一个分组均附带校验和，以便接收节点检查接收到的分组的正确性。

TCP/IP 参考模型提供了两个传输层协议：传输控制协议（Transmission Control Protocol，TCP）和用户数据报协议（User Datagram Protocol，UDP）。TCP 是一个可靠的、面向连接的传输层协议，它将某节点的数据以字节流形式无差错地投递到互联网的任何一台计算机上。发送方的 TCP 将用户交来的字节流划分成独立的报文并交给互联网层进行发送，而接收方的 TCP 将接收的报文重新装配交给接收用户。TCP 同时处理有关流量控制的问题，以防止高速的发送方覆盖低速的接收方。UDP 是一个不可靠的、无连接的传输层协议，UDP 将可靠性问题交给应用程序解决。UDP 主要面向请求/应答式的交易型应用，一次交易往往只有一来一回两次报文交换，假如为此而建立连接和撤销连接，开销是相当大的。UDP 应用于那些对可靠性要求不高但要求网络延迟较小的场合，如语音和视频数据的传送等。IP、TCP 和 UDP 的关系如图 4.1 所示。

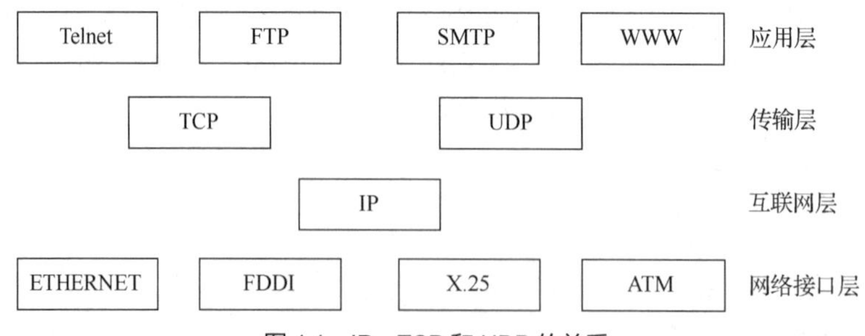

图 4.1　IP、TCP 和 UDP 的关系

（4）应用层。TCP/IP 参考模型没有会话层和表示层，因为没有相关需求。来自 OSI/RM 的经验已经证明，它们对大多数应用程序都没有用处。传输层的上面是应用层（Application Layer），它包含所有的高层协议。最早引入的是虚拟终端协议（Telnet 协议）、文件传输协议（File Transfer Protocol，FTP）和简单邮件传送协议（Simple Mail Transfer Protocol，SMTP），如图 4.1 所示。

Telnet 协议允许一台机器上的用户登录到远程计算机上并进行工作。FTP 提供了有效地把数据从一台计算机移动到另一台计算机的方法。电子邮件协议最初仅是一种文件传输，但是后来为它提出了专门的协议。这些年又增加了不少的协议，如 DNS（Domain Name Service，域名服务，用于把主机名映射到网络地址）、NNTP（Network News Transfer Protocol，网络新闻传送协议，用于传递新闻文章）、HTTP[Hypertext Transfer Protocol，超文本传送协议，用于在万维网（World Wide Web，WWW）上获取主页等]。

OSI/RM 与 TCP/IP 参考模型都采用了分层结构，都是基于独立的协议栈的概念。OSI/RM 有 7 层，而 TCP/IP 参考模型只有 4 层，即 TCP/IP 参考模型没有会话层和表示层，并且把数据链路层和物理层合并为网络接口层。

4.1.6　网络服务应用模式

按照通信过程中双方的地位是否相等，网络应用模式可以分为 C/S 模式和 P2P（Peer-to-Peer，对等网络）模式。

1. C/S 模式

C/S 模式是传统的网络应用模式，目前的互联网主要应用模式是 C/S，此模式要求在互联网上设置拥有强大处理功能和大带宽的高性能计算机，配合高档的服务器软件，再将大量的数据集中存放在上面，并且安装多样化的服务软件，在集中处理数据的同时可以对互联网上其他 PC 进行服务，如提供或接收数据、提供处理功能及其他应用。一台与服务器联机并接受服务的 PC 就是客户机，其性能可以相对弱小。C/S 模式结构如图 4.2 所示。

2. P2P 模式

P2P 强调系统中节点之间的对等关系。P2P 模式结构如图 4.3 所示。IBM 对 P2P 的定义为“P2P 系统由若干互连协作的计算机构成，且至少具有如下特征之一：系统依存于边缘化（非中央式服务器）设备的主动协作，每个成员直接从其他成员而不是从服务器的参与中受益；系统中的成员同时扮演着服务器与客户端的角色；系统应用的用户能够意识到彼此的存在，构成一个虚拟成实际的群体”。P2P 并不是新思想，它是互联网整体架构的基础，互联网中最基本的 TCP/IP 并没有客户端和服务器的概念，在通信过程中所有的设备都是平等的，只是构建在互联网之上的应用引发服务器、客户端的出现。

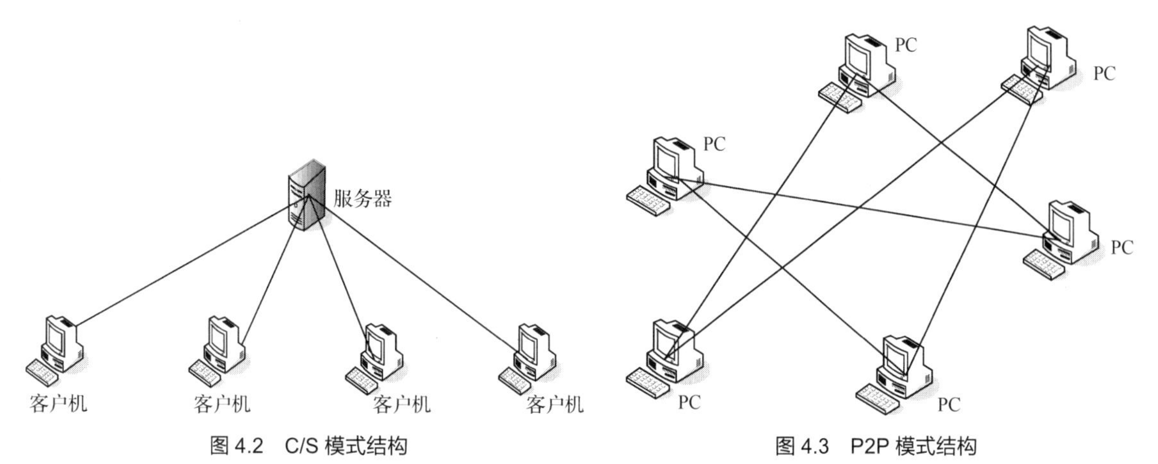

图 4.2　C/S 模式结构　　图 4.3　P2P 模式结构

P2P 原本是一种通信模式。在这种通信模式中，每一个部分具有相同的能力，任意部分之间都能开始一次通信。P2P 技术与计算机技术联系起来可理解为计算机以对等关系接入网络进行数据交换，类似 Windows 中的网络邻居。Windows 中的 NetBEUI 协议就是一种支持 P2P 的网络协议，通过网络邻居使用该协议可以在局域网上共享伙伴的计算机中的文件，甚至硬件设施。事实上，可以认为目前所关注的 P2P 技术是 Windows 中的网络邻居从局域网到 Internet 的一种概念上的延伸，即可以利用 P2P 客户端软件在 Internet 上实现文件，甚至硬件设施的共享。

P2P 强调节点地位的对等性。构建于互联网之上的 P2P 中的节点具有双重身份：它是物理网络中的节点，也是 P2P 中的节点。处于同一 P2P 中的节点在逻辑上构成新的拓扑关系，这种关系和物理拓扑关系并没有必然的联系，可以看作物理网络的一种覆盖。P2P 中对等节点之间的位置关系是逻辑意义上的。

P2P 技术改变了“内容”所在的位置，使其从“中心”走向“边缘”，即内容不再存在于主要的服务器上，而是存在于所有用户的 PC 上。P2P 使 PC 重新焕发活力，PC 不再是被动的客户端，而成为具有服务器和客户端双重特征的设备。

根据对等节点之间逻辑关系的组织方式不同，P2P 通常可分为 3 类：集中式 P2P，如 Napster；分布式 P2P，如 Gnutella；混合式 P2P，如 BitTorrent、JXTA。P2P 也可分为非结构化 P2P（如 Gnutella）和结构化 P2P（如 Chord、CAN、PAST、Tapestry）。

4.2 网络中间系统

网络中间系统主要由网络传输介质和网络中间设备组成。常见的网络中间设备主要有集线器、网桥、交换机、路由器和网关等。其中，路由器是最重要的网络设备，而网桥和网关则因为网络技术的发展而逐渐被淘汰，因此本节只介绍集线器、交换机和路由器这几种网络中间设备。

4.2.1 网络传输介质

传输介质是网络连接设备间的中间介质，也是信号传输的媒体，常用的传输介质有双绞线、同轴电缆、光纤及微波和卫星等。

1. 双绞线

双绞线（Twisted Pair）是常用的一种传输介质，它采用一对或若干对互相绝缘的金属导线互相绞合的方式来抵御一部分外界电磁干扰，一般双绞线扭线越密，其抗干扰性能就越强。常见的双绞线由 4 对线构成，外包绝缘电缆套管。与其他传输介质相比，双绞线在传输距离、信道宽度和数据传输速率等方面有一定限制，但价格较为低廉。双绞线分为非屏蔽双绞线（见图 4.4）和屏蔽双绞线（见图 4.5）两种。非屏蔽双绞线电缆无屏蔽外套，易弯曲、易安装，适用于结构化综合布线。而屏蔽双绞线外层由铝铂包裹（以减小辐射），价格相对较高，其安装比非屏蔽双绞线安装困难。

图 4.4 非屏蔽双绞线

图 4.5 屏蔽双绞线

常见的双绞线有 5 类线、超 5 类线及 6 类线等，前者线径细而后者线径粗。5 类线增加了绕线密度，最高传输频率为 100MHz，用于语音传输和最高传输速率为 100Mbit/s 的数据传输，主要用于 100Base-T 和 10Base-T 网络；超 5 类线具有衰减小、串扰少等特点，线缆最高频率带宽为 100MHz，主要用于百兆、千兆以太网；6 类线的传输频率为 1MHz～250MHz，适合传输速率高于 1Gbit/s 的应用。常用的双绞线电缆还有 25 对、50 对和 100 对等大对数的双绞线电缆，大对数的双绞线电缆用于语音通信的干线子系统中。

2. 同轴电缆

同轴电缆（Coaxial Cable）如图 4.6 所示，由里往外依次是导体、塑胶绝缘层、金属屏蔽层和塑料护套。由于铜芯与网状导体同轴，因此它被称为同轴电缆。金属屏蔽层可用来防止中心导体向外辐射电磁场，也可用来防止外界电磁场干扰中心导体的信号。

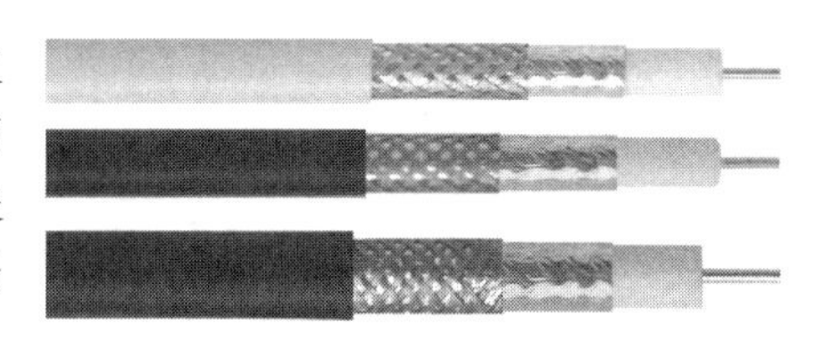

图 4.6 同轴电缆

常用的同轴电缆有两种。一种是特性阻抗为 50Ω的同轴电缆，用于传送数字信号。通常把表示数字信号的方波所固有的频带称为基带（Baseband），因此这种电缆也称基带同轴电缆，其典型的传输速率是 10Mbit/s，目前已很少采用这种线缆。另一种是特性阻抗为 75Ω的 CATV（Cable Television，有线电视）电缆，用于传送模拟信号，这种电缆也称为宽带（Broadband）同轴电缆。要把计算机产生的比特流变成模拟信号在 CATV 电缆传输，就要在发送端和接收端加入调制解调器（Modem）。带宽为 400MHz 的 CATV 电缆的传输速率可达 100Mbit/s。也可以采用频分多路复用（Frequency Division Multiplexing，FDM）技术，把整个带宽划分为多个独立的信道，分别传输数字信号、声音信号和视频信号，实现多种电信业务。

3. 光纤

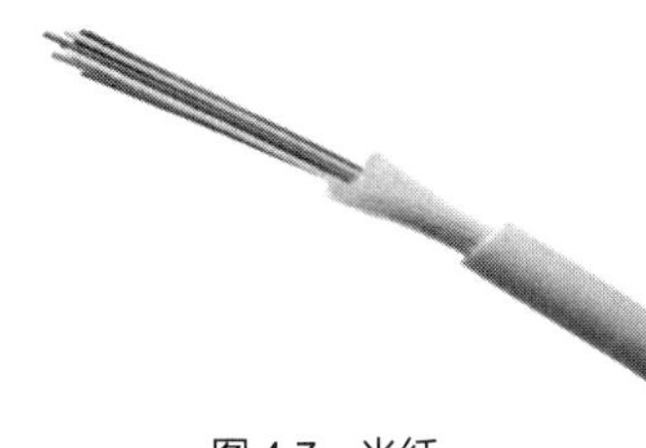

图 4.7 光纤

光纤（光导纤维的简称），如图 4.7 所示，是一种传输光束的细而柔韧的介质。典型的光纤结构自内向外为纤芯、包层及涂覆层。包层的外径一般为 125μm（一根头发的直径平均约为 100μm），在包层外面是 5～40μm 涂覆层，涂覆层的材料是环氧树脂或硅橡胶。

光纤可分为单模（Single Mode）光纤和多模（Multiple Mode）光纤。单模光纤采用固体激光器作为光源，多模光纤则采用发光二极管作为光源。多模光纤允许多束光在光纤中同时传播，从而形成模分散（模分散技术限制了多模光纤的带宽和距离）。多模光纤的芯线粗（纤芯外径约为 62.5μm），传输距离短，但其成本比较低。多模光纤一般用于建筑物内或地理位置相邻的环境。单模光纤只允许一束光传播，所以单模光纤没有模分散特性。单模光纤的纤芯相应较细（纤芯直径为 4～10μm）、传输频带宽、容量大、传输距离长，但因其需要激光源，所以成本较高，通常在建筑物之间或地域分散时被使用。

4. 微波通信

微波载波频率为 2～40GHz，频率高，可同时传送大量信息。由于微波是沿直线传播的，因此它在地面的传播距离有限。微波通信如图 4.8 所示。

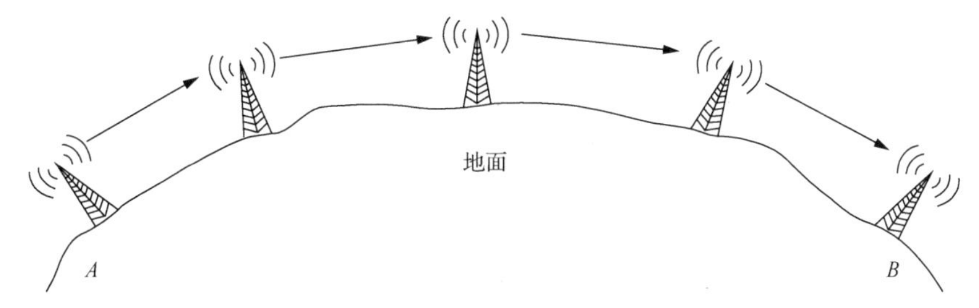

图 4.8 微波通信

5. 卫星通信

卫星通信利用地球同步卫星作为中继来转发微波信号，可以克服地面微波通信距离的限制。3 个同步卫星可以覆盖地球上的全部通信区域。卫星通信如图 4.9 所示。

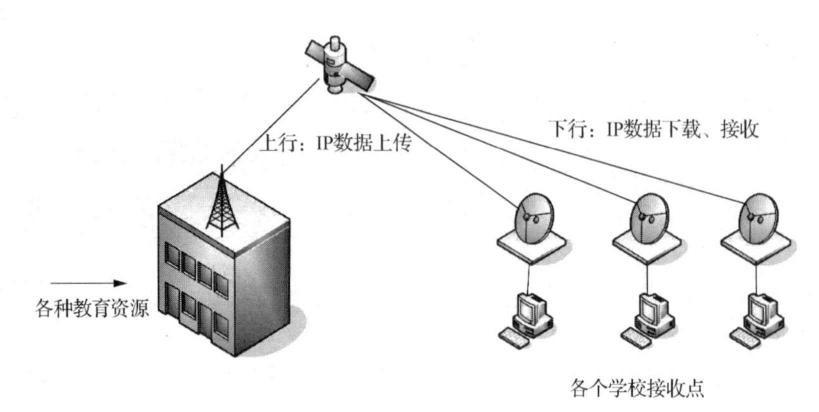

图 4.9　卫星通信

6. 红外通信和激光通信

红外通信和激光通信与微波通信一样，有很强的方向性，信号都是沿直线传播的。但红外通信和激光通信要把传输的信号分别转换为红外光信号和激光信号后才能在空间沿直线传播。

4.2.2　网络接口卡

网络接口卡（Network Interface Card，NIC）也称网络适配器或简称网卡，在局域网中用于将用户计算机与网络相连，大多数局域网采用以太网网卡。

网卡是一块插入计算机 I/O 槽中的，能够发出和接收不同的信息帧、计算帧检验序列、执行编码译码转换等以实现微型计算机通信的集成电路卡。它主要完成如下功能。

（1）读入由其他网络设备（路由器、交换机、集线器或其他网卡）传输过来的数据报（一般是帧的形式），将其转变成客户机或服务器可以识别的数据，通过主板上的总线将数据传输到所需设备（CPU、内存或硬盘）中。

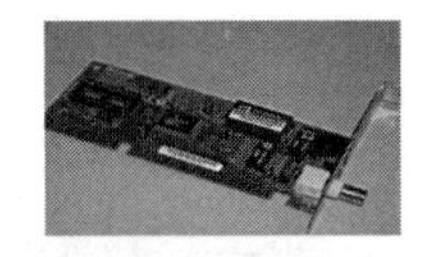

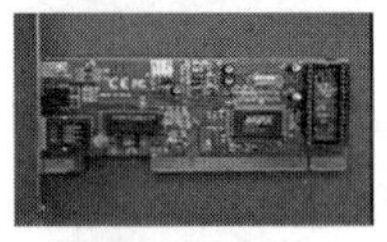

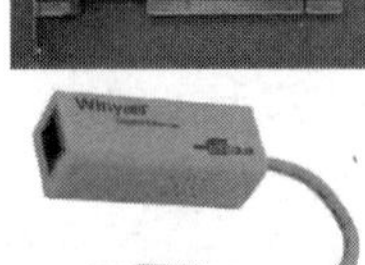

图4.10　各种网卡的外观

（2）将设备发送的数据打包后输送至其他网络设备中。

网卡按总线类型可分以为 ISA 网卡、PCI 网卡、USB 网卡等，它们的外观如图 4.10 所示。

其中，ISA 网卡和 PCI 网卡的数据传送量为 32 位，AMD 和 Intel 的 64 位速度较快。USB 网卡传输速率远大于传统的并行接口和串行接口的传输速率，并且其安装简单，即插即用，越来越受厂商和用户的欢迎。

网卡的接口大小不一，其旁边还有红、绿两个小灯。网卡的接口有粗同轴电缆接口、细同轴电缆接口、无屏蔽双绞线接口（RJ-45 接口）3 种规格。一般的网卡只有一种接口，但也有网卡有 2～3 种接口，这种网卡被称为二合一或三合一卡。红、绿小灯是网卡的工作指示灯，红灯亮表示正在发送或接收数据，绿灯亮则表示网络连接正常，否则表示网络连接不正常。值得说明的是，倘若连接两台计算机线路的长度大于规定长度（双绞线为 100m，细电缆为 185m），即使连接正常，绿灯也不会亮。

4.2.3　集线器

集线器（Hub）是将多条以太网双绞线或光纤集合连接在同一段物理介质下的设备，如图 4.11 所示。集线器运作在 OSI/RM 中的物理层。它可以视作多端口的中继器，它如果检测到碰撞，便会提交阻塞信号。

图 4.11　集线器

集线器通常会附上粗同轴电缆和/或细同轴电缆转接头来连接传统的 10Base-2 或

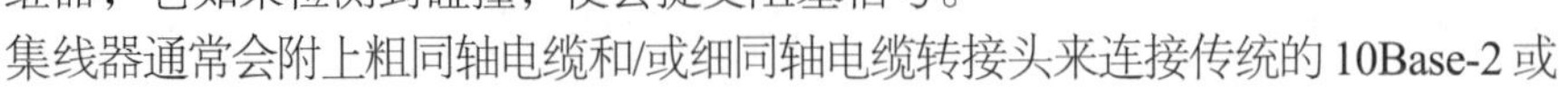

10Base-5 网络。

集线器会把收到的任何数字信号再生或放大，再从集线器的所有端口提交，这样就导致信号之间发生碰撞的机会很大，而且信号可能被窃听，并代表所有连接到集线器的设备都属于同一个碰撞域名及广播域名，因此大部分集线器已被交换机取代。

4.2.4　交换机

交换机可以根据数据链路层信息做出帧转发决策，同时构造出自己的转发表。交换机运行在数据链路层，可以访问 MAC（Medium Access Control，介质访问控制）地址，并将帧转发至该地址。交换机的出现使网络带宽得以增加。

1. 3 种方式的数据交换

（1）Cut through：数据报进入交换引擎后，在规定时间内丢到背板总线（Core Bus）上，再送到目的端口，这种交换方式的交换速度快，但容易出现丢包现象。

（2）Store & Forward：数据报进入交换引擎后被存放在一个缓冲区，由交换引擎转发到背板总线上，这种交换方式避免了丢包现象，但降低了交换速度。

（3）Fragment Free：介于上述两者之间的一种交换方式。

2. 背板带宽与端口速率

交换机将每一个端口都挂在一条背板总线上，背板总线的带宽即背板带宽，端口速率表示端口每秒吞吐多少数据报。

3. 模块化与固定配置

根据交换机的设计理念可以将它分为两种：一种是机箱式交换机（也称为模块化交换机），另一种是独立式固定配置交换机。

机箱式交换机最大的特色是具有很强的可扩展性，它能提供一系列扩展模块，如千兆以太网模块、FDDI（Fiber Distributed Data Interface，光纤分布数据接口）模块、ATM（Asynchronous Transfer Mode，异步传输方式）模块、快速以太网模块、令牌环模块等，所以能够将具有不同协议、不同拓扑结构的网络连接起来。它最大的缺点是价格昂贵。机箱式交换机一般作为骨干交换机来使用。

独立式固定配置交换机一般具有固定端口的配置，如图 4.12 所示。独立式固定配置交换机的可扩展性不如机箱式交换机的，但是它的成本低得多。

图 4.12　独立式固定配置交换机

4.2.5　路由器

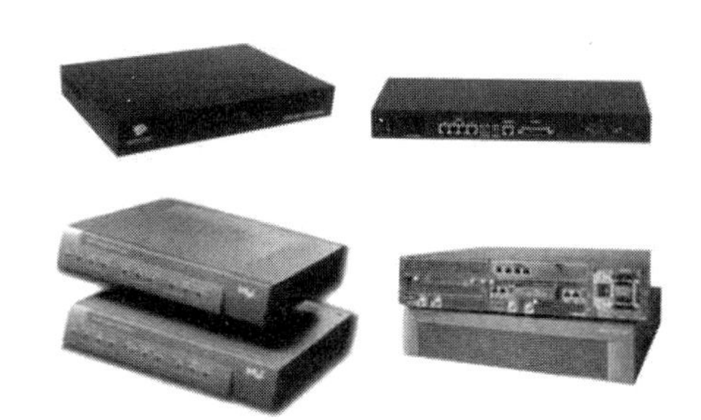

图 4.13　路由器

路由器（Router）是具有连接不同类型网络的功能并能够选择数据传送路径的网络设备，如图 4.13 所示。路由器有 3 个特征：工作在第 3 层上；能够连接不同类型的网络；具有路径选择功能。

1. 路由器工作在第 3 层上

路由器是第 3 层网络设备，这样说可能让人比较难以理解。为此先介绍一下集线器和交换机。集线器工作在第 1 层（即物理层），它没有智能处理功能。对它来说，数据只是电流，当一个端口的电流传到集线器中时，集线器只是简单地将电流传送到其他端口，而不关心其他端口连接的计算机接不接收这些数据。交换机工作在第 2 层（即数据链路层），它要比集线器智能一些。对它来说，网络上的数据是 MAC 地址的集合，它能分辨出帧中的源 MAC 地址和目的 MAC 地址，因此可以在任意两个端口间建立联系。但是交换机并不知道 IP 地址，它只知道 MAC 地址。路由器工作在第 3 层（即网络层），它比交换机还要“聪明”一些，它能理解数据中的 IP 地址。如果它接收到一个数据报，它会检查其中的 IP 地址：如果目的地址是本地网络的，它就不理会；如果目的地址是其他网络的，它就将数据报转发出本地网络。

2. 路由器能够连接不同类型的网络

常见的集线器和交换机一般都用于连接以太网，但是如果要将两种类型的网络（如以太网与 ATM 网）连接起来，集线器和交换机就派不上用场了。路由器能够连接不同类型的局域网和广域网，如以太网、ATM 网、FDDI 网、令牌环网等。不同类型的网络传送的数据单元——帧（Frame）的格式和大小是不同的。就像公路运输是以汽车为单位装载货物，而铁路运输是以火车车皮为单位装载货物一样，从公路运输改为铁路运输，必须把货物从汽车上放到火车车皮上，网络中的数据从一种类型的网络传输至另一种类型的网络，必须进行帧格式转换。路由器就具备这种功能，而集线器和交换机不具备。实际上，人们所说的“互联网”就是用各种路由器连接起来的，因为互联网上存在各种类型的网络，集线器和交换机根本不能胜任连接各种网络的任务，只能由路由器来完成。

3. 路由器具有路径选择功能

在互联网中，从一个节点到另一个节点可能有许多路径，路由器可以选择通畅快捷的近路，从而大大提高通信速度、减轻网络系统通信负荷、节约网络系统资源，这种能力是集线器和交换机所不具备的。

4.3 计算机局域网

4.3.1 局域网概述

自 20 世纪 70 年代末开始，微型计算机由于价格不断下降而获得人们的广泛使用，这促使计算机局域网技术得到了飞速发展，并在计算机网络中占据了非常重要的地位。

1. 局域网的特点和优点

局域网最主要的特点是，网络为一个单位所拥有，且覆盖的地理范围和包含的站点数目均有限。在局域网刚刚出现时，与广域网相比，局域网具有较高的比特率、较低的时延和较小的误码率。但随着光纤技术在广域网中普遍使用，现在广域网也具有很高的比特率和很低的误码率。

一个工作在多用户系统下的小型计算机，基本上可以完成局域网所能做的工作。二者相比，局域网具有如下一些主要优点。

（1）能方便地共享昂贵的外部设备、主机以及软件、数据，可以从一个站点访问全网。

（2）便于系统的扩展和演变，各设备的位置可灵活调整和改变。

（3）提高了系统的可靠性、可用性和残存性。

2. 局域网的拓扑结构

网络拓扑结构是指一个网络中各个节点之间互连的几何形状。局域网的拓扑结构通常是指将局域网的通信链路和工作节点在物理上连接在一起的布线结构。局域网的拓扑结构通常分为 3 种：总线型拓扑结构、星形拓扑结构和环形拓扑结构。

（1）总线型拓扑结构。所有节点都通过相应硬件接口连接到一条无源公共总线上，任何一个节点发出的信息都可以沿着总线传输，并被总线上其他任何一个节点接收。它的传输方向是从发送节点向两端扩散，是一种广播式结构。在局域网中，采用带冲突检测的载波监听多路访问（Carrier Sense Multiple Access with Collision Detection，CSMA/CD）控制方式。每个节点的网卡上有一个收发器，当发送节点发送的目标地址与某一节点的接口地址相符，该节点即接收该信息。总线型拓扑结构的优点是安装简单，易于扩充，可靠性高，一个节点损坏不会影响整个网络工作。它的缺点是一次仅能一端用户发送数据，其他端用户必须等到获得发送权，才能发送数据，且其介质访问获取机制较复杂。总线型拓扑结构示意如图 4.14 所示。

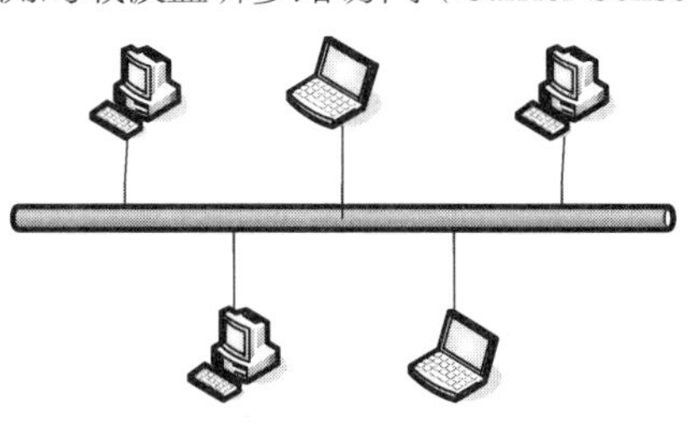
图 4.14　总线型拓扑结构示意

（2）星形拓扑结构。星形拓扑结构也称为辐射网，它将一个节点作为中心节点（可以是主机或集线器），该节点与其他节点均有线路连接。具有 N 个节点的星形拓扑结构至少需要 $N-1$ 条传输链路。星形拓扑结构的中心节点就是转接交换中心，其余 $N-1$ 个节点间相互通信都要经过中心节点来转接，因而该设备的交换功能和可靠性会影响网内所有用户。星形拓扑结构的优点是利用中心节点可方便地提供服务和重新配置网络；单个连接节点的故障只会影响一个设备，不会影响全网；容易检测和隔离故障，便于维护；任何一个连接只涉及中心节点和一个站点，因此 MAC 方法很简单，从而访问协议也十分简单。星形拓扑结构的缺点是每个站点直接与中心节点相连，需要大量电缆，因此费用较高；如果中心节点产生故障，则全网不能工作，所以对中心节点的可靠性和冗余度要求很高，中心节点通常采用双机热备份来提高系统的可靠性。星形拓扑结构示意如图 4.15 所示。

（3）环形拓扑结构。环形拓扑结构中的各节点通过有源接口连接在一条闭合的环形通信线路中，是点对点结构。环形拓扑结构中每个节点发送的数据流按环路设计的流向流动。为了提高可靠性，可采用双环或多环等冗余措施。目前的环形拓扑结构采用了一种多站访问部件（Multistation Access Unit，MAU），当某个节点发生故障时，可以自动旁路，隔离故障，这也使可靠性得到了提高。环形拓扑结构的优点是实时性好，信息吞吐量大，拓扑结构的周长可达 200km，节点可达几百个。但因环路是封闭的，所以扩充不便。IBM 公司于 1985 年率先推出令牌环网，目前的 FDDI 网使用的就是这种双环结构。环形拓扑结构示意如图 4.16 所示。

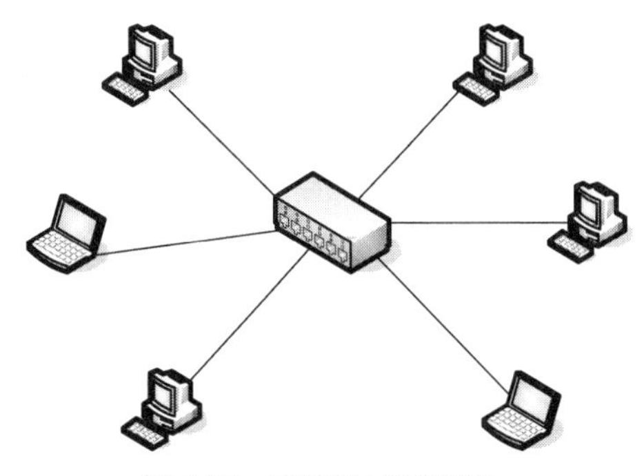
图 4.15　星形拓扑结构示意

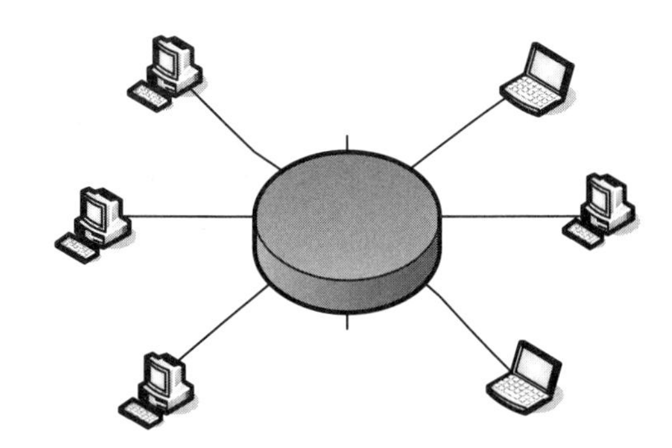
图 4.16　环形拓扑结构示意

4.3.2　CSMA/CD

CSMA/CD 是一种 MAC 技术，也就是计算机访问网络的控制方式。MAC 技术是局域网最重要的一项基本技术，也是网络设计和组成的最根本问题，因为它对局域网体系结构、工作过程和网络性能产生决定性的影响。

局域网的 MAC 包括两个方面的内容：一是要确定网络的每个节点能够将信息发送到介质上去

的特定时刻；二是要确定如何对公用传输介质进行访问，并对其加以利用和控制。常用的局域网MAC方法主要有以下3种：CSMA/CD、令牌环（Token Ring）和令牌总线（Token Bus）。后两种现在已经逐渐被淘汰。

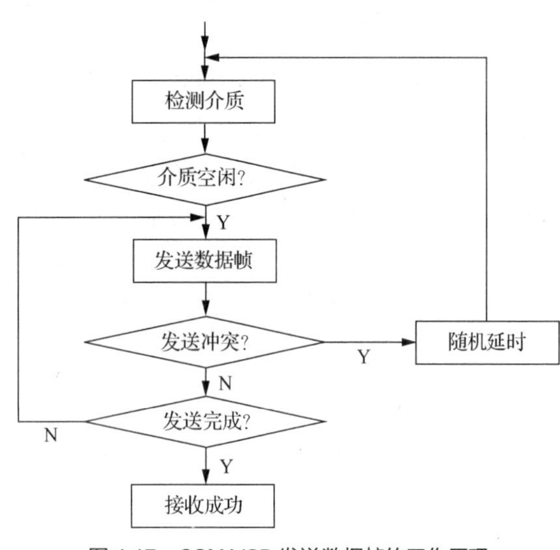

图 4.17　CSMA/CD 发送数据帧的工作原理

CSMA/CD是一种争用型的MAC协议，也是一种分布式MAC协议。网络内的所有节点都相互独立地发送和接收数据帧。在每个节点发送数据帧前，要对网络进行载波侦听，如果网络上正有其他节点进行数据传输，则该节点推迟发送数据，继续对网络进行载波侦听，直到发现介质空闲，才允许发送数据。如果两个或者两个以上节点同时检测到介质空闲并发送数据，则会发生冲突。在CSMA/CD中，采取一边发送一边侦听的方法对数据进行冲突检测。如果发现冲突，将会立即停止发送，并向介质发出一串阻塞脉冲信号来加强冲突，以便让其他节点都知道已经发生冲突。在冲突发生后，要发送信号的节点将随机延时一段时间，再重新争用介质，直到发送成功。CSMA/CD发送数据帧的工作原理如图4.17所示。

4.3.3　以太网

以太网（Ethernet）是最早的局域网，最初由美国施乐（Xerox）公司研制成功，其当时的传输速率只有2.94Mbit/s。1981年，施乐公司与数字设备公司（Digital Equipment Corporation，DEC）及英特尔（Intel）公司合作，联合提出了以太网的规约，即DIX 1.0规范。后来以太网的标准由IEEE（Institute of Electrical and Electronics Engineers，电气电子工程师学会）来制定，DIX Ethernet就成了IEEE 802.3标准的基础。IEEE 802.3标准是IEEE 802系列中的一个标准，由于是从DIX Ethernet标准演变而来，通常又称为以太网标准。

早期的以太网采用同轴电缆作为传输介质，传输速率为10 Mbit/s。使用粗同轴电缆的以太网被称为10Base-5标准以太网。Base是指传输信号是基带信号。这种以太网采用0.5in（1in≈2.54cm）的50Ω同轴电缆作为传输介质，最远传输距离为500m，最多可连接100台计算机。使用细同轴电缆的以太网被称为10Base-2标准以太网，它采用0.2in的50Ω同轴电缆作为传输介质，最远传输距离为200m，最多可连接30台计算机。

双绞线以太网10Base-T采用双绞线作为传输介质。10Base-T网络中引入Hub，网络采用树状拓扑结构或总线型和星形混合拓扑结构。这种结构具有良好的故障隔离功能，网络任一线路或某工作站点出现故障均不影响网络其他站点，使网络更加易于维护。

随着数据业务的增加，传输速率为10 Mbit/s的网络已经不能满足业务的需求。1993年，快速以太网100Base-T诞生了，它在IEEE标准里为IEEE 802.3u。快速以太网的出现大大提升了网络速度，再加上快速以太网设备价格低廉，快速以太网很快成为局域网的主流。快速以太网在传统以太网的基础上发展起来，保持了相同的数据格式，也保留了CSMA/CD这种MAC方式。目前，正式的100Base-T标准定义了3种物理规范以支持不同介质，即100Base-T用于使用两对线的双绞线电缆；100Base-T4用于使用四对线的双绞线电缆；100Base-FX用于光纤。

吉比特以太网是IEEE 802.3标准的扩展，它在保持与以太网和快速以太网设备兼容的同时，提供1000Mbit/s的数据带宽。IEEE 802.3工作组建立了IEEE 802.3z以太网小组来建立吉比特以太网标准。吉比特以太网沿袭了以太网和快速以太网的主要技术，并在线路工作方式上进行了改进，提供了全新的全双工工作方式。吉比特以太网可支持双绞线电缆、多模光纤、单模光纤等介质。目前吉比特以太网设备已经普及，主要被用在网络的骨干部分。

10 吉比特以太网技术的研究开始于 1999 年。2002 年，IEEE 802.3ae 标准正式发布。目前支持 9μm 单模、50μm 多模和 62.5μm 多模 3 种光纤。在物理层上，主要分为两种类型：一种是可与传统以太网实现连接速率为 10Gbit/s 的“LAN PHY”；另一种是可连接 SDH/SONET、速率为 9.58464Gbit/s 的“WAN PHY”。两种物理层连接设备都可使用 10GBase-S（850nm 短波）、10GBase-L（1310nm 长波）、10GBase-E（1550nm 长波）3 种规格，最大传输距离分别为 300m、10km、40km。另外，LAN PHY 还包括一种可以使用 DWDM（Dense Wavelength Division Multiplexing，密集波分复用）技术的“10GBase-LX4”规格。WAN PHY 与 SONET OC-192 帧结构融合，可与 OC-192 电路、SONET/SDH 设备一起运行，从而保护传统基础投资，使运营商能够在不同地区通过城域网提供端到端以太网。

4.4 Internet 的基础知识

4.4.1 Internet 的概述

1. 什么是 Internet

Internet 是一个全球性的“互联网”，中文名称为“因特网”。它并非一个具有独立形态的网络，而是将分布在世界各地的、类型各异的、规模大小不一的、数量众多的计算机网络互连在一起而形成的网络集合体。它是当今最大且最流行的国际性网络。

Internet 采用 TCP/IP 作为共同的通信协议，将世界范围内许许多多计算机网络连接在一起，只要与 Internet 相连，就能主动地利用这些网络资源，还能以各种方式和其他 Internet 用户交流信息。但 Internet 又远远超出一个提供丰富信息服务机构的范畴。它更像一个面向公众的自由松散的社会团体：一方面有许多人通过 Internet 进行信息交流和资源共享；另一方面又有许多人和机构资源将时间和精力投入 Internet 中进行开发、运用和提供服务。Internet 正逐步深入社会生活的各个角落，成为生活中不可缺少的部分。网络应用主要有：网络音乐、即时通信、网络影视、网络新闻、搜索引擎、网络游戏、电子邮件等。除此之外，Internet 还常用于电子政务、网络购物、网上支付、网上银行、网上求职、网络教育等。

2. Internet 的起源和发展

Internet 是由美国国防部高级研究计划局（Defense Advanced Research Projects Agency，DARPA）在 1969 年建立的 ARPANET 演化而来的。ARPANET 是全世界第一个分组交换网，也是一个实验性的计算机网络，用于军事目的，设计要求是支持军事活动，特别是研究如何建立网络才能经受如核战争那样的破坏或其他灾害性破坏，当网络的一部分（某些主机或部分通信线路）受损时，整个网络应该仍然能够正常工作。与此不同，Internet 用于民用目的，它最初主要面向科学与教育界的用户，后来才转到其他领域，为一般用户服务，成为非常开放的网络。ARPANET 模型为网络设计提供了一种思想：网络的组成成分可能是不可靠的，当从源计算机向目标计算机发送信息时，应该对承担通信任务的计算机而不是对网络本身赋予一种责任——保证把信息完整无误地送达目的地。这种思想始终体现在以后计算机网络通信协议的设计以至 Internet 的发展过程中。

Internet 的真正发展是从 NSFNET 的建立开始的。最初，美国国家科学基金会（National Science Foundation，NSF）曾试图用 ARPANET 作为 NSFNET 的通信干线，但这个决策没有取得成功。20

世纪 80 年代是网络技术取得巨大进展的年代，不仅大量涌现出诸如以太网电缆和工作站组成的局域网，而且奠定了建立大规模广域网的技术基础。正是在这时提出了发展 NSFNET 的计划。1988 年底，NSF 把在美国全国建立的五大超级计算机中心用通信干线连接起来，组成全国科学技术网 NSFNET，并以此作为 Internet 的基础，实现同其他网络的连接。现在，NSFNET 连接了全美上百万台计算机，是 Internet 最主要的成员网。采用 Internet 这一名称是在 MILNET（从 ARPANET 分离出来）和 NSFNET 连接后开始的。此后，其他部门的计算机网络相继并入 Internet，如能源科学网 ESnet、航天技术网 NASANET、商业网 ComNet 等。之后，NSF 巨型计算机中心一直肩负着扩展 Internet 的使命。

随着近年来信息高速公路建设的发展，Internet 在商业领域的应用也得到了迅速发展，加之 PC 的普及，越来越多的个人用户也加入其中。至今，Internet 已普及到全世界绝大多数国家和地区。

Internet 已经在我国开放，用户可通过中国公用计算机互联网（ChinaNet）或中国教育和科研计算机网（CERNET）与 Internet 连通。

Internet 在我国的发展历程大致可以划分为以下 3 个阶段。

（1）第一阶段为 1986 年—1993 年，是研究试验阶段。

在此期间我国一些科研部门和高等院校开始研究 Internet 技术，并开展了科研课题和科技合作工作。这个阶段的网络应用仅限于小范围内的电子邮件服务，而且仅为少数高等院校、研究机构提供电子邮件服务。

（2）第二阶段为 1994 年—1996 年，是起步阶段。

1994 年 4 月，中关村地区教育与科研示范网络进入 Internet，实现和 Internet 的 TCP/IP 连接，从而开通了 Internet 全功能服务。从此，我国被国际上正式承认为有 Internet 的国家。之后，ChinaNet、CERNET、CSTNET、ChinaGBnet 等多个 Internet 网络项目在全国范围相继启动，Internet 开始进入公众生活，并在我国得到了迅速的发展。1996 年年底，我国 Internet 用户数已达 20 万，利用 Internet 开展的业务与应用逐步增多。

（3）第三阶段为从 1997 年至今，是快速增长阶段。

国内 Internet 用户自 1997 年以后基本保持每半年翻一番的增长速度，我国网民数增长迅速。中国互联网络信息中心（China Internet Network Information Center，CNNIC）发布的第 53 次《中国互联网络发展状况统计报告》显示，截至 2023 年 12 月，我国网民规模达 10.92 亿人，较 2022 年 12 月新增网民 2480 万人，互联网普及率达 77.5%。

3. 下一代网络

随着网络应用的广泛与深入，通信业呈现 3 个重要的发展趋势：移动通信业务超越了固定通信业务；数据通信业务超越了语音通信业务；分组交换业务超越了数据交换业务。由此引发了 3 项技术的基本形成：计算机网络的 IP 技术可将传统电信业的所有设备都变成互联网的终端；软交换技术可使各种新的电信业务方便地加载到电信网络中，加快电话网、移动通信网与互联网的融合；第三代、第四代的移动通信技术，将数据业务带入移动通信时代。

由此，计算机网络出现了两个重要的发展趋势：一是计算机网络、电信网络与有线电视网络实现“三网融合”，即未来将会以一个网络完成上述三网的功能；二是基于 IP 技术的新型公共电信网络快速发展。这就是下一代网络（Next-Generation Network，NGN），同时也发展了下一代因特网（Next-Generation Internet，NGI）。

NGI 是指“下一代的因特网技术”，而 NGN 是指互联网应用给传输网带来的技术演变，导致新一代电信网络的出现。通常认为，NGN 的主要特征是：建立在 IP 技术基础上的新型公共电信网络上，容纳各种类型的信息，提供可靠的服务质量保证，支持语音、数据与视频的多媒体通信业务，并且具备快速、灵活地生成新业务的机制与能力。

4. 物联网

物联网（Internet of Things）是 1999 年提出来的，其定义是通过射频识别（Radio Frequency Identification，RFID）、红外感应器、全球定位系统、激光扫描器等信息传感设备，按约定的协议将任何物品都与互联网相连，进行信息交换和通信，以实现智能化识别、定位、跟踪、监控和管理的一种网络。

物联网实现全球亿万种物品之间的互连，将不同领域、不同地域、不同应用、不同物理实体按其内在关系紧密关联，可能可以使小到电子元器件，大到飞机、轮船等巨量物体实现联网与互动。

4.4.2 Internet 的接入

Internet 是“网络的网络”，它允许用户随意访问任何接入其中的计算机，但用户如果要访问其他计算机，首先要把自己的计算机系统连接到 Internet 上。

接入 Internet 的方式大致有 4 种，下面对它们进行简单介绍。

1. ISDN

ISDN（Integrated Service Digital Network，综合业务数字网）俗称“一线通”，它采用数字传输和数字交换技术，将电话、传真、数据、图像等多种业务综合在一个统一的数字网络中进行传输和处理。用户利用一条 ISDN 用户线路，可以在上网的同时拨打电话、收发传真，就像使用了两条电话线一样。ISDN 基本速率接口有两条 64kbit/s 的信息通路和一条 16kbit/s 的信令通路（简称 2B+D），当有电话拨入时，它会自动释放一个 B 信道来进行电话接听。

就像普通拨号上网需要使用调制解调器一样，用户使用 ISDN 也需要使用专用的终端设备，该设备主要由网络终端 NT1 和 ISDN 适配器组成。网络终端 NT1 就像有线电视上的用户接入盒一样必不可少，它为 ISDN 适配器提供接口和接入方式。ISDN 适配器和调制解调器一样分为内置和外置两类，内置的一般称为 ISDN 内置卡或 ISDN 适配卡；外置的则称为 TA。

用户采用 ISDN 拨号方式接入需要申请开户。各种测试数据表明，双线上网的速度并不能翻番。从发展趋势来看，窄带 ISDN 也不能满足高质量的 VOD（Video On Demand，视频点播）等宽带应用。

2. ADSL

ADSL（Asymmetric Digital Subscriber Line，非对称数字用户线）是一种能够通过普通电话线提供宽带数据业务的技术。ADSL 素有“网络快车”之美誉，因其下行速率高、频带宽、性能优、安装方便、不需交纳电话费等特点而深受广大用户喜爱。

ADSL 接入方式如图 4.18 所示。ADSL 方案的最大特点是不需要改造信号传输线路，完全可以利用普通铜质电话线作为传输介质，配上专用的调制解调器即可实现数据高速传输。ADSL 支持的上行速率为 640 kbit/s～1 Mbit/s，下行速率为 1 Mbit/s～8 Mbit/s，其有效的传输距离为 3～5km。在 ADSL 接入方式中，每个用户都有单独的一条线路与 ADSL 局端相连，它的结构可以被看作星形结构，数据传输带宽是由每一个用户独享的。ISDN 和 ADSL 两种方法目前已经基本被淘汰。

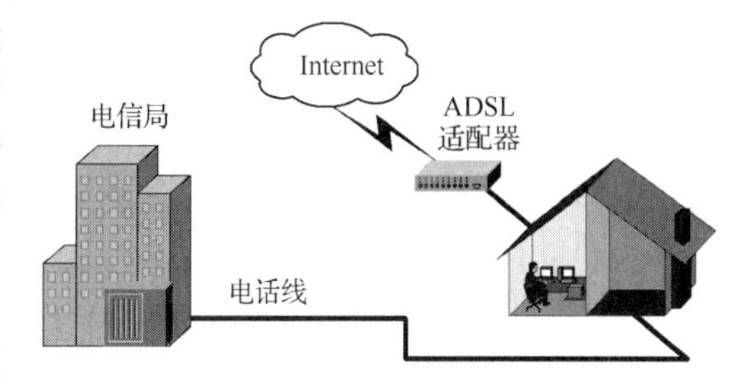

图 4.18　ADSL 接入方式

3. DDN

DDN（Digital Data Network，数字数据网）是随着数据通信业务发展而迅速发展起来的一种新型网络。DDN 的主干网传输介质有光纤、数字微波、卫星信道等，用户端多使用普通电缆和双绞线。

DDN 将数字通信技术、计算机技术、光纤通信技术及数字交叉连接技术有机地结合在一起，提供了高速度、高质量的通信环境，可以向用户提供点对点、点对多点透明传输的数据专线出租电路，为用户传输数据、图像、声音等信息。DDN 的通信速率可为 N×64kbit/s（用户可根据需要在 1～32 内对 N 进行选择），速度越快，租用费用就越高。DDN 主要面向集团等需要综合运用的单位。

4. 光纤入户

无源光网络技术是一种点对多点的光纤传输和接入技术，下行采用广播方式，上行采用时分多址方式，可以灵活地组成树状、星形、总线型等拓扑结构，在光分支点不需要节点设备，只需要安装一个简单的光分支器。该技术具有节省光缆资源、带宽资源共享、节省机房投资、设备安全性高、建网速度快、综合建网成本低等优点。

随着 Internet 的迅速发展，在 Internet 上的商业应用等也得到迅速推广，宽带网络一直被认为是构成信息社会最基本的基础设施。要享受 Internet 上的各种服务，用户必须以某种方式接入网络。为了实现用户接入 Internet 的数字化、宽带化，提高用户上网速度，光纤入户是用户网今后发展的必然方向。

4.4.3 IP 地址与 MAC 地址

1. IP 地址

由于网际互连技术是将不同物理网络技术统一起来的高层软件技术，因此在统一的过程中，首先要解决的就是地址的统一问题。

TCP/IP 对物理地址的统一是通过上层软件完成的，确切地说，是在互联网层中完成的。IP 提供一种在 Internet 中通用的地址格式，并在统一管理下进行地址分配，保证一个地址对应网络中的一台主机，这样物理地址的差异被网际层所屏蔽。网际层所用到的地址就是经常所说的 IP 地址。

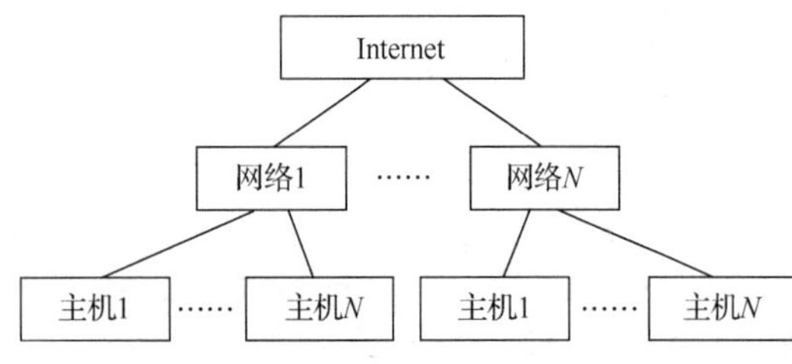

图 4.19 Internet 概念上的 3 个层次

IP 地址是一种层次型地址，携带关于对象位置的信息。它所要处理的对象比广域网复杂得多，无结构的地址无法担此重任。Internet 在概念上分为 3 个层次，如图 4.19 所示。

IP 地址正是对这种层次的反映，Internet 由许多网络组成，每一个网络中有许多主机，因此必须分别为网络主机加以标识，以示区别。这种地址模式明显地携带位置信息，给出一台主机的 IP 地址，就可以知道它位于哪个网络。

IP 地址是一个 32 位的二进制数，是将计算机连接到 Internet 的网际协议地址。它是 Internet 主机的一种数字型标识，一般用圆点隔开的十进制数表示，如 168.160.66.119。IP 地址由网络标识（netid）和主机标识（hostid）两部分组成，网络标识用来区分 Internet 上互连的各个网络，主机标识用来区分同一网络上的不同计算机（即主机）。

IP 地址由 4 部分数字组成，每个部分都不大于 256，各部分之间用圆点分开。例如，某 IP 地址的二进制表示为

11001010　11000100　00000100　01101010

其十进制表示为 202.196.4.106。

IP 地址通常分为以下 3 类。

（1）A 类：IP 地址的前 8 位为网络号（其中第 1 位为“0”），后 24 位为主机号，其有效范围为 1.0.0.1～127.255.255.254。此类地址的网络全球仅有 126 个，每个网络可连接的主机数为

$$2^8\times2^8\times2^8-2=16777214\text{（台）}$$

A 类 IP 地址通常供大型网络使用。

（2）B 类：IP 地址的前 16 位为网络号（其中第 1 位为“1”，第 2 位为“0”），后 16 位为主机号，其有效范围为 128.0.0.1～191.255.255.254。该类地址的网络全球共有：

$$2^6 \times 2^8 = 16384（个）$$

每个网络可连接的主机数为

$$2^8 \times 2^8 - 2 = 65534（台）$$

B 类 IP 地址通常供中型网络使用。

（3）C 类：IP 地址的前 24 位为网络号（其中第 1 位为“1”，第 2 位为“1”，第 3 位为“0”），后 8 位为主机号，其有效范围为 192.0.0.1～223.255.255.254。该类地址的网络全球共有：

$$2^5 \times 2^8 \times 2^8 = 2097152 个$$

每个网络可连接的主机数为 254 台，所以 C 类 IP 地址通常供小型网络使用。

2. 子网掩码

从 IP 地址的结构可知，IP 地址由网络地址和主机地址两部分组成。这样 IP 地址中具有相同网络地址的主机应该位于同一网络内，同一网络内所有主机的 IP 地址中的网络地址部分应该相同。不论是在 A、B 或 C 类网络中，具有相同网络地址的所有主机构成了一个网络。

通常，一个网络本身并不只是一个大的局域网，它可能是由许多小的局域网组成的。因此，为了维持原有局域网的划分、便于网络的管理，允许将 A、B 或 C 类网络进一步划分成若干个相对独立的子网。A、B 或 C 类网络通过 IP 地址中的网络地址部分来区分。在划分子网时，将网络地址部分进行扩展，占用主机地址的部分数据位。在子网中，为识别网络地址与主机地址，定义了新的概念：子网掩码（Subnet Mask）或网络屏蔽字（Netmask）。

子网掩码的长度也是 32 位，其表示方法与 IP 地址的表示方法一致。子网掩码的特点是，它的 32 位二进制可以分为两部分，第一部分全部为“1”，而第二部分则全部为“0”。子网掩码的作用在于，可以利用它来区分 IP 地址中的网络地址与主机地址，区分方法为将 32 位的 IP 地址与子网掩码进行二进制的逻辑“与”操作，得到的便是网络地址。例如，如果 IP 地址为 166.111.80.16，子网掩码为 255.255.128.0，则该 IP 地址的网络地址为 166.111.0.0，而如果 IP 地址为 166.111.129.32，子网掩码为 255.255.128.0，则该 IP 地址的网络地址为 166.111.128.0，原本为一个 B 类网络的两种主机被划分为两个子网。由 A、B 及 C 类网络的定义可知，它们具有默认的子网掩码。A 类地址的子网掩码为 255.0.0.0；B 类地址的子网掩码为 255.255.0.0；而 C 类地址的子网掩码为 255.255.255.0。

综上所述，可以利用子网掩码进行子网的划分。例如，某单位拥有一个 B 类网络地址 166.111.0.0，其默认的子网掩码为 255.255.0.0。如果需要将其划分成为 256 个子网，则应该将子网掩码设置为 255.255.255.0。于是，就产生了从 166.111.0.0 到 166.111.255.0 总共 256 个子网地址，而每个子网最多只能包含 254 台主机。此时，便可以为每个部门分配一个子网地址。

子网掩码通常用来进行子网的划分，但它还有另外一个用途，即进行网络的合并，这一点对于新申请 IP 地址的单位很有用。由于 IP 地址资源匮乏，如今 A、B 类地址已分配完，即使具有较大的网络规模，所能够申请到的也只是若干个 C 类地址（通常会是连续的）。当用户需要将这几个连续的 C 类地址合并为一个网络时，就需要用到子网掩码。例如，某单位将申请到的连续 4 个 C 类网络合并成一个网络，可以将子网掩码设置为 255.255.252.0。

【例 4.1】要创建特定数量的子网或使每个子网包含特定数量的主机，需要确定必须借用的位数，并将其减去 2 才能得到每个子网的可用主机数量。其中，一个是子网地址；另一个是该子网的广播地址。

任务：根据已知的 IP 地址和子网掩码确定子网信息。

已知：主机 IP 地址、网络掩码和子网掩码，如表 4.2 所示。

表 4.2　主机 IP 地址、网络掩码和子网掩码

项目	值
主机 IP 地址	172.25.114.250
网络掩码	255.255.0.0（/16）
子网掩码	255.255.255.192（/26）

计算：确定该 IP 地址所在子网的详细信息，如表 4.3 所示。

表 4.3　确定该 IP 地址所在子网的详细信息

项目	值
子网位数	
子网数量	
每个子网的主机位数	
每个子网的可用主机数量	
此 IP 地址的子网地址	
此子网中第一台主机的 IP 地址	
此子网中最后一台主机的 IP 地址	
此子网的广播地址	

步骤 1：将主机 IP 地址和子网掩码转换为二进制表示。

IP 地址：	**172**	**25**	**114**	**250**
	10101100	11001000	01110010	11111010
子网掩码：	**255**	**255**	**255**	**192**
	11111111	11111111	11111111	11000000

步骤 2：确定此主机地址所属的网络（或子网）。

在子网掩码下画一条线，然后对 IP 地址和子网掩码执行逐位逻辑“与”操作。1 同 1 的“与”操作结果为 1；0 同任意值的“与”操作结果均为 0。将所得结果表示为十进制数，即为此子网的子网地址，即 172.25.114.192。

IP 地址：	**172**	**25**	**114**	**250**
	10101100	11001000	01110010	11111010
子网掩码：	11111111	11111111	11111111	11000000
子网地址：	10101100	11001000	01110010	11000000
	172	**25**	**114**	**192**

步骤 3：确定该地址中的哪些位包含网络信息，哪些位包含主机信息。

在主网络掩码（即不划分子网时的掩码）中的“1”结束处画一条波浪线作为主分界线（M.D.）。本例中的主网络掩码是 255.255.0.0，即最左边的 16 位。

在所给子网掩码中的“1”结束处画一条直线作为子网分界线（S.D.），如图 4.20 所示。掩码中的“1”结束的位置就是网络信息结束的位置。

IP地址	10101100	11001000	01110010	11 111010
子网掩码	11111111	11111111	11111111	11 000000
子网地址	10101100	11001000	01110010	11 000000
			←　10位　→	

图 4.20　确定 M.D.和 S.D.

计算 M.D.和 S.D.之间的位数就可以确定子网位数，在本例中为 10 位。

步骤 4：确定子网计算范围和主机计算范围。

确定 M.D.和 S.D.之间的子网计算范围。确定 S.D.和右边末尾最后各位之间的主机计算范围，如图 4.21 所示。

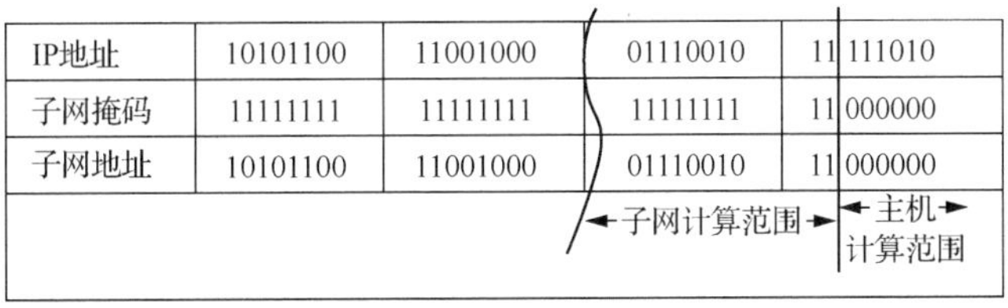

IP地址	10101100	11001000	01110010	11 111010
子网掩码	11111111	11111111	11111111	11 000000
子网地址	10101100	11001000	01110010	11 000000
			←子网计算范围→	←主机→ 计算范围

图 4.21　确定子网计算范围和主机计算范围

步骤 5：确定此子网中可用的主机地址范围和广播地址。

复制该网络地址的所有网络/子网位（即 S.D.之前的所有位）。

在主机位部分（S.D.的右边），除了将最右边的位（即最低位）置为“1”外，将其余主机位全部置为“0”。这样就得出了此子网中的第一个主机 IP 地址，即此子网的主机地址范围的起始部分，在本例中为 172.25.114.193。在主机位部分（S.D.的右边），除了将最右边的位（即最低位）置为“0”外，将其余主机位全部置为“1”。这样就得出了此子网中的最后一个主机 IP 地址，即此子网的主机地址范围的结束部分，在本例中为 172.25.114.254。在主机位部分（S.D.的右边），将主机位全部置为“1”。这样就得出了此子网的广播地址，在本例中为 172.25.114.255。上述过程如图 4.22 所示。

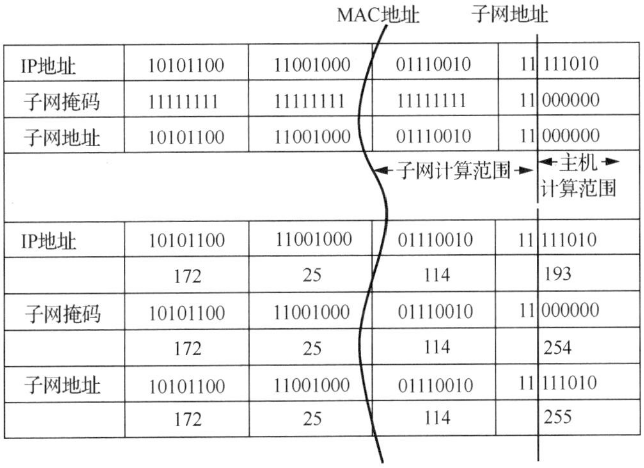

MAC地址　　子网地址

IP地址	10101100	11001000	01110010	11 111010
子网掩码	11111111	11111111	11111111	11 000000
子网地址	10101100	11001000	01110010	11 000000
			←子网计算范围→	←主机→ 计算范围
IP地址	10101100	11001000	01110010	11 111010
	172	25	114	193
子网掩码	10101100	11001000	01110010	11 000000
	172	25	114	254
子网地址	10101100	11001000	01110010	11 111010
	172	25	114	255

图 4.22　确定主机地址范围和广播地址

步骤 6：确定子网数量。

使用公式 2^n，其中，n 是子网计数范围中的位数。

子网位数为 10 位，子网数量（全 0、全 1 子网均使用）2^{10}= 1024 个子网。

步骤 7：确定每个子网的可用主机数量。

每个子网的主机数量取决于主机位数（在本例中为 6 位）。每个子网的主机位数为 6 位，每个子网的可用主机数量为 $2^6-2=62$。

步骤 8：该 IP 地址所在子网的详细信息如表 4.4 所示。

表 4.4　该 IP 地址所在子网的详细信息

项目	值
主机 IP 地址	172.25.114.250
子网掩码	255.255.255.192（/26）
子网位数、子网数量	10 位、2^{10} = 1024 个子网

续表

项目	值
每个子网的主机位数	6 位
每个子网的可用主机数量	$2^6-2=64-2=62$
此 IP 地址的子网地址	172.25.114.192
此子网中第一台主机的 IP 地址	172.25.114.193
此子网中最后一台主机的 IP 地址	172.25.114.254
此子网的广播地址	172.25.114.255

3. IP 地址的申请组织及获取方法

IP 地址必须由国际组织统一分配。IP 地址分为 A、B、C、D、E 这 5 类，A 类为最高级 IP 地址。

（1）分配 A 类 IP 地址：NIC（Network Information Center，国际网络信息中心）负责分配 A 类 IP 地址、授权分配 B 类 IP 地址的组织、有权重新刷新 IP 地址。

（2）分配 B 类 IP 地址：根据地理位置的不同，全球现有 5 个地区性互联网注册管理机构来分配 B 类地址。

（3）分配 C 类地址：各国和地区的网管中心。

4. MAC 地址

在局域网中，硬件地址又称为物理地址或 MAC 地址（因为这种地址用在 MAC 帧中）。

在所有计算机系统的设计中，标识系统（Identification System）的设计是一个核心问题。在标识系统中，地址是用于识别某个系统的非常重要的标识符。

严格地讲，系统的名字应当与系统的所在地无关。这就像每一个人的名字一样，不随所处的地点而改变。但是 802 标准为局域网规定了一种 48 位的全球地址（一般简称为“地址”），即局域网上的每一台计算机所插入的网卡上固化在 ROM 中的地址。

（1）如果连接在局域网上的一台计算机的网卡坏了而更换了一块新的网卡，那么这台计算机的局域网的“地址”改变了，虽然这台计算机的地理位置没有改变、它所接入的局域网也没有任何改变。

（2）假定将位于南京的某局域网上的一台笔记本电脑转移到北京，并接入北京的某局域网。虽然这台笔记本电脑的地理位置改变了，但只要笔记本电脑中的网卡不变，那么该笔记本电脑在北京的局域网中的“地址”和它在南京的局域网中的“地址”一样。

现在，IEEE 的注册管理委员会（Registration Authority Committee，RAC）是局域网全球地址的法定管理机构，它负责分配地址字段的 6 字节中的前 3 字节（即高 24 位）。世界上凡是生产局域网网卡的厂家都必须向 IEEE 购买由这 3 字节构成的一个号（即地址块），这个号的正式名称是组织唯一标识符（Organization Unique Identifier，OUI），通常也称为公司标识符（company_id）。例如，3Com 公司生产的网卡的 MAC 地址的前 6 字节是 02-60-8C；地址字段中的后 3 字节（即低 24 位）则由厂家自行指派，称为扩展标识符（Extended Identifier），只要保证生产出的网卡没有重复地址即可。可见，用一个地址块可以生成 2^{24} 个不同的地址。用这种方式得到的 48 位地址称为 MAC-48，它的通用名称是 EUI-48。这里 EUI 表示扩展的唯一标识符（Extended Unique Identifier）。EUI-48 的使用范围很广，它不限于硬件地址，如可用于软件接口。但应注意，24 位的 OUI 不能单独用来标识一个公司，因为一个公司可能有几个 OUI，也可能有几个小公司合起来购买一个 OUI。在生产网卡时，这种 6 字节的 MAC 地址已被固化在网卡的 ROM 中。因此，MAC 地址也常常称为硬件地址（Hardware Address）或物理地址。由此可见“MAC 地址”实际上就是网卡地址或网卡标识符 EUI-48。当这块网卡插入某台计算机后，网卡上的标识符 EUI-48 就成为这个计算机的 MAC 地址。

5. IPv6

IP 是 Internet 的核心协议。现在广泛使用的 IP（即 IPv4）是在 20 世纪 70 年代末期设计的。无论是从计算机本身发展来看还是从 Internet 规模和网络传输速率来看，IPv4 已很不适用了。最主要的问题就是 32 位的 IP 地址已耗尽。

要解决 IP 地址耗尽的问题，可以采用以下 3 项措施。

（1）采用无类别域间路由选择（Classless Inter-Domain Routing，CIDR），使 IP 地址的分配更加合理。

（2）采用网络地址转换（Network Address Translation，NAT）方法，可节省许多全球 IP 地址。

（3）采用具有更大地址空间的新版本的 IP，即 IPv6。

尽管上述前两项措施的采用使 IP 地址耗尽的日期推后了不少，但不能从根本上解决 IP 地址即将耗尽的问题。因此，“治本”的方法应当是上述的第 3 项措施。

IETF（Internet Engineering Task Force，因特网工程任务组）早在 1992 年就提出要制定下一代的 IP，即 IPng（IP Next Generation）。IPng 现在正式称为 IPv6。1998 年发表的“RFC 2460-2463”已成为 Internet 草案标准协议。应当指出，换一个新版的 IP 并非易事。世界上许多团体都从 Internet 的发展中看到了机遇，因此它们在新标准的制定过程中为了维护自身的经济利益而产生了激烈的争论。

IPv6 仍支持无连接的传送，但将协议数据单元（Protocol Data Unit，PDU）称为分组，而不是 IPv4 中的数据报。为方便起见，本书仍采用数据报这一术语。

IPv6 带来的主要变化如下。

（1）更大的地址空间。IPv6 将地址从 IPv4 的 32 位增大到了 128 位，使地址空间增大了 2^{96} 倍。这样大的地址空间在可预见的将来是不会用完的。

（2）扩展的地址层次结构。由于 IPv6 的地址空间很大，因此可以将地址划分出更多的层次。

（3）灵活的首部格式。IPv6 数据报的首部和 IPv4 的并不兼容。IPv6 定义了许多可选的扩展首部，不仅可提供比 IPv4 更多的功能，而且可提高路由器的处理效率，这是因为路由器对扩展首部不进行处理。

（4）改进的选项。IPv6 允许数据报包含带有选项的控制信息，因而可以包含一些新的选项，IPv4 所规定的选项是固定不变的。

（5）允许协议继续扩充。这一点很重要，因为技术总是在不断地发展（如网络硬件的更新），而新的应用也会出现，但 IPv4 的功能是固定不变的。

（6）支持即插即用（即自动配置）。

（7）支持资源的预分配。IPv6 支持实时视像等要求保证一定的带宽和时延的应用。

IPv6 将首部长度变为固定的 40 位，并将其称为基本首部（Base Header）。IPv6 将不必要的功能取消了，首部的字段数减少到只有 8 个（虽然首部长度增加一倍）。此外，IPv6 还取消了首部的检验和字段（考虑到数据链路层和传输层有差错检验功能）。这样就加快了路由器处理数据报的速度。

IPv6 数据报在基本首部的后面允许有 0 个或多个扩展首部（Extension Header），扩展首部的后面是数据。但要注意，所有的扩展首部都不属于数据报的首部。所有的扩展首部和数据合起来称为数据报的有效载荷（Payload）或净负荷。

6. IPv4 向 IPv6 的过渡

由于整个因特网上使用老版本 IPv4 的路由器的数量太多，因此，“规定一个日期，从这一天起所有的路由器一律都改用 IPv6”显然是不可行的。这样，向 IPv6 过渡只能采用逐步演进的办法，同时，还必须使新安装的 IPv6 系统能够向后兼容，也就是说，IPv6 系统必须能够接收和转发 IPv4

分组，并且能够为 IPv4 分组选择路由。

下面介绍两种向 IPv6 过渡的策略，即使用双协议栈和隧道技术。

双协议栈（Dual Stack）是指在完全过渡到 IPv6 之前，使一部分主机（或路由器）装有两个协议栈，即一个 IPv4 和一个 IPv6。因此，双协议栈主机（或路由器）既能够和 IPv6 的系统通信，又能够和 IPv4 的系统通信。双协议栈主机（或路由器）记为 IPv6/IPv4，这表明它具有两个 IP 地址，即一个 IPv6 地址和一个 IPv4 地址。

双协议栈主机在和 IPv6 主机通信时采用 IPv6 地址，而在和 IPv4 主机通信时则采用 IPv4 地址。但双协议栈主机怎样才能知道目标主机采用的是哪一种地址呢？使用域名系统（Domain Name System，DNS）来查询。若 DNS 返回的是 IPv4 地址，双协议栈的源主机使用的就是 IPv4 地址；若 DNS 返回的是 IPv6 地址，双协议栈的源主机使用的就是 IPv6 地址。需要注意的是，IPv6 首部中的某些字段无法恢复。例如，原来 IPv6 首部中的流标号 X 在最后恢复出的 IPv6 数据报中只能变为空缺，这种信息的损失是使用首部转换方法不可避免的。

向 IPv6 过渡的另一种策略是隧道（Tunneling）技术。这种方法的要点是在 IPv6 数据报要进入 IPv4 网络时，将 IPv6 数据报封装成为 IPv4 数据报（整个 IPv6 数据报变成了 IPv4 数据报的数据部分），然后 IPv6 数据报在 IPv4 网络的隧道中传输，当 IPv4 数据报离开 IPv4 网络的隧道时再将其数据部分（即原来的 IPv6 数据报）交给主机的 IPv6 协议栈。要使双协议栈的主机知道 IPv4 数据报里面封装的数据是一个 IPv6 数据报，就必须将 IPv4 首部的协议字段的值设置为 41（41 表示 IPv4 数据报的数据部分是 IPv6 数据报）。

4.4.4 WWW 服务

1. WWW 服务概述

WWW 的字面意思是“布满世界的蜘蛛网”，一般把它称为“环球网”“万维网”。WWW 是一个基于超文本（Hypertext）方式的信息浏览服务，它为用户提供了一个可以轻松驾驭的图形用户界面，用户可以使用它查阅 Internet 上的文档。这些文档与它们之间的链接一起构成了一个庞大的信息网——WWW。

现在，WWW 服务是 Internet 上最主要的应用，通常所说的上网、浏览网站一般来说就是使用 WWW 服务。WWW 技术最早是在 1992 年由欧洲核子研究中心（European Organization for Nuclear Research，CERN）研制的，它可以通过超链接将位于全世界 Internet 上不同地点的不同数据信息有机地结合在一起。对用户来说，WWW 带来的是世界范围的超文本服务，这种服务是非常易于使用的。只要操纵计算机的鼠标进行简单的操作，就可以通过 Internet 从全世界任何地方调来用户所希望得到的文本、图像（包括动态影像）和声音等信息。

Web 允许用户通过跳转或“超级链接”从某一页跳转到其他页。可以把 Web 看作一个巨大的图书馆，一个个 Web 节点就像一本本书，而 Web 页好比书中特定的页。页可以包含新闻、图像、动画、声音、3D 世界及其他任何信息，而且能存放在全球任何地方的计算机上。由于它具有良好的易用性和通用性，非专业的用户也能非常熟练地使用它。另外，它制定了一套标准的、易为人们掌握的超文本标记语言（Hypertext Markup Language，HTML）、信息资源的统一资源定位符（Uniform Resource Locator，URL）和超文本传送协议（HTTP）。

随着技术的发展，传统的 Internet 服务（如 Telnet、FTP、Gopher）也可以通过 WWW 的形式实现了。通过使用 WWW，一个不熟悉网络的人也可以很快成为使用 Internet 的行家，自由地使用 Internet 的资源。

2. WWW 的工作原理

既然 WWW 有如此强大的功能，那它是如何工作的呢？

WWW 中的信息资源主要由一篇篇的 Web 文档（或称 Web 页）构成。这些 Web 页采用超文本的格式，即可以含有指向其他 Web 页或其本身内部特定位置的超级链接或简称链接。可以将链接理解为指向其他 Web 页的“指针”，链接使得 Web 页交织为网状。因此，如果 Internet 上的 Web 页和链接非常多，就构成了一个巨大的信息网。

当用户从 WWW 服务器取到一个文件后，用户希望它能够在自己的屏幕上正确无误地显示出来。由于将文件放入 WWW 服务器的人并不知道将来阅读这个文件的人到底会使用哪一种类型的计算机或终端，要保证每个人在屏幕上都能读到正确显示的文件，必须以一种各类型的计算机或终端都能“看懂”的方式来描述文件，于是 HTML 就产生了。

HTML 对 Web 页的内容、格式及 Web 页中的超级链接进行描述，而 Web 浏览器的作用就是读取 Web 站点上的 HTML 文档，再根据此类文档中的描述组织并显示相应的 Web 页面。

HTML 文档本身是文本格式的，用任何一种文本编辑器都可以对它进行编辑。HTML 有一套相当复杂的语法，专门提供给专业人员用来创建 Web 文档，一般用户并不需要掌握它。在 UNIX 操作系统中，HTML 文档的扩展名为“.html”，而在 DOS/Windows 操作系统中则为“.htm”。

3. WWW 服务器

WWW 服务器是任何运行 Web 服务器软件、提供 WWW 服务的计算机。从理论上来说，这台计算机应该有一个非常快的处理器、一个巨大的硬盘和大容量的内存，但是，所有这些技术需要的基础是它能够运行 Web 服务器软件。

下面是 Web 服务器软件的详细定义。

（1）支持 WWW 的协议：HTTP（基本特性）。

（2）支持 FTP、USENET、Gopher 和其他的 Internet 协议（辅助特性）。

（3）允许同时建立大量的连接（辅助特性）。

（4）允许设置访问权限和其他不同的安全措施（辅助特性）。

（5）提供一套健全的例行维护和文件备份的特性（辅助特性）。

（6）允许在数据处理中使用定制的字体（辅助特性）。

（7）允许捕获复杂的错误和记录交通情况（辅助特性）。

对于用户来说，存在不同品牌的 Web 服务器软件可供选择，除了 FrontPage 中包括的 Personal Web Server，微软公司还提供了一种流行的 Web 服务器，名为 Internet Information Server（因特网信息服务器，IIS）。

4. WWW 的应用领域

WWW 是 Internet 发展最快、最吸引人的一项服务，它的主要功能是提供信息查询。它不仅能够提供图文并茂的内容，而且查询的范围广、速度快，因此 WWW 应用在人类生活、工作的各个领域，常用的有如下几个领域。

（1）交流科研进展情况（这是最早的应用）。

（2）宣传。企业、学校、科研院所、商店、政府部门等都通过主页介绍自己。许多个人也拥有自己的主页，向世界展现自己。

（3）介绍产品与技术。通过主页介绍本单位开发的新产品、新技术，并进行售后服务，成为越来越多的企业的销售渠道。

（4）远程教学。Internet 流行之前的远程教学方式主要是广播电视。有了 Internet，在一间教室安装摄像机，全世界都可以听到教师的授课。另外，学生与教师可以不同时联网，学生可以通过 Internet 获取自己感兴趣的内容。

（5）新闻发布。各大媒体都通过 WWW 发布最新消息，例如，彗星与木星碰撞的照片由世界各地的天文观测中心及时通过 WWW 发布。世界杯、奥运会等都通过 WWW 提供图文动态信息。

（6）世界各大博物馆、艺术馆、美术馆、动物园、自然保护区和旅游景点通过 WWW 介绍自己的珍品，使其成为人类共有资源。

（7）人们可以通过 WWW 休闲、娱乐（如聊天、下棋、打牌、看电影等），丰富个人的业余生活。

5. WWW 浏览器

在众多的浏览器软件中，微软公司的 Edge 和谷歌公司的开放原始码的网页浏览器 Chrome 的应用最多。

（1）Edge 是微软公司基于 Chromium 开源项目及其他开源软件开发的网页浏览器。2022 年 5 月，微软官方发布公告，称 IE 浏览器于 2022 年 6 月 16 日正式“退役”，此后其功能将由 Edge 浏览器接棒。

（2）Chrome 浏览器是谷歌公司开发的浏览器。Chrome 包含“无痕浏览”（Incognito）模式（与 Safari 的“私密浏览”类似），这个模式可以“让你在完全隐秘的情况下浏览网页，因为你的任何活动都不会被记录下来”，同时也不会存储 Cookie。当在窗口中启用这个模式时，“任何发生在这个窗口中的事情都不会进入你的计算机”。

Chrome 搜索更为简单。Chrome 的标志性功能之一是 Omnibox，即位于浏览器顶部的一款通用工具条。用户可以在 Omnibox 中输入网站地址或搜索关键字，或者同时输入这两者，Chrome 会自动执行用户希望的操作。Omnibox 能够了解用户的偏好。例如，如果用户喜欢使用 PCWorld 网站的搜索功能，一旦用户访问该站点，Chrome 会记得 PCWorld 网站有自己的搜索框，并让用户选择是否使用该站点的搜索功能。如果用户选择使用 PCWorld 网站的搜索功能，系统将自动执行搜索操作。

4.4.5 域名系统

1. 域名

4.4.3 节介绍的 IP 地址是在 Internet 上互连的若干主机进行内部通信时，用于区分和识别不同主机的数字型标志，这种数字型标志对于上网的一般用户而言有很大的缺点——它既无简明的含义，又不容易被用户很快记住。因此，为解决这个问题，人们规定了一种字符型标志，即域名（Domain Name）。如同每个人的姓名和每个单位的名称一样，域名是 Internet 上互连的若干主机（或称网站）的名称。广大网络用户能够很方便地用域名访问 Internet 上自己感兴趣的网站。

从技术来看，域名只是 Internet 中用于解决地址对应问题的一种方法，可以说只是一个技术术语。但是，由于 Internet 已经成为全世界人的 Internet，因此域名也自然地成为一个社会科学术语。

从社会科学的角度来看，域名已成为 Internet 文化的组成部分。

从商业的角度来看，域名已被誉为“企业的网上商标”。没有一家企业不重视自己产品的标识——商标，而域名的重要性和其价值也已经被全世界的企业所认识。

2. 注册域名

现在，Internet 这个信息时代的宠儿已经走出了襁褓，为越来越多的人所认识。电子商务、网上销售、网络广告已成为商界关注的热点。要想在网上建立服务器发布信息，必须先注册自己的域名，只有有了域名才能让别人找到自己。因此，域名注册是在 Internet 上建立任何服务的基础。同时，由于域名具有唯一性，因此尽早注册域名是十分必要的。

域名一般由一串用点分隔的字符串组成，组成域名的各个不同部分常称为子域名（Sub-Domain），它表明了不同的组织级别，从左往右可不断增加，类似于通信地址从广泛的区域到具体的区域。理解域名的方法是从右向左来看各个子域名。最右边的子域名称为顶级域名，它是对计算机或主机最一般的描述。越往左看，子域名越具有特定的含义。域名的结构是分层结构，从右到左的各子域名分别说明不同国家或地区的名称、组织类型、组织名称、分组织名称和计算机名称。

以 zhaoming@jx.jsjx.zzuli.edu.cn 为例，顶级域名 cn 代表中国；子域名 edu 表明这台主机属于教育机构；zzuli 具体指明郑州轻工业大学，其余的子域名表明这是计算机系的一台名为 jx 的主机。注意：在 Internet 地址中不得存在任何空格，而且 Internet 地址不区分大写或小写字母，但作为一般的原则，在使用 Internet 地址时，最好全用小写字母。

顶级域名可以分成两大类：一类是组织性顶级域名；另一类是地理性顶级域名。

组织性顶级域名是为了说明拥有并对主机负责的组织类型，常用的组织性顶级域名如表 4.5 所示。

地理性顶级域名是在国际性 Internet 产生之前的地址划分，主要在美国国内使用。随着 Internet 扩展到世界各地，新的地理性顶级域名便产生了，它仅用两个字母的缩写形式来完全表示某个国家或地区。表 4.5 展示了一些国家和地区的地理性顶级域名。如果一个 Internet 地址的顶级域名不是地理性顶级域名，那么该地址一定是美国国内的 Internet 地址。换句话说，Internet 地址的地理性顶级域名的默认值是美国，即表 4.5 中 us 顶级域名通常没有必要使用。

表 4.5　组织性顶级域名及地理性顶级域名

组织性顶级域名		地理性顶级域名			
域名	含义	域名	含义	域名	含义
com	商业组织	au	澳大利亚	it	意大利
edu	教育机构	ca	加拿大	jp	日本
gov	政府机构	cn	中国	sg	新加坡
int	国际性组织	de	德国	uk	英国
mil	军队	fr	法国	us	美国
net	网络技术组织	in	印度	—	—

为保证 Internet 上的 IP 地址或域名地址的唯一性，避免导致网络地址的混乱，用户需要使用 IP 地址或域名地址时，必须通过电子邮件向 NIC 提出申请。目前，世界上有 3 个网络信息中心：InterNIC（负责美国及其他地区）、RIPENIC（负责欧洲地区）和 APNIC（负责亚太地区）。

我国网络域名的顶级域名为 cn，二级域名分为类别域名和行政区域名两类。行政区域名共 34 个，包括各省、自治区、直辖市的域名。

我国由 CERNET 网络中心受理二级域名 edu 下的三级域名注册申请，CNNIC 受理其余二级域名下的三级域名注册申请。

3. 网络域名注册

一段时间以来，社会各界将“域名抢注”一事炒得沸沸扬扬，其中不乏危言耸听之词。其实，“域名抢注”与商标抢注根本不可同日而语。按照国际惯例，我国企业域名应在国内注册，舍近求远并不明智，并且国内注册域名是免费的。

申请注册三级域名的用户必须遵守国家针对 Internet 制定的各种规定和法律，还必须拥有独立的法人资格。在申请域名时，各单位的三级域名原则上采用其单位的中文拼音或英文缩写，com 域名下每个公司只登记一个域名，用户申请的三级域名中字符的组合规则如下。

（1）在域名中，不区分英文字母的大小写。

（2）对于一个域名的长度是有一定限制的，cn 域名下的域名的命名规则如下。

① 遵照域名命名的全部共同规则。

② 只能注册三级域名，三级域名由字母（A～Z、a～z，大小写等价）、数字（0～9）和连接符（-）组成；各级域名之间用实点（.）连接；三级域名的长度不得超过 20 个字符。

③ 不得使用或限制使用以下名称。

a. 注册含有“china”“chinese”“cn”“national”等的域名需经国家有关部门（指部级以上单位）正式批准。

b. 公众知晓的其他国家或者地区名称、外国地名、国际组织名称不得使用。

c. 县级以上（含县级）行政区划名称的全称或者缩写需要相关县级以上（含县级）人民政府正式批准。

d. 行业名称或者商品的通用名称不得使用。

e. 他人已在我国注册过的企业名称或者商标名称不得使用。

f. 对国家、社会或者公共利益有损害的名称不得使用。

g. 经国家有关部门（指部级以上单位）正式批准和相关县级以上（含县级）人民政府正式批准，是指相关机构要出具书面文件表示同意××××单位注册××××域名。例如，申请 beijing.com.cn 域名，要提供北京市人民政府的批文。

国内用户申请注册域名应向 CNNIC 提出，该中心是由国务院信息化工作领导小组办公室授权的提供因特网域名注册的唯一合法机构。

4. 统一资源定位符

统一资源定位符（URL）是描述因特网上资源位置的标准模式。简单来说，URL 就是 Web 文档所在的位置。URL 是 WWW 网页的地址，好比一个街道在城市地图上的地址。URL 是将数字和字母按一定顺序排列而确定的地址。URL 的第一个部分 http://表示的是要访问的文件的类型。在网上，这一部分几乎总是使用 HTTP，有时也使用 FTP[主要用来传输软件或大文件（许多做软件下载的网站就使用 FTP 作为下载的网址）]、Telnet（远程登录，主要用于远程交谈以及文件调用等，它表示浏览器正在阅读本地盘外的一个文件，而不是一个远程计算机）。

URL 从左到右由以下部分组成。

（1）协议类型（scheme）：指明协议或服务方式的类型，如“http://”表示 WWW 服务器。

（2）域名地址（host）：存有该资源主机的 IP 地址。它用于指出 WWW 网页所在的服务器域名。

（3）端口（port）：对某些资源的访问来说，需给出相应的服务器提供端口号。

（4）路径（path）：指明服务器上某资源的位置[其格式与磁盘操作系统（Disk Operating System，DOS）中的格式一样，通常的结构是目录/子目录/文件名]。与端口一样，路径并非总是需要的。

URL 格式为 scheme://host:port/path。

例如，http://www.zzuli.edu.cn 就是一个典型的 URL。客户程序首先看到 http，便知道处理的是 HTML 链接。接下来的 www.zzuli.edu.cn 是站点地址。

有些 Internet 中的服务器区分大小写，所以尽管域名一般总是小写的，但也有一部分 URL 可能是大写的。当输入 URL 时需注意正确的 URL 大小写表达形式。

4.4.6 电子邮件

电子邮件（E-mail）是 Internet 应用最广的服务之一。通过网络的电子邮件系统，用户可以用非常低廉的价格（不管发送到哪里，都只需负担网费即可）、非常快速的速度（几秒之内可以发送到世界上任何指定的目的地）与世界上任何一个角落的网络用户联系。这些电子邮件可以是文字、图像、声音等各种文件。同时，用户可以得到大量免费的新闻、专题邮件，并轻松地实现信息搜索。由于电子邮件使用简易、投递迅速、价格低廉、易于保存、全球畅通无阻，因此电子邮件被广泛地应用，使人们的交流方式得到了极大的改变。

近年来，随着 Internet 的普及和发展，WWW 上出现了很多基于 Web 页面的免费电子邮件服务，用户使用 Web 浏览器访问和注册后，一般可以获得存储容量达数 GB 的电子邮箱，并可以立即以注册用户登录电子邮箱并收发电子邮件。如果经常需要收发一些大的附件，网易 163 邮箱、QQ 邮箱等都能很好地满足其要求。

用户使用 Web 电子邮件服务时基本无须设置参数，直接通过浏览器即可收发电子邮件，以及阅读与管理服务器上个人电子邮箱中的电子邮件（一般不在用户计算机上保存电子邮件）。大部分电子邮件服务器还提供了自动回复功能。电子邮件具有使用简单方便、安全可靠、便于维护等优点，它的缺点是用户在编写、收发、管理电子邮件的全过程中都需要联网，不利于计时付费上网的用户。由于现在电子邮件服务被用户广泛应用，因此对其具体操作过程不赘述。

4.4.7　文件传输

文件传输的含义很简单，它是指把文件通过网络从一个计算机系统复制到另一个计算机系统的过程。在 Internet 中，实现这一功能的是 FTP。像大多数的 Internet 服务一样，FTP 也采用 C/S 模式，用户在使用一个名叫 FTP 的客户程序时，就和远程主机上的服务程序相连了。若用户输入一个命令，要求服务器传送一个指定的文件，服务器就会响应该命令，并传送这个文件；用户的客户程序接收这个文件，并把它存入用户指定的目录中。从远程计算机上复制文件到自己的计算机上的操作称为“下载”（Downloading）文件；从自己的计算机上复制文件到远程计算机上的操作称为“上传”（Uploading）文件。在使用 FTP 程序时，用户应输入 FTP 命令和想要连接的远程主机的地址。一旦程序开始运行并出现提示符“ftp”，用户就可以输入命令，来回复制文件或进行其他操作，例如可以查询远程计算机上的文档，也可以变换目录等。远程登录是指由本地计算机通过网络连接到远端的另一台计算机上作为这台远程主机的终端，可以实地使用远程计算机上对外开放的全部资源，也可以查询数据库、检索资料或利用远程计算机完成大量的计算工作。

在实现文件传输时，需要使用 FTP 程序。Edge 和 Chrome 浏览器都带有 FTP 程序模块。可在浏览器窗口的地址栏直接输入远程主机的 IP 地址或域名，浏览器将自动调用 FTP 程序。

用户若没有账号，则不能正式使用 FTP，但可以匿名使用 FTP。匿名 FTP 允许没有账号和口令的用户以 anonymous 或 FTP 特殊名来访问远程计算机，但这样做有很大的限制。匿名用户一般只能获取文件，不能在远程计算机上建立文件或修改已存在的文件，对可以复制的文件也有严格的限制。当用户以 anonymous 或 FTP 特殊名登录后，FTP 可接收任何字符串作为口令，但一般要求用电子邮件的地址作为口令，这样服务器的管理员就可以知道谁在使用 FTP，当需要时可及时联系。

4.4.8　远程登录服务

远程登录服务又被称为 Telnet 服务，它是指用户使用 Telnet 命令，使自己的计算机暂时成为远程计算机的一个仿真终端的过程。Telnet 允许一个用户通过 Internet 登录到一台计算机上，建立一个 TCP 连接，然后将用户从键盘输入的信息直接传递到远程计算机上，就像用户是连在远程计算机的本地键盘上进行操作一样，同时还会将远程计算机的输出回送到用户屏幕上。

远程登录服务采用的是典型的 C/S 模式。在远程登录过程中，用户采用终端的格式与本地客户机进程通信，远程主机采用远程系统的格式与远程服务器进行通信。

若要使用 Telnet 功能，需具备以下条件。

（1）用户的计算机要有 Telnet 应用软件。

（2）用户在远程计算机上有自己的用户账户，或者远程计算机提供公开的远程账户。

用户在使用 Telnet 命令进行远程登录时，首先要在 Telnet 命令中给出远程计算机的主机名或者 IP 地址，然后根据提示输入自己的用户名和密码即可进行远程操作。

4.4.9　Intranet

使用 Internet 提供的各种服务。Intranet 采用统一的 WWW 浏览器技术开发客户端软件，Intranet 用户面对的用户界面与普通 Internet 用户面对的用户界面相同，企业网内部用户可以很方便地访问 Internet。

采用 Intranet 技术可以把企业内部的信息分为企业内部的保密信息与向社会公众公开的企业产

品广告信息，从而实现对企业内部信息进行保密。这也是它与 Internet 的重要区别。Internet 强调开放性，而 Intranet 注重网络资源的安全性。

4.5 小结

当今风靡全球的 Internet 正在改变着人们的生活，并且它对人类生活的影响将远远超过电话、汽车和电视对人类生活的影响。Internet 可以在极短时间内把电子邮件发送到世界任何地方；可以提供只花市话费的国际长途业务；可以提供全球信息漫游服务。Internet 不仅是计算机爱好者的专利，它更能为社会大众带来极大方便。本章阐述了计算机网络的发展过程及网络体系结构、Internet 及 TCP/IP、网络安全等内容，旨在帮助读者对计算机网络有整体的认识，为今后继续学习计算机网络打下基础。

习题 4

一、选择题

1. 目前使用最广泛、影响最大的全球计算机网络是（　　）。
   A. CSTNET　　B. Ethernet　　C. CERNET　　D. Internet
2. 广域网和局域网是按（　　）来划分的。
   A. 网络用途　　B. 传输控制规程
   C. 拥有工作站的多少　　D. 网络连接距离
3. 计算机网络是按（　　）互相通信的。
   A. 信息交换方式　　B. 共享软件　　C. 分类标准　　D. 网络协议
4. 计算机网络的硬件应包括网络服务器、网络工作站、网络传输介质、网络连接器和（　　）。
   A. 网络通信设备　　B. 网络电缆　　C. 网络打印机　　D. 网络适配器
5. Internet 上的每台计算机用户都有一个独有的（　　）。
   A. E-mail　　B. 协议　　C. TCP/IP　　D. IP 地址
6. 通常把分布在一座办公大楼或某一集中建筑群中的网络称为（　　）。
   A. 广域网　　B. 专用网　　C. 公用网　　D. 局域网
7. 关于计算机网络的划分，目前一般用得比较多的分类标准是（　　）。
   A. 数据传输网络和电视电话网　　B. 专用网络和公共网络
   C. 广域网和局域网　　D. 公用通信网和数据服务网
8. 计算机网络中的拓扑结构是一种（　　）。
   A. 实现异地通信的文案　　B. 理论概念
   C. 设备在物理上的连接形式　　D. 传输信道的分配
9. 下列选项中，（　　）是网络不能实现的功能。
   A. 数据通信　　B. 资源共享　　C. 负荷均衡　　D. 控制其他工作站
10. 一个完整的用户电子邮件地址中必须包括（　　）。
   A. 用户名、用户口令、电子邮箱所在的主机域名
   B. 用户名、用户口令
   C. 用户名、电子邮箱所在的主机域名
   D. 用户口令、电子邮箱所在的主机域名

11. 建立计算机网络的目标是（　　）。

A. 实现异地通信　　B. 便于计算机之间互相交换信息

C. 共享硬件、软件和数据资源　　D. 增加计算机的用途

12. 计算机网络系统中的资源可分为3大类：（　　）、软件资源和硬件资源。

A. 设备资源　　B. 程序资源　　C. 数据资源　　D. 文件资源

13. 计算机网络最突出的优点是（　　）。

A. 精度高　　B. 内存容量大　　C. 运算速度快　　D. 共享资源

14. 属于集中控制方式的网络拓扑结构是（　　）。

A. 星形拓扑结构　　B. 环形拓扑结构

C. 总线型拓扑结构　　D. 树状拓扑结构

15. 下列传输介质中，带宽最大的是（　　）。

A. 双绞线　　B. 同轴电缆　　C. 光缆　　D. 无线

16. 如果电子邮件到达时，用户的计算机没有开机，那么电子邮件将（　　）。

A. 退回给发信人　　B. 保存在服务器的主机上

C. 过一会儿再重新发送　　D. 永远不再发送

17. 为了把工作站或服务器等智能设备连入一个网络中，需要在设备上插入一块网络接口卡，这块网络接口卡称为（　　）。

A. 网卡　　B. 网关　　C. 网桥　　D. 网络连接器

18. 在局域网中，运行网络操作系统的设备是（　　）。

A. 网络工作站　　B. 网络服务器　　C. 网卡　　D. 网桥

19. 局域网的传输距离为（　　）。

A. 几百米到几千米　　B. 几十千米

C. 几百千米　　D. 几千千米

20. 下列叙述中错误的是（　　）。

A. 网络工作站是用户执行网络命令和应用程序的设备

B. 在每个网络工作站上都应配置网卡，以便与网络连接

C. NetWare 网络系统支持 Ethernet 网络接口板

D. Novell 网不支持 UNIX 文件系统

21. OSI/RM 将计算机网络体系结构规定为（　　）。

A. 5层　　B. 6层　　C. 7层　　D. 8层

22. TCP/IP 参考模型中的 TCP 所在的层相当于 OSI/RM 中的（　　）。

A. 应用层　　B. 网络层　　C. 物理层　　D. 传输层

23. 计算机网络中的节点是指（　　）。

A. 网络工作站

B. 在通信线路与主机之间设置的通信线路控制处理机

C. 为延长传输距离而设立的中继站

D. 传输介质的连接点

24. Internet 向用户提供服务的主要结构模式是（　　）模式。在这种模式下，一个应用程序要么是客户，要么是服务器。

A. 分层结构　　B. 子网结构　　C. 模块结构　　D. 客户/服务器

25. 在网络体系结构中 OSI 表示（　　）。

A. Operating System Information　　B. Open System Information

C. Open System Interconnection　　D. Operating System Interconnection

26. 局域网使用的数据传输介质有同轴电缆、双绞线和（　　）。
A. 电话线　B. 电缆线　C. 光缆　D. 总线
27. 两个以上（不包括两个）同类型网络互连时，应选用（　　）进行连接。
A. 中继器　B. 网桥　C. 路由器　D. 网关
28. 计算机网络是（　　）技术与通信技术相结合的产物。
A. 网络　B. 软件　C. 计算机　D. 信息
29. 在网上利用 FTP 功能（　　）。
A. 只能传输文本文件
B. 只能传输二进制格式的文件
C. 可以传输任何类型的文件
D. 传输直接从键盘输入的数据，而不是文件

二、名词解释

① 主机；② TCP/IP；③ IP 地址；④ 域名；⑤ URL；⑥ 网关。

三、简答

1. 简述 Internet 发展史，并说明 Internet 都提供什么服务。
2. 什么是 WWW？什么是 FTP？它们分别使用什么协议？
3. IP 地址和域名的作用是什么？
4. 分析以下域名的结构。
① www.microsoft.com；② www.zz.ha.cn；③ www.zzuli.edu.cn。
5. Web 服务器使用什么协议？简述 Web 服务程序和 Web 浏览器的基本作用？
6. 什么是计算机网络？它主要涉及哪几方面的技术？其主要功能是什么？
7. 从分布范围来看，计算机网络如何分类？
8. 常用的 Internet 接入方式是什么？
9. 什么是网络拓扑结构？常用的网络拓扑结构有哪几种？
10. 简述网络适配器的功能、作用及组成。

05

第 5 章　程序设计语言

程序设计语言是人与计算机交流和沟通的语言，人们采用有效的程序设计方法和程序设计语言编写程序，从而实现与计算机的交流。程序设计语言从诞生到现在经历了半个多世纪的时间，也经历了机器语言、汇编语言到高级语言的发展过程，前后有上百种程序设计语言被人们使用。随着程序设计语言不断发展与应用，计算机的软件开发变得越来越容易，计算机的应用领域也越来越广泛。本章主要介绍程序设计语言的发展历程和面向对象语言的特性，以及当下主流的程序设计语言。我们研究的内容包括程序设计语言模式、程序编译过程、面向对象语言的特性，目的是使学生了解并掌握程序设计语言的编写和执行过程，为后续章节的学习打下良好的基础。

通过本章的学习，学生应该能够：

1. 了解程序设计语言的发展历程；
2. 理解程序设计语言的 4 种模式；
3. 理解程序编译过程；
4. 理解并掌握过程式程序设计语言的共同概念；
5. 掌握面向对象语言的特性；
6. 了解当下主流程序设计语言的特点。

5.1　程序设计概述

5.1.1　什么是程序

生活中的程序是指完成某件事情的流程。例如，去银行取钱，需要经历以下流程。

（1）带上银行卡和身份证到银行。

（2）取号、排队、等待叫号。

（3）到对应窗口，提供银行卡、身份证，告知银行职员所取金额。

（4）银行职员办理取款事宜。

（5）拿到钱、银行卡、身份证，清点完后离开银行。

从这个例子可以看出，人们进行某一项活动是有规定好的步骤的，这些步骤就组成了程序。程序是为完成某个任务而设计的，由有限步骤所组成的一个序列。它应该包括两方面的内容：做什么和怎么做。

随着计算机的出现和普及，“程序”已经成了计算机领域的专有名词。计算机程序是为了让计算机执行某些操作或解决某个问题而编写的一系列有序指令的集合。由于程序为计算机规定了计算的步骤，因此为了更好地使用计算机，就必须了解程序的以下 5 个性质。

（1）目的性：程序必须有一个明确的目的。

（2）分步性：程序给出了解决问题的步骤。

（3）有限性：程序给出的解决问题的步骤必须是有限的。如果有无穷多个步骤，那么计算机无法实现步骤。

（4）可操作性：程序总是实施于某些对象的各种操作，它必须是可操作的。

（5）有序性：程序给出的解决问题的步骤不是杂乱无章地堆积在一起的，而是按一定顺序排列的，这是最重要的一个性质。

5.1.2 程序设计的步骤

在使用计算机解决实际问题时，必须从问题描述入手，进行解题算法的分析和设计，然后根据算法选择合适的程序设计语言进行程序编写、调试、测试，整理相关文档，最终得到能够解决问题的计算机应用程序。下面对程序设计的步骤进行介绍。

1. 分析问题，确定解决方案

当一个实际问题提出后，应先对该问题进行详细的分析：需要提供哪些原始数据，需要对其进行什么处理，在处理时需要有什么样的硬件和软件环境，需要以哪种格式输出结果等。在以上分析的基础上，确定合适的解决方案。

2. 建立数学模型

对问题进行详细分析后，需要建立数学模型。建立数学模型的目的是把要处理的问题数学化、公式化，对于数值型问题，可以直接建立相应的抽象数学模型；对于非数值型问题，需要创建新的数学模型。如果有可能还应对数学模型进行进一步的优化处理。

3. 设计算法

根据数学模型可以设计符合计算机运算的算法。在进行算法设计时要选择逻辑简单、运算速度快、精度高的算法；此外，还要考虑算法的时间复杂度和空间复杂度。算法可以使用伪代码或流程图等方法进行描述。

4. 编写源程序

选用合适的程序设计方法和程序设计语言，将采用的算法以程序的形式体现出来，让计算机按照该算法解决相应的实际问题。

5. 调试程序

程序调试是不可缺少的重要步骤。程序调试是为了纠正程序中可能出现的错误，没有经过调试的程序是很难保证没有错误的。

在程序的编写过程中，尤其是在一些大型、复杂的计算和处理过程中，由于对语言语法的忽视或书写上的问题，难免会出现一些错误，致使程序不能运行。这类错误被称为语法错误。有时程序虽然可以运行，但得不到正确的结果，这是由程序描述上的错误或对算法的理解错误造成的。有时对特定的算法理解是正确的，而对大量运算对象进行运算时就会产生错误，造成这类错误的主要原因是数学模型具有问题，这类错误被称为逻辑错误。为了使程序正确地解决实际问题，在程序正式投入使用前，必须多次进行调试，仔细分析和修改程序中的每一个错误。对于语法错误，一般可以根据编译程序提供的语法错误提示信息逐个修改。逻辑错误的情况比较复杂，必须针对测试数据对程序运行的结果认真分析，排查错误，然后进行修改。在查找逻辑错误时，可以采用分段调试、逐层分析等有效的调试手段对程序进行分析和排查。

6. 测试程序

测试程序是指分析程序的功能及运行结果是否与需求相符，并及时改进。

7. 整理文档

在程序编写、调试结束以后，为了使用户能够了解程序的具体功能，掌握程序的运行与操作方式，从而有利于程序的修改、阅读和交流，必须将程序设计的各个阶段形成的资料和有关说明加以整理，写成程序说明书。程序说明书的内容应该包括：程序名称、完成任务的具体要求、给定的原始数据、使用的算法、程序的流程图、源程序清单、程序的调试及运行结果、程序的操作说明、程序的运行环境要求等。程序说明书是整个程序设计的技术报告，用户应该按照程序说明书的要求将程序投入运行，并依据程序说明书对程序的技术性能和质量做出评价。

在程序开发过程中，上述步骤可能会有反复，如果发现程序有错，就要逐步向前排查错误，并修改程序。情况严重时可能会要求重新认识问题和重新设计算法。

通过上述过程可以看出，对于功能复杂的问题，如果直接编写程序，有可能造成程序功能的不完善，从而在程序的测试阶段付出更高的代价。因此，在软件开发的规模化时代，需要按照“软件工程”的标准来进行程序的编写。

5.1.3　程序设计语言的发展

程序设计语言经历了从低级语言到高级语言的发展过程。低级语言是比较接近计算机硬件的语言，包括机器语言和汇编语言。

1. 机器语言

计算机硬件是由电子电路组成的，只能够识别 0 和 1 两种信号，所以计算机本身只能直接接收由 0 和 1 两个数字组成的二进制编码。由二进制编码形式组成的规定计算机动作的符号称为计算机指令。机器语言是由计算机直接使用的二进制编码指令构成的语言。

每种处理器都有自己专用的机器指令集合，这些指令是处理器唯一真正能够执行的指令，它们被固定在计算机的硬件中。由于指令的数量有限，因此处理器的设计者就给每一条指令分配了一个二进制编码，用来表示它们。每条机器语言指令只能执行一个非常低级的任务，程序员必须记住每组二进制数对应的指令。

机器语言与计算机硬件关系密切，因而机器语言的执行速度最快。但同时因为使用机器语言编写程序需要记住所有的二进制数对应的指令，不仅耗时，而且容易出错。

由于编写机器代码非常乏味，有些程序设计员就开发了一些工具来辅助程序设计，于是汇编语言就出现了。

2. 汇编语言

20 世纪 50 年代初，人们发明了汇编语言。汇编语言给每条机器指令分配了一个助记忆指令码，程序员可以用这些指令码代替二进制数字。例如，用“ADD”代表“加”操作，“MOV”代表数据的“移动”操作等。

但是，由于计算机只能识别“0”“1”，而汇编语言中使用的是助记符号，因此用汇编语言编制的程序输入计算机后，计算机不能像用机器语言编写的程序一样直接被识别和执行，必须通过预先放入计算机中的“汇编程序”进行加工和翻译，才能变成能够被计算机识别和处理的二进制代码程序。这种起翻译作用的程序被称为汇编程序。

汇编语言由于采用了助记符号来编写程序，比用机器语言的二进制编码编程要方便些，在一定程度上简化了编程过程。汇编语言的特点是用助记符号代替机器指令代码，而且助记符号与指令代码一一对应，基本保留了机器语言的灵活性。使用汇编语言能面向机器编程并较好地发挥机器的特性，得到质量较高的程序。

汇编语言像机器指令一样，是硬件操作的控制信息，因而它仍然是面向机器的语言，在编写复杂程序时还是比较烦琐、费时，而且具有明显的局限性。同时，汇编语言仍然依赖于具体的机型，不是通用型语言，也不能在不同机型之间移植。但是汇编语言的优点还是很明显的，如它比机器语言易于读写、易于调试和修改，执行速度快，占用的内存空间少，能准确发挥计算机硬件的功能和特长，程序精练、质量高等，因此它至今仍是一种常用而强有力的软件开发工具。

3. 高级语言

当硬件变得更强大时，就需要更强大的工具才能有效使用它们。低级语言依赖于计算机硬件，可移植性差，即使使用汇编语言，程序员还是需要记住单独的机器指令，这并不利于计算机应用的推广。为了解决这些问题，人们引入了高级语言。高级语言是从人类的逻辑思维角度出发的计算机语言，比较接近自然语言，程序员能够用类似于英语的语句编写指令。

最早开发的高级语言包括 FORTRAN（为数字应用程序设计的语言）和 COBOL（为商业应用程序设计的语言），除此之外还有 Lisp。Lisp 主要用于人工智能应用程序的开发和研究，它是当今人工智能可用的语言之一。

高级语言的出现让在多台计算机上运行同一个程序成为现实。每种高级语言都有配套的翻译程序，这种程序可以把高级语言编写的语句翻译成等价的机器指令。一台机器只要具有这种翻译程序，就能够运行用高级语言编写的程序。

高级语言的发展也经历了从早期语言到结构化程序设计语言，从面向过程语言到面向对象语言的过程。半个多世纪来，共有上百种高级语言出现，有重要意义的有几十种，影响较大、使用较普遍的有 C、C#、Visual C++、Visual Basic、Java、Python 等。

由于每种语言都有自己的特点和应用领域，因此不能说哪种语言绝对好，哪种语言绝对不好。只能说哪种语言适用于哪个领域。这些语言与商店里各种款式、质地、用途、价格的服装一样，不同年龄、气质、消费水平的人群会购买适合自己的那一款。计算机语言只是一种工具，使用它的目的是解决实际问题。不论学习哪种语言，只要学得快、用得好、能解决问题就行。

其实各种高级语言都有一些共同的规律，只是它们的语法规则会有所不同。因此，无论学习哪一种语言，重要的是掌握基本的程序设计方法和技巧，并且能够做到举一反三，同时为后续学习和掌握其他语言打下良好的基础。

5.2 程序设计语言模式

模式是一种计算机语言看待与解决问题的方式。当今计算机语言按照它们使用的解决问题的方式，可以分成 4 种模式：过程式模式、面向对象模式、函数式模式和逻辑式模式。

5.2.1 过程式模式

在过程式模式中，程序被看作活动主体，活动主体使用称为数据或数据项的被动对象。一个被动对象本身不能开始一个动作，它存储在计算机的内存中，从活动主体接收动作。为了操纵数据，活动主体发布动作，将动作称为过程。例如，文件是一个被动对象，需要存储在内存中。为了输出一个文件，程序使用一个称为 fprint 的过程。过程 fprint 通常包括告诉计算机如何去输出文件中的每一个字符的所有动作。在过程式模式中，对象（文件）和过程（fprint）是完全分开的实体，即对象是一个能接收动作的独立的实体。为了对对象应用这些动作中的任何一个，这里需要一个作用于对象的过程。过程是被编写的一个独立的实体，程序不定义过程，它只触发或调用过程。

在过程式程序设计语言中，程序员可以指定计算机将要执行的详细的算法步骤。有时，也把过程式程序设计语言看成指令式程序设计语言。所不同的是，程序只由许多过程调用构成，除此之外没有任何东西。在过程式程序设计语言中，可以使用过程或例程或方法来实现代码的重用而无须复制代码。总的来说，过程式程序设计是一种自上而下、模块化的设计，设计者用一个 main 函数概括出整个应用程序需要做的事，而 main 函数包括一系列子函数的调用。main 中的每一个子函数都可以精练成更小的函数。重复这个过程，就可以完成过程式程序设计。过程式程序设计的特征是以函数为中心，用函数来作为划分程序的基本单位，数据在过程式程序设计中往往处于从属的位置。

过程式模式的优点是易于理解和掌握，这种逐步细化问题的设计方法和大多数人的思维方式比较接近。然而，过程式程序设计在解决比较复杂的问题或在开发中需求变化比较多的时候，往往显得力不从心。因为过程式程序设计是自上而下的，要求设计者在一开始就要对需要解决的问题有一定的了解。在问题比较复杂的时候，受设计者自身能力的限制，要做到这一点会比较困难；当开发过程中需求发生改变时，以前对问题的理解也许会变得不再适用。事实上，开发一个系统的过程往往也是一个对系统不断了解和学习的过程，而过程式程序设计忽略了这一点。

过程式程序设计语言的表达能力很强，有丰富的基本数据类型和自定义数据类型，以及功能强大的各类运算符，应用范围广，能用来实现各种复杂的数据结构的运算。

过程式程序设计语言一般都可以完成普通的算术及逻辑运算，还可以直接处理数字、字符、地址，能进行按位操作、能实现汇编语言的大部分功能。但是过程式程序设计语言中的指针和一些宏定义等给它带来了一定的安全隐患，这是需要注意的。

主流的过程式程序设计语言包括 FORTRAN、COBOL、BASIC、C、Pascal、Ada 等。

5.2.2 面向对象模式

面向对象的观点认为世界由交互的对象构成，每个对象负责自己的动作。在过程式模式中，数据对象是被动的，由程序进行操作。在面向对象模式中，对象则是主动的。对象和操作对象的代码（称为方法）绑定在一起，每个对象都负责它自己的操作。这些方法被相同类型的所有对象共享，也被继承这些对象的其他对象共享。

通过比较过程式模式和面向对象模式，可以看出过程式模式中的过程是独立的实体，但面向对象模式中的方法是属于对象领地的。

相同类型的对象需要一组方法，这些方法显示了这类对象对外界刺激的反应。为了创建这些方法，面向对象语言使用称为“类”的单元。方法的格式与过程式程序设计语言中的函数的格式非常相似，每个方法由它的头、局部变量和语句组成。因此，可以认为面向对象语言实际上是带有新的理念和新的特性的过程式程序设计语言的扩展。

在面向对象模式中，一个对象可以从另一个对象继承。当一般类被定义后，就可以定义一般类中一些特性更具体的类。例如，当一个汽车类被定义后，就可以定义轿车类，轿车是具有额外特性的汽车。

继承让构件重用更方便。基于继承的重用要求方法具有多态性。面向对象模式中的多态性是指可以定义一些具有相同名字的操作，这些操作在相关类中做不同的事情。例如，我们定义了两个类自动挡和手动挡，它们都是从轿车类继承而来的，这里定义的名字都为 drive 的两个操作，一个在自动挡类中，另一个在手动挡类中，表示驾驶汽车。两个操作拥有相同的名字，但做不同的事情，因为自动挡和手动挡的车的驾驶方法是不一样的。多态有利于程序的扩充。

Simula 和 Smalltalk 是最早的两种面向对象程序设计语言，现在主流的采用面向对象模式的程序设计语言有 C++、C#、Python 和 Java。

5.2.3 函数式模式

函数式模式以数学函数为基础，计算被表示为函数求值，问题求解被表示为函数调用。程序被看成一个数学函数。函数是把一组输入映射到一组输出的黑盒子。例如，找最大值可以被认为是具有 n 个输入、一个输出的函数。该函数实现 n 个值的输入与比较，最终输出最大值。函数式程序设计语言主要实现下面的功能。

（1）函数式程序设计语言定义一系列可供任何程序员调用的原始函数。

（2）函数式程序设计语言允许程序员通过若干原始函数的组合创建新的函数。

函数式程序设计语言在表达能力方面有 3 个显著特点。

（1）若一个表达式有定义，则表达式的最后结果与其计算次序无关。

（2）构造数据结构的能力强，把整个数据结构看作简单值传送。

（3）建立高阶函数的能力强，高阶函数（即函数的函数）可使程序简洁、清晰。

函数式程序设计语言相对过程式程序设计语言而言具有两方面优势：它支持模块化编程并允许程序员使用已经存在的函数来开发新的函数。这两个优势使程序员能够编写出庞大且不易出错的程序。Lisp、Scheme 是著名的函数式程序设计语言。

5.2.4 逻辑式模式

逻辑式模式依据逻辑推理的原则响应查询。逻辑学家根据已知正确的一些论断（事实），运用逻辑推理的可靠的准则推导出新的论断（事实）。逻辑式程序设计的基础是数理逻辑的原理。逻辑式模式由一组关于对象的事实和一组关于对象之间的关系的规则构成。采用该模式，底层的问题求解算法使用逻辑规则由事实和规则推导出答案。

程序员需要学习有关主题领域的知识（知道该领域内的所有已知的论据）或向该领域的专家获取论据。程序员还应该精通逻辑上严谨的准则，这样程序才能推导并产生新的论据。

Prolog 是第三代逻辑式程序设计语言，由 3 种类型的语句构成：第一种语句用于声明有关对象的事实和对象之间的关系；第二种语句用于定义有关对象和它们之间的关系的规则；第三种语句用于对对象和它们的关系发问。

由于有关特殊领域的程序要收集大量的论据信息而变得非常庞大，因此逻辑式程序迄今为止只局限于人工智能等领域。

程序设计模式和程序设计语言之间的关系可能十分复杂。很多模式已经被熟知禁止使用哪些技术和允许使用哪些技术。例如，纯粹的函数式模式不允许有副作用；过程式模式不允许使用 goto 等。一个程序设计语言可能支持多种模式，如一个人可以用 C++写出一个完全采用过程式模式的程序，另一个人也可以用 C++写出一个完全采用面向对象模式的程序，甚至还有人可以写出杂糅了两种模式的程序。但请牢记，每一种模式都是一种解决问题的方案，采用任何一种都可以在某个领域快速解决问题。

5.3 程序编译过程

5.3.1 编译过程概述

高级语言编写的源程序需要“翻译”成计算机能够识别的机器语言，计算机才能执行。这种“翻译”程序称为语言处理程序。语言处理程序的实现方式有两种：解释和编译。能将高级语言编写的源程序进行解释或编译的系统程序分别称为解释程序和编译程序。

解释程序在处理源程序时，按照源程序的语句顺序，使用相应语言的解释器将源程序逐句解释成目标代码，解释一句、执行一句，立即产生运行结果。解释程序结构简单、易于实现，但是因为是边解释边执行，所以其执行速度要比通过编译程序产生的目标代码的执行速度慢。应用程序不能脱离解释器，如果需要重复执行同一个源程序，解释程序会重复完全相同的“解释”操作。

编译程序把用高级语言编写的源程序作为一个整体来处理，将源程序“翻译”成功能上等价的目标程序，编译后与系统提供的代码库链接，形成一个完整的、可执行的机器语言程序。因此，其目标程序可以脱离其语言环境而独立执行，使用方便，效率较高。编译程序的功能如图 5.1 所示。

编译程序完成从源程序到目标程序的翻译工作，是一个复杂的、整体的过程。编译程序首先要能识别出单词，掌握单词组成语句的规则，理解语句的含义，并能够在此基础上实现机器语言程序的优化。随着编译的进行，编译程序将指令的错误信息和警告信息反馈给程序员，程序员修改错误，直到编译通过为止，最后得到计算机可高效执行的机器语言形式的目标代码。一般来说，整个编译过程可以划分成 5 个阶段：词法分析阶段、语法分析阶段、语义分析和中间代码生成阶段、目标代码优化阶段和目标代码生成阶段。另外，表格管理程序和出错处理程序与这 5 个阶段都有联系。编译程序的结构如图 5.2 所示。

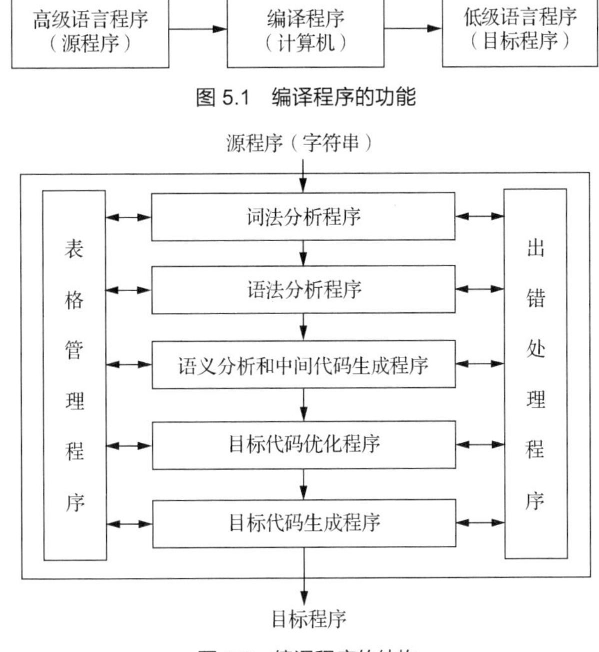

图 5.1　编译程序的功能

图 5.2　编译程序的结构

5.3.2　词法分析

词法分析阶段的任务是输入源程序，对构成源程序的字符串进行扫描和分解，识别出一个个单词符号，如基本关键字（if、for、begin 等）、标识符、常数、运算符和界符（如“()”“=”“;”）等，将所识别出的单词用统一长度的标准形式（也称内部码）来表示，以便后续语法分析工作的进行。因此，词法分析工作是将源程序中的字符串变换成单词符号流，词法分析工作遵循的是语言的构词规则。

词法规则是单词符号的形成规则，它规定了什么样的字符串可以构成一个单词符号。

例如：

```
float  r,h,s;
s = 2*3.1416*r*(h+r);
```

上述源程序通过词法分析识别出如下单词符号：基本关键字 float；标识符 r、h、s；常数 3.1416、2；运算符*、+；界符()、;、,、=。

5.3.3　语法分析

语法分析阶段的任务是在词法分析的基础上，根据语言的语法规则（文法规则）把单词符号流分解成各类语法单位（语法范畴），如“短语”“子句”“句子（语句）”“程序段”“程序”。通过语法分析可以确定整个输入串是否构成一个语法上正确的“程序”。语法分析所遵循的是语言的语法规则，语法规则通常用上下文无关语法描述。

语言的语法规则规定了如何从单词符号流形成语法单位，语法规则是语法单位的形成规则。

例如：

```
float  r,h,s;
s = 2*3.1416*r*(h+r);
```

单词符号串 s=2*3.1416 * r *(h+r)中，“s” 是<变量>，单词符号串 “2 * 3.1416 * r *(h+r)” 组合成<表达式>这样的语法单位，由<变量>=<表达式>构成<赋值语句>这样的语法单位。

5.3.4 语义分析和中间代码生成

语义分析和中间代码生成阶段的任务是对各类不同语法范畴按语言的语义进行初步翻译，包含两个方面的工作：一是对每种语法范畴进行静态语义检查，如变量是否定义、类型是否正确等；二是在语义检查正确的情况下进行中间代码的翻译。注意：中间代码是介于高级语言的语句和低级语言的指令之间的一种独立于具体硬件的记号系统，它既有一定程度的抽象，又与低级语言的指令十分接近，因此将它转换为目标代码比较容易。把语法范畴翻译成中间代码所遵循的是语言的语义规则，常见的中间代码有四元式、三元式、间接三元式和逆波兰记号等。

例如，将 s = 2*3.1416 * r *(h+r)翻译成如下形式的四元式中间代码：

```
(1)   ( *,  2,   3.1416,  T1 )
(2)   ( *,  T1,  r,       T2 )
(3)   ( +,  h,   r,       T3 )
(4)   ( *,  T2,  T3,      T4 )
(5)   ( =,  T4,  __,      s )
```

5.3.5 目标代码优化

目标代码优化阶段的任务是对前阶段产生的中间代码进行等价变换或改造，以期获得更为高效（节省时间和空间）的目标代码。常用的优化措施有删除冗余运算、删除无用赋值、合并已知量、循环优化等。例如，其值并不随循环而发生变化的运算可在进入循环前计算一次，而不必在每次循环中都进行计算。优化遵循程序的等价变换规则，如上述四元式中间代码经局部优化后得到：

```
(1)   ( *,  6.28,  r,   T2 )
(2)   ( +,  h,     r,   T3 )
(3)   ( *,  T2,    T3,  T4 )
(4)   ( =,  T4,    __,  s )
```

5.3.6 目标代码生成

目标代码生成阶段的任务是把中间代码（或经优化处理之后的中间代码）变换成特定机器上的机器语言程序或汇编语言程序，完成最终的翻译工作。最后阶段的工作因为目标语言的关系而十分依赖硬件系统，即如何充分利用机器现有的寄存器，合理地选择指令，生成尽可能短且有效的目标代码，这些都与目标机器的硬件结构有关。

5.3.7 表格管理程序和出错处理程序

在编译程序的各个阶段，都涉及表格管理程序和出错处理程序。

编译程序在工作过程中需要建立一些表格，以登记源程序中所提供的或在编译过程中所产生的一些信息。编译各个阶段的工作都涉及构造、查找、修改或存取有关表格中的信息，因此，在编译程序中必须有一组管理各种表格的程序。

一个好的编译程序在编译过程中应具有广泛的程序查错能力，并能准确地报告错误的种类及出错位置，以便用户查找和纠正，因此，在编译程序中还必须有一个出错处理程序。

一个编译过程可分一遍、两遍或多遍完成，每一遍完成所规定的任务。例如，第一遍只完成词法分析的任务；第二遍完成语法分析和语义分析工作并生成中间代码；第三遍实现目标代码优化和目标代码生成。当然，也可一遍完成整个翻译工作。至于一个编译程序究竟应分几遍完成，如何划分，这与源程序语言的结构和目标机器的特征有关。分多遍完成编译过程可以使整个编译程序的逻辑结构更清晰，但遍数多势必增加读写中间文件的次数，从而消耗过多的时间。

5.4 过程式程序设计语言的共同概念

过程式程序设计语言由语句组成，基本元素有数据类型、变量、常量、运算符、表达式等。过程式程序设计提出了顺序结构、选择结构和循环结构 3 种基本控制结构，一个程序无论大小都可以由 3 种基本控制结构搭建而成。

5.4.1 基本数据类型

计算机所能处理的信息都以数据表示。在计算机内部，数据和指令都是二进制数的组合。大多数高级语言都固有 4 种基本数据类型，即整型、浮点型、字符型和布尔型。

1. 整型

整型表示计算机能处理的一个整数范围，这个范围的大小由表示整型的字节数来决定。有些高级语言提供了几种不同范围的整型，如 C 语言提供了短整型（short）、整型（int）、长整型（long）等，用户可以根据处理问题的大小来选择合适的类型。

2. 浮点型

浮点型表示特定精度的数的范围。与整型一样，该范围的大小由表示浮点型的字节数来决定。许多高级语言有两种类型的浮点型，如 C 语言有单精度浮点型（float）和双精度浮点型（double）。由于浮点数的表示精度有限，因此在对浮点数进行关系运算时要谨慎。

3. 字符型

ASCII 字符集中的字符需要用 1 字节来描述，Unicode 字符集中的字符需要用两字节来描述。

4. 布尔型

布尔型数据只有两个值，即 True 和 False。并非所有的高级语言都支持布尔型，如果不支持布尔型，一般会用数值来模拟，如 C 语言在进行运算时，会用非 0 来表示 True，用 0 来表示 False。而运算结果如果为 True，会表示为 1；如果为 False，会表示为 0。

5.4.2 变量和常量

1. 变量

变量是在程序运行过程中可以被重新赋值、存储内容可以被改变的量。高级程序设计语言中的变量其实是计算机中的一个内存单元，通过变量名可以读取该单元的数据或在其中存储一个新数据。在程序中使用变量名，实际上引用的是内存中对应的某个存储位置的内容。变量在使用前必须进行声明，变量声明其实是将变量的数据类型和名称告诉编译器。

2. 常量

和变量相同的是，常量也是程序使用的一种数据形式。和变量不同的是，在程序运行期间，存储在常量中的值是不能修改的。常量一般包括字面常量和符号常量。

字面常量是指从字面形式即可识别的常量，也就是在源代码中直接输入的值，如 32、100、1.23、'a'、"program"等。

符号常量是指使用一个标识符来表示的常量，也就是给常量取一个简单易懂的名字，使程序易于阅读和便于修改。

5.4.3　运算符与表达式

运算符描述了高级程序设计语言能处理的运算，运算的对象是数据。

高级语言的基本运算如下。

（1）算术运算：加、减、乘、除、求余等。

（2）关系运算：大于、小于、大于或等于、小于或等于、等于、不等于。

（3）逻辑运算：与、或、非。

除此之外，不同的高级语言还有各自不同的运算集。

将一系列的运算数，通过运算符联系在一起，产生一个值的式子就是表达式。常用的表达式如下。

（1）算术运算表达式：运算结果是数值。

（2）关系运算表达式：运算结果是布尔值，表示关系运算是否成立。

（3）逻辑运算表达式：运算结果是布尔值。

5.4.4　控制结构

1. 顺序结构

顺序结构要求程序中的各个操作按照它们出现的先后顺序执行。这种结构的特点是：程序从入口点开始，按顺序执行所有操作，直到出口点。顺序结构是一种简单的程序设计结构，也是最基本、最常用的结构，也是任何从简单到复杂的程序的主体基本结构，其流程图和 N-S 图如图 5.3 所示。

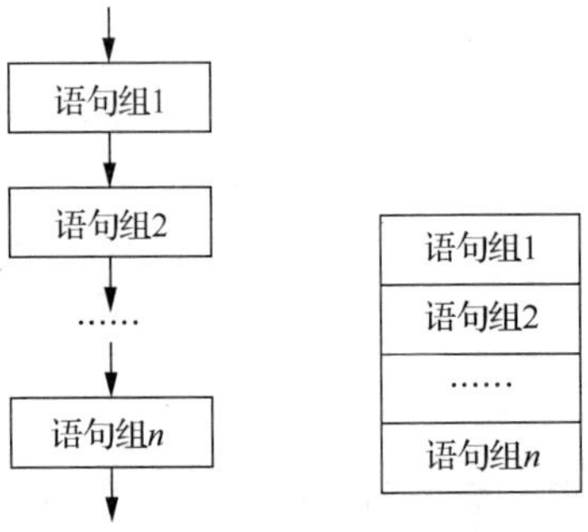

语句组1
语句组2
……
语句组n

（a）流程图

语句组1
语句组2
……
语句组n

（b）N–S图

图 5.3　顺序结构的流程图和 N-S 图

2. 选择结构

选择结构（也称分支结构）是指程序的处理步骤出现了分支，程序需要根据某一特定的条件选择其中的一个分支执行。它包括两路分支选择结构和多路分支选择结构。其特点是：根据所给定的选择条件的真（分支条件成立，常用 Y 或 True 表示）与假（分支条件不成立，常用 N 或 False 表示）来决定从不同的分支中执行某一分支的相应操作，并且任何情况下都有“无论分支多寡，必择其一；纵然分支众多，仅选其一”的特性。

（1）两路分支选择结构。两路分支选择结构是指根据判断结构入口点处的条件来决定下一步的程序流向。如果条件为真则执行语句组 1，否则执行语句组 2。值得注意的是，在这两个分支中只能选择一条且必须选择一条执行，但不论选择了哪一条分支执行，最后流程都一定到达结构的出口点。两路分支结构的流程图和 N-S 图如图 5.4 所示。实际使用过程中可能会遇到只有一条有可执行的语句的两路分支选择结构，此时最好将这些语句放在条件为真的语句组中，如图 5.4（a）和图 5.4（b）的右图所示。

（2）多路分支选择结构。多路分支选择结构是指程序流程中有多个分支，程序执行方向将根据条件确定。如果条件 1 为真，则执行语句组 1；如果条件 2 为真，则执行语句组 2；如果条件 n 为真，则执行语句组 n。如果所有条件都不满足，则执行语句组 n+1（该分支可以不显示）。总之，要根据判断条件选择多个分支的其中之一执行。不论选择了哪一个分支，最后流程要到达同一个出口处。多路分支选择结构的流程图和 N-S 图如图 5.5 所示。

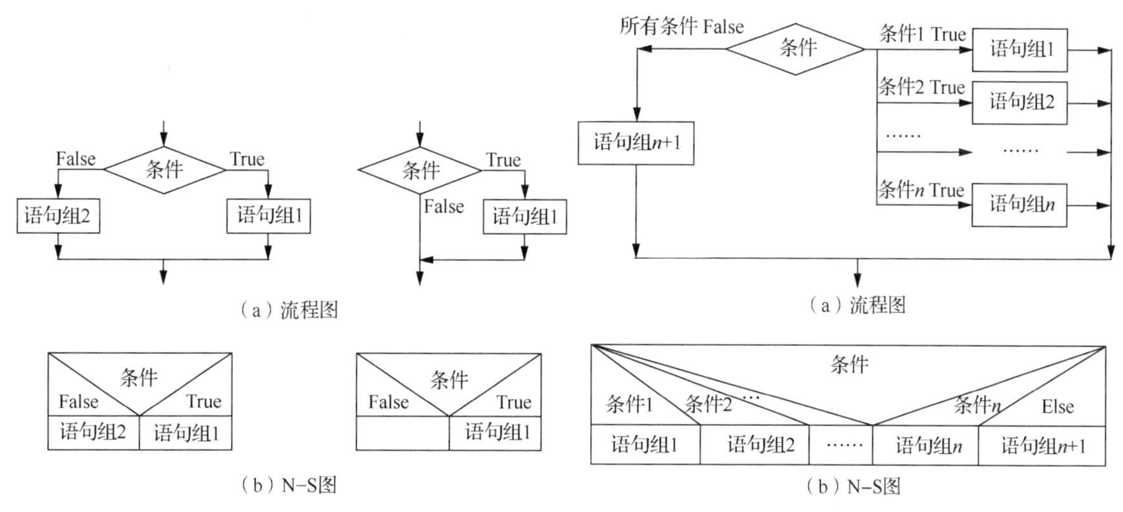

图 5.4　两路分支选择结构的流程图和 N-S 图　　图 5.5　多路分支选择结构的流程图和 N-S 图

3. 循环结构

所谓循环，是指一个客观事物在其发展过程中，从某一环节开始有规律地反复经历相似的若干环节的现象。

程序设计中的循环是指在程序设计中，从某处开始有规律地反复执行某一操作块（或程序块），并称重复执行的该操作块（或程序块）为它的循环体。在此介绍两种循环结构："当"型循环结构和"直到"型循环结构。

"当"型循环结构是指先判断条件，如果满足给定的条件，则执行循环体，并且在循环终端处流程自动返回到循环入口；如果不满足给定的条件，则退出循环体，直接到达流程出口处。"当"型循环结构的流程图和 N-S 图如图 5.6 所示。

"直到"型循环是指从结构入口处直接执行循环体，在循环终端处判断条件，如果条件不满足，则返回入口处继续执行循环体，直到条件为真时才退出循环体，直接到达流程出口处。"直到"型循环结构的流程图和 N-S 图如图 5.7 所示。

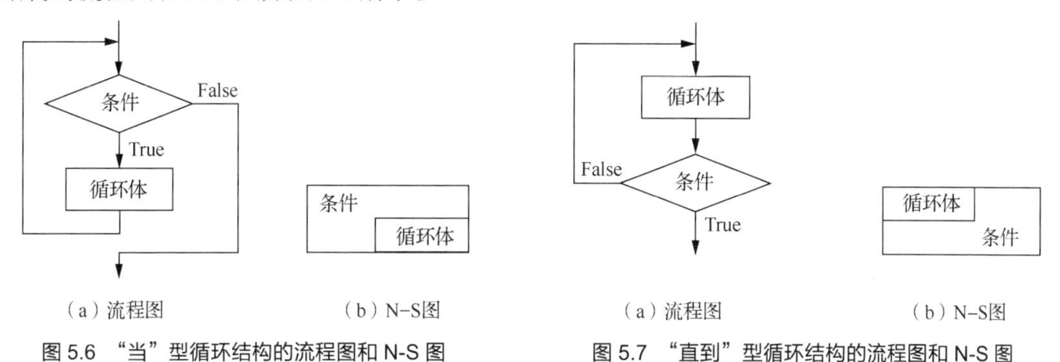

图 5.6　"当"型循环结构的流程图和 N-S 图　　图 5.7　"直到"型循环结构的流程图和 N-S 图

5.4.5　函数

函数本身是由一段程序语句组成的。一个函数往往用来解决某个特定的问题，对一个复杂问题的求解可以分解成对多个小问题的求解，每一个小问题由一个函数来完成，这样就降低了问题的求解难度。高级程序设计语言中的函数一般包括系统定义好的库函数和用户自定义函数。自定义函数的程序员需要清楚实现函数功能的每一条语句的作用，而函数的使用者只需要知道函数的功能，以及函数的调用格式即可。

参数是函数加工和处理的原始数据或说明信息，参数包括形参和实参两种。在函数执行过程中使用的数据称为形参；在函数被调用时赋给形参的值称为实参。函数在定义时需要明确函数的处理对象的类型及数量（即定义形参），函数在调用时需要给对应的形参赋予明确的值（即定义实参）。当包含的参数超过一个时，实参与形参是一一对应的关系。

关于实参和形参之间的数据传递，不同的语言有不同的处理方法，例如，C 语言是把实参的值赋给形参，形参相当于实参的一个副本，这种传递被称为按值传递。在 C++中，允许把实参的地址传给形参，这样通过形参就可以直接对实参进行存取，这种传递被称为按引用传递。

5.5 面向对象程序设计语言简介

过程式模式强调过程抽象和模块化，把现实世界映射为数据流和过程，以过程为中心来构造系统和设计程序，并将数据与对数据的操作分离开来。事实上，客观世界中的事物总是分门别类的。每个类有自己的数据与操作数据的方法，二者是密不可分的。

面向对象程序设计（Object-Oriented Programming，OOP）是 20 世纪 80 年代被提出的。它把世界看成独立对象的集合，将数据及对这些数据的操作封装在一个单独的数据结构中。这种模式更接近客观世界，它让所有对象同时拥有属性及与这些属性相关的行为。一方面，一个问题的面向对象解决方法就是标识出涉及的对象，并将其作为一个独立的单元来描述，从而淡化了解决问题的过程和步骤，使程序更容易理解和测试；另一方面，由于对象具有独立性和通用性，代码的重用性得到提高，减少了程序开发的时间。

5.5.1 面向对象的基本概念

1. 对象

客观世界中的任何事物都可以称为对象，复杂的对象可以由简单的对象以某种方式组合而成。例如，一个系由不同班级组成，班级由班里的学生组成。班级里的学生是一个对象，班级也是一个对象，系也是一个对象。对象也可以表示抽象的规则、计划或事件，如开车就可以抽象成一个对象。

每个对象都具有一定的属性，即对象的状态、特征等。例如，一个人的属性包括姓名、性别、年龄、职业、家庭住址等。对象也可以具有方法或行为，如一个人吃饭、睡觉、工作、学习等都属于他的行为。

2. 类

类是指一组具有相同特性的对象的抽象，即将某些对象的相同特征抽取出来，形成的一个关于这些对象集合的抽象模型。例如，每个人都有姓名、年龄、性别等属性，具有工作、劳动、睡觉等行为，因此可以将这些属性和行为抽象成“人类”，每个人都是人类这个群体的一个对象。

类与对象关系密切。类是抽象的概念，对象是具体的实例。有类才能产生对象，对象具有所在类的全部属性和行为。类的属性是对象属性的抽象，用数据结构来描述。类的操作是对象行为的抽象，用操作名和实现该操作的方法来描述。

3. 属性

属性用来描述对象特征，对象中的数据就保存在属性中。

4. 方法

方法是指允许作用于某个对象上的各种操作，可以通过调用对象的方法实现对该对象的操作。

5. 消息

对象之间进行通信的结构称为消息。一条消息至少要包含接收消息的对象名和发送给该对象的消息名。对象有一个生命周期，它们可以被创建和销毁。只要对象正处于其生命周期，就可以与其进行通信。

5.5.2　面向对象的特征

1. 抽象

抽象是指从许多事物中舍弃个别的、非本质的特征，抽取共同的、本质的特征。

程序开发方法中所使用的抽象有两类：一类是过程抽象；另一类是数据抽象。过程抽象描述对象的共同行为特征或它们所具有的共同功能；数据抽象描述对象的属性或状态。对一个具体问题进行抽象分析的结果是通过类来描述和实现的。

2. 封装

封装是面向对象的一个重要特性。封装把数据和动作集合在一起，而数据和动作的逻辑属性与它们的实现细节分离，实现了信息屏蔽。一个对象只知道自身的信息，对其他对象一无所知。如果一个对象需要另一个对象的信息，它必须向那个对象请求信息。

在一个对象内部，某些代码和某些数据可以是私有的，不能被外界访问。通过这种方式，对象对内部数据提供了不同级别的保护，以防止程序中无关的部分被意外地改变或错误地使用了对象的私有部分。

3. 继承

继承是面向对象的一个特征，它是指一个类可以继承另一个类的数据和方法。它支持按级分类的概念。如果类 X 继承类 Y，则 X 为 Y 的派生类（子类），Y 为 X 的超类（父类）。例如，“汽车”是一类对象，“轿车”“卡车”等都继承了“汽车”类的性质，因此它们是“汽车”的子类。

在这种分层体系中，所处的层次越低，对象越专门化。下级的类会继承其父类的所有行为和数据。有了继承机制，应用程序就可以采用经过测试的类，从它派生出一个具有该应用程序需要的属性的类，然后向其中添加其他必要的属性和方法。

4. 多态性

多态性是指一种语言的继承体系结构中具有两个同名方法，且能够根据对象应用合适的方法的能力。同一个操作作用于不同的类的实例，将产生不同的执行结果，即不同类的对象收到相同的消息时会得到不同的结果。面向对象的多态性特征提高了程序设计的灵活性和效率。

5.5.3　面向对象的优点

与过程式程序设计相比，面向对象具有许多明显的优点，主要体现在以下 3 个方面。

（1）可重用性。继承是面向对象技术的一个重要机制。用面向对象方法设计的系统的基本对象类可以被其他系统重用，这通常是通过一个包含类和子类层次结构的类库来实现的。因此，面向对象方法可以从一个项目向另一个项目提供一些重用类，从而显著提高工作效率。

（2）可维护性。由于面向对象方法所构造的系统是建立在系统对象基础上的，结构比较稳定，因此，当系统的功能要求扩充或改善时，可以在保持系统结构不变的情况下对系统进行维护。

（3）表示方法的一致性。面向对象方法要求在从面向对象分析、面向对象设计到面向对象实现的系统整个开发过程中，采用一致的表示方法，从而加强了分析、设计和实现之间的内在一致性，并且改善了用户、分析员及程序员之间的信息交流。此外，这种一致的表示方法使分析、设计的结果很容易向编程转换，从而有利于计算机辅助软件工程的发展。

5.6 主流程序设计语言简介

5.6.1 C语言

在计算机发展的历史上，大概没有哪一个程序设计语言像C语言这样得到如此广泛的流行，它对计算机应用的普及产生了深远的影响。目前，C语言编译器普遍存在于各种操作系统（如UNIX、Windows及Linux等）中。C语言的设计影响了许多后来的编程语言，如C++、Java、C#等。

1. C语言的诞生过程

C语言是美国贝尔实验室的丹尼斯・里奇设计的。C语言是开发UNIX过程中的附带产品，要介绍C语言就不得不介绍UNIX。

1968年，肯尼思・汤普森参与开发一套多用户的分时操作系统Multics。在开发Multics期间，汤普森创造了名为Bon的程序设计语言（简称B语言）。1969年，贝尔实验室撤出了Multics计划。汤普森决定独自开发一个“挤干了泡沫”的Multics操作系统。这一操作系统被同事戏称为UNICS（UNiplexed Information and Computing Service，单工信息和计算服务），后来改称为UNIX。

UNIX的出现开始并不为大家所看好，但是却引起了贝尔实验室另一位同事的注意，他就是丹尼斯・里奇，丹尼斯主动加入进来共同完善这个系统。1972年，他们联手将UNIX移植到当时最先进的大型机PDP-11上，由于UNIX非常简洁、稳定与高效，以至于当时大家都放弃了PDP-11上自带的DEC操作系统而完全改用UNIX，这时的UNIX已经开始走向成熟。随着UNIX需求量的日益增加，汤普森与丹尼斯决定将UNIX进一步改写，以便可以将它移植到各种硬件系统。但是，不少UNIX的源代码是用汇编语言完成的，不具备良好的移植性。1973年，丹尼斯在B语言的基础上开发出了C语言，并用C语言重写了UNIX，C语言灵活、高效、与硬件无关，并且不失简洁性，正是UNIX移植所需要的“法宝”，于是UNIX与C语言完美结合在一起，诞生了新的可移植的UNIX操作系统。随着UNIX的广泛使用，C语言也成为当时最受欢迎的编程语言并延续至今。

1978年，*The C Programming Language*一书出版，该书使C语言成为当时世界上最流行、使用最广泛的高级程序设计语言之一。1988年，随着微型计算机的日益普及，出现了许多C语言版本。由于没有统一的标准，这些C语言之间出现了一些不一致的地方。为了改变这种情况，美国国家标准学会（American National Standards Institute，ANSI）为C语言制定了一套ANSI标准，这套标准成为现行的C语言标准。

2. C语言的特点

C语言既具有机器语言直接操作二进制数和字符的能力，又具有高级语言的许多复杂处理功能，如循环、分支等，它是一种简单、易学而又灵活、高效的高级程序设计语言。

C语言是一种结构化语言。它层次清晰，便于按模块化方式组织程序，易于调试和维护。C语言拥有充分的控制语句和数据结构的功能，从而可以用于许多不同的领域。它具有丰富的运算符，从而能够提升对程序的表达。它还可以直接访问内存的物理地址，进行位一级的操作。在C语言中，数组被作为指针处理，因此处理的效率很高。

C语言实现了对硬件的编程操作，因此C语言集高级语言和低级语言的功能于一体，既适用于系统软件的开发，也适用于应用软件的开发。

5.6.2 C++

美国贝尔实验室的本贾尼・斯特劳斯特卢普在20世纪80年代初期发明并实现了C++。C++是以 C 语言为基础的支持数据抽象和面向对象范例的通用程序设计语言。C++继承了 C 语言的紧凑、灵活、高效和可移植性强的优点。

1. C++的产生及发展

1983 年，斯特劳斯特卢普出于分析 UNIX 内核的需要，把 C 语言扩展成一种面向对象程序设计语言。

C++最初的设计目标是为 C 语言加入面向对象的特征，而不影响 C 语言的高效性。

由 C 到 C++的第一步，斯特劳斯特卢普增加了函数参数类型检查和转换，以及类和派生类、公共/私有访问机制、类的构造函数和析构函数、友元、内联函数、赋值运算符的重载等。

1984 年，C++增加了虚方法、方法名和操作符重载及引用类型。1985 年，C++ 1.0 发布。1989 年发布了 C++ 2.0。C++ 2.0 更加完善地支持面向对象程序设计，新增加的内容包括：类的保护成员、多重继承、对象的初始化与赋值的递归机制、抽象类、静态成员函数、const 成员函数等。1993 年推出了 C++ 3.0，增加了模板和异常处理。

1998 年，C++标准（ISO/IEC 14882: 1998-Programming Language—C++）得到了 ISO 和 ANSI 的批准，C++标准体现了 C++语言设计的初衷。该标准通常简称为 ANSI C++或 ISO C++ 98 标准，以后每 5 年视实际需要更新一次标准。

2. C++的特点

C++最基本的特点就是在 C 语言基础上增加了一系列面向对象的原则和概念。C++做到了与 C 语言的完全向后兼容。但是由于 C++是一个规模很大且很复杂的语言，同时沿袭了 C 语言的大多数不安全特性，因此它的安全性逊于 Java 的安全性。

5.6.3 Java

20 世纪 90 年代，随着 WWW 的兴起，人们发现 Java 是一款很适合 Web 程序设计的有用工具。Java 在发展的最初几年被广泛用于编写 WWW 网页，Internet 最终加速了 Java 的成功。

1. Java 的发展过程

Java 语言其实最早诞生于 1991 年，起初被称为 Oak 语言，是 Sun 公司为一些消费性电子产品而设计的一个通用语言。该公司最初的目标只是开发一种独立于平台的软件技术，而且在网络出现之前，Oak 可以说是默默无闻的，甚至差点夭折。但是，网络的出现改变了 Oak 的命运。

在 Java 出现以前，Internet 上的信息内容都是一些乏味的 HTML 文档，这对于那些迷恋于 Web 浏览的人们来说简直不可容忍。他们迫切希望能在 Web 中看到一些交互式的内容，开发人员也极希望能够在 Web 上创建一类无须考虑软硬件平台就可以执行的应用程序，当然这些程序需要极大的安全保障。对于用户的这种要求，传统的编程语言显得无能为力，而 Sun 公司的工程师敏锐地察觉到了这一点。从 1994 年起，他们开始将 Oak 语言应用于 Web 上，并且开发出了 HotJava 的第一个版本。1996 年，Java 1.0 正式发布。

2. Java 的主要特性

Java 的大部分特性是从 C/C++中继承的。

（1）Java 的设计、测试、精练由程序员完成，依赖于程序员的需求和经验，因而它是一种程序员自己的语言。Java 给了程序员完全的控制权。

（2）Java 具有操作平台无关特性，还具有简单、面向对象、分布式、稳健性、安全性、可移植性、多线程性、动态性等特性，为 Internet 的使用提供了一种良好的开发和运行环境。

（3）Java 比 C++更简单和更可靠。开发人员认为 C++语言过于庞大和复杂，不便于使用，而 Java 具有 C++的大部分功能，但更为简单与安全。现在，Java 语言已经被广泛应用于各种领域。

5.6.4 Python

Python 是一种面向对象的解释型计算机程序设计语言，由吉多•范罗苏姆于 1989 年开发，第一个公开发行版发行于 1991 年。Python 自诞生至今逐渐被广泛应用于处理系统管理任务和 Web 编程。Python 开发者的哲学是“用一种方法，最好是只有一种方法来做一件事”。在设计 Python 语言时，如果面临多种选择，Python 开发者一般会拒绝花哨的语法，而选择明确的、没有或很少有歧义的语法。此类准则被称为 Python 格言。

Python 是完全面向对象的语言，函数、模块、数字、字符串都是对象。Python 完全支持继承、重载、派生、多继承，有益于增强源代码的复用性。Python 本身被设计为可扩充的。对于 Python 而言，并非所有的特性和功能都被集成到语言核心。Python 提供了丰富的 API（Application Program Interface，应用程序接口）和工具，以便程序员能够轻松地使用 C 语言、C++来编写扩充模块。Python 编译器本身也可以被集成到其他需要脚本语言的程序内。常见的一种应用情形是，使用 Python 快速生成程序的原型（有时甚至是程序的最终界面），然后对其中有特别要求的部分，用更合适的语言进行改写，如 3D 游戏中的图形渲染模块的性能要求特别高，就可以用 C/C++对其进行改写，而后封装为 Python 可以调用的扩展类库。需要注意的是，在使用扩展类库时可能需要考虑平台问题，某些可能不提供跨平台的实现。

Python 语法简洁清晰，有意地设计限制性很强的语法，使采用不好的编程习惯（如 if 语句的下一行不向右缩进）编写出的程序都不能通过编译。Python 语法中很重要的一项是 Python 的缩进规则，通过强制程序员缩进（包括 if、for 和函数定义等所有需要使用模块的地方），使用 Python 编写的程序确实更加清晰和美观。一个模块的界限完全是由每行的首字符在这一行的位置来决定的（而 C 语言是用一对花括号来明确地定义模块的边界的，与字符的位置毫无关系）。

Python 在设计上坚持了清晰化的风格，这使得 Python 成为一门易读、易维护，并且拥有大量用户、用途广泛的语言。在国外用 Python 进行科学计算的研究机构日益增多，一些知名大学已经采用 Python 教授程序设计课程。众多开源的科学计算软件包都提供了 Python 的调用接口，如计算机视觉库 OpenCV、三维可视化库 VTK、医学图像处理库 ITK。经典的科学计算扩展库 NumPy、SciPy 和 Matplotlib 分别为 Python 提供了快速数组处理、数值运算及绘图功能。因此，Python 语言及其众多的扩展库所构成的开发环境十分适合工程技术、科研人员处理实验数据、制作图表，甚至开发科学计算应用程序。

与 MATLAB 相比，用 Python 进行科学计算有如下优点。

首先，MATLAB 是一款商用软件，并且价格不菲。而 Python 完全免费，并且众多开源的科学计算库都提供了 Python 的调用接口。用户可以在任何计算机上免费安装 Python 及其绝大多数扩展库。

其次，与 MATLAB 相比，Python 是一门更易学、更严谨的程序设计语言。它能使用户编写出更易读、易维护的代码。

最后，MATLAB 主要专注于工程和科学计算。然而，即使在计算领域，也经常会遇到文件管理、界面设计、网络通信等各种需求。而 Python 有着丰富的扩展库，可以轻易完成各种高级任务，开发者可以用 Python 实现完整应用程序所需的各种功能。

5.6.5 C#

C#是微软公司研究员安德斯•海尔斯伯格的研究成果。C#几乎集中了所有关于软件开发和软件工程研究的成果：面向对象、类型安全、组件技术、自动内存管理、跨平台异常处理、版本控制、代码安全管理等。C#是一种安全的、稳定的、简单的、优雅的，由 C 和 C++衍生出来的面向对象的编程语言。它在继承 C 和 C++强大功能的同时去掉了它们的一些复杂特性（如没有宏及不允许多重继承)。C#综合了 VB(Visual Basic)简单的可视化操作和 C++的高运行效率，以其强大的操作能力、优雅的语法风格、创新的语言特性和便捷的面向组件编程的支持成为.NET 开发的首选语言。

C#看起来与 Java 十分相似，包括诸如单一继承、接口，与 Java 几乎同样的语法和编译成中间代码再运行的过程。但是 C#与 Java 有着明显的不同，它借鉴了 Delphi 的一个特点，与 COM(Component Object Model，组件对象模型)是直接集成的，而且 C#结构体与类是抽象的和不可继承的。它是微软公司.NET Windows 网络框架的“主角”。

使用 C#开发的程序源代码并不会被编译成能够直接在操作系统上执行的二进制本地代码。与使用 Java 开发的方法类似，它被编译为中间代码，然后通过.NET Framework 的虚拟机执行。如果计算机上没有安装.NET Framework，那么这些程序将不能够被执行。在程序执行时，.NET Framework 将中间代码翻译成二进制机器码，从而使它正确运行。最终的二进制代码被存储在一个缓冲区中。所以一旦程序使用了相同的代码，就会调用缓冲区中的版本。这样，如果一个.NET 程序第二次被运行，这种翻译就不需要进行第二次，程序运行的速度明显加快。

其实，在编程语言中真正的“霸主”多年来一直是 C++，所有的操作系统和绝大多数的商品软件都是用 C++作为主要开发语言的。Java 的程序员绝大多数也是 C++的爱好者，PHP 的成功也有其类似 C++的语法的功劳。在操作系统、设备驱动程序、视频游戏等领域，C++在很长的时间内仍将占据主要地位，而在数量最大的应用软件的开发上，C#很可能取代 C++。首先，C#和 Java 一样，借鉴了 C++的部分语法，因此，对于数量众多的 C++程序员来说，C#学习起来很容易上手；另外，对于新手来说，C#比 C++要简单一些。其次，Windows 是占垄断地位的平台，而在开发 Windows 应用时，微软公司的功劳是不能被忽略的。最重要的是，相较于使用 C++，使用 C#开发应用软件可以大大缩短开发周期，同时可以利用原来除用户界面代码之外的 C++代码。

但是，C#也有缺点。首先，在一些版本较旧的 Windows 平台上，C#的程序还不能运行；其次，C#能够使用的组件或库还只有.NET 运行库等很少的选择，它没有丰富的第三方软件库可用。

Java 的用户主要是网络服务的开发者和嵌入式设备软件的开发者，嵌入式设备软件不是 C#的用武之地。但是，在网络服务方面，C#的即时编译和本地代码 Cache 方案相较于 Java 虚拟机具有绝对的性能优势。

5.6.6 PHP

PHP 是一种通用开源脚本语言。它吸收了 C 语言、Java 和 Perl 的特点，利于学习，使用广泛，主要适用于 Web 开发领域。与 CGI 或 Perl 相比，PHP 可以更快速地执行动态网页。与其他的编程语言相比，在制作动态页面时，PHP 将程序嵌入 HTML 文档中去执行，其执行效率比完全生成 HTML 标记的 CGI 的要高许多；PHP 还可以执行编译后代码，编译可以达到加密和优化代码运行，使代码运行更快。PHP 在数据库方面的丰富支持，也是它被广泛使用的原因之一；在 Internet 上，它支持相当多的通信协议。除此之外，用 PHP 写出来的 Web 后端 CGI 程序，可以轻易移植到不同的操作系统上。面对快速发展的 Internet，这是长期规划的最好选择。

PHP 可以用 C、C++进行程序的扩展。

5.6.7 JavaScript

JavaScript 是一种基于对象的解释型脚本语言，是一种动态类型、弱类型、基于原型的语言，内置支持类型。它的解释器被称为 JavaScript 引擎，为浏览器的一部分，广泛用于客户端的脚本语言，最早是在 HTML 网页上被使用的，用来给 HTML 网页增加动态功能。其代码可以直接嵌入 HTML 页面，但写成单独的.js 文件有利于结构和行为的分离。在绝大多数浏览器的支持下，可以在多种平台下运行(如 Windows、Linux、macOS、Android、iOS 等)。

JavaScript 脚本语言同其他语言一样，有它自身的基本数据类型、表达式和算术运算符及基本程序框架。JavaScript 提供了 4 种基本数据类型和 2 种特殊数据类型来处理数据和文字。JavaScript 的变量提供存放信息的地方，表达式则可以完成较复杂的信息处理。JavaScript 语言中采用的是弱类型的变量类型，对使用的数据类型并没有严格的要求，并且由于基于 Java 基本语句和控制，因此其设计简单紧凑。

JavaScript 是采用事件驱动的，它不需要经过 Web 服务器就可以对用户的输入做出响应。在用户访问一个网页时，在网页中进行单击或上下移动、窗口移动等操作，JavaScript 都可直接对这些事件给出相应的响应。

不同于服务器端脚本语言，如 PHP 与 ASP，JavaScript 主要被作为客户端脚本语言在用户的浏览器上运行，不需要服务器的支持。所以在早期，程序员比较青睐于使用 JavaScript 来减少对服务器的负担，但也带来另一个问题，即安全性。

随着服务器的性能越来越好，虽然程序员更喜欢运行于服务器端的脚本以保证安全，但 JavaScript 仍然以其跨平台、容易上手等优势被广泛使用。同时，有些特殊功能[如 AJAX（Asynchronous JavaScript And XML，异步 JavaScript 和 XML）]必须依赖 JavaScript 在客户端进行支持。随着引擎（如 V8）和框架（如 Node.js）的发展及其具有的事件驱动和异步 I/O 等特性，JavaScript 逐渐被用来编写服务器端程序。

5.6.8 Perl

自 1987 年 Perl 1.0 发布以来，Perl 的用户数一直在增加，同时，越来越多的程序员与软件开发者（商）参与 Perl 的开发。Perl 最初被当作一种跨平台环境中编写可移植工具的高级语言，Perl 被广泛地认为是一种工业级的强大工具，用户可以在任何地方用它来完成工作。Perl 特别适用于系统管理和 Web 编程。实际上，Perl 已经被用在所有 UNIX（包括 Linux）捆绑在一起作为标准部件发布，同时，Perl 也用于 Windows 和几乎所有操作系统。由此可见，Perl 的应用非常广泛。

Perl 借鉴了 C、sed、AWK、Shell 脚本语言及很多其他程序语言的特性，Perl 最重要的特性是它内部集成了正则表达式的功能，以及巨大的第三方代码库 CPAN。简而言之，Perl 像 C 一样强大，像 AWK、sed 等脚本描述语言一样方便，被 Perl 语言爱好者称为“一种拥有各种语言功能的梦幻脚本语言”“UNIX 中的王牌工具”。

Perl 与脚本语言一样，不需要编译器和链接器来运行代码。它可以很容易操作数字、文本、文件和目录、计算机和网络，特别是程序的语言。使用这种语言可以很容易地运行外部的程序并扫描这些程序的输出而获取感兴趣的内容，而且可以很容易地把获取的感兴趣的内容交给其他程序进行特殊的处理。当然，这种语言可以在任何现代的操作系统上移植地编译和运行。

因为 Perl 既强大又好用，所以它被广泛地用于日常生活的方方面面，从宇航工程到分子生物学、从数学到语言学、从图形处理到文档处理、从数据库操作到网络管理。很多人用 Perl 快速处理那些很难分析或转换的大批量数据。

在软件测试中，Perl 通常扮演非常重要的角色。一般一个测试通用函数库就要分十几个文件，甚至更多，包含多达上千个定制功能。而这些函数将在主函数运行时不定数量地被调用。几乎可以说，一切自动过程都是由 Perl 自己完成的。由此可见，Perl 的功能十分强大，并且它在当今计算机技术高速发展的时期仍然发挥着重要的作用。

Perl 还在许多其他方面协助用户。与严格要求每次执行一条命令的命令文件和 Shell 脚本不同的是，Perl 先把用户的程序快速编译成一种内部格式。和其他任何编译器一样，Perl 的编译器还会进行各种优化，同时把碰到的任何问题反馈给用户。一旦 Perl 的编译器前端对用户的程序感到“满意”了，它就把这些中间代码交给解释器执行（或者交给其他能生成 C/字节码的模块后端）。这听起来挺复杂，不过 Perl 的编译器和解释器在进行这些操作时效率相当高，编译—运行—修改过程的所用时间几乎都是以秒计的。再加上 Perl 具有许多其他开发特性，其这种快速的角色转换很适合进行快速原型设计。

5.6.9　Visual Basic.NET

VB.NET（Visual Basic.NET）是基于微软.NET Framework 的面向对象的编程语言，其可以被看作 VB 在.NET Framework 平台上的升级版本。它增强了对面向对象的支持。其在调试时是以解释型语言的方式运作的，而输出为 EXE 程序是以编译型语言的方式运作的。

5.6.10　Ruby

Ruby 是一种开源的简单、快捷的面向对象脚本语言，在 20 世纪 90 年代由日本计算机科学家松本行弘开发而成，遵守 GPL（General Public License，通用公共许可证）协议和 Ruby License。Ruby 类似 Python 和 Perl，它的被开发灵感与特性来自 Perl、Smalltalk、Eiffel、Ada 及 Lisp 语言。Ruby 的语法简单，这使得新的开发人员能够快速、轻松地学习 Ruby。

Ruby 可以用来编写公共网关接口（Common Gateway Interface，CGI）脚本；可以被嵌入 HTML；可扩展性强，用 Ruby 编写的大程序易于维护；可以安装在 Windows 和 POSIX 环境中；可用于开发 Internet 和 Intranet 应用程序。Ruby 支持许多 GUI（Graphical User Interface，图形用户界面）工具，如 Tcl/Tk、GTK 和 OpenGL，并且可以很容易地连接到 DB2、MySQL、Oracle 和 Sybase。Ruby 有丰富的内置函数，可以直接在 Ruby 脚本中使用。Ruby 适用于快速开发，一般开发效率是 Java 的 5 倍。

5.7　小结

本章从程序的概念开始，详细介绍了程序设计语言的发展过程、4 种模式和程序编译过程。在此基础上，介绍了过程式程序设计语言的共同概念与面向对象语言的特性，并简单介绍了当下主流的程序设计语言。通过本章的学习，可以了解程序设计语言的发展过程，理解程序设计语言的 4 种模式、程序编译过程，理解并掌握过程式程序设计语言的共同概念，掌握面向对象语言的特性；同时，了解当下主流的程序设计语言。

习题 5

一、填空题

1. 程序设计模式包括____________、_______________、____________和__________。
2. 面向对象的特征包括__________、___________、_____________、_____________。
3. 高级语言的基本运算包括_______________、_______________、_____________。

二、简答题

1. 简述程序的概念。
2. 简述程序设计语言的发展过程。
3. 用图示法表示编译程序的结构。
4. 简述过程式程序设计语言的基本数据类型。
5. 简述过程式程序设计语言的控制结构。
6. 描述面向对象的特征。
7. 作为一名计算机专业的学生，你认为如何才能学好程序设计语言？

06

第 6 章　算法与数据结构

计算机的主要工作是处理各种各样的数据。随着数据多样性的提高和数据量的增大，在开发程序时越来越需要正确地把握和组织待处理数据的特性及其之间的关系。在计算机科学中，算法+数据结构=程序。本章将介绍算法的概念、数据结构的概念和应用、常用算法设计技巧等。通过本章的学习，大家将初步了解基本数据结构及简单的计算思维与算法设计技巧，为后续章节的学习打下良好的基础。

通过本章的学习，学生应该能够：

1. 理解算法的概念及算法度量方式；
2. 了解数据结构的概念及基本术语；
3. 理解并掌握线性结构的特性及基本操作；
4. 理解并掌握树状结构的特性及基本操作；
5. 理解并掌握图的特性及基本操作；
6. 掌握 3 种基本的排序方法；
7. 理解计算思维；
8. 了解基本的算法设计技巧。

6.1　算法概述

6.1.1　算法及其特性

算法（Algorithm）是指为求解一个问题需要遵循的、被清楚地指定的简单指令的集合。其具有以下 5 个特性。

（1）有穷性：算法中每条指令的执行次数是有限的，执行每条指令的时间也是有限的。也就是说，对于任意一组合法的输入数据，算法在执行有限步骤后一定能结束。

（2）确定性：组成算法的每条指令是清晰的、无歧义的，算法的执行者或阅读者能确定指令的含义并执行指令。

（3）可行性：算法中的操作可以通过执行有限次已经实现的基本操作而完成。

（4）输入：算法允许有多个或 0 个输入。

（5）输出：算法对数据进行处理后，有一个或多个输出。

在算法的 5 个特性中，最基本的是有穷性、确定性和可行性。

通过算法的 5 个特性，大家可以发现程序与算法是不同的。程序是用某种程序设计语言对算法的具体实现，程序可以不满足算法的“有穷性”特性。

例如，操作系统是一个在无限循环中执行的程序，而不是一个算法。然而，可以把操作系统的各种任务看成一些单独的问题，每一个问题由操作系统中的一个子程序通过特定的算法来实现，该子程序得到输入结果后便终止。

一个“好”的算法在设计时需要注意以下 4 个原则。

（1）正确性。简单来说，算法的正确性是指算法所设计的程序没有语法错误；要求严格一点，算法的正确性是指算法所设计的程序对于几组输入数据能够得出满足要求的结果；而通常在进行正确性测试时要求算法所设计的程序对于精心选择的典型、苛刻而带有刁难性的几组输入数据能够得出满足要求的结果。如果能达到这些标准，算法就是正确的。当然，最理想的状态是程序对于一切合法的输入数据都能得出满足要求的结果。但是这只是一种理想状态，因为在输入时，不可能提前预设所有的数据。

（2）可读性。算法是为了人与人之间进行交流而设计的，所以算法要具备可读性；晦涩难读的算法很难被他人理解，根据这种算法实现的程序同样会隐藏较多的错误而难以调试。

（3）稳健性。算法的稳健性是指对于非法的输入数据，算法能有恰当、及时的反应或处理方法，而不会产生莫名其妙的输出结果。

（4）高效率和低存储。效率一般表示算法的执行时间，存储指的是算法执行时所需要的内存空间。理想状态是用最小的空间、最短的时间来完成算法的任务，但是实际上空间和时间是相互牵制的，所以在进行算法设计时只能尽量在效率和存储中找到一种平衡。

6.1.2　算法的描述方式

算法通常可以采用自然语言、流程图、伪代码等多种方法来描述，描述时应该清晰地展示问题求解的基本思想和具体步骤。

1. 算法的自然语言描述

自然语言就是人们日常使用的满足人类交流需要而自然演化出来的语言，如汉语、英语等。用自然语言描述的算法通俗易懂，但文字冗长，表示的含义往往不太严格，需要根据上下文才能判断其正确含义，容易产生歧义。

此外，用自然语言来描述包含分支和循环的算法很不方便，因此除了一些简单的问题以外，一般不用自然语言描述算法。

2. 算法的流程图描述

流程图使用一些图框来表示各种操作。用流程图来描述问题的解题步骤，可使算法十分明确、具体、直观、易于理解。ANSI 规定了一些常用流程图符号，如图 6.1 所示。

流程图将解决问题的详细步骤用特定的图形符号表示，图形符号中间用线条连接以表示处理的流程。与自然语言相比，流程图能更直观地说明解决问题的步骤，帮助人们快速、准确地理解并解决问题。

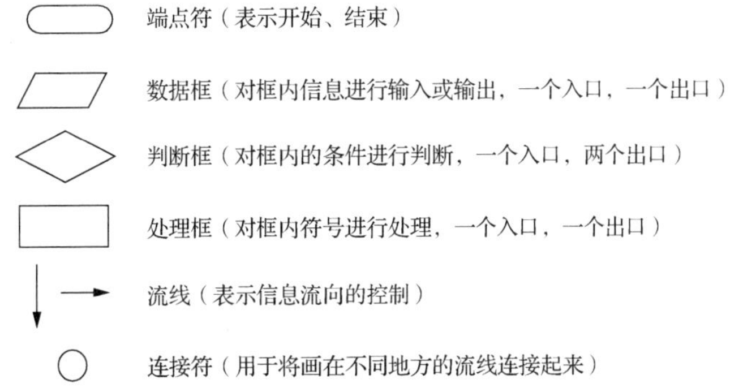

图 6.1　常用流程图符号

用流程图表示算法直观形象，可以比较清楚地显示出各个符号之间的逻辑关系。但传统的流程图占用篇幅较多，尤其是当算法比较复杂时，画流程图既费时又不方便。在结构化程序设计方法推广之后，经常采用 N-S 图代替传统的流程图。

N-S 图是一种适于结构化程序设计的流程图。在 N-S 图中，完全去掉了带箭头的流线，并将全部算法写在一个处理框内，该框可以包含其他从属于它的框，或者说，可以用一些基本的框组成一个大的框。

对于结构化程序设计方法中的三大基本控制结构（顺序结构、选择结构和循环结构），用 N-S 图来表示它们的方法如下。

（1）顺序结构。顺序结构 N-S 图如图 6.2 所示。顺序结构是最简单的程序结构，也是最常用的程序结构。使用顺序结构时，只要按照解决问题的顺序写出相应的语句即可。它的执行顺序是自上而下，依次执行的。

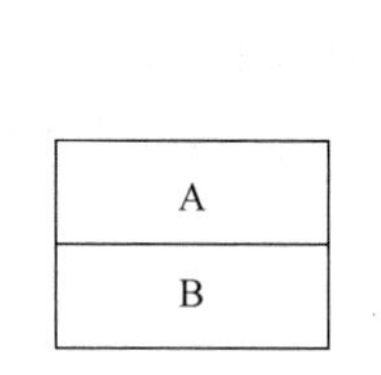

图 6.2　顺序结构 N-S 图

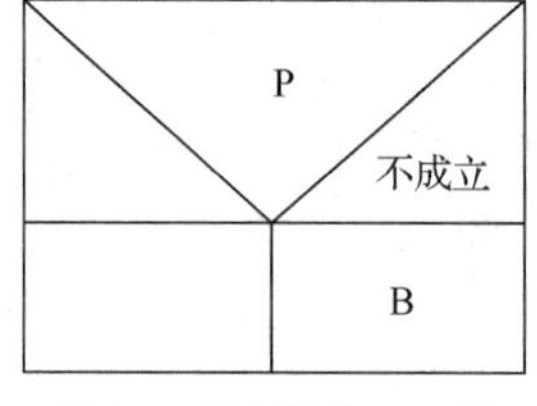

图 6.3　选择结构 N-S 图

（2）选择结构。选择结构 N-S 图如图 6.3 所示。选择结构的程序设计方法的关键在于构造合适的分支条件及分析程序的流程，根据不同的程序流程选择适当的分支语句。选择结构适用于带有逻辑或关系比较等的计算，设计这类程序时往往都要先绘制其程序流程图，然后根据程序流程写出源程序，这样做能够把程序设计分析与语言分开，使得问题简单化，易于理解。

（3）循环结构。循环结构又分“当”型循环结构和“直到”型循环结构，N-S 图分别如图 6.4 和图 6.5 所示。循环结构在传统的流程图中是利用判断框来表示的，判断框内写上条件，它的两个出口分别对应着条件成立和条件不成立时所执行的不同指令，其中一个要指向循环体，再从循环体回到判断框的入口处；另一个则是从循环体中出去，即终止循环。

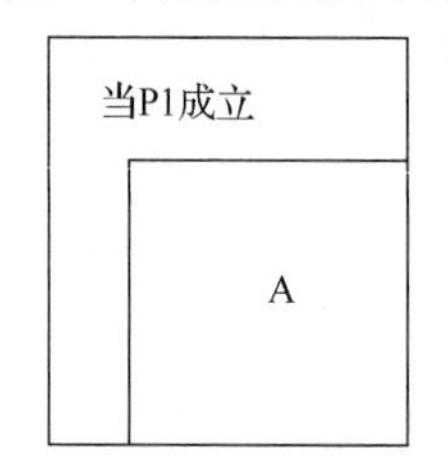

图 6.4　“当”型循环结构 N-S 图

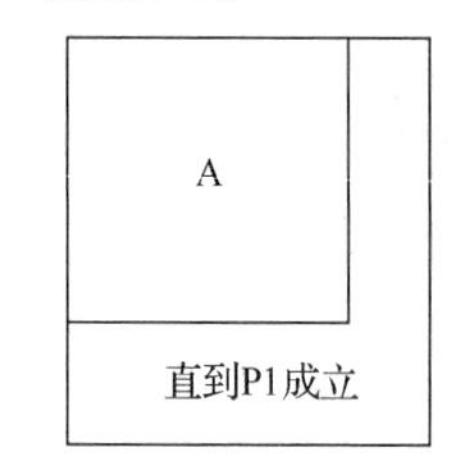

图 6.5　“直到”型循环结构 N-S 图

3. 算法的伪代码描述

用传统的流程图和 N-S 图表示的算法直观易懂，但这两种图画起来都比较烦琐。在设计一个算法的过程中，因为需要对算法反复进行修改，所以用流程图表示算法的方式不是很理想（每修改一次算法，就要重新画流程图）。为了设计算法时方便，常用一种称为伪代码的工具。

伪代码用介于自然语言和程序设计语言之间的文字和符号来描述算法。伪代码不使用图形，在书写上方便，格式紧凑，比较容易理解，不仅适用于算法设计过程，也便于向计算机语言算法（即程序）过渡。

4. 用计算机语言表示算法

设计算法的目的是实现算法。因为是用计算机解决问题，也就是要用计算机实现算法，所以在用流程图或伪代码描述一个算法后，还要将它转换成计算机语言编写的程序才能被计算机执行。用计算机语言表示的算法是计算机能够执行的算法。用计算机语言表示算法必须严格遵循所用的语言的语法规则，这是这种方式和用伪代码描述算法的方式的不同之处。

6.1.3　算法效率的度量

同一个问题可以由不同的算法来解决，那么，如何评价不同算法的优劣呢？不考虑与计算机软硬件有关的因素，算法的优劣取决于它的空间和时间花费。所以人们确立了一种尺度，从空间和时间两个方面度量算法的计算成本。根据这种尺度对不同算法进行比较和评判，进而研究和归纳算法设计与实现过程中的一般性规律与技巧，以编写出效率更高、能够处理更大规模数据的程序。

空间复杂度 $S(n)$——根据算法编写的程序在执行过程中临时占用存储空间大小的量度，往往与输入数据的规模有关。空间复杂度过高的算法可能导致使用的内存超限，造成程序非正常中断。

时间复杂度 $T(n)$——根据算法编写的程序在执行过程中所需要的基本运算次数，往往也与输入数据的规模有关。时间复杂度过高的算法可能导致算法效率很低，运行时间过长。

接下来重点讲解一下时间复杂度。

一个算法的执行时间大致等于其所有语句执行时间的总和，每一条语句的执行时间是指该条语句的执行次数和执行一次所需时间的乘积。在进行算法分析时，并不需要得到准确的算法执行时间，我们关心的是算法中语句总的执行次数 $T(n)$（它是关于问题规模 n 的函数），进而分析 $T(n)$随 n 的变化情况并确定 $T(n)$的数量级（Order of Magnitude）。在这里，用"O"来表示数量级，称 $O(f(n))$为算法的渐进时间复杂度，简称算法的时间复杂度，记作：

$$T(n)=O(f(n))$$

时间复杂度分析的基本策略是从算法内部（或最深层部分）向外展开工作，它所遵循的一般法则如下。

（1）顺序语句：将各个语句的运行时间求和即可（这意味着，其中的最大值就是所得的运行时间）。

（2）选择语句：一个选择语句的运行时间从不超过判断加上所有选择部分中运行时间较长的总的运行时间。

（3）单层循环：一个循环的运行时间至多等于该循环内语句的运行时间乘迭代的次数。

（4）嵌套循环：从里向外分析这些循环，在一组嵌套循环内部的一条语句总的运行时间等于该语句的运行时间乘该组所有循环的大小。

算法中常用的时间复杂度频率计数有 7 个：$O(1)$（常数型）、$O(n)$（线性型）、$O(n^2)$（平方型）、$O(n^3)$（立方型）、$O(2^n)$（指数型）、$O(\log_2 n)$（对数型）、$O(n\log_2 n)$（二维型）。一般情况下，随着 n 的增大，$T(n)$增长较慢的算法为最优算法。由此可知，应该选择使用多项式阶 $O(n^k)$的算法，而避免使用指数阶的算法。

6.2 数据结构概述

6.2.1 什么是数据结构

在计算机科学或信息科学中，数据结构是计算机中存储、组织数据的方式。通常情况下，精心选择的数据结构可以带来最优效率的算法。在计算机及相关学科中，"数据结构"是一门重要的专业基础课，主要研究非数值计算的程序设计问题中计算机的操作对象及它们之间的关系和操作等。例如，如何建立一个图书管理系统？该系统要实现两个主要功能：图书信息的查找和新书信息的录入。

图书管理系统所处理的数据是全部图书，如何来组织与管理这些图书呢？

第一种方法：这种方法是最简单的方法，即把所有信息随便存放到数据表中。这样操作的便捷之处在于新书信息的录入很简单，在表尾进行信息的追加即可。但是查找图书信息的效率会变得很低，因为只能从前向后按顺序查找。

第二种方法：这种方法为了方便查找，对管理方式进行了改进，把所有信息按照书名的拼音字母顺序排放。在这种管理方法下，因为所有信息都是有序的，查找图书时可以采用二分查找的方法，比较高效。但是，新书录入的工作变得比较麻烦，因为每录入一本新书都要保证所有信息的有序性。

第三种方法：这种方法把所有信息分为几类，每类存放某种类别的图书；在每种类别内，所有信息按照书名的拼音字母顺序存放。在这种方法下，需要先确定图书的类别，然后在该类别中通过二分查找确定图书的插入位置，移出空位。在查找时也需要先确定类别，在该类别中进行二分查找。这种方法带来的问题是类别应该分为多少种，每种类别的空间如何分配。

通过这个例子，大家知道数据结构其实包括数据对象在计算机中的组织方式及与该数据对象相关联的一系列操作。其中，数据对象的组织方式包括数据之间的逻辑结构和物理结构，完成操作所用的方法就是 6.1 节提到的算法。

6.2.2 数据结构的基本术语

1. 数据

数据（Data）是描述客观事物的数值、字符及能输入机器且能被处理的各种符号的集合。简而言之，数据就是计算机加工、处理的对象。

2. 数据元素

数据元素（Data Element）是组成数据的基本单位，是数据集合的个体，在计算机中通常作为一个整体进行考虑和处理。一个数据元素可由若干个数据项（Data Item）组成。例如，学籍表中一个学生记录就是一个数据元素，它包括学号、姓名、性别、籍贯、出生年月、家庭住址等数据项，如表 6.1 所示。

表 6.1 学籍表

学号	姓名	性别	籍贯	出生年月	家庭住址
101	李瑞	女	河南省郑州市	1998.11	郑州市东风路
……	……	……	……	……	……

3. 数据对象

数据对象（Data Object）是性质相同的数据元素的集合，是数据的一个子集。例如，整数数据对象是集合 $N=\{0, \pm 1, \pm 2, \cdots\}$，字母字符数据对象是集合 $C=\{'A','B',\cdots,'Z'\}$，表 6.1 所示的学籍表也可看作一个数据对象。

4. 数据的逻辑结构

数据结构（Data Structure）是指相互之间存在一种或多种特定关系的数据元素集合。数据元素相互之间的关系称为数据的逻辑结构，简称结构（Structure），其包括 4 种基本结构。

（1）集合结构：结构中的数据元素之间除了同属于一个集合的关系外，无任何其他关系。

（2）线性结构：结构中的数据元素之间存在着一对一的线性关系。

（3）树状结构：结构中的数据元素之间存在着一对多的层次关系。

（4）图状结构或网状结构：结构中的数据元素之间存在着多对多的任意关系。

在形式上，数据结构通常用一个二元组来描述：

$$\text{Data\_structure}=(D,S)$$

其中，D 为数据结构的有限集；S 是 D 上关系的有限集。

例如，一年四季名称所组成的数据结构可以表示为

$B=(D, R)$

D={春,夏,秋,冬}

R={<春,夏>,<夏,秋>,<秋,冬>}

再如，假设家庭成员组成的数据结构可以表示为

$B=(D, R)$

D={祖父,叔叔,父亲,儿子,女儿,孙子}

R={<祖父,父亲>,<祖父,叔叔>,<父亲,儿子>,<父亲,女儿>,<儿子,孙子>}

5. **数据的存储结构**

存储结构（又称物理结构）是逻辑结构在计算机中的存储映像，是逻辑结构在计算机中的实现，它包括数据元素的表示和关系的表示。存储结构和数据结构综合起来建立了数据元素之间的结构关系。

常用的存储结构包括两种：顺序存储结构和链式存储结构。

顺序存储结构是指逻辑上相邻的元素存储在物理位置相邻的存储单元中，通过元素在存储器中的相对位置表示数据元素之间的逻辑关系，通常采用程序设计语言中的数组来实现。

链式存储结构不要求逻辑上相邻的元素其存储的物理位置也要相邻，元素之间的逻辑关系通过存储元素的地址来表示，一般会采用程序设计语言中的指针来实现。

6.3　线性结构

线性结构描述的是一对一的相互关系，即一个线性结构中除了第一个元素之外，其他每个元素只有一个直接前驱；除了最后一个元素之外，其他每个元素只有一个直接后继。线性结构包括线性表、栈、队列、串等，其中，线性表是最基本的线性结构。

6.3.1　线性表

线性表（Linear List）是由性质相同的一批数据元素构成的有序序列。这里的“有序”指的是逻辑上的先后关系。线性表通常可以描述为$(a_1,a_2,\cdots,a_{i-1},a_i,a_{i+1},\cdots,a_n)$，其中，$n$ 表示表长，当 n=0 时表示空表。a_1 称为表头元素，a_n 称为表尾元素。表中相邻元素存在有序的关系，a_{i-1} 称为 a_i 的直接前驱，a_{i+1} 称为 a_i 的直接后继。

例如，26 个英文字母就构成了一个线性表(A,B,C,D,⋯,Z)。

线性表可以采用顺序存储和链式存储两种方式进行存储。

1. **顺序存储**

线性表的顺序存储是指用一组地址连续的存储单元依次存储线性表的元素。这种线性表也称顺序表，可以通过程序设计语言中的数组来实现。

顺序表具有以下两个显著特点。

（1）逻辑上相邻的数据元素，其存储的物理位置也相邻。

（2）若已知表中首元素在存储器中的位置，就可求出其他元素存放的位置。计算方法如下。

设首元素 a_1 的存放地址为 LOC(a_1)（称为首地址），每个元素占用存储空间（地址长度）为 L 字节，则表中第 i 个数据元素的存放地址为 $\mathrm{LOC}(a_i)=\mathrm{LOC}(a_1)+L(i-1)$。

顺序表是一种随机存取的数据结构。

在顺序表中第 i 个位置插入一个新元素时，需要将第 n 位至第 i 位的元素向后移动一个位置，然后才能将要插入的元素写到第 i 个位置；插入新元素后表长加 1。

在顺序表中删除第 i 个元素时，需要将第 i+1 位至第 n 位的元素向前移动一个位置；删除元素后表长减 1。

由此可知，顺序表的优点如下。

（1）无须为表示节点间的逻辑关系而增加额外的存储空间（因为逻辑上相邻的元素其存储的物理位置也是相邻的）。

（2）可方便地随机存取表中的任一元素。

顺序表的缺点如下。

（1）不便进行插入或删除操作。除在表尾的位置外，在表的其他位置上进行插入或删除操作都必须移动大量的节点，效率较低。

（2）在存储信息之前需要预分配空间，可能最终会导致空间用不完而产生浪费。

（3）当表容量不够时，表的扩充不方便。

2. 链式存储

采用链式存储的线性表又称链表，它通过一组任意的存储单元来存储线性表中的数据元素。为了准确描述元素之间的逻辑关系，每个数据元素 a_i 除了要存储本身信息外还需存储其直接后继或直接前驱的信息。如果链表中的数据元素只存储直接后继的地址，则称这样的链表为单链表；如果链表中的数据元素既存储直接后继的地址，也存储直接前驱的地址，则称这样的链表为双向链表。下面主要以单链表为例进行介绍。

单链表中每个节点需要包括两部分信息：描述元素本身信息的数据域；指示直接后继地址的指针域（链域）。*n* 个元素的线性表通过每个节点的指针构成了一个链表。每一个链表可以通过一个头指针来描述，通过头指针可以从前向后访问链表中的所有节点信息，如图 6.6 所示。

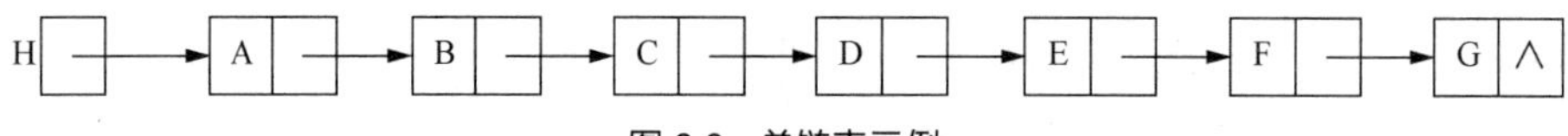

图 6.6 单链表示例

在单链表中查找第 *i* 个节点，需要从头指针 H 出发，顺着指针域进行扫描。每扫描一个节点，计数器加 1，当计数器等于 *i* 时，即找到了第 *i* 个节点。

如果要在第 *i* 个位置插入元素 e，需要找到第 *i*-1 个节点并由指针 p 指示，然后申请一个新的节点并由指针 s 指示，其数据域的值为 e。修改 s 和 p 两个节点的指针域信息，把新节点链接到表中。

如果要删除第 *i* 个位置的节点，需要找到第 *i*-1 个节点并由指针 p 指示，然后修改 p 节点的指针域信息，让它指向新的后继节点的地址即可。

由此可知，单链表的优点是在进行插入或删除操作时，不需要移动现有元素的位置，只需修改相关节点指针即可改变它们之间的逻辑关系，操作方便。

但是因为单链表只能顺序存取，所以在查找时要从头指针找起，不能进行随机访问。

6.3.2 栈

栈（Stack）是具有一定操作约束的线性表，限制只在表一端进行插入和删除操作。允许插入和删除的一端称为栈顶端，另一端称为栈底端。可以把栈想象成一个玻璃杯，只有一个口允许进出。假设有 3 个元素 a、b、c 依次进栈，那么 c 是最先离开栈的，a 是最后离开栈的，所以栈具有后进先出（Last In First Out，LIFO）的性质。

栈可以采用两种方式来存储：顺序栈和链栈。

栈的基本操作主要是入栈和出栈。在进行入栈操作时，会在栈顶位置增加一个新元素；在进行出栈操作时，会将栈顶位置的元素移出。

利用后进先出的性质，栈在很多地方都有应用。例如，在进行进制转换时，可以把每次求余的结果依次存入栈中，然后依次出栈即可得到转换结果；在进行函数调用和递归实现时，内存中通过栈区来进行局部变量空间的分配与释放；在进行表达式求值时，通过栈来控制运算符的优先级等。

6.3.3 队列

队列（Queue）是具有一定操作约束的线性表，限制只能在队列的一端插入，而在另一端删除。允许插入的一端称为队尾，允许删除的一端称为队头。可以把队列想象成一个单行道，一个口进另一个口出。假设有 3 个元素 a、b、c 依次进队列，那么 a 是最先离开队列的，c 是最后离开队列的，所以队列具有先进先出（First In First Out，FIFO）的性质。

队列也可以采用两种方式来存储：链队列和循环队列。

队列的基本操作主要是入队列和出队列。在入队列时，在队尾增加一个新元素；在出队列时，删除队头元素。

队列在计算机系统中也有很多应用，如打印机的作业管理（当多个文档发出打印命令时，打印机系统会根据命令的先后时间来对打印文档进行排序，依次完成打印任务）、银行的排队叫号系统（该系统会根据客户取号的先后顺序来对客户进行排序，各窗口依次对客户进行服务）。

6.3.4　串

字符串是一种特殊的线性表，表中的数据元素被限定为字符。计算机进行非数值处理的对象通常是字符串，简称串。

串（String）是由 0 个或多个字符组成的有限序列，一般记为

$$S=\text{"}a_1a_2...a_n\text{"}\ (n\geqslant 0)$$

式中，S 是串的名字，用引号标识的字符序列是串的值；a_i（$1\leqslant i\leqslant n$）可以是字母、数字或其他字符；n 是串中字符的个数，称为串的长度，n=0 的串称为空串（Null String）。

串中任意连续的字符组成的子序列称为该串的子串，包含子串的串相应地称为主串。通常以子串的第一个字符在主串中的位置来表示子串在主串中的位置。在主串中查找子串的位置称为模式匹配，模式匹配是串比较重要的一个操作。串的操作还有串的连接、串的复制等。

当且仅当两个串的值相等时，才称这两个串是相等的，即只有当两个串的长度相等，并且每个对应位置的字符都相等时串才相等。

6.4　树状结构

客观世界中许多事物存在层次关系，如人类社会家谱、社会组织结构等。层次结构是一对多的关系，即一个节点可以有多个后继节点。

6.4.1　树

1. 树的定义

树是由 n（$n\geqslant 0$）个节点构成的有限集合 T。当 n=0 时，树被称为空树；当 n>0 时，树被称为非空树，满足如下条件。

（1）其中必有一个称为根（root）的特定节点，它没有直接前驱，但有 0 个或多个直接后继。

（2）其余 n-1 个节点可以划分成 m（$m\geqslant 0$）个互不相交的有限集 $T_1,T_2,T_3,\cdots,T_m$，其中子集 T_i 又是一棵树，称为根 root 的子树。

图 6.7 所示是一棵树的示意。在图 6.7 中，树根为节点 A，节点 A 有 3 棵子树，如图 6.8 所示。

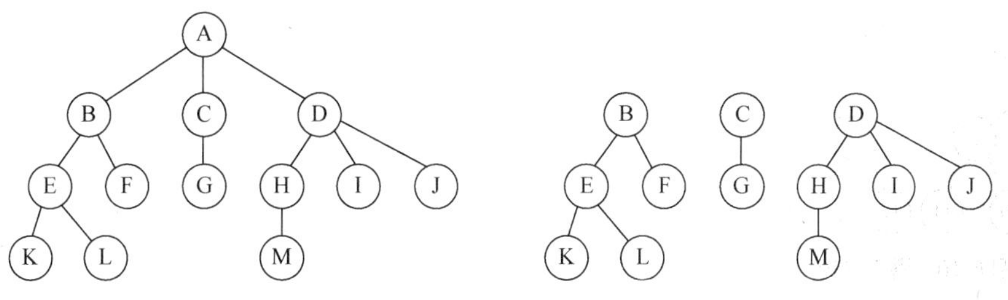

图 6.7　树的示意　　　图 6.8　子树的示意

2. 树的基本术语

树状结构中有一个很重要的术语——“度”。一个节点的子树棵数称为此节点的度，图 6.7 中节点 A 的度为 3，节点 B 的度为 2，节点 C 的度为 1。树中所有节点的度的最大值称为这棵树的度，图 6.7 中树的度为 3。根据节点的度，可以把树中的节点分为两类，度为 0 的节点称为叶子节点，也称为终端节点，图 6.7 中节点 K、L、F、G、M、I、J 为叶子节点。度不为 0 的节点称为分支节点，也称为非终端节点，图 6.7 中节点 A、B、C、D、E、H 为分支节点。

树中的节点有层次之分，从根节点开始定义，根节点的层次为 1，根的直接后继的层次为 2，依此类推。树中所有节点的层次的最大值称为树的高度（也称深度），图 6.7 中树的高度为 4。

节点相互之间的前驱、后继关系可以借用家谱中的血缘关系来描述。一个节点的直接前驱称为该节点的双亲节点，例如图 6.7 中节点 B 的双亲节点为 A；一个节点的直接后继称为该节点的孩子节点，例如图 6.7 中节点 B 的孩子节点为 E、F；同一双亲节点的孩子节点之间互称兄弟节点，例如图 6.7 中节点 B、C、D 互为兄弟节点，节点 H、I、J 也互为兄弟节点等；从根节点到某一个节点的路径上的所有节点称为该节点的祖先节点，例如图 6.7 中节点 L 的祖先节点包括节点 A、B、E；以某节点为根的子树中的任一节点都称为该节点的子孙节点，例如图 6.7 中节点 D 的子孙节点包括节点 H、M、I、J。

如果一棵树的各子树之间是有先后次序的，则该树称为有序树，否则称为无序树。例如，家谱树就是一棵有序树，组织机构树就是一棵无序树。

如果节点组成了多棵互不相交的树，则构成了一片森林。

通过上面的定义，可以看到树的结构是比较复杂的，因此学习数据结构时主要以二叉树为例来进行树状结构的学习。

6.4.2 二叉树

1. 二叉树的定义

二叉树（Binary Tree）是一棵有序树，每个节点至多有两棵子树（即节点的度都不大于 2）；这两棵子树有左右之分，其次序不能任意颠倒，位于左边的子树称为左子树，位于右边的子树称为右子树。二叉树具有 5 种基本形态，如图 6.9 所示。

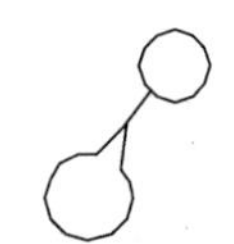

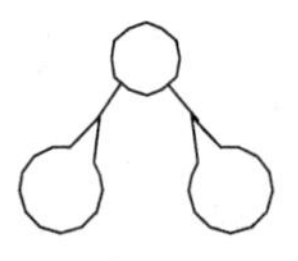

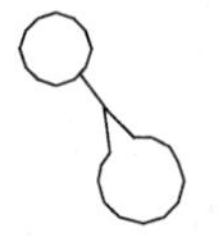

（a）空二叉树　（b）只有根节点的二叉树　（c）只有左子树的二叉树　（d）左右子树均非空的二叉树　（e）只有右子树的二叉树

图 6.9　二叉树的 5 种基本形态

如果一棵二叉树的每个分支节点都有左右两棵子树，则称它为一棵满二叉树，如图 6.10 所示。该树具有 4 层 15 个节点，除了第 4 层的节点为叶子节点外，其他 3 层的分支节点均有两棵子树。在满二叉树中，一般从根开始，按照从上到下、同一层从左到右的顺序对节点逐层进行编号（$1,2,\cdots,n$）。

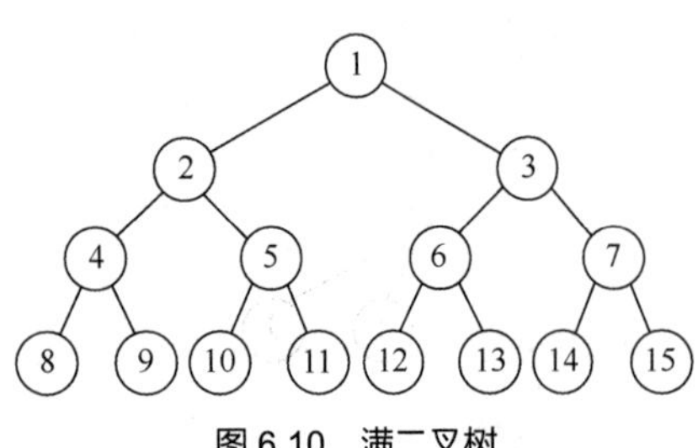

图 6.10　满二叉树

如果有一棵深度为 k、节点数为 n 的二叉树，按照从上到下、同一层从左到右的顺序对节点逐层进行编号，其节点 1～n 的位置序号分别与满二叉树的节点 1～n 的位置序号一一对应，则称该二叉树为完全二叉树，如图 6.11 所示。

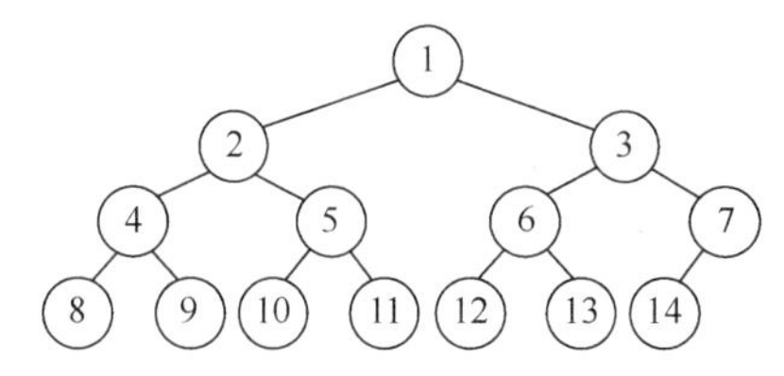

图 6.11　完全二叉树

2. 二叉树的性质

二叉树具有以下 5 个重要性质。

性质 1：二叉树的第 i 层上至多有 2^{i-1} 个节点（$i \geqslant 1$）。

性质 2：深度为 k 的二叉树至多有 2^k-1 个节点（$k \geqslant 1$）。

性质 3：对任意一棵二叉树 T，若叶子节点数为 n_0，而其度为 2 的节点数为 n_2，则 $n_0=n_2+1$。

性质 4：具有 n 个节点的完全二叉树的深度为$[\log_2 n]+1$。

性质 5：对于具有 n 个节点的完全二叉树，如果按照从上到下和同一层从左到右的顺序对二叉树中的所有节点从 1 开始顺序编号，则任意的序号为 i 的节点有以下几个特点。

（1）如果 $i=1$，则序号为 i 的节点是根节点，无双亲节点；如果 $i>1$，则序号为 i 的节点的双亲节点序号为$[i/2]$。

（2）如果 $2i>n$，则序号为 i 的节点无左孩子节点；如果 $2i \leqslant n$，则序号为 i 的节点的左孩子节点的序号为 $2i$。

（3）如果 $2i+1>n$，则序号为 i 的节点无右孩子节点；如果 $2i+1 \leqslant n$，则序号为 i 的节点的右孩子节点的序号为 $2i+1$。

3. 二叉树的存储

二叉树有两种存储结构：顺序存储结构和链式存储结构。

（1）顺序存储结构。因为二叉树是非线性结构，在进行顺序存储时需要保证能正确存储节点之间的逻辑关系，所以利用二叉树的性质5，把任意一棵二叉树想象成完全二叉树，用一组地址连续的存储单元，依次从上到下、同一层从左到右存储完全二叉树上的节点元素，即将完全二叉树上编号为 i 的节点元素存储在数组的第 $i-1$ 个分量中。

顺序存储结构在存储完全二叉树时很方便，但是在存储非完全二叉树时会造成空间的浪费，所以一般形式的二叉树多采用链式存储结构。

（2）链式存储结构。对于任意的二叉树来说，每个节点只有一个双亲节点，最多有两个孩子节点。如果只描述后继元素的信息，可以设计每个节点包括 3 个域：数据域、左孩子域和右孩子域。二叉树的链式存储结构如图 6.12 所示。

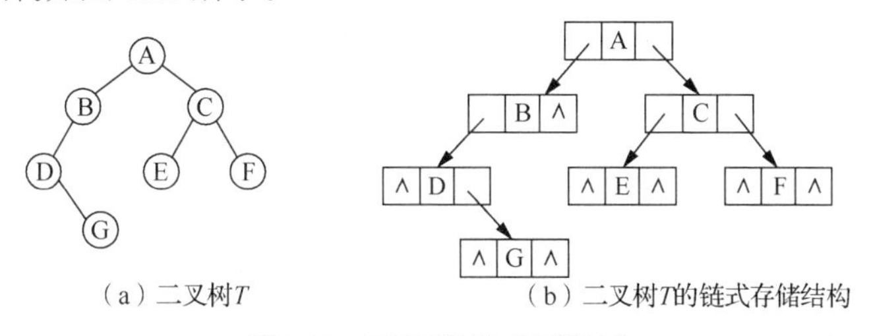

图 6.12　二叉树的链式存储结构

4. 二叉树的遍历

非线性结构中数据信息的访问要比线性结构中数据信息的访问复杂。线性结构按照从前向后或从后向前的顺序即可访问所有元素信息，而非线性结构的访问是需要寻找某种访问规律，使每个节点均被访问一次，并且仅被访问一次。

根据二叉树的定义，得知任何一棵二叉树都包括 3 部分：根节点 D、左子树 L、右子树 R，所以二叉树的遍历也就意味着对这 3 部分依次进行访问。如果约定按照先左子树后右子树的访问顺序，就有先序遍历、中序遍历、后序遍历 3 种遍历方法。

（1）先序遍历（DLR）。若二叉树为空，则无须操作，否则依次执行如下 3 个操作：访问根节点，按先序遍历其左子树，按先序遍历其右子树。

（2）中序遍历（LDR）。若二叉树为空，则无须操作，否则依次执行如下 3 个操作：按中序遍历左子树，访问根节点，按中序遍历右子树。

（3）后序遍历（LRD）。若二叉树为空，则无须操作，否则依次执行如下 3 个操作：按后序遍历左子树，按后序遍历右子树，访问根节点。

由上述方法可以得知，它们均遵循递归的操作思想。

在介绍完全二叉树时，提到了可以按照从上到下、同一层从左到右的顺序对节点逐层进行编号，其实这也是一种遍历方法，称为按层次遍历。按层次遍历的过程是：先访问根节点，然后按照从左到右的顺序访问第二层节点，再按照从左到右的顺序访问第三层节点，以此类推。

在进行按层次遍历时，需要考虑如何保证访问顺序的正确性，这里需要用到一个辅助的数据结构：队列。

6.4.3 树的存储

学习了二叉树的存储及遍历后，接下来了解树的存储及遍历。在存储树的节点信息时需要保证能正确存储树中节点之间的逻辑关系，一般采用 3 种方法来存储。

1. 双亲表示法

双亲表示法用一组连续的空间来存储树中的节点，在保存每个节点的同时附设一个指示器来指示其双亲节点在表中的位置，如图 6.13 所示。

2. 孩子表示法

孩子表示法通常是把每个节点的孩子节点排列起来，构成一个单链表并将其称为孩子链表。n 个节点共有 n 个孩子链表（叶子节点的孩子链表为空表），而 n 个节点的数据和 n 个孩子链表的头指针又组成一个顺序表，如图 6.14 所示。

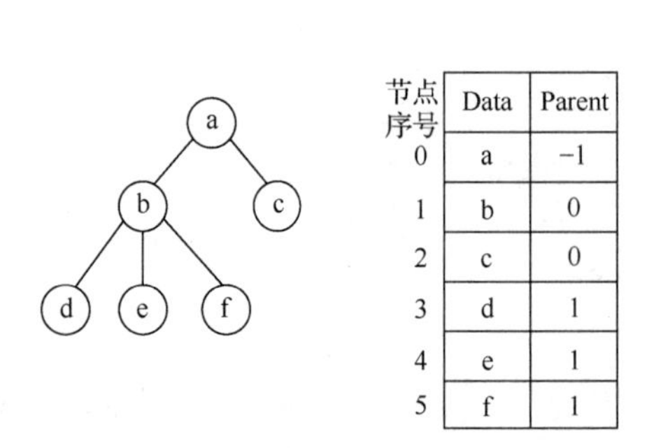

节点序号	Data	Parent
0	a	−1
1	b	0
2	c	0
3	d	1
4	e	1
5	f	1

图 6.13　树的双亲表示法

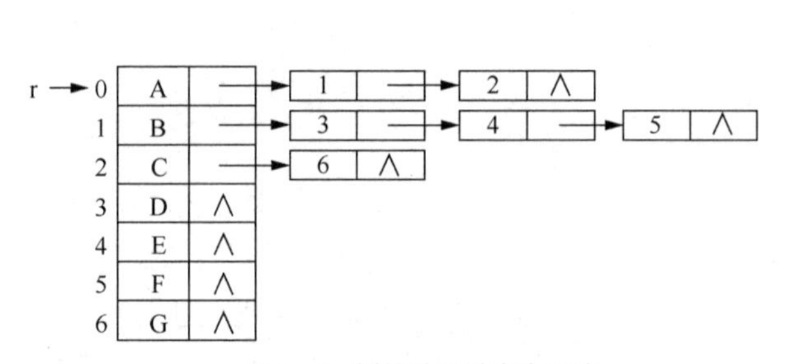

图 6.14　树的孩子链表表示法

3. 孩子–兄弟表示法

孩子-兄弟表示法属于链式存储结构，链表中每个节点有两个指针域，分别指向该节点的第一个孩子节点和下一个兄弟节点，如图 6.15 所示。

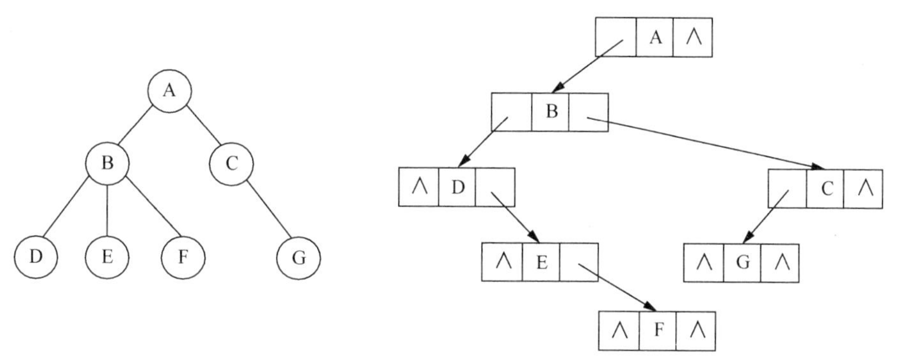

图 6.15 树的孩子-兄弟表示法

6.4.4 树和森林的遍历

树和森林的遍历方法类似于二叉树的遍历方法，也采用递归的思想。

1. 树的遍历

树的遍历方法主要有以下两种。

（1）先根遍历

若树非空，则遍历方法为：访问根节点；从左到右，依次先根遍历根节点的每一棵子树。

（2）后根遍历

若树非空，则遍历方法为：从左到右，依次后根遍历根节点的每一棵子树；访问根节点。

2. 森林的遍历

森林的遍历方法主要有以下两种。

（1）先序遍历

若森林非空，则遍历方法为：访问森林中第一棵树的根节点；先序遍历第一棵树的根节点的子树森林；先序遍历除去第一棵树之后剩余的树构成的森林。

（2）中序遍历

若森林非空，则遍历方法为：中序遍历森林中第一棵树的根节点的子树森林；访问第一棵树的根节点；中序遍历除去第一棵树之后剩余的树构成的森林。

6.5 图

6.5.1 图的定义与术语

1. 图的定义

图的形式化描述为：图 G 由两个集合构成，记作 $G=<V, E>$，其中，V（Vertex）是顶点的非空有限集合；E（Edge）是边的有限集合，而边是顶点对的集合。

图是一种非常复杂的数据结构，在工程、数学、物理、生物、化学和计算机等科学领域，图都有着广泛的应用，例如公路铁路交通图（每一个地点构成图中的顶点，连接各个地点之间的公路或铁路构成图中的边）、电路图（每个元器件构成图中的顶点，连接元器件之间的线路构成图中的边）、产品的生产流程图（每一道生成工序构成图中的顶点，各工序之间的先后关系构成图中的边）。

2. 图的术语

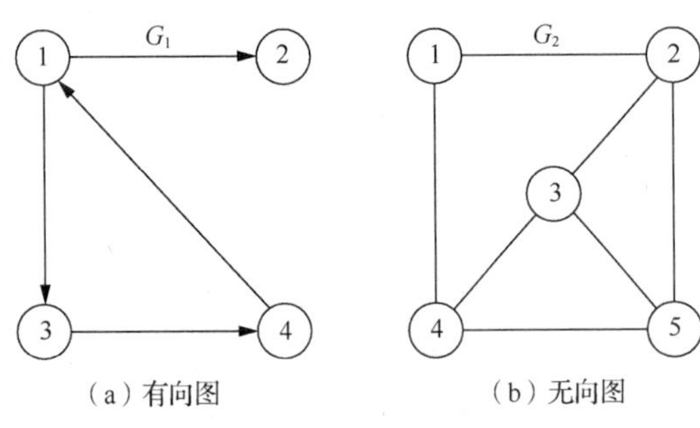

图 6.16　有向图和无向图

图中每一条边的两个顶点互为邻接点。如果图中的每条边是没有方向的，则称该图是无向图，无向图中的边均为顶点的无序对，无序对通常用圆括号标识。如果图中的每条边是有方向的，则称该图是有向图，有向图中的边也称为弧，是由两个顶点构成的有序对，通常用尖括号标识。有向图和无向图如图 6.16 所示。

在无向图中，顶点 V 的度等于与 V 相关联的边数；在有向图中，以 V 为起点的有向边数称为顶点 V 的出度，以 V 为终点的有向边数称为顶点 V 的入度，顶点 V 的度等于出度与入度之和。图 6.16 中有向图 G_1 的顶点 1 的度为 3，无向图 G_2 的顶点 1 的度为 2。

如果一个无向图中任意两顶点间都有边，则称该图为无向完全图。在一个含有 n 个顶点的无向完全图中，有 $n(n-1)/2$ 条边。如果一个有向图中任意两顶点间都有方向相反的两条弧相连接，则称该图为有向完全图。在一个含有 n 个顶点的有向完全图中，有 $n(n-1)$条弧。

设有两个图 $G=(V,E)$、$G_1=(V_1,E_1)$，若 $V_1 \subseteq V$，$E_1 \subseteq E$，E_1 关联的顶点都在 V_1 中，则称 G_1 是 G 的子图。

图 G 中从顶点 v_1 到顶点 v_k 所经过的顶点序列 $v_1,v_2,\cdots,v_k$ 称为两点之间的路径；若路径的顶点和终点相同，则称之为回路。在一条路径中，若除起点和终点外，所有顶点各不相同，则该路径为简单路径；由简单路径组成的回路称为简单回路。

在无向图 $G=<V,E>$中，若对任何两个顶点 v、u 都存在从 v 到 u 的路径，则称 G 为连通图；对有向图而言，称之为强连通图。

无向图 G 的极大连通子图称为 G 的连通分量。有向图 D 的极大强连通子图称为 D 的强连通分量。

包含无向图 G 所有顶点的极小连通子图称为 G 的生成树。

如果在图的边或弧上通过数字表示与该边相关的数据信息，这个数据信息就称为该边的权（Weight）。边（或弧）上带权的图称为网。

6.5.2　图的存储

图是一种复杂的数据结构，数据之间具有多对多的关系，也就是任意一个顶点可以具有多个前驱、多个后继。在进行图的存储时需要正确存储两类信息：顶点的数据信息及顶点间的关系。

图的存储方法很多，这里介绍两种最常用的方法：邻接矩阵表示法和邻接表表示法。

1. 邻接矩阵表示法

图的邻接矩阵（Adjacency Matrix）表示法也称为数组表示法。它采用两个数组来表示图：一个是用于存储顶点信息的一维数组；另一个是用于存储图中顶点之间关联关系的二维数组，这个数组被称为邻接矩阵。图 6.16 所示的 G_1 和 G_2 的邻接矩阵如图 6.17 所示。

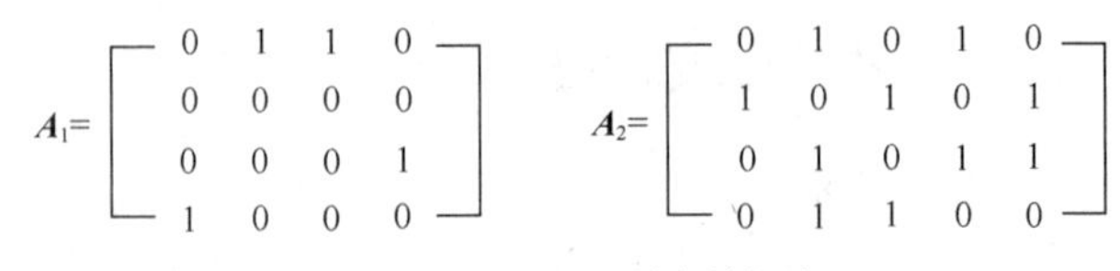

图 6.17　G_1 和 G_2 的邻接矩阵

分析图 6.17 可知邻接矩阵表示法的优点如下。

（1）无向图的邻接矩阵是对称矩阵。

（2）图 G 占用存储空间只与它的顶点数有关，与边数无关，因此邻接矩阵表示法适用于边稠密的图。

（3）采用邻接矩阵表示法，根据 $A[i,j]=0$ 或 1 可以很容易地判断图中任意两个顶点之间是否有边相连。

（4）对于无向图，其邻接矩阵第 i 行元素之和就是图中第 i 个顶点的度。

（5）对于有向图，其邻接矩阵第 i 行元素之和就是图中第 i 个顶点的出度；第 i 列元素之和就是图中第 i 个顶点的入度；出度+入度为第 i 个顶点的度。

2. 邻接表表示法

虽然图的邻接矩阵表示法有其自身的优点，但对于边稀疏的图来讲，邻接矩阵中很多位置值为 0，有效值 1 很少，会造成存储空间的严重浪费。邻接表（Adjacency List）表示法实际上是图的一种链式存储结构。它消除了邻接矩阵表示法的弊病，基本思想是只存储有关联的信息，对于图中存在的边信息则存储，而对于不邻接的顶点则不保留信息。

在邻接表中，对图中的每个顶点建立一个带头节点的边链表，如第 i 个边链表中的节点则表示依附于顶点 v_i 的边（若是有向图，则表示以 v_i 为弧尾的弧）。每个边链表的头节点又构成一个表头节点表。图 6.16 所示的 G_1 和 G_2 的邻接表如图 6.18 所示。

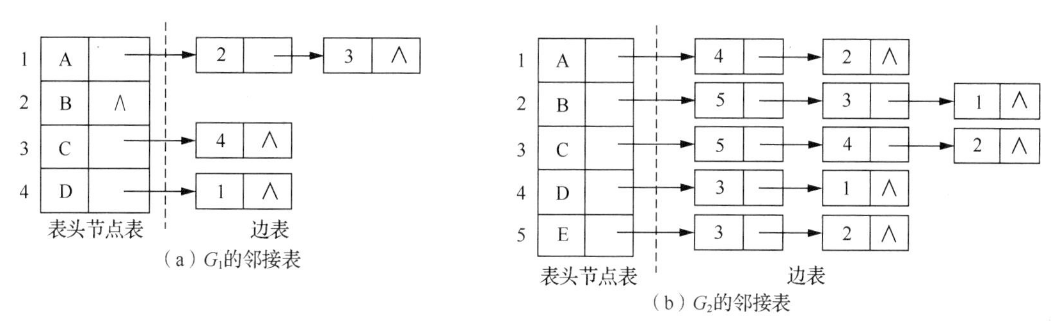

图 6.18　G_1 和 G_2 的邻接表

在无向图的邻接表中，顶点 v_i 的度恰好就是第 i 个边链表上节点的个数。

在有向图中，第 i 个边链表上顶点的个数是顶点 v_i 的出度，要求第 i 个顶点的入度，必须遍历整个邻接表，在所有边链表中查找邻接点域的值为 i 的节点并计数、求和。由此可见，对于用邻接表方式存储的有向图，求顶点的入度并不方便，可以通过建立逆邻接表来解决求入度的问题，即对每个顶点 v_i 建立一个所有以顶点 v_i 为弧头的弧的表。

如果要判定任意两个顶点（v_i 和 v_j）之间是否有边或弧相连，则需要搜索所有的边链表，这样的操作比较麻烦。

通过两种存储结构的对比分析，可以得知在不同的存储结构下，实现各种操作的效率可能是不同的。所以在求解实际问题时，要根据求解问题所需操作，选择合适的存储方法。

6.5.3 图的遍历

图的遍历是指从图中某一顶点出发访问图中每个节点，并且每个顶点仅被访问一次。图的遍历是解决图的连通性问题、拓扑排序问题以及求关键路径等的基础。

图的遍历比起树的遍历要复杂得多。由于图中顶点关系是任意的，图也可能是非连通图，图中还可能有回路存在。如果图中存在回路，在访问某个顶点后，可能沿着某条路径搜索后又回到该顶点上。这些问题都是在图的遍历时需要注意的。

图有两种遍历方法：深度优先搜索和广度优先搜索。

1. 深度优先搜索

深度优先搜索（Depth First Search，DFS）是指按照深度方向搜索，它类似于树的先根遍历，是树的先根遍历的推广。深度优先搜索连通子图的基本思想如下。

（1）从图中某个顶点 v 出发，首先访问 v。

（2）从 v 的未被访问的邻接点出发，访问该顶点。以该顶点为新顶点，重复本步骤，直到当前的顶点没有未被访问的邻接点为止。

（3）返回前一个访问过的且仍有未被访问的邻接点的顶点，找出并访问该顶点的下一个未被访问的邻接点，然后执行步骤（2）。

若访问的是非连通图，则此时图中还有顶点未被访问，另选图中一个未被访问的顶点作为起始点，重复上述深度优先搜索过程，直至图中所有顶点均被访问过为止。

2. 广度优先搜索

广度优先搜索（Breadth First Search，BFS）是指按照广度方向搜索，它类似于树的按层次遍历，是树的按层次遍历的推广。广度优先搜索的基本思想如下。

（1）从图中某个顶点 v 出发，首先访问 v。

（2）依次访问 v 的各个未被访问的邻接点。

（3）分别从这些邻接点出发，依次访问它们的各个未被访问的邻接点。访问时应保证：如果顶点 v_i 在 v_k 之前被访问，则 v_i 的所有未被访问的邻接点应在 v_k 的所有未被访问的邻接点之前被访问。重复本步骤，直到所有节点均被访问为止。

6.5.4 最小生成树

一个无向带权的连通图称为连通网，假设一个连通网 G 中有 n 个顶点，则只需要 $n-1$ 条边即可使所有顶点连通，这样就构成了一个极小连通子图，该子图被称为图 G 的生成树。在 G 的所有生成树中，各边的代价之和最小的那棵生成树称为该连通网的最小代价生成树（Minimum Cost Spanning Tree），简称最小生成树（Minimal Spanning Tree，MST）。

最小生成树在实际中有广泛应用。例如，在设计通信网络时，用图的顶点表示城市，用边(v,w)的权 $c[v][w]$表示建立城市 v 和城市 w 之间的通信线路所需的费用，则最小生成树可以给出建立通信网络最经济的方案。

假设 $G=(V, E)$是连通带权图，U 是 V 的真子集。如果(u, v)是一条具有最小代价的边，并且 $u\in U$、$v\in V-U$，则必存在一棵包含边(u, v)的最小生成树。这个性质称为 MST 性质，可以利用 MST 性质来生成一个连通网的最小生成树。普里姆（Prim）算法和克鲁斯卡尔（Kruskal）算法便利用了这个性质。

1. 普里姆算法

假设 $N=(V,\{E\})$是连通网，TE 为最小生成树中边的集合。

（1）初始 $U=\{u_0\}(u_0\in V)$、TE=$\varnothing$。

（2）在所有 $u\in U$、$v\in V-U$ 的边中选一条代价最小的边(u_0,v_0)并入集合 TE，同时将 v_0 并入 U。

（3）重复步骤（2），直到 $U=V$ 为止。

此时，TE 中必含有 $n-1$ 条边，则 $T=(V,\{TE\})$为 N 的最小生成树。

2. 克鲁斯卡尔算法

假设 $N=(V, \{E\})$是连通网，将 N 中的边按权值从小到大的顺序排列，克鲁斯卡尔算法基本步骤如下。

（1）将 n 个顶点看成 n 个集合。

（2）按权值由小到大的顺序选择边，所选边应满足两个顶点不在同一个顶点集合内，将该边放到生成树边的集合中，同时将该边的两个顶点所在的顶点集合合并。

（3）重复步骤（2），直到所有的顶点都在同一个顶点集合内。

6.5.5　最短路径

最短路径是图的一个非常普遍的应用，如出行时要查询出发地到目的地的最短路程，在计算机网络中要计算数据传送的最短路由等。计算图中从给定一个顶点出发到其他顶点的最短路径长度称为单源最短路径问题。解决该问题经常采用迪杰斯特拉（Dijkstra）算法，该算法按路径长度递增次序，以起始点为中心向外层扩展，直到扩展到终点为止。迪杰斯特拉算法思想如下。

令 S={源点 s + 已经确定了最短路径的顶点 v_i}，对任一未收录的顶点 v，定义 dist[v]为 s 到 v 的最短路径长度，但该路径仅经过 S 中的顶点。

路径是按照递增（非递减）的顺序生成的，则真正的最短路径必须只经过 S 中的顶点，每次从未收录的顶点中选一个 dist 最小的收录，增加一个 v 进入 S，同时判断其余顶点的 dist 值是否修改。

迪杰斯特拉算法步骤如下。

假设图 $G=\{V,E\}$。

（1）初始时令 $S=\{V_0\}$，$T=V-S$={其余顶点}。T 中顶点对应的距离值若存在$<V_0, V_i>$，$d(V_0,V_i)$为$<V_0,V_i>$弧上的权值；若不存在$<V_0,V_i>$，$d(V_0,V_i)$为∞。

（2）从 T 中选取一个与 S 中顶点有关联边且权值最小的顶点 W，将其加入 S 中。

（3）对 T 中其余顶点的距离值进行修改。若增加 W 并将其作为中间顶点，从 V_0 到 V_i 的距离值缩短，则修改此距离值。

重复步骤（2）、步骤（3），直到 S 中包含所有顶点，即 $W=V_i$ 为止。

6.6　排序

排序是数据结构的一种重要应用，它是指将一组任意排列的记录按照关键字值重新排列成有序的序列。排序的目的是便于以后的管理和查找，日常生活中通过排序来方便检索的例子有很多，如新华字典、电话号码簿、书目检索系统、仓库管理等。

根据排序时数据所占用存储器的不同，排序可分为两类：一类是整个过程完全在内存中进行的排序，称为内部排序；另一类是由于待排序记录数据量太大，内存无法容纳全部数据，需要借助外部存储设备才能完成的排序，称为外部排序。

内部排序的方法很多，按照排序思想可以分为插入排序、交换排序、选择排序、归并排序、基数排序 5 类。下面主要介绍 3 种基本的排序方法。

1. 直接插入排序

直接插入排序的基本思想是：在一个已排好序的记录子集的基础上，找到一个合适的位置，将下一个待排序的记录有序地插入已排好序的记录子集中，直到将所有待排序记录全部插入为止。打扑克牌时的抓牌就是插入排序的一个很好的例子，每摸一张牌就将它插入合适位置，抓完牌时就可以得到一个有序序列。

【例 6.1】已知待排序记录{48,62,35,77,55,14,$\underline{35}$,98}，给出用直接插入法进行非递减排序的全过程。

解题过程如下。

初始序列：　{48}　62　35　77　55　14　$\underline{35}$　98。

第 1 次排序：{48　62}　35　77　55　14　$\underline{35}$　98。

第 2 次排序：{35　48　62}　77　55　14　<u>35</u>　98。

第 3 次排序：{35　48　62　77}　55　14　<u>35</u>　98。

第 4 次排序：{35　48　55　62　77}　14　<u>35</u>　98。

第 5 次排序：{14　35　48　55　62　77}　<u>35</u>　98。

第 6 次排序：{14　35　<u>35</u>　48　55　62　77}　98。

第 7 次排序：{14　35　<u>35</u>　48　55　62　77　98}。

2. 冒泡排序

冒泡排序属于交换类排序，它的思想是：两两比较待排序记录的关键字，发现两个记录逆序时则将它们进行交换，直到没有逆序的记录。因为交换的过程就像小气泡不断地向上升起的过程，所以这种排序方法被形象地命名为冒泡排序。

【例 6.2】已知待排序记录{48,62,35,77,55,14,<u>35</u>,98}，给出用冒泡排序法进行非递减排序的全过程。

解题过程如下。

初始序列：48　62　35　77　55　14　<u>35</u>　98。

第 1 次排序过程如下。

第 1 次比较 48 和 62：48　62　35　77　55　14　<u>35</u>　98。

第 2 次比较 62 和 35：48　35　62　77　55　14　<u>35</u>　98。

第 3 次比较 62 和 77：48　35　62　77　55　14　<u>35</u>　98。

第 4 次比较 77 和 55：48　35　62　55　77　14　<u>35</u>　98。

第 5 次比较 77 和 14：48　35　62　55　14　77　<u>35</u>　98。

第 6 次比较 77 和 <u>35</u>：48　35　62　55　14　<u>35</u>　77　98。

第 7 次比较 77 和 98：48　35　62　55　14　<u>35</u>　77　98。

第 1 次排序结束，序列中的最大值 98 排到了最后一个位置。

第 2 次排序：35　48　55　14　<u>35</u>　62　77　98。

第 3 次排序：35　48　14　<u>35</u>　55　62　77　98。

第 4 次排序：35　14　<u>35</u>　48　55　62　77　98。

第 5 次排序：14　35　<u>35</u>　48　55　62　77　98。

此时序列已经是有序的了，所以排序操作结束。

3. 简单选择排序

简单选择排序的基本思想是：第 i 次简单选择排序是指通过 $n-i$ 次关键字的比较，从 $n-i+1$ 个记录中选出关键字最小的记录，并与第 i 个记录进行交换。共需进行 $i-1$ 次比较，直到所有记录排序完成为止。

【例 6.3】已知待排序记录{48,62,35,77,55,14,<u>35</u>,98}，给出用简单选择排序进行非递减排序的全过程。

解题过程如下。

初始序列：48　62　35　77　55　14　<u>35</u>　98。

第 1 次排序选出最小值 14，让它和 48 交换位置：14　62　35　77　55　48　<u>35</u>　98。

第 2 次排序选出最小值 35，让它和 62 交换位置：14　35　62　77　55　48　<u>35</u>　98。

第 3 次排序选出最小值 <u>35</u>，让它和 62 交换位置：14　35　<u>35</u>　77　55　48　62　98。

第 4 次排序选出最小值 48，让它和 77 交换位置：14　35　<u>35</u>　48　55　77　62　98。

第 5 次排序选出最小值 55，不需要交换位置：14　35　<u>35</u>　48　55　77　62　98。

第 6 次排序选出最小值 62，让它和 77 交换位置：14　35　<u>35</u>　48　55　62　77　98。

第 7 次排序选出最小值 77，不需要交换位置：14　35　<u>35</u>　48　55　62　77　98。

此时排序全部结束。

6.7 计算思维与算法设计技巧

6.7.1 计算思维

计算思维是一种基于数学与工程、以抽象和自动化为核心、运用计算机科学的基础概念去求解问题、设计系统和理解人类行为的思维。它吸取了解决问题所采用的一般数学思维方法和现实世界中设计与评估复杂系统的一般工程思维方法，包括涵盖计算机科学广度的一系列科学思维活动。

计算思维中的抽象完全超越物理的时空观，并完全用符号来表示，数字抽象只是其中的一类特例。与数学和物理科学相比，计算思维中的抽象显得更为丰富，也更为复杂。计算思维是一种递归思维，它是并行处理。

计算思维以程序为载体，但它不仅是编程。它建立在计算过程的能力和限制之上，计算方法和模型使大家敢于去处理那些原本无法由个人独立完成的问题求解和系统设计。当必须求解一个特定的问题时，首先会问：解决这个问题有多么困难？最佳的解决方法是什么？计算机科学根据坚实的理论基础来准确地回答这些问题。

计算思维通过约简、嵌入、转换和仿真等方法，把一个看似困难的问题重新阐释成一个大家知道怎样解决的问题。它会选择合适的方式去陈述一个问题，或者选择合适的方式对问题的相关方面建模并用最有效的办法实现问题求解。计算思维利用启发式推理来寻求解答，也就是在不确定的情况下进行规划、学习和调度。计算思维利用海量数据来加快计算，在时间和空间、处理能力和存储容量之间进行权衡。它使大家在不必理解每一个细节的情况下就能够安全地使用、调整和影响一个大型复杂系统的信息。

计算思维在其他学科中已经产生深远影响。例如，机器学习已经改变了统计学家的思考方式，计算生物学正改变着生物学家的思考方式，计算博弈理论正改变着经济学家的思考方式，纳米计算正改变着化学家的思考方式，量子计算正改变着物理学家的思考方式。

计算思维将渗透到每个人的生活之中，到那时，诸如算法和前提条件这些术语将成为每个人日常语言的一部分。计算思维将成为每个人的基本技能，不仅属于计算机科学家。在培养每个孩子的解析能力时，不仅要让他们掌握阅读、写作和算术，还要让他们掌握计算思维。

6.7.2 贪心算法

1. 基本概念

所谓贪心算法是指在对问题求解时，总是做出在当前看来最好的选择。也就是说，不从整体最优上加以考虑，它所做出的仅是某种意义上的局部最优解。

贪心算法没有固定的算法框架，算法设计的关键是贪心策略的选择。必须注意的是，贪心算法不能够在所有问题上都得到整体最优解，选择的贪心策略必须具备无后效性，即某个状态以后的过程不会影响以前的状态，只与当前状态有关。

因为用贪心算法只能通过解局部最优解的策略来得到全局最优解，所以一定要注意判断问题是否适合采用贪心算法，找到的解是否一定是问题的最优解。

2. 贪心算法的基本思路

贪心算法的基本思路如下。

（1）建立数学模型来描述问题。

（2）把求解的问题分成若干个子问题。

（3）对每一子问题求解，得到子问题的局部最优解。

（4）把子问题的局部最优解合成得到原问题的一个解。

3. 贪心算法的实现框架

贪心算法的实现框架如下。

```
从问题的某一初始解出发;
while (能朝给定总目标前进一步)
{
        利用可行的决策，求出可行解的一个解元素;
}
由所有解元素组合成问题的一个可行解;
```

6.5.4 小节中提到的求最小生成树的普里姆算法和克鲁斯卡尔算法都是典型的贪心算法。

6.7.3 分治法

1. 基本概念

在计算机科学中，分治法是一种很重要的算法。分治法在字面上的解释是“分而治之”，就是把一个复杂的问题分成两个或更多的相同/相似的子问题，再把子问题分成更小的子问题……直到最后子问题可以简单地直接求解，继而就得到了原问题的解。这个技巧是很多高效算法的基础，如排序算法（快速排序算法、归并排序算法）、傅里叶变换（快速傅里叶变换）等。

任何一个可以用计算机求解的问题所需的计算时间都与其规模有关。问题的规模越小，越容易直接求解，求解问题所需的计算时间也越短。例如，对于 n 个元素的排序问题，当 $n=1$ 时，无须任何计算；当 $n=2$ 时，只需做 1 次比较即可；当 $n=3$ 时，只需做 3 次比较即可……而当 n 较大时，问题就不那么容易处理了。有时，要想直接解决一个规模较大的问题是相当困难的。

2. 基本思想及策略

分治法的基本思想是：将一个难以直接解决的大问题，分割成一些规模较小的相同问题，以便各个击破，分而治之。

分治法的策略是：对于一个规模为 n 的问题，若该问题可以容易地解决（如规模 n 较小）则直接解决，否则将其分解为 k 个规模较小的子问题，这些子问题互相独立且与原问题形式相同，递归地求解这些子问题，然后将各子问题的解合并得到原问题的解。

由分治法产生的子问题往往是原问题的较小模式，这就为使用递归技术提供了方便。在这种情况下，反复应用分治手段，可以使子问题与原问题类型一致而其规模却不断缩小，最终使子问题缩小到很容易直接求出其解，这自然导致了递归过程的产生。分治与递归像一对孪生兄弟，经常同时应用在算法设计之中，并促进了许多高效算法的产生。

3. 求解的基本步骤

分治法一般采用递归来实现，在每一层递归上都有以下 3 个步骤。

（1）将原问题分解为若干个规模较小、相互独立、与原问题形式相同的子问题。

（2）若子问题规模较小而容易被解决则直接求解，否则递归求解各个子问题。

（3）将各个子问题的解合并为原问题的解。

例如，n 阶汉诺塔问题：假设有 3 个分别命名为 X、Y 和 Z 的塔座，在塔座 X 上插有 n 个直径大小各不相同、从小到大编号为 $1,2,\cdots,n$ 的圆盘。现要求将塔座 X 上的 n 个圆盘移至塔座 Z 上并仍按同样的顺序叠排，圆盘移动时必须遵循下列原则。

（1）每次只能移动一个圆盘。

（2）圆盘可以插在 X、Y 和 Z 中的任何一个塔座上。

（3）任何时刻都不能将一个较大的圆盘压在较小的圆盘之上。

分析：如何实现移动圆盘的操作呢？

当 n=1 时，问题比较简单，只需将编号为 1 的圆盘从塔座 X 直接移动到塔座 Z 上即可。

当 n>1 时，需将塔座 Y 作为辅助塔座，先将压在编号为 n 的圆盘上的 n−1 个圆盘从塔座 X（按照上述原则）移至塔座 Y 上，然后将编号为 n 的圆盘从塔座 X 移至塔座 Z 上，再将塔座 Y 上的 n−1 个圆盘（按照上述原则）移至塔座 Z 上。

而将 n−1 个圆盘从塔座 X 移到塔座 Y、从塔座 Y 移到塔座 Z 的问题是一个和原问题（将 n 个圆盘从塔座 X 移到塔座 Z）类型相同的问题，只是问题的规模小于 1，因此可以用同样的方法求解。

6.7.4　动态规划

1. 基本概念

动态规划是运筹学的一个分支，是研究决策过程最优化问题的数学方法。动态规划的过程是：每次决策依赖于当前状态，又随即引起状态的转移。一个决策序列就是在变化的状态中产生的，所以这种多阶段最优化决策解决问题的过程就称为动态规划。

2. 基本思想及策略

动态规划的基本思想与分治法的类似，也是将待求解的问题分割成若干个子问题（阶段），按顺序求解子问题，前一子问题的解为后一子问题的求解提供了有用的信息。在求解任一子问题时，列出各种可能的局部解，通过决策保留那些有可能达到最优的局部解，丢弃其他局部解。依次解决各子问题，最后一个子问题的解就是初始问题的解。

由于动态规划解决的问题多数有重叠子问题这个特点，为减少重复计算，对每一个子问题只求解一次，将其不同阶段的不同状态保存在一个二维数组中。与分治法最大的区别是适合用动态规划求解的问题，经分解后得到的子问题往往不是互相独立的（即下一个子阶段的求解建立在上一个子阶段的解的基础上）。

3. 求解的基本步骤

动态规划所处理的问题是一个多阶段决策问题。所谓的多阶段决策问题是指一类活动过程可以分为若干个相互联系的阶段，上一个阶段的决策常常会影响到下一个阶段的决策，从而完全确定了一个过程的活动路线。

各个阶段的决策构成一个决策序列，将它称为一个策略。每一个阶段都有若干个策略可供选择，选择策略就是选择活动的效果。策略不同，效果也不同，多阶段决策问题就是要在可以选择的策略中间，选取一个最优策略，从而在预定的标准下达到最好的效果。

6.5.5 小节中求单源最短路径的迪杰斯特拉算法就是动态规划算法。

6.7.5　回溯法

1. 基本概念

回溯法也称试探法，它是一个类似枚举的搜索尝试过程，主要是在搜索尝试过程中寻找问题的解，当发现已不满足求解条件时，就“回溯”，尝试别的路径。

回溯法是一种选优搜索法，它按选优条件向前搜索以达到目标，但当搜索到某一步时，发现原来的选择并不优秀或达不到目标，就退回一步重新选择，而满足回溯条件的某个状态的点称为“回溯点”。由于许多复杂的、规模较大的问题都可以使用回溯法求解，因此回溯法有“通用解题方法”的美称。

2. 基本思想

回溯法的基本思想是：从一条路往前走，能进则进，不能进则退回来，换一条路再试。

回溯法是一个既具有系统性又具有跳跃性的搜索算法。它在包含问题的所有解的解空间树中，按照深度优先的策略，从根节点出发进行搜索。当它搜索至解空间树的任一节点时，总是先判断该节点是否肯定不包含问题的解。如果肯定不包含，则跳过对以该节点为根的子树的系统搜索，逐层向其祖先节点回溯，否则，进入该子树，继续按照深度优先的策略进行搜索。若用回溯法求问题的所有解，要回溯到根节点，并且根节点的所有可行的子树都要被搜索遍才可以结束。而若使用回溯法求任一个解时，只要搜索到问题的一个解就可以结束。回溯法适用于求解一些组合数较大的问题。

3. 求解的基本步骤

用回溯法解决问题的基本步骤如下。

（1）针对所给问题，确定问题的解空间树，问题的解空间树应至少包含问题的一个（最优）解。

（2）确定节点的扩展搜索规则。

（3）按照深度优先的策略搜索解空间树。在搜索过程中利用限界函数以免移动到不可能产生解的子空间。

回溯法在迷宫搜索中很常见，即这条路走不通，就返回上一个路口，走下一条路。6.5.3 小节中介绍的深度优先搜索算法采用的就是回溯法的思想。

6.7.6 分支限界法

1. 基本概念

分支限界法常以广度优先或以最小耗费（最大效益）优先的策略搜索问题的解空间树。分支限界法类似于回溯法，也是一种在问题的解空间树上搜索问题解的算法。

在分支限界法中，每一个活节点只有一次机会成为扩展节点。活节点一旦成为扩展节点，就会一次性产生其所有儿子节点。在这些儿子节点中，导致不可行解或非最优解的儿子节点被舍弃，其余儿子节点被加入活节点表中。此后，从活节点表中取下一个节点作为当前扩展节点，并重复上述节点扩展过程。这个过程一直持续到找到所需的解或活节点表为空时为止。

2. 分支限界法的搜索策略

分支限界法的搜索策略是：在扩展节点处，先生成其所有的儿子节点（分支），再从当前的活节点表中选择下一个扩展节点。为了有效地选择下一个扩展节点，以加速搜索的进程，在每一个活节点处，计算一个函数值（限界），并根据这些已计算出的函数值，从当前活节点表中选择一个最有利的节点作为扩展节点，使搜索朝着解空间树上有最优解的分支推进，以便尽快地找出一个最优解。

3. 回溯法和分支限界法的区别

在一般情况下，分支限界法与回溯法的求解目标不同。回溯法的求解目标是找出解空间树中满足约束条件的所有解，而分支限界法的求解目标则是找出满足约束条件的一个解，或者在满足约束条件的解中找出在某种意义下的最优解。

由于求解目标不同，因此分支限界法与回溯法在解空间树上的搜索策略也不同。回溯法按照深度优先的策略搜索解空间树，而分支限界法则按照广度优先或最小耗费优先的策略搜索解空间树。

6.5.3 小节中介绍的广度优先搜索算法采用的就是分支限界法的思想。

6.8 小结

本章从算法的概念开始介绍，并详细介绍了 3 种基本数据结构的概念、特点和基本操作，又介绍了计算思维的概念，还在此基础上介绍了常用算法设计技巧。通过本章的学习，需要理解算法的概念及算法效率的度量方式，了解数据结构的概念及基本术语，理解并掌握线性结构、树、图的特性及基本操作，掌握 3 种基本的排序方法，理解计算思维；同时，了解基本的算法设计技巧。

习题 6

一、选择题

1. 以下不是算法特性的是（　　）。

　A. 有穷性　　B. 确定性　　C. 稳健性　　D. 可行性

2. 若一个算法的时间复杂度用 $T(n)$ 表示，其中，n 的含义是（　　）。

　A. 问题规模　　B. 语句条数　　C. 循环层数　　D. 函数数量

3. 具有线性结构的数据结构是（　　）。

　A. 树　　B. 图　　C. 栈和队列　　D. B 树

4. 二叉树的深度为 k，则二叉树最多有（　　）个节点。

　A. $2k$　　B. 2^{k-1}　　C. 2^k-1　　D. $2k-1$

5. 以 v_1 为起始节点对图 6.19 进行深度优先搜索，正确的遍历序列是（　　）。

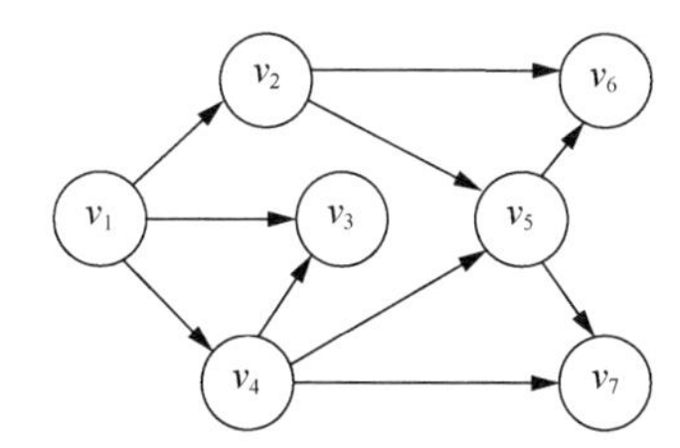

图 6.19　选择题 5 的图

　A. $v_1,v_2,v_3,v_4,v_5,v_6,v_7$　　B. $v_1,v_2,v_5,v_4,v_3,v_7,v_6$

　C. $v_1,v_2,v_3,v_4,v_7,v_5,v_6$　　D. $v_1,v_2,v_5,v_6,v_7,v_3,v_4$

二、填空题

1. 数据结构中评价算法的两个重要指标是算法的______________。

2. 长度为 n 的线性表采用单链表结构存储时，在等概率情况下查找第 i 个元素的时间复杂度是______________。

三、简答题

1. 简述算法的 5 个特性。
2. 描述什么是“好”的算法。
3. 描述数据元素的 4 种基本结构。
4. 描述二叉树的 5 个性质。
5. 写出图 6.20 所示二叉树的先序、中序、后序和按层次遍历序列。
6. 画出图 6.21 所示图的邻接矩阵和邻接表。

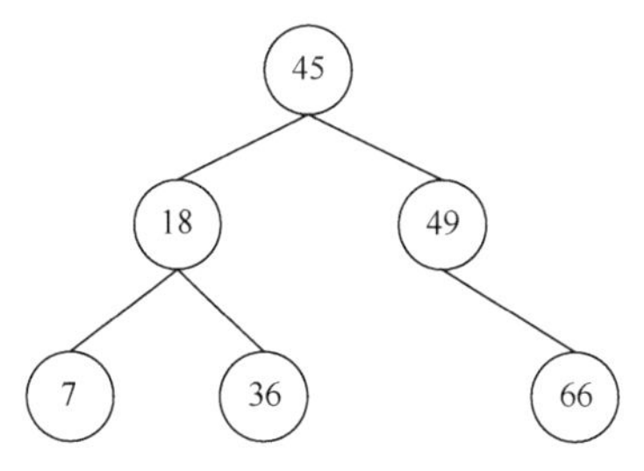

图 6.20　简答题 5 的图

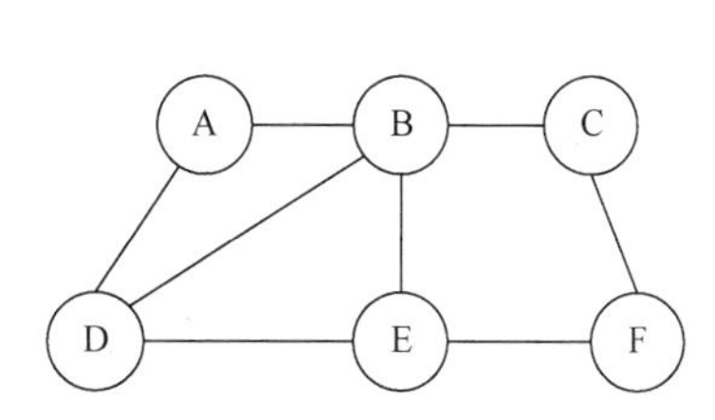

图 6.21　简答题 6 的图

7. 写出使用选择排序对序列{10,18,4,3,6,12,1,9,18,8}进行非递减排序的过程。

07 第 7 章　数据库技术

21 世纪，信息逐渐成为经济发展的战略资源，而信息技术已经成为社会生产力中重要的组成部分。人们充分认识到，数据库是信息化社会中信息资源管理与开发利用的基础。对于一个国家来说，数据库的建设规模和使用水平已成为衡量该国信息化程度的重要标志。数据库技术发展迅速，已形成较为完整的理论体系和一大批实用系统，而且该技术现已成为计算机软件领域的一个重要分支。

通过本章的学习，学生应该能够：

1. 理解数据管理的相关基本概念；
2. 了解数据库管理系统的基本组成；
3. 理解数据库系统的基本原理和数据模型的基本概念；
4. 了解数据库设计流程及基本的结构查询语言。

7.1　数据库系统概述

7.1.1　数据库的基本概念

数据（Data）：描述事物的符号记录。数据的种类有数字、文字、图形、图像、声音等。在现代计算机系统中，数据的概念是广义的。早期的计算机系统主要用于科学计算，处理的数据是整数、浮点数等传统数学中的数据。现代计算机能存储和处理的对象十分广泛，表示这些对象的数据也越来越复杂。数据与其语义是不可分的，这句话的意思是数据都有其含义，如一个整数 50 可以代表年龄，也可以代表人数等。

数据库（Database，DB）：长期存储在计算机内的、有组织的、可共享的数据集合。数据库中的数据按一定的数据模型组织、描述和存储，具有较小的冗余度、较高的数据独立性和可扩展性，并可为各种用户共享。

数据库系统（Database System，DBS）：指在计算机系统中引入数据库后构成的系统，一般由数据库、数据库管理系统（及其开发工具）、数据库应用程序、数据库管理员（Database Administrator，DBA）构成。这里要注意数据库系统和数据库是两个概念。数据库系统是一个人机系统，而数据库是数据库系统的一个构成部分。但是在日常工作中人们常常把数据库系统简称数据库。希望读者能够从人们的表述以及文章的上下文中区分“数据库系统”“数据库”，不要混淆二者。

数据库管理系统（Database Management System，DBMS）：位于用户与

操作系统之间的一层数据管理软件，用于科学地组织和存储数据、高效地获取和维护数据。数据库管理系统的主要功能包括数据定义功能、数据操纵功能、数据库的运行管理功能、数据库的建立和维护功能。数据库管理系统是一个大型的复杂的软件系统，是计算机中的基础软件。目前，专门研制数据库管理系统的厂商及研制出的数据库管理系统产品有很多。

数据库管理系统是数据库系统的核心。数据库管理系统是负责数据库的建立、使用和维护的软件。数据库管理系统建立在操作系统之上，实施对数据库的统一管理和控制。用户使用的各种数据库命令及应用程序的执行，最终都必须通过数据库管理系统。另外，数据库管理系统还承担着数据库的安全保护工作，并需要保证数据库的完整性和安全性。数据库管理系统的主要功能包括以下几个。

1. 数据定义功能

数据库管理系统通过提供数据定义语言（Data Definition Language，DDL）来对外模式、模式和内模式加以描述。然后，模式翻译程序把用 DDL 写的各种模式的定义源代码翻译成相应的内部表示，形成相应的目标模式（分别称为目标外模式、目标模式、目标内模式），这些目标模式是对数据库的描述，而不是对数据本身。目标模式只刻画了数据库的形式或框架，而不包括数据库的内容。这些目标模式被保存在数据字典（或系统目标）之中，作为数据库管理系统存取和管理数据的基本依据。例如，数据库管理系统根据这些目标模式定义，进行物理结构和逻辑结构的映像，进行逻辑结构和用户视图的映像，以导出用户要检索数据的存取方式。

2. 数据操纵功能

数据库管理系统提供数据操纵语言（Data Manipulation Language，DML）实现对数据库中数据的一些基本操作，如检索、插入、修改、删除和排序等。DML 有两类：一类是嵌入式语言，如嵌入 C 或其他高级语言，这类 DML 本身不能单独使用，故称为宿主型 DML 或嵌入式 DML；另一类是非嵌入式语言（包括交互式命令语言和结构化语言），这类语言语法简单，可以独立使用，由单独的解释或编译系统来执行，所以一般称为自主型或自含型 DML。

命令语言是行结构语言，单条执行。结构化语言是命令语言的扩充或发展，增加了程序结构描述或过程控制功能，如循环、分支等功能。命令语言一般逐条解释执行。结构化语言可以解释执行，也可以编译执行。现在，数据库管理系统一般均提供命令语言的交互式环境和结构化环境两种运行方式，供用户选择。

数据库管理系统通过控制和执行 DML 语句（或 DML 程序）来完成对数据库的操作。对于自主型的结构化的 DML，数据库管理系统通常采用解释执行的方法，但也有编译执行的方法，而且编译执行的方法越来越多。另外，很多系统同时设有解释和编译两种功能，由用户选择其一。对于嵌入式或宿主型 DML，数据库管理系统提供两种方法：①预编译法；②修改和扩充主语言编译程序法（又称为增强编译方法）。其中，预编译法是指由数据库管理系统提供一个预处理程序，对源程序进行语法扫描，识别出 DML 语句，并把这些语句转换成主语言中的特殊调用语句。

3. 数据库的运行管理功能

数据库运行期间的动态管理是数据库管理系统的核心部分，包括并发控制、存取控制（或安全性检查、完整性约束的检查）、数据库内部的维护（如索引、数据字典的自动维护等）、缓冲区大小的设置等。所有的数据库操作都在这个控制部分的统一管理下协同工作，以确保事务处理的正常运行，保证数据库的正确性、安全性和有效性。

4. 数据库的建立和维护功能

数据库的建立和维护功能包括初始数据的装入、数据库的转储或后备功能、数据库恢复功能、数据库的重组织功能和性能分析等功能，这些功能一般都由各自对应的实用功能子程序来完成。数据库管理系统根据软件产品和版本不同而有所差异。但是，由于硬件性能和价格的改进，数据库管理系统的功能也越来越全面。

7.1.2 数据管理技术的发展

数据管理是利用计算机硬件和软件技术对数据进行有效的收集、存储、处理和应用的过程。其目的在于充分、有效地发挥数据的作用。随着计算机技术的发展，数据管理经历了人工管理、文件系统、数据库系统 3 个发展阶段。

1. 人工管理阶段

人工管理阶段主要是指 20 世纪 50 年代中期以前的一段时间，此时的计算机还很简陋，连完整的操作系统都没有，而且此时只有汇编语言，尚无数据管理方面的软件。因此，数据只能放在卡片上或其他介质（纸带、磁带）上，由人来手动管理。数据处理方式基本是批处理。这个阶段有如下几个特点。

（1）计算机系统不提供对用户数据的管理功能。用户在编制程序时，必须全面考虑好相关的数据，包括数据的定义、存储结构及存取方法等。程序和数据是一个不可分割的整体。数据无独立性，一旦脱离了程序就无任何存在的价值。人工管理阶段应用程序与数据之间的对应关系如图 7.1 所示。

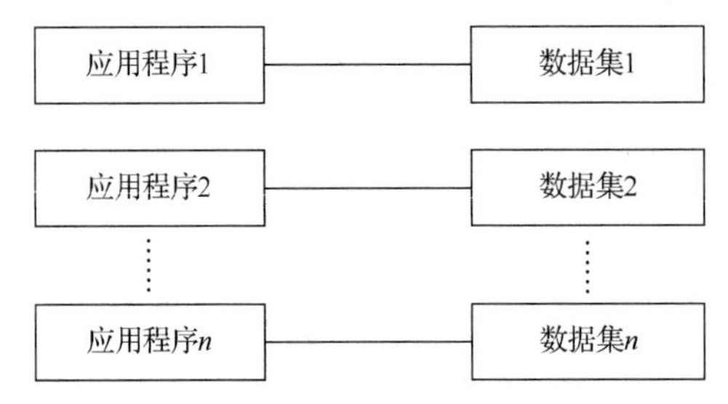

图 7.1 人工管理阶段应用程序与数据之间的对应关系

（2）数据不能共享。不同的程序均有各自的数据，这些数据对不同的程序通常是不同的，不可共享；即使不同的程序使用了相同的一组数据，这些数据也不能共享，程序中仍然需要各自加入这组数据，所有数据都不能省略。这种数据的不可共享性，必然导致程序与程序之间存在大量的重复数据，浪费了存储空间。

（3）不单独保存数据。数据与程序是一个整体，数据只为本程序所使用，数据只有与相应的程序一起保存才有价值，否则就毫无用处，所以所有程序的数据均不单独保存。

2. 文件系统阶段

文件系统阶段主要是指 20 世纪 50 年代后期到 20 世纪 60 年代中期的这段时间，此时的计算机已经有了操作系统。计算机不仅用于科学计算，还用于信息管理方面。在操作系统基础之上建立的文件系统已经成熟并广泛应用。随着数据量的增加，数据的存储、检索和维护问题亟待解决，数据结构和数据管理技术迅速发展起来。此时，外存已有磁盘、磁鼓等直接存取的存储设备。软件领域出现了操作系统和高级软件。因此，人们自然想到用文件把大量的数据存储在磁盘等介质上，以实现对数据的永久保存、自动管理及维护。操作系统中的文件系统是专门管理外存的数据管理软件，文件是操作系统管理的重要资源之一。数据处理方式有批处理，也有联机实时处理。这个阶段有如下几个特点。

（1）数据可以“文件”形式长期保存在外存的磁盘上。由于计算机的应用转向信息管理方面，因此对文件要进行大量的查询、修改和插入等操作。

（2）数据的逻辑结构与物理结构有了区别，但结构比较简单。程序与数据之间具有“设备独立性”，即程序只需用文件名就可与数据打交道，不必关心数据的物理位置。由操作系统的文件系统提供数据的存取方法。

（3）文件组织已多样化。文件分为索引文件、链接文件和直接存取文件等。但文件之间相互独立、缺乏联系。数据之间的联系要通过程序构造。

（4）数据不再属于某个特定的程序，可以重复使用，即数据面向应用。文件系统阶段应用程序与数据之间的对应关系如图 7.2 所示。但是文件结构的设计仍然基于特定的用途，程序基于特定的物理结构和存取方法，因此程序与数据结构之间的依赖关系并未根本改变。

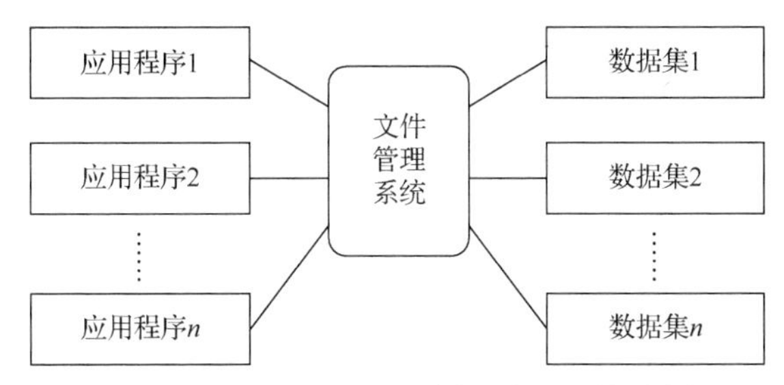

图 7.2　文件系统阶段应用程序与数据之间的对应关系

在文件系统阶段，对数据的操作以记录为单位。这是由于文件中只存储数据，不存储文件记录的结构描述信息。文件的建立、存取、查询、插入、删除、修改等所有操作都要用程序来实现。

随着数据管理规模的扩大，数据量急剧增加，文件系统也显露出如下一些缺陷。

（1）存在数据冗余。文件之间缺乏联系，导致每个应用程序都有对应的文件，有可能同样的数据在多个文件中重复存储。

（2）数据不一致。在进行更新操作时，稍不谨慎，就可能使同样的数据在不同的文件中不一致。这往往是由数据冗余造成的。

（3）数据联系弱。这是由文件之间相互独立、缺乏联系造成的。

在文件系统阶段中，得到充分发展的数据结构和算法丰富了计算机科学，为数据管理技术的进一步发展打下了基础，而且现在仍是计算机软件科学的重要基础理论。

3. 数据库系统阶段

数据库系统阶段主要是指 20 世纪 60 年代后期，它以数据管理技术的出现为标志。数据库技术的诞生以 3 个事件为标志，它们分别如下。

（1）1968 年研制成功并于 1969 年形成产品的 IBM 公司的数据库管理系统 IMS（Information Management System），该系统支持的是层次数据模型（简称层次模型）。

（2）美国数据系统语言协会（Conference On Data Systems Language，CODASYL）下属的数据库任务组（Database Task Group，DBTG）对数据库方法进行了系统的研究，并在 20 世纪 60 年代末和 20 世纪 70 年代初发表了若干个报告（称为 DBTG 报告），该报告建立了数据库技术的很多概念、方法和技术。DBTG 所提议的方法是基于网状数据模型（简称网状模型）的。

（3）从 1970 年起，IBM 公司的研究员科德发表了一系列的论文，提出了数据库的关系模型，开创了数据库关系方法和关系数据理论的研究，为关系数据库的发展和理论研究奠定了基础。

数据库系统克服了文件系统的缺陷，提供了对数据更高级、更有效的管理。如图 7.3 所示，这个阶段的程序和数据库的联系通过数据库管理系统来实现。数据库系统阶段的数据管理具有以下特点。

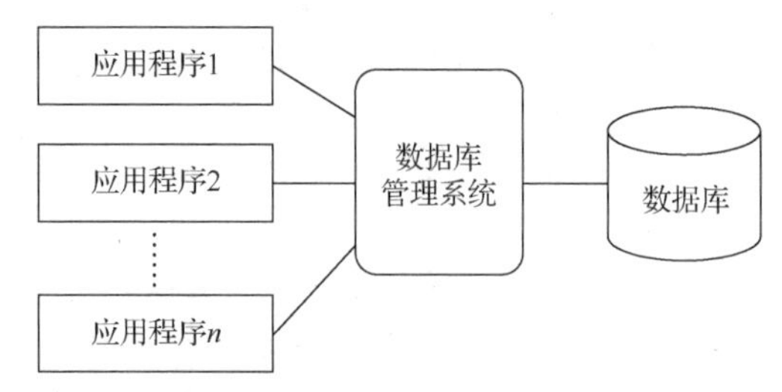

图 7.3　数据库系统阶段应用程序与数据库之间的对应关系

（1）采用数据模型表示复杂的数据结构。数据模型不仅描述数据本身的特征，还描述数据之间的联系（这种联系通过存取路径实现）。通过所有存取路径表示自然的数据联系是数据库与传统文件的根本区别。这样，数据不再面向特定的某个或多个应用，而是面向整个应用系统。数据冗余明显减少，实现了数据共享。

（2）有较高的数据独立性。数据的逻辑结构与物理结构之间的差别很大，用户以简单的逻辑结构操控数据而无须考虑数据的物理结构。数据库的结构分成用户的局部逻辑结构、数据库的整体逻辑结构和物理结构 3 级。用户（应用程序或终端用户）的数据和外存中的数据之间的转换由数据库管理系统实现。

（3）数据库系统为用户提供了方便的用户接口。用户可以使用查询语言或终端命令操作数据库，也可以使用程序（如使用高级语言和数据库语言联合编制的程序）操作数据库。

（4）数据库系统提供了数据控制功能。例如，①数据库的并发控制（对程序的并发操作加以控制，防止数据库被破坏，杜绝提供给用户不正确的数据）、②数据库的恢复（在数据库被破坏或数据不可靠时，系统有能力把数据库恢复到最近某个正确状态）、③数据完整性（保证数据库中数据始终是正确的）、④数据安全性（保证数据的安全，防止数据丢失、被破坏）。

7.1.3　数据库系统的构成

如图 7.4 所示，数据库系统主要由 4 部分构成：用户、数据库应用程序、数据库管理系统和数据库。

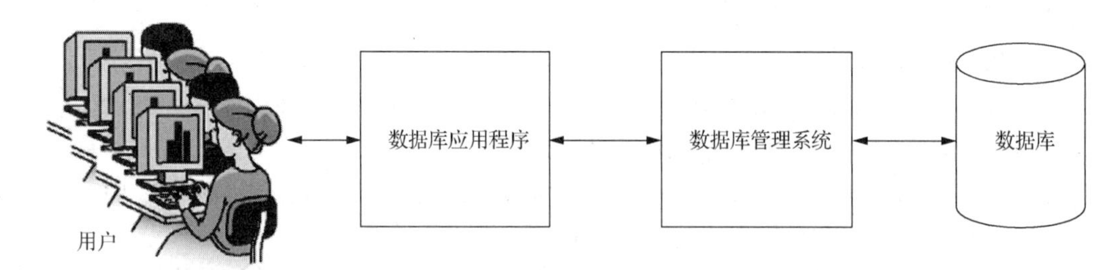

图 7.4　数据库系统

数据库是关联数据表和其他结构的集合。数据库管理系统则是用于创建、处理和管理数据库的计算机程序。数据库管理系统接收用 SQL 编码的请求，并将这些请求转换为数据库中的操作。数据库应用程序是作为用户和数据库管理系统媒介的一个或多个计算机程序。数据库应用程序通过向数据库管理系统发送 SQL 语句来读取或修改数据库数据，它也会以表单或报表的形式向用户显示数据。数据库应用程序可以由软件供应商提供，也可以由企业内部编写。用户中有一类特殊的人员，即数据库管理员（DBA）。DBA 的主要工作是负责数据库的总体信息控制。

数据库管理系统就是把用户意义下抽象的逻辑数据转换成计算机中具体的物理数据处理的软

件。有了数据库管理系统，用户就可以在抽象意义下处理数据，而不必顾及这些数据在计算机中的布局和物理位置。

7.2　数据模型

数据需要通过人们认识、理解、抽象、规范和加工后，才能以数据库的形式放入计算机中。这一系列过程主要借助数据模型来完成。数据模型是对现实世界的抽象，并对现实世界的信息进行建模。在数据库技术中，用模型的概念描述数据库的结构与语义，对现实世界进行抽象。

7.2.1　数据模型的三要素

数据模型是一组严格定义的概念集合，这些概念精确地描述了系统的数据结构、数据操作和数据完整性约束。也就是说，数据模型具有三要素：数据结构、数据操作、数据约束。

（1）数据结构。数据模型中的数据结构主要描述数据的类型、内容、性质、数据间的联系等。数据结构是数据模型的基础，它包括数据的内部组成和对外联系。数据操作和约束都建立在数据结构上，不同的数据结构具有不同的操作和约束。

（2）数据操作。数据操作是指对数据库中各种数据对象允许执行的操作集合。数据模型中的数据操作主要描述在相应的数据结构上的操作类型和操作方式两部分内容。

（3）数据约束。数据约束是一组数据完整性规则的集合，它是数据模型中的数据及其联系所具有的制约和依存规则。数据模型中的数据约束主要描述数据结构内数据间的语法、词义联系、它们之间的制约和依存关系，以及数据动态变化的规则，以保证数据正确、有效和相容。

7.2.2　数据模型的分类

按照数据抽象的3个层次，数据模型可以分为以下几类。

1. 物理数据模型

物理层是数据抽象的最低层，用来描述数据物理存储结构和存储方法。例如，一个数据库中的数据和索引是存放在不同的数据段上的还是存放在相同的数据段上的；数据的物理记录格式是变长的还是定长的；数据是压缩的还是非压缩的；索引结构是B+树还是散列结构等。这一层的数据抽象称为物理数据模型，它不但由数据库管理系统的设计决定，而且与操作系统、计算机硬件密切相关。

2. 逻辑数据模型

逻辑层是数据抽象的中间层，用来描述数据库数据的整体逻辑结构。这一层的数据抽象称为逻辑数据模型（简称逻辑模型）。它是用户通过数据库管理系统看到的现实世界，是数据的系统表示，即数据的计算机实现形式。因此，设计逻辑数据模型时既要考虑用户容易理解，又要考虑便于数据库管理系统实现。不同的数据库管理系统提供不同的逻辑模型，传统的逻辑模型有层次模型、网状模型、关系模型，非传统的逻辑模型有面向对象（Object-Oriented，OO）数据模型（简称OO模型）。

3. 概念数据模型

概念层的数据模型称为概念数据模型，简称概念模型。概念模型离机器最远，从机器的立场上看，它是抽象级别的最高层，其目的是按用户的观点或认识来对现实世界建模，因此它应该具备以下特点。

（1）语义表达能力强。

（2）便于用户理解。

（3）独立于任何数据库管理系统。

（4）容易向数据库管理系统所支持的逻辑模型转换。

7.2.3 概念模型与逻辑模型

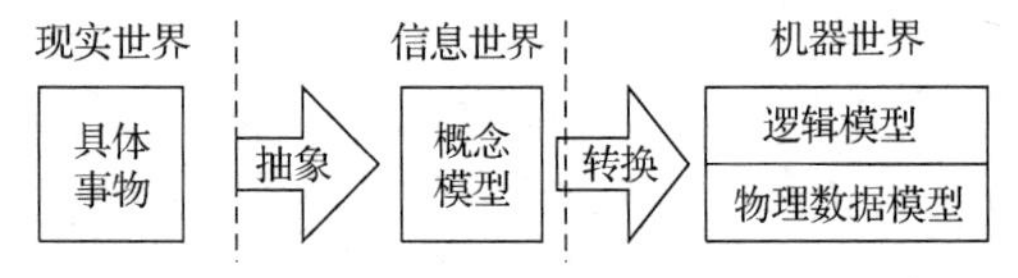

图 7.5 抽象过程中各阶段得到的数据模型

在数据库设计过程中被广泛使用的数据模型可分为两类，如图 7.5 所示。一类数据模型是独立于计算机系统的数据模型，它完全不涉及信息在计算机中的表示，只是用来描述某个特定组织所关心的信息结构，这类模型称为“概念模型”。概念模型是按客户的观点对数据建模，强调其语义表达能力，概念应该简单、清晰、便于用户理解。它是对现实世界的第一层抽象，是客户和数据库设计人员之间进行交流的工具。这一类模型中最著名的是“实体-联系模型”。

另一类数据模型直接面向数据库的逻辑结构，它是对现实世界的第二层抽象。这类模型直接与数据库管理系统有关，称为“逻辑模型”，一般又称为“结构模型”。这类模型有严格的形式化定义，以便在计算机系统中实现。它通常有一组严格定义了的无二义性语法和语义的数据库语言，人们可以用这种语言来定义、操纵数据库中的数据。

7.2.4 实体-联系模型

实体-联系（Entity-Relationship，E-R）模型是陈品山于 1976 年提出的。这个模型直接从现实世界中抽象出实体类型及实体间联系，然后用实体-联系图（E-R 图）表示数据模型。E-R 图是直接表示概念模型的有力工具。

如图 7.6 所示，E-R 图由 3 种基本元素构成。

矩形框：用于表示实体（考虑问题的对象）。

菱形框：用于表示联系（实体间联系）。

椭圆形框：用于表示实体或联系的属性。

实体　属性　联系

图 7.6 E-R 图的 3 种基本元素

相应的命名均记入各种框中。对于实体的主属性，应在其下画一条横线。实体与属性之间、联系与属性之间用直线连接；联系与其涉及的实体之间也以直线相连，用来表示它们之间的联系，并在直线端部标注联系的类型，即 1∶1、1∶n 和 m∶n，分别表示一对一、一对多和多对多。

7.2.5 常见逻辑模型介绍

最常见的 3 种逻辑模型是层次模型、网状模型和关系模型。这 3 种逻辑模型的主要信息对比如表 7.1 所示。下面依次介绍。

表 7.1 3 种逻辑模型的主要信息对比

	层次模型	网状模型	关系模型
产生时间	1969 年 IBM 公司的 IMS	20 世纪 70 年代 CODASYL 的 DBTG 报告	1970 年提出了关系模型
数据结构	树状结构	有向图结构	二维表
查询语言	过程式语言	过程式语言	非过程式语言
代表产品	IMS	IDS/Ⅱ、IMAGE/3000	Oracle、SQL Server、DB2、MySQL
流行时期	20 世纪 70 年代	20 世纪 70 年代～20 世纪 80 年代	20 世纪 80 年代到现在

1. 层次模型

用树状（层次）结构表示实体及实体间联系的数据模型称为层次模型（Hierarchical Model），

如图 7.7 所示。树的节点表示记录类型，每个非根节点有且只有一个双亲节点。上一层记录类型和下一层记录类型之间的联系是 1：n。

层次模型的特点是记录之间的联系通过指针来实现，查询效率较高。与文件系统的数据管理方式相比，层次模型是一个飞跃，客户和设计者面对的是逻辑数据而不是物理数据，客户不必耗费大量的精力考虑数据的物理细节。逻辑数据与物理数据之间的转换由数据库管理系统完成。

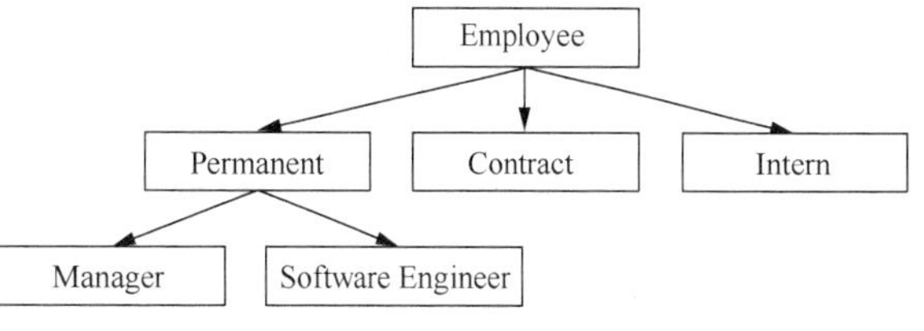

图 7.7　层次模型采用树状结构

但层次模型有以下两个缺点。

（1）只能表示 1：n 联系，虽然系统有多种辅助手段实现 n：m 联系，但过程非常复杂。

（2）层次顺序的严格和复杂导致数据的查询和更新操作也很复杂，因此应用程序的编写也比较复杂。

层次模型的主要特征如下。

（1）有且仅有一个根节点。

（2）根节点以外的其他节点，向上仅有一个双亲节点，向下可有若干个孩子节点。

2. 网状模型

用有向图结构表示实体及实体间联系的数据模型称为网状模型（Network Model），如图 7.8 所示。网状模型的特点是记录之间的联系通过指针实现，容易实现 n：m 联系（一个 n：m 联系可拆成两个 1：n 联系），且查询效率较高。

网状模型的缺点是数据结构复杂，并且编程复杂。

网状模型的主要特点如下。

（1）允许有一个及一个以上的节点无双亲节点。

（2）至少有一个节点有多个双亲节点。

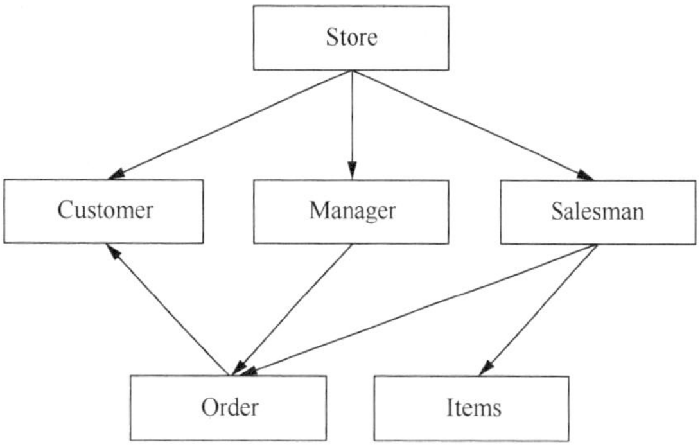

图 7.8　网状模型采用有向图结构

3. 关系模型

关系模型（Relational Model）的主要特征是用二维表表示一类实体。关系模型的数据结构的特点是：逻辑结构简单、数据独立性强、存取具有对称性、操作灵活。如果一个数据库中的数据结构依照关系模型定义，那么该数据库就是关系数据库。

与前两种模型相比，关系模型的数据结构简单，容易为初学者理解。关系模型是由若干个关系模式组成的集合。关系模式相当于前面提到的记录类型，它的实例称为关系，每个关系实际上是一张二维表。

关系数据库系统由许多不同的关系构成，其中每个关系就是一个实体，可以用一张二维表来表示。关系模型必须具备下面 5 个基本条件。

（1）表格中每一数据项不可再分，这是最基本的条件。

（2）表格中每一数据有相同的类型。

（3）每列的顺序是任意的。

（4）每一行数据是一个实体诸多属性值的集合，即元组。

（5）每行的顺序是任意的。

7.3 关系数据库的基本概念

关系数据库系统使用关系数据模型（简称关系模型）组织和管理数据。真正系统、严格地提出关系模型的是 IBM 公司的研究员科德。

由于受到当时计算机硬件环境和软件环境及相关技术的制约，一直到 20 世纪 70 年代末，关系方法的理论研究和软件系统的研制才取得了重大突破，其中最具代表性的是 IBM 公司成功地在 IBM 370 系列计算机上研制出了关系数据库管理系统 System R，并于 1981 年宣布具有 System R 全部特征的数据库管理系统 SQL/DS 问世。现在，关系数据库系统早已从实验室走向了社会，市面上出现了很多性能良好、功能卓越的数据库管理系统，使用比较普遍的数据库管理系统有 Oracle、SQL Server 和 MySQL 等。

7.3.1 关系模型的基本概念

关系模型包括关系数据结构、关系操作集合和关系完整性约束 3 个重要因素。

1. 关系数据结构

关系数据结构非常简单，在关系模型中，现实世界中的实体及实体之间的联系均用关系来表示。从逻辑或用户的观点来看，关系就是二维表。

关系是以集合的方式进行操作的，即操作的对象是元组的集合，操作的结果也是元组的集合。这和非关系模型的操作结果是一条记录有着重要区别。

2. 关系操作集合

关系模型涉及以下操作。

传统的集合运算：并（Union）、交（Intersection）、差（Difference）、广义笛卡儿积（Extended Cartesian Product）。

专门的关系运算：选择（Select）、投影（Project）、连接（Join）、除（Divide）。

有关的数据操作：查询（Query）、插入（Insert）、删除（Delete）、修改（Update）。

其中查询表达能力是最重要的，它意味着数据库能否以便捷的方式为用户提供丰富的信息。

3. 关系完整性约束

在数据库中数据完整性是指保证数据正确的特性。数据完整性是一种语义概念，它包括以下两方面的内容。

（1）与现实世界中应用需求的数据的相容性和正确性。

（2）数据库内数据之间的相容性和正确性。

例如，学生的学号必须唯一，学生的性别只能是男或女，学生所选修的课程必须是已经开设的课程等，所以数据库是否具有数据完整性的特征，关系到数据库系统能否真实反映现实世界的情况。数据完整性是数据库一个非常重要的内容。

数据完整性由完整性规则来定义，而关系模型的完整性规则就是对关系的某种约束。在关系模型中，一般将数据完整性分为 3 类，即实体完整性、参照完整性和用户定义完整性。其中，实体完整性和参照完整性是关系模型必须满足的完整性约束，属于系统一级的约束；用户定义完整性的主要内容是域完整性，用于限定属性的取值，属于应用一级的约束。数据库管理系统提供对这些数据完整性的支持。

在关系模型中，现实世界中的实体、实体之间的联系都用关系来表示，且直观来看关系就是二维表，但它有严格的定义和一些自己固有的术语。

关系（Relation）。通俗地讲，关系就是二维表，二维表名就是关系名。

属性（Attribute）。二维表中的列称为属性（字段）；每个属性有一个名称，称为属性名；二维表中对应某一列的值称为属性值；二维表中列的个数称为关系的元数；一个二维表如果有 n 列，则称为 n 元关系。

值域（Domain）。二维表中属性的取值范围称为值域。

元组（Tuple）。二维表中的行称为元组（记录值）。

分量（Component）。元组中的每一个属性值称为元组的一个分量，n 元关系的每个元组有 n 个分量。

关系模式（Relation Schema）。二维表的结构称为关系模式，或者说关系模式就是二维表的表框架或结构，它相当于文件结构或记录结构。设关系名为 R，其属性为 $A_1,A_2,\cdots,A_n$，则关系模式可以表示为 $R(A_1,A_2,\cdots,A_n)$。此外，对每个 A_i（$i=1,\cdots,n$）还包括该属性到值域的映像，即属性的取值范围。

关系模型（Relation Model）。关系模型是所有的关系模式、属性名和关键字的集合，是模式描述的对象。

关系数据库（Relation Database）。对应于一个关系模型的所有关系的集合称为关系数据库。

关系模型是“型”，而关系数据库是“值”。数据模型是相对稳定的，而数据库则随时间不断变化（因为数据库中的记录在不断被更新）。

候选关键字（Candidate Key）。如果一个属性集的值能唯一标识一个关系的元组而又不含有多余的属性，则称该属性集为候选关键字。候选关键字又称为候选码或候选键。在一个关系中可以有多个候选关键字。

主关键字（Primary Key）。当一个关系中有多个候选关键字时，可以选择其中一个作为主关键字，简称关键字。主关键字也称为主码或主键。每一个关系都有且只有一个主关键字。

外部关键字（Foreign Key）。如果一个属性集不是所在关系的关键字，但是它是其他关系的关键字，则该属性集称为外部关键字。外部关键字也称为外码或外键。

7.3.2　关系模型的规范化

关系模型的限制条件与规范层次的关系称为范式。关系模型有优劣之分，由于限制条件的严格程度不同，关系分为不同的规范层次。限制条件越严格，描述的关系就越规范。一般把关系的这种层次称为范式，限制越严格的关系，范式就越高。数据规范化理论认为，关系范式越高，数据库结构就越好。高一级范式的关系模型总是包含在低一级范式的关系模型中。各种范式的具体包含关系如图 7.9 所示。

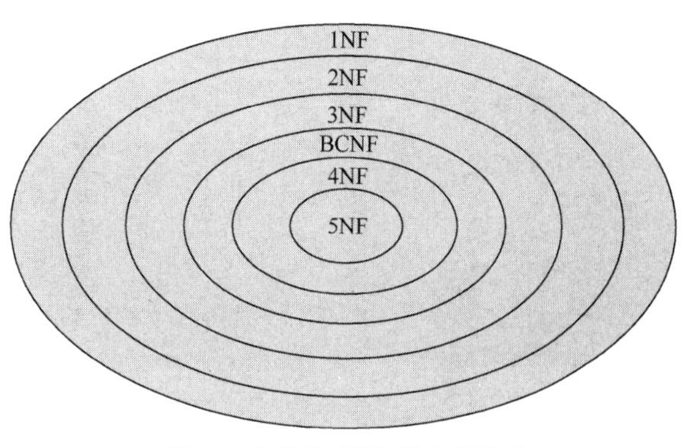

图 7.9　各种范式的具体包含关系

一个低一级范式的关系模式可以通过分解转换为若干个高一级范式的关系模式的集合，关系模式的这种不断改进的过程称为数据规范化。

7.4　关系数据库设计

如果数据库模型设计得不合理，即使采用性能良好的数据库管理系统软件，也很难使应用系统达到最佳状态，数据库仍然会出现文件系统存在的数据冗余、异常和不一致等问题。总之，数据库设计的优劣将直接影响信息系统的质量和运行效果。

为了解决“软件危机”，“软件工程”的概念于 1968 年首次被提出。软件工程中把软件开发的全过程称为“软件生存周期”（Life Cycle）。具体来说，软件生存周期是指从软件的规划、研制、实现、测试、投入运行到它被新的软件所取代而停止使用的整个过程。以数据库为基础的信息系统通常称为数据库应用程序，它一般具有信息的采集、组织、加工、抽取和传播等功能。数据库应用程序的开发也是一项软件工程，但它又有自己的特点，所以专门将它称为“数据库工程”。

一项数据库工程按内容可分为两部分：一部分是作为系统核心的数据库应用程序的设计与实现；另一部分是相应的应用软件及其他软件（如通信软件）的设计与实现。限于篇幅，本节主要介绍前一部分。

数据库系统生存周期一般可划分成下面 7 个阶段。

（1）系统规划：进行建立数据库的必要性及可行性研究，确定数据库系统在组织和信息系统中的地位，以及各个数据库之间的关系。

（2）需求分析：收集数据库所有用户的信息内容和处理需求，并对其加以规格化和分析。在分析用户需求时，要确保用户目标的一致性。

（3）概念设计：把用户的需求信息统一到一个整体逻辑结构（即概念模式）中。此结构应能表达用户的要求，且独立于数据库管理系统软件和硬件。

（4）逻辑设计：这一阶段分成两部分——数据库结构设计和应用程序设计。这一阶段的结构应该是数据库管理系统能接受的数据库结构，称为逻辑数据库结构。应用程序设计是指程序模块的功能性说明，强调主语言和 DML 的结构化程序设计。

（5）物理设计：这一阶段分成两部分——物理数据库结构的选择和逻辑设计中程序模块说明的精确化。这一阶段的成果是得到一个完整的、能实现的数据库结构。对程序模块说明的精确化是指强调进行结构化程序的开发，产生一个可实现的算法集。

（6）系统实现：根据物理设计的结果产生一个具体的数据库和应用程序，并把原始数据装入数据库。应用程序的开发基本上依赖于主语言和逻辑结构，而较少地依赖于物理结构。应用程序的开发目标是开发一个可信赖的、有效的数据存取程序来满足用户的处理需求。

（7）运行与维护：这一阶段主要收集和记录系统运行状况的数据，这些数据用来评价数据库系统的性能，更进一步用于对系统的修正。这一阶段可能要对数据库结构进行修改或扩充。

7.4.1 系统规划

对于大型数据库系统或大型信息系统中的数据库群，考虑系统规划阶段是十分必要的。系统规划的好坏将直接影响到整个系统成功的概率。随着数据库技术的发展与普及，各个行业在计算机应用中都会提出建立数据库的要求。但是，数据库技术对技术人员和管理人员的水平、数据采集和管理活动规范化及最终用户使用计算机的能力都有较高的要求。同样地，数据库技术对于计算机系统的软硬件要求也较高，计算机系统至少要有足够的内、外存容量和必要的数据库管理系统软件。在确定要采用数据库技术之前，对上述因素必须进行全面的分析和权衡。

系统规划阶段的具体工作主要有系统调查、可行性分析和确定数据库系统的总目标及制订项目开发计划。

7.4.2 需求分析

需求分析阶段由计算机人员（系统分析员）和用户双方共同收集数据库所需要的信息内容和用户对处理的需求，并以需求说明书的形式确定下来，作为以后系统开发的指南和系统验证的依据。需求分析的工作主要由以下 4 步组成。

（1）分析用户活动，产生业务流程图。了解用户当前的业务活动和职能，明确其处理流程（即业务流程）。如果一个处理比较复杂，就要把处理分解成若干个子处理，使每个处理功能明确、界面清楚。分析用户活动之后画出用户的业务流程图。

（2）确定系统范围，产生系统范围图。这一步的作用是确定系统的边界。在和用户充分讨论的基础上，确定计算机所能进行的数据处理的范围，确定哪些工作由人工完成，哪些工作由计算机系统完成。

（3）分析用户活动涉及的数据，产生数据流图。深入分析用户的业务处理，以数据流图形式表示出数据的流向和对数据所进行的加工。数据流图是从“数据”“对数据的加工”两方面表达数据处理系统工作过程的一种图形表示法，也是一种直观、易于被用户和软件人员理解的表达系统功能的描述方式。

（4）分析系统数据，产生数据字典。数据字典是对数据描述的集中管理，它的功能是存储和检索各种数据描述（称为元数据）。对数据库设计来说，数据字典是进行详细的数据收集和数据分析所获得的主要成果。数据字典通常包括数据项、数据结构、数据流、数据存储和处理过程 5 部分。

7.4.3　概念设计

概念设计的目标是产生反映企业组织信息需求的数据库概念结构，即概念模式，也称为组织模式。概念模式既独立于计算机硬件结构，又独立于支持数据库的数据库管理系统。

在早期的数据库设计中，概念设计并不是一个独立的设计阶段。当时的设计方式是在需求分析之后，直接把用户信息需求中的数据存储格式转换成数据库管理系统能处理的数据库模式。这样，注意力往往被吸引到更多的细节限制方面，而不能集中在最重要的信息组织结构和处理模式上，因此在设计依赖于具体数据库管理系统的模式后，当外界环境发生变化时，设计结果就难以适应这种变化。

为了改善这种状况，在需求分析和逻辑设计之间增加了概念设计阶段。此时，设计人员仅从用户角度看待数据及处理需求和约束，然后产生一个反映用户观点的概念模式。将概念设计从设计过程中独立开来，可以使数据库设计各阶段的任务相对单一化，进而有效控制设计的复杂程序，便于组织和管理。概念模式能充分反映现实世界中实体间的联系，又是各种基本数据模型的共同基础，也容易向现在普遍使用的关系模型转换。

概念设计的任务一般可分为 3 步来完成：进行数据抽象，设计局部概念模式；将局部概念模式综合成全局概念模式；评价。

1. 进行数据抽象，设计局部概念模式

局部用户的信息需求是构造全局概念模式的基础。因此，需要从个别用户的需求出发，为每个用户或每个对数据的观点与使用方式相似的用户建立一个相应的局部概念结构。在建立局部概念结构时，要对需求分析的结果进行细化、补充和修改，如有的数据项要分为若干子项，有的数据的定义要重新核实等。

2. 将局部概念模式综合成全局概念模式

综合各局部概念结构就可得到反映所有用户需求的全局概念结构。在综合过程中，主要处理各局部概念模式对各种对象定义的不一致问题，包括同名异义、异名同义和同一事物在不同模式中被抽象为不同类型的对象（如有的作为实体、有的作为属性）等问题。把各个局部概念结构合并，还会产生冗余问题，或者导致对信息需求的再调整与分析，以确定确切的含义。

3. 评价

消除了所有冲突后，就可把全局概念结构提交评价。评价分为用户评价和 DBA 及应用开发人员评价两部分。用户评价侧重于确认全局概念模式是否准确、完整地反映了用户的信息需求和现实世界事物的属性间的固有联系；DBA 及应用开发人员评价则侧重于确认全局概念结构是否完整，各

种成分划分是否合理、是否存在不一致性，以及各种文档是否齐全等。文档应包括局部概念结构描述、全局概念结构描述、修改后的数据清单和业务活动清单等。

概念设计中最著名的方法就是实体-联系方法（E-R 方法），即用 E-R 图表示概念结构，得到数据库的概念模式。

7.4.4 逻辑设计

概念设计的结果是得到一个与数据库管理系统无关的概念模式。逻辑设计的目的是把概念设计阶段设计好的全局概念模式转换成与选用的具体机器上的数据库管理系统所支持的数据模型相符合的逻辑结构（包括数据库模式和外模式）。这些模式在功能、完整性和一致性约束及数据库的可扩充性等方面均应满足用户的各种需求。

对于逻辑设计而言，应首先选择数据库管理系统，但往往数据库设计人员没有挑选的余地，需要在指定的数据库管理系统上进行逻辑结构的设计。

逻辑设计主要是把概念模式转换成数据库管理系统能处理的模式。转换过程中要对模式进行评价和性能测试，以获得较好的模式设计。

现在广泛使用的数据库管理系统是关系数据库管理系统，即支持关系模型的系统。因此，在逻辑数据库设计阶段，首先需要将概念模型转换为关系模型，即将 E-R 图中的实体和联系转换为关系模式。逻辑设计的结果是一组关系模式。接着需要应用关系规范化理论对这些关系模式进行规范化处理。此外，还应该注意以下问题。

（1）确定各个关系模式的主关键字，考虑实体完整性。

（2）确定各个关系模式的外部关键字，考虑参照完整性。

（3）确定各个关系模式中属性的约束、规则和默认值，考虑域完整性。

（4）考虑特殊的用户定义完整性。

（5）根据用户需求设计视图。

（6）考虑安全方案和用户使用权限等。

7.4.5 物理设计

为给定的基本数据模型选取一个最适合应用环境的物理结构的过程称为物理设计。数据库的物理结构主要指数据库的存储记录格式、存储记录安排和存取方法。显然，数据库的物理设计是完全依赖于给定的硬件环境和数据库产品的。在关系模型系统中，物理设计比较简单，因为其所采用的文件形式是单记录类型文件，仅包含索引机制、空间大小、块的大小等内容。

物理设计可分 5 步完成，前 3 步涉及物理结构设计，后 2 步涉及约束和具体的程序设计。

（1）存储记录结构设计。存储记录结构的设计内容包括记录的组成、数据项的类型和长度，以及逻辑记录到存储记录的映射。

（2）数据存放位置确定。把经常同时被访问的数据存放在一起，“记录聚簇”技术能实现这个功能。

（3）存取方法的设计。存取路径分为主存取路径与辅存取路径，前者用于主键检索，后者用于辅助键检索。

（4）完整性和安全性等考虑。设计者应在完整性、安全性、有效性和效率方面进行分析、做出权衡。

（5）程序设计。在逻辑数据库结构确定后，就应当开始进行应用程序设计。保证物理数据独立性的目的是消除由物理结构的改变而引起的对应用程序的修改。当物理数据独立性未得到保证时，物理结构的改变可能会导致对程序的修改。

7.4.6 系统实现

对数据库的物理设计初步评价完成后就可以开始建立数据库了。数据库实现主要包括定义数据库结构、数据装载、编制与调试（数据库）应用程序、数据库试运行。

（1）定义数据库结构。确定数据库的逻辑结构与物理结构后，就可以用所选用的数据库管理系统提供的 DDL 来严格定义数据库结构。

（2）数据装载。数据库结构定义好后，便可以向数据库中装载数据。组织数据入库是数据库实现阶段最主要的工作。对于小型系统，由于数据量较小，因此这种情况下可以用人工方式完成数据的入库。而对于大中型系统，由于数据量极大，用人工方式组织数据入库将会耗费大量人力、物力，而且很难保证数据的正确性，因此，通常需要设计一个数据输入子系统，由计算机辅助数据的入库工作。

（3）编制与调试应用程序。数据库应用程序的设计应该与数据结构的设计并行进行。在数据库实现阶段，当定义好数据库结构后，就可以开始编制与调试应用程序，也就是说，编制与调试应用程序与组织数据入库一般是同步进行的。调试应用程序时由于数据入库尚未完成，可先使用模拟数据。

（4）数据库试运行。当应用程序调试完成，并且已有一小部分数据入库后，就可以开始数据库的试运行。数据库试运行也称为联合调试，主要工作有两方面。

① 功能调试，即实际运行应用程序，执行对数据库的各种操作，测试应用程序的各种功能。

② 性能测试，即测量系统的性能指标，分析是否符合设计目标。

7.4.7 运行与维护

在数据库试运行结果符合设计目标后，数据库就可以真正投入运行了。数据库投入运行标志着开发任务的基本完成和维护工作的开始。但这并不意味着设计过程的终结，由于应用环境在不断变化，数据库运行过程中物理存储也会不断变化，因此对数据库设计进行评价、调整、修改等维护工作是一个长期的任务，也是设计工作的延续和提高。在数据库运行阶段，对数据库经常性的维护工作主要是由 DBA 完成的。DBA 的主要职责如下。

（1）数据库的转储和恢复。数据库的转储和恢复是系统正式运行后最重要的维护工作之一。DBA 要针对不同的应用要求制订不同的转储计划，定期对数据库和日志文件进行备份，以保证一旦发生故障，能利用数据库备份及日志文件备份，尽快将数据库恢复到某种一致性状态，并尽可能减少对数据库的破坏。

（2）数据库安全性、完整性控制。DBA 必须对数据库安全性和完整性控制负责。根据用户的实际需求授予不同的操作权限。此外，在数据库运行过程中，由于应用环境变化，对安全性的要求也会发生变化。例如，有的数据原来是机密，现在可以公开查询了，而新加入的数据又可能是机密了，而且系统中用户的密级也会改变，这时都需要 DBA 根据实际情况修改原有的安全性控制；同样，由于应用环境的变化，数据库的完整性约束也会变化，因此也需要 DBA 根据情况不断修正，以满足用户的需求。

（3）数据库性能的监督、分析和改进。在数据库运行过程中，监督系统运行、对监测数据进行分析、找出改进系统性能的方法是 DBA 的一些重要任务。目前许多数据库管理系统产品都提供了监测系统性能参数的工具，DBA 可以利用这些工具方便地得到系统运行过程中一系列性能参数的值。DBA 通过仔细分析这些数据，来判断当前系统是否处于最佳运行状态；如果当前系统未处于最佳运行状态，则需要通过调整某些参数来进一步改进数据库性能。

（4）数据库的重组织和重构造。数据库运行一段时间后，由于记录的不断增、删、改，数据库的物理存储会受到破坏，从而降低数据库存储空间的利用率和数据的存取效率，使数据库的性能下降。这时 DBA 就要对数据库进行完整的重组织或部分重组织（只对频繁增、删的表进行重组织）。

数据库的重组织不会改变原计划的数据逻辑结构和物理结构，只是按原计划要求重新安排存储位置、回收垃圾、减少指针链、提高系统性能。数据库管理系统一般都提供了重组织数据库的相关功能，帮助 DBA 重新组织数据库。

重构造数据库的程度通常是有限的。若应用变化太大，导致无法通过重构数据库来满足新的需求，或者重构数据库的代价太大，则表明现有数据库应用程序的生命周期已经结束，应该重新设计新的数据库系统，开启新数据库应用程序的生命周期。

7.5 结构查询语言

1972 年，IBM 公司开始研制实验型关系数据库管理系统 System R，配备的查询语言称为 SQUARE（Specifying Queries As Relational Expressions）语言。1974 年，SQUARE 被改善，后被命名为 SEQUEL（Structured English Query Language），它采用英语单词表示和结构式的语法规则，看起来很像英语，因此，很多用户比较喜欢这种形式的语言。后来 SEQUEL 被简称为 SQL，它的发音仍为“sequel”。

SQL 产生后，各软件厂商纷纷推出了基于 SQL 的商用数据库产品，同时，SQL 也成为关系数据库产品事实上的标准。1986 年，ANSI 发布了第一个 SQL 标准。次年，ISO 采纳其为国际标准。这两个标准一般简称为“SQL86”。随后，SQL 标准化工作不断地进行着，相继出现了 SQL89、SQL92 和 SQL99。SQL 成为国际标准后，它对数据库以外的领域也产生了很大影响，不少软件产品将 SQL 的数据查询功能与图形功能、软件工程工具、软件开发工具、人工智能程序结合起来，不仅把 SQL 作为检索数据的语言规范，也把 SQL 作为检索图形、图像、声音、文字、知识等信息类型的语言规范。各种类型的计算机和数据库系统采用 SQL 作为其存取语言和标准接口，从而使数据库世界有可能链接为一个统一的整体，这个前景意义非常重大。

核心 SQL 主要包括以下 4 部分。

（1）数据定义语言。数据定义语言用于定义数据库模式、基本表、视图、索引等结构。

（2）数据操纵语言。数据操纵语言分为数据查询语言和数据更新语言两类。其中，数据更新语言又分成插入、删除和修改 3 种操作。

（3）嵌入式 SQL。这一部分涉及 SQL 语句嵌入在宿主语言程序中的规则。

（4）数据控制语言（Data Control Language，DCL）。这一部分包括对基本表和视图的授权、完整性规则的描述、事务控制等内容。

SQL 的语法非常简单，它很接近自然语言（英语），因此容易学习、掌握。虽然 SQL 的功能很强，但它只有为数不多的几条命令。下面列出了其分类的命令动词。

数据查询：SELECT。

数据定义：CREATE、ALTER、DROP。

数据操纵：INSERT、UPDATE、DELETE。

数据控制：GRANT、REVOKE。

7.5.1 数据定义

SQL 的数据定义功能包括数据对象的创建、修改和删除，这 3 个功能分别由 CREATE、ALTER 和 DROP 动词来实现。下面分别介绍这 3 个动词的使用。

1. 用 CREATE 创建数据对象

（1）创建数据库。创建数据库的一般语法格式为

```
CREATE DATABASE <数据库名>
```

例如，创建一个名称为 NewDB 的数据库则采用如下语句。

```
CREATE DATABASE NewDB
```

（2）创建基本表。创建基本表即定义基本表的结构。基本表结构的定义可用 CREATE 语句实现，其一般语法格式为

```
CREATE TABLE <表名>
             (<列名 1><数据类型 1>[列级完整性约束 1]
             [,<列名 2><数据类型 2>[列级完整性约束 2]] …
             [,<表级完整性约束>]);
```

要定义基本表的结构，首先需要指定表名，表名在一个数据库中应该是唯一的。表可以由一个或多个属性组成，属性的类型可以是基本类型，也可以是用户事先定义的域名。创建表的同时可以指定与该表有关的完整性约束。如果完整性约束涉及该表的多个属性列，则必须定义在表级上，否则既可以定义在列级，也可以定义在表级上。

（3）创建索引。索引是数据库中关系的一种顺序（升序或降序）的表示，利用索引可以提高数据库的查询速度。创建索引使用 CREATE INDEX 语句，其一般语法格式为

```
CREATE [UNIQUE] [CLUSTER] INDEX <索引名> ON <表名>
        (<列名 1>[<顺序 1>][,<列名 2>[<顺序 2>]]…);
```

其中各部分的含义如下。

① 索引名是给建立的索引指定的名字。因为在一个表上可以建立多个索引，所以要用索引名加以区分。

② 表名指定要创建索引的基本表的名字。

③ 索引可以创建在该表的一列或多列上，各列名用逗号隔开，还可以用顺序指定该列在索引中的排列顺序。顺序的取值为 ASC（升序）和 DESC（降序），如省略则默认为 ASC。

④ UNIQUE 表示此索引的每一个索引只对应唯一的数据记录。

⑤ CLUSTER 表示索引是聚簇索引。其含义是索引项的顺序与表中记录的物理顺序一致。这里涉及数据的物理顺序的重新排列，所以建立时要用一定的时间。用户可以在最常查询的列上建立聚簇索引。一个基本表上的聚簇索引最多只能建立一个。如果更新聚簇索引用到的字段将会导致表中记录的物理顺序发生改变，代价很大，所以聚簇索引要建立在很少更新的字段上。

（4）创建视图。视图是从一个或几个基本表（或视图）导出的表。视图只存放视图的定义，不存放视图对应的数据。因此，当基本表中的数据改变时，从视图中查询出的数据随之改变。创建视图的一般语法格式为

```
CREATE VIEW <视图名>
[(<列名 1> [,<列名 2>]…)]
AS <子查询>
[WITH CHECK OPTION];
```

组成视图的属性列名要么全部省略，要么全部指定。其中，子查询不允许含有 ORDER BY 子句和 DISTINCT 短语；WITH CHECK OPTION 表示对视图进行修改、插入和删除操作时保证操作的每行满足定义中的查询条件。

2. 用 ALTER 修改数据对象

（1）修改基本表。基本表的修改遵循如下语法格式。

```
ALTER TABLE <表名>
[ADD <新列名> <数据类型> [完整性约束]]
[DROP <完整性约束名>]
[ALTER COLUMN<列名> <数据类型>];
```

（2）修改视图。视图的修改遵循如下语法格式。

```
ALTER VIEW <视图名>
[(<列名1> [,<列名2>]…)]
AS <子查询>
[WITH CHECK OPTION];
```

3. 用 DROP 删除数据对象

（1）删除数据库。删除数据库的语法格式为

```
DROP DATABASE <数据库名>
```

（2）删除基本表。删除基本表的语法格式为

```
DROP TABLE <表名>[RESTRICT|CASCADE];
```

其中各部分的含义如下。

① RESTRICT 表示删除表是有限制的。欲删除的基本表不能被其他表的约束所引用。如果存在依赖该表的对象，则此表不能被删除。

② CASCADE 表示删除表没有限制。在删除基本表的同时，相关的依赖对象也一起被删除。

（3）删除视图。删除视图的语法格式为

```
DROP VIEW <视图名>
```

7.5.2 数据查询

数据查询是数据库中最常用的操作，也是核心操作。SQL 提供了 SELECT 语句进行数据的查询，该语句具有灵活的使用方式和丰富的功能。其一般语法格式为

```
SELECT [ALL|DISTINCT] <目标列表达式1>[,<目标列表达式2>]…
       FROM <表名或视图名1>[,<表名或视图名2>]…
       [WHERE <条件表达式>]
       [GROUP BY <列名3>[HAVING <组条件表达式>]]
       [ORDER BY <列名4>[ASC|DESC],…];
```

整个 SELECT 语句的含义是，根据 WHERE 子句的条件表达式，从 FROM 子句指定的基本表或视图中找出满足条件的元组，再按 SELECT 子句中的目标列表达式，选出元组中的属性值。如果有 GROUP BY 子句，则将结果按<列名4>的值进行分组，该属性列的值相等的元组为一个组。如果 GROUP BY 子句带有 HAVING 短语，则只有满足组条件表达式的组才能够输出。如果有 ORDER BY 子句，则结果要按<列名3>的值进行升序或降序排列。

7.5.3 数据操纵

SQL 的数据操纵功能主要针对基本表中每行元组的插入、删除和更新，这 3 个功能分别由 INSERT、DELETE 和 UPDATE 动词来实现。

1. 插入

插入元组的基本语法格式为

```
INSERT INTO <表名>[(<列名1>[,<列名2>]…)]
       VALUES(<常量1>[,<常量2>]…);
```

上述语句的功能是将新元组插入指定表中。VALUES 后的元组值中列的顺序表必须同表的列名一一对应。如表名后没有列名，则表示在 VALUES 后的元组值中提供插入元组的每个分量的值，分量的顺序和关系模式中列名的顺序一致。如表名后有列名，则表示在 VALUES 后的元组值中只提供插入元组对应于列名中的分量的值，元组的输入顺序和列名的顺序一致，没有包括进来的列名将采用默认值。

基本表后如有列名列表，必须包括关系的所有非空的列名。

2. 删除

删除元组的基本语法格式为

```
DELETE FROM <表名> [WHERE <条件>];
```

上述语句的功能是从指定表中删除满足 WHERE 条件的所有元组。如果省略 WHERE 语句，则删除表中全部元组。

3. 更新

更新元组的基本语法格式为

```
UPDATE <表名>
     SET <列名 1>=<表达式 1>[,<列名 2>=<表达式 2>]…
     [WHERE <条件>];
```

上述语句的功能是修改指定表中满足 WHERE 子句条件的元组，用 SET 子句中表达式的值替换相应列名的值。如果 WHERE 子句省略，则修改表中所有元组。

7.5.4 数据控制

1. 授权

授权（GRANT）的作用是将对指定操作对象的指定操作权限授予指定的用户，其语法格式为

```
GRANT <权限 1>[,<权限 2>]…
[ON <对象类型> <对象名>]
TO <用户 1>[,<用户 2>]…
[WITH GRANT OPTION];
```

2. 回收

授予的权限可以由 DBA 或其他授权者用 REVOKE 语句收回，其语法格式为

```
REVOKE <权限 1>[,<权限 2>]…
[ON <对象类型> <对象名>]
FROM <用户 1>[,<用户 2>]…;
```

7.6 数据库管理软件介绍

目前，流行的数据库系统有许多种，大致可分为小型桌面数据库、大型商业数据库、开源数据库等。小型桌面数据库主要是运行在 Windows 操作系统下的桌面数据库，如 Microsoft Access、Visual FoxPro、SQLite 等，适用于初学者学习和管理小规模数据。以 Oracle 为代表的大型商业数据库，更适合大型中央集中式数据管理场合使用，这些数据库可存放几十 TB 至上百 TB 的数据，并且支持多客户端访问。开源数据库即“开放源代码”的数据库，其中的代表是 MySQL，其在 WWW 网站建设中应用较广。

1. Microsoft Access

Access 是 Microsoft Office 办公软件的组件之一，是当前 Windows 环境下流行的桌面型数据库管理系统。使用 Microsoft Access 数据库无须编写任何代码，只需通过直观的可视化操作就可以完成大部分的数据库管理工作。Access 是一个面向对象的、采用事件驱动的关系数据库管理系统。它通过 ODBC（Open Database Connectivity，开放式数据库互连）可以与其他数据库相连，实现数据交换和数据共享，也可以与 Word 和 Excel 等办公软件进行数据交换和数据共享，还可以采用对象链接

与嵌入（Object Link and Embedding，OLE）技术在数据库中嵌入和链接音频、视频、图像等多媒体数据。

Access 数据库的特点如下。

（1）利用窗体可以方便地进行数据库操作。

（2）利用查询可以实现信息的检索、插入、删除和修改，且可以以不同的方式查看、更改和分析数据。

（3）利用报表可以对查询结果和表中数据进行分组、排序、计算、生成图表和输出信息。

（4）利用宏可以将各种对象连接在一起，提高应用程序的工作效率。

（5）利用 Visual Basic for Applications 语言，可以实现更加复杂的操作。

（6）系统可以自动导入其他格式的数据并建立 Access 数据库。

（7）具有名称自动纠正功能，可以纠正因为表的字段名变化而引起的错误。

（8）通过设置文本、备注和超链接字段的压缩属性，可以弥补因为引入双字节字符集支持而对存储空间需求的增加。

（9）可以通过报表快照和快照查看相结合的方式，来查看、打印或以电子方式分发报表。

（10）可以直接打开数据访问页、数据库对象、图表、存储过程和 Access 项目视图。

（11）支持记录级锁定和页面级锁定。通过设置数据库选项，可以选择锁定级别。

（12）可以从 Microsoft Outlook 或 Microsoft Exchange Server 中导入或链接数据。

2. Microsoft SQL Server

SQL Server 是大型的关系数据库，适合中型企业使用。它基于 Windows NT 的可伸缩性和可管理性建立，提供功能强大的 C/S 平台。高性能 C/S 结构的数据库管理系统可以将 Visual Basic、Visual C++用作客户端开发工具，而将 SQL Server 用作存储数据的后台服务器软件。

SQL Server 有多种实用程序允许用户来访问它的服务，用户可以用这些实用程序对 SQL Server 进行本地管理或远程管理。随着产品性能的不断扩大和改善，SQL Server 已经在数据库系统领域占有非常重要的地位。

3. Oracle

Oracle 是一种对象-关系数据库管理系统（Object-Relation Database Management Syatem，ORDBMS），它提供了关系数据库系统和面向对象数据库系统这二者的功能。Oracle 在数据库领域一直处于领先地位。1984 年，它首先将关系数据库转到了桌面计算机上。随后，Oracle 的 5.0 版本推出了分布式数据库、C/S 结构等概念。Oracle 是以高级 SQL 为基础的，通俗地讲，它是用方便逻辑管理的语言操纵大量有规律数据的集合。作为流行的大型数据库管理系统，它具有移植性好、使用方便、性能强大等特点，适用于各类大型计算机、中型计算机、小型计算机、微型计算机和专用服务器环境中。

Oracle 的主要特点如下。

（1）Oracle 引入了共享 SQL 和多线索服务器体系结构。这一设计减少了 Oracle 的资源占用，并增强了 Oracle 的性能，使其在低档软硬件平台上用较少的资源就可以支持更多的用户，而在高档软硬件平台上可以支持成百上千个用户。

（2）Oracle 提供了基于角色（Role）分工的安全保密管理，在数据库管理功能、完整性、安全性、一致性方面都有良好的表现。

（3）Oracle 支持大量多媒体数据的使用，如二进制图形、声音、动画。

（4）Oracle 提供了与第三代高级语言的接口软件 PRO*系列，能在 C、C++等语言中嵌入 SQL 语句及过程化（PL/SQL）语句，从而对数据库中的数据进行操纵。而且它有许多优秀的前台开发工具，如 Power Builder、SQL*FormS、Visual Basic 等，可以快速开发基于客户端 PC 平台的应用程序，并具有良好的移植性。

（5）Oracle 提供了新的分布式数据库，可通过网络较方便地读写远端数据库里的数据，并拥有对称复制的技术。

4. IBM DB2

DB2 是 IBM 公司的产品，起源于 System R 和 System R*。它支持从 PC 到 UNIX，从中小型计算机到大型计算机，从 IBM 到非 IBM（HP 及 Sun 公司的 UNIX 系统等）的各种操作平台。它既可以在主机上以主/从方式独立运行，也可以在 C/S 环境中运行。其服务器平台可以是 OS/400、AIX、OS/2、HP-UNIX、Solaris 等操作系统，客户机平台可以是 OS/2 或 Windows、DOS、AIX、Solaris 等操作系统。

DB2 数据库核心又称为 DB2 公共服务器，采用多进程多线索体系结构，可以运行于多种操作系统上，并根据相应平台环境进行了调整和优化，以便能够达到较好的性能。

DB2 核心数据库的特点如下。

（1）支持面向对象的编程。DB2 支持复杂的数据结构，如无结构文本对象，可以对无结构文本对象进行布尔匹配、最接近匹配和任意匹配等搜索。

（2）可以建立用户数据类型和用户自定义函数。

（3）支持多媒体应用程序。DB2 支持二进制大对象（Binary Large Object，BLOB），允许在数据库中存取 BLOB 和文本大对象。其中，BLOB 可以用来存储多媒体对象。

（4）具有备份和恢复功能。

（5）支持存储过程和触发器，用户可以在建表时显示定义复杂的完整性规则。

（6）支持 SQL 查询。

（7）支持异构分布式数据库访问。

（8）支持数据复制。

5. Sybase

Sybase 是美国 Sybase 公司研制的一种关系数据库系统，具体来说，是一种可运行于 UNIX 或 Windows NT 平台上 C/S 环境下的大型数据库系统。Sybase 公司成立于 1984 年，公司名称“Sybase”取自“system”和“database”相结合的含义。Sybase 的产品研究和开发涉及企业级数据库、数据复制和数据访问等。

Sybase 引入 C/S 数据库体系结构的思想，并在 Sybase SQL Server 中得以实现。该公司的第一个关系数据库产品是 1987 年推出的 Sybase SQL Server 1.0。起初，为了在企业级数据库市场上与 Oracle 和 IBM 竞争，Sybase 与微软公司合作共同开发数据库产品。1989 年，Sybase、微软公司和 Ashton-Tate 联合开发了 OS/2 系统上的 SQL Server 1.0，它在本质上和 Sybase SQL Server 3.0 是一样的。而后微软公司致力于将 SQL Server 移植到 Windows NT 平台上。Sybase 与微软公司的合作关系一直坚持到 SQL Server 4.21 发布（1993 年），随后各自开发相应平台的数据库系统。1996 年，Sybase 发布了 SQL Server 11.0。为了区别于 Microsoft SQL Server，Sybase 将其 11.5 及 11.5 以上版本的 SQL Server 改名为 Adaptive Server Enterprise（ASE）。2005 年，Sybase 发布 Adaptive Server Enterprise 15。Sybase SQL Server 与 Microsoft SQL Server 都使用 T-SQL（Transact-SQL，由 SQL 扩展而来）作为数据库语言。

Sybase 提供了一套 API 和库，可以与非 Sybase 数据源及服务器集成，允许在多个数据库之间复制数据，适用于创建多层应用。系统具有完备的触发器、存储过程、规则及完整性定义，支持优化查询，具有较好的数据安全性。Sybase 通常与 Sybase SQL Anywhere 用于 C/S 环境，前者作为服务器数据库，后者作为客户机数据库，采用该公司研制的 PowerBuilder 为开发工具。

6. Visual FoxPro

Visual FoxPro 由 FoxPro 延伸而来，原名为 FoxBase，是美国 Fox Software 公司在 1984 推出的

数据库产品。1992 年 Fox Software 公司被微软公司收购后，相继推出了 FoxPro 2.5、FoxPro 2.6 和 Visual FoxPro 等版本，其功能和性能有了较大的提高。FoxPro 是 FoxBase 的加强版。

20 世纪 80 年代初期，dBASE 是 PC 上流行的数据库管理系统。当时大多数的管理信息系统采用了 dBASE 作为系统开发平台，后来出现的 FoxBase 几乎完全支持 dBASE 的所有功能。Visual FoxPro 的出现是 xBASE 系列数据库系统的一次飞跃，其不仅在图形用户界面的设计方面采用了一些新的技术，还提供了所见即所得的报表和屏幕格式设计工具。

2002 年，随着微软公司.NET 口号的提出，Visual Studio .NET 发布了。在这个版本的 Visual Studio 中，微软公司将 Visual FoxPro 作为一个单独的开发环境（Visual FoxPro 7.0）销售，不再与 Studio 集成。2007 年，微软公司宣布 Visual FoxPro 9 将是微软公司的最后一款桌面数据库开发工具软件。

7. MySQL

MySQL 是一个小型关系数据库管理系统，开发者为瑞典的 MySQL AB 公司，该公司在 2008 年被 Sun 公司收购。而在 2009 年，Sun 公司被 Oracle 收购。目前 MySQL 被广泛地应用在 Internet 上的中小型网站中。由于其体积小、速度快、总体拥有成本低，尤其是开放源代码，因此许多中小型网站为了降低网站总体拥有成本而选择了 MySQL 作为网站数据库。虽然 MySQL 并没有与 SQL Server 一样多的功能，但是 MySQL 作为一个数据库管理系统得到了广泛的应用和支持。MySQL Community Server 版本和 MySQL Workbench 图形用户界面实用工具是免费的。MySQL 可以在 Linux、UNIX、NetWare，甚至 Windows 操作系统上运行。

7.7 小结

本章介绍了数据库的基本概念和数据库系统的构成，同时介绍了数据管理技术的发展过程。现实中数据信息进入数据库之前需要对其进行建模，因此本章介绍了数据模型的相关概念和理论。同时，本章重点讲解了关系模型和关系数据库的基本理论。为了增强实践性，本章简单地介绍了 SQL 的基本语法。最后本章介绍了一些常见的数据库软件。

习题 7

一、选择题

1. 在数据管理技术的发展过程中，经历了人工管理阶段、文件系统阶段和数据库系统阶段。在这几个阶段中，数据独立性最高的是（　　）阶段。

A. 数据库系统　　B. 文件系统　　C. 人工管理　　D. 数据项管理

2. 实体是根据（　　）的不同加以区分的。

A. 主键　　B. 外键

C. 属性的语义、类型和个数　　D. 名称

3. 数据库（DB）、数据库系统（DBS）和数据库管理系统（DBMS）三者之间的关系是（　　）。

A. DBS 包括 DB 和 DBMS　　B. DDMS 包括 DB 和 DBS

C. DB 包括 DBS 和 DBMS　　D. DBS 就是 DB，也就是 DBMS

4. 删除表结构应该选用（　　）命令。

A. DROP　　B. TRUNCATE　　C. DELETE　　D. 以上都不正确

5. 关系模型的基本数据结构是（　　）。

A. 树　　B. 图　　C. 索引　　D. 关系

6. 下列对关系模型叙述错误的是（　　）。
   A. 建立在严格的数学理论、集合论和谓词演算公式的基础之上
   B. 微型计算机 DBMS 绝大部分采取关系模型
   C. 用二维表表示关系模型是其一大特点
   D. 不具有连接操作的 DBMS 也可以是关系数据库系统
7. FoxPro 使用的数据模型是（　　）。
   A. 层次模型　　B. 关系模型　　C. 网状模型　　D. 非关系模型
8. 在关系数据库设计中，设计关系模式是（　　）阶段的任务。
   A. 需求分析　　B. 概念设计　　C. 逻辑设计　　D. 物理设计
9. 下面哪个不是数据库系统必须提供的数据控制功能（　　）。
   A. 安全性　　B. 可移植性　　C. 完整性　　D. 并发控制
10. IBM 公司于 20 世纪 70 年代推出的 IMS 使用的数据模型是（　　）。
   A. 层次模型　　B. 关系模型　　C. 网状模型　　D. 面向对象模型

二、简答题

1. 什么是数据库?
2. 简要概述数据库管理系统提供的功能。
3. 简要概述数据库、数据库系统和数据库管理系统各自的含义。
4. 数据库设计分哪几个阶段?

08 第8章　软件工程

“软件工程”一词是在1968年召开的国际会议上首次被提出来的。随着软件需求的不断扩大，软件开发越来越需要专门的理论指导，这样便促进了软件工程学科的诞生和发展。在软件工程理论的规范下开发软件，不仅可以提高软件开发的效率，还可以减少软件维护的成本。软件工程是每一个从事软件分析、设计、开发、测试、管理和维护工作的人员应该必备的知识。

通过本章的学习，学生应该能够：

1. 了解软件工程的基本概念；
2. 掌握软件开发的基本方法和过程；
3. 知道如何对软件的质量进行评价；
4. 理解软件的维护过程；
5. 熟悉软件项目的管理，初步建立工程化意识。

8.1　软件工程概述

8.1.1　软件

随着信息化、网络化和数字化时代的到来，社会对软件的需求激增。如今，世界主要经济体国家都把软件列为国家发展的关键技术领域。软件在当今社会中发挥着重要的作用。

软件是信息化社会和知识经济的基础，它渗透到人们生活、工作的所有领域，并迅速地改变着人们的生活和工作方式，以及社会的产业结构和面貌。人们对软件的依赖程度越来越高，社会需要大量丰富多彩的软件，并且这些软件需要随着社会的发展不断更新、充实和提高。

1. 软件的定义

人们平常在计算机上运行的程序，如一个文字编辑工具、一款中国象棋游戏，都是为了解决某个特定问题、由程序开发人员编制出来、能够在计算机上运行的语句序列，这些能在计算机上运行的程序称为软件。

实际上，软件是一系列按照特定顺序组织的计算机指令和数据的集合。软件不仅包括可以在计算机上运行的程序，而且与这些程序相关的文档一般也被认为是软件的一部分。简单来说，软件就是程序和文档的集合体。程序是为了解决某个特定问题而用程序设计语言描述的适合计算机处理的语句序列。文档则是软件开发活动的记录，主要供人们阅读，既可用于专业人员和客户之间的通信和交流，也可用于软件开发过程的管理和运行阶段的维护。

2. 软件的特点

软件是一种特殊的产品，与传统的工业产品相比，它具有以下一些特点。

（1）软件是一种逻辑产品，而不是具体的物理实体，具有抽象性。

（2）软件产品的生产主要包括开发、研制过程，没有明显的制造过程。

（3）软件产品在使用过程中，不存在磨损、消耗、老化等问题。

（4）软件产品的开发主要需要进行脑力劳动，还未完全摆脱人工开发方式，大部分产品是“定做”的，生产效率低。

（5）软件产品的成本相当高昂，软件的研制需要投入大量的人力、物力和财力，生产过程中还需对产品进行质量控制，即对每件产品进行严格的质量检验。

（6）软件对硬件和环境有不同程度的依赖性。为了减少这种依赖性，软件开发中提出了软件的可移植性问题。

（7）软件是复杂的，它是人类有史以来生产的复杂度最高的工业产品。软件是一个庞大的逻辑系统。软件开发，尤其是应用软件的开发，常常涉及其他领域的专门知识，这样就对软件开发人员提出了很高的要求。

3. 软件生产的发展

自电子计算机诞生以来，软件的生产就开始了。随着计算机技术的飞速发展及其应用领域的迅速拓宽，自 20 世纪 60 年代中期以后，软件需求迅速增长，软件数量急剧膨胀。这种增长促进了软件生产的发展，我们可以将软件生产的发展划分为以下 3 个阶段。

（1）程序设计阶段（1946—1956 年）。

在这一阶段，软件的生产主要是个体手工劳动的生产方式。程序设计者以机器语言、汇编语言作为工具；开发程序的方法主要是追求编程技巧和程序运行效率，并不重视程序设计方法，软件开发完全依赖于程序员个人的能力水平。

（2）程序系统阶段（1957—1967 年）。

由于计算机的应用领域不断扩大，软件的需求也不断增长。软件由于处理的问题域扩大而使程序变得复杂，因此一个软件需要由几个人协同完成，即需要采用“生产作坊方式”开发软件。 在这一阶段，语言工具是高级语言。由于大的程序需要合作开发，因此程序设计中开始提出结构化方法。该阶段的后期，这种生产作坊方式已经不能适应软件生产的需要，出现了所谓的“软件危机”。

（3）软件工程阶段（1968 年至今）。

1968 年召开的国际会议上讨论了“软件危机”的问题，在这次会议上正式提出并使用了“软件工程”术语，新的工程科学就此诞生。软件工程时期的生产方式是采用工程的概念、原理、技术和方法，使用数据库、开发工具、开发环境、网络、分布式、面向对象技术来开发软件。这个阶段的主要任务是采用“工程化的生产”方式克服软件危机，适应软件发展的需要。

8.1.2　软件危机

由于计算机硬件技术的进步，计算机的运行速度、容量、可靠性显著提高，生产成本显著下降，这为计算机的广泛应用创造了条件，一些复杂的、大型的软件开发项目被提了出来。随着软件规模的扩大，在软件开发中遇到的问题越来越多，这些问题找不到很好的解决方法，并逐渐累积，导致了软件危机。

1. 软件危机的定义

软件危机是指落后的软件生产方式无法满足迅速增长的计算机软件需求，从而导致软件开发与维护过程中出现一系列严重问题的现象。软件危机主要涉及两方面的问题：一是如何开发软件以满足软件日益增长的需求；二是如何维护数量不断增长的已有软件。

比较有代表的事件是 IBM 公司研发的 OS/360 操作系统，初期研发的产品共包含约 100 万条指令，耗费了 5000 人年（人年是指一个人一年的工作量），花费达数亿美元，而结果却令人沮丧：错误多达 2000 个以上，系统根本无法正常运行。OS/360 操作系统的负责人布鲁克斯这样描述开发过程的困难和混乱："像巨兽在泥潭中垂死挣扎，挣扎得越猛，泥浆沾得越多，陷得越深，最后没有一个野兽能够逃脱淹没在泥潭中的命运"。

2. 软件危机的典型表现形式

软件危机的典型表现形式如下。

（1）已完成的软件系统时常出现功能、性能不满意或出现故障等情况。

（2）软件产品的可靠性和质量安全等方面时常达不到标准。软件产品质量难以保证，甚至在开发过程中就被迫中断。

（3）软件开发管理差，对成本和进度的估计时常不准确。

（4）系统时常出现无法维护、升级或更新的现象。

（5）软件开发没有标准、完整、统一规范的文档资料。计算机软件不应只是程序，还应当有一整套规范的文档资料和售后服务。

（6）软件开发效率低，无法满足计算机应用迅速发展与提高的实际需要。

（7）软件研发成本在计算机系统总成本中所占的比例逐年上升。

3. 产生软件危机的主要原因

产生软件危机的主要原因如下。

（1）软件开发规模逐渐变大、软件复杂度和软件的需求量不断增加。例如，Windows 95 操作系统约有 1000 万行代码，Windows 2000 操作系统约有 5000 万行代码。

（2）没有按照工程化方法运作，开发过程没有统一的标准和准则、规范的指导方法。

（3）软件需求分析与设计考虑不周，软件开发、维护和管理不到位。

（4）开发人员与用户或开发人员之间互相的交流和沟通不够，文档资料不完备。

（5）软件测试调试不规范、不细致，提交的软件质量不达标。

（6）忽视软件运行过程中的正常维护和管理。

4. 解决软件危机的主要措施

解决软件危机的主要措施如下。

（1）技术方法。运用软件工程的技术、方法和标准，尽快消除在计算机系统发展早期形成的一些错误观念和做法。

（2）开发工具。选用先进高效的软件工具，同时采取切实可行的实施策略。

（3）组织管理。研发机构需要组织高效、管理制度和标准严格规范、职责明确、质量保证、团结互助、齐心协力，注重文档及服务。

8.1.3 软件工程的定义及目标

软件工程是指导计算机软件开发和维护的一门工程学科，是计算机学科中一个重要的分支，强调采用工程化的思想、原理、技术和方法来开发与维护软件，把相关的管理方法和最先进的开发技术相结合起来，解决软件生产中的问题。

1993 年，IEEE 为软件工程进行过定义，可归纳为：软件工程是将系统化的、规范的、可度量的方法应用于软件的开发、运行与维护过程的学科。

软件工程的不同定义中使用了不同的词句，强调的重点也有所差异，但是它的中心思想是把软件当作一种工业产品，要求“采用工程化的原理和方法对软件进行计划、开发和维护”，宗旨是提高软件生产率、降低生产成本，以较小的代价获得高质量的软件产品。

软件工程的主要目标如下。

（1）合理控制开发成本，降低开发费用。

（2）实现预期的软件功能，达到较好的软件性能，满足用户的需求。

（3）提高所开发软件的可维护性，降低维护费用。

（4）提高软件生产率，确保及时交付使用。

8.2 软件开发模型

模型是为了理解事物而对事物做出的一种抽象。建模是软件工程最常使用的一种技术。软件开发模型是软件开发全部过程、活动和任务的结构框架，是为整个软件周期建立的模型，也称软件过程模型或软件生存周期模型。常用的软件开发模型有瀑布模型、原型模型、增量模型和螺旋模型。

8.2.1 软件生存周期

软件有一个孕育、诞生、成长、成熟、衰亡的生存过程。一个软件项目从被提出并着手实现到该软件报废或停止使用的过程为软件生存周期。软件生存周期是由工程中的产品生存周期的概念衍化而来的。

软件生存周期内阶段的划分要受软件的规模、性质、类型、开发方法等的影响，阶段划分过细会增加阶段之间联系的复杂性和软件开发工作量，在实际软件工程项目中较难操作。也有人提出软件生存周期可划分成 4 个活动时期，即软件分析时期、软件设计时期、编码与测试时期及运行与维护时期，如图 8.1 所示。

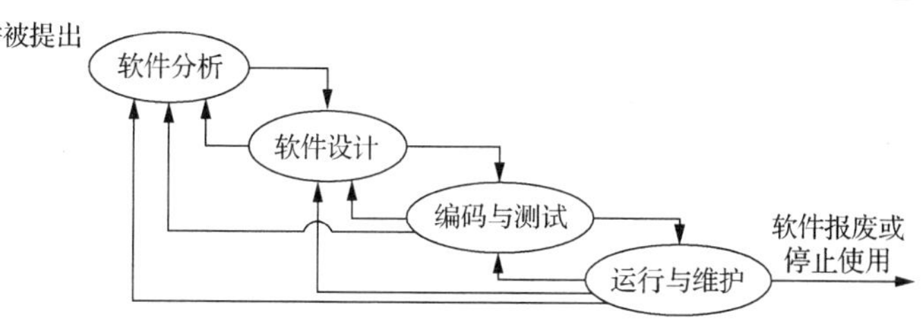

图 8.1 软件生存周期

1. 软件分析时期

软件分析时期也可称为软件定义与分析时期。这个时期的根本任务是确定软件项目的目标、软件应具备的功能和性能，构造软件的逻辑模型，并制定验收标准。

这个时期包括问题定义、可行性研究和需求分析 3 个阶段，且可以根据软件系统的规模和类型决定是否细分阶段。

2. 软件设计时期

软件设计时期的根本任务是将软件分析时期得出的逻辑模型设计成具体计算机软件方案。具体来说，软件设计时期主要包括以下内容。

（1）设计软件的总体结构。

（2）设计软件具体模块的实现算法。

（3）软件设计结束之前，也要进行有关评审，评审通过后才能进入编码时期。

3. 编码与测试时期

编码与测试时期也可称为软件实现时期。这个时期主要是组织程序员将设计的软件“翻译”成计算机可以正确运行的程序，并且要按照软件分析中提出的要求和验收标准进行严格的测试和审查。软件在审查通过后才可以交付使用。

4. 运行与维护时期

运行与维护时期简称为维护时期。维护是计算机软件不可忽视的重要任务，也是软件生存周期中用时最长、工作量最大、费用最高的一项任务。事实上，提出软件工程最主要的原因之一就是软件出现了难以维护这种“危机”。

8.2.2 瀑布模型

瀑布模型也称为生存周期模型或线性顺序模型，是在 1970 年被提出的。它是将软件生存周期的各个活动规定为按照线性顺序连接的若干阶段的模型，包括问题定义、可行性研究、需求分析、概要设计、详细设计、编码、测试和维护。

瀑布模型规定了由前至后、相互衔接的固定次序，恰如奔腾不息、顺流而下的瀑布。瀑布模型各阶段的相互关系如图 8.2 所示。

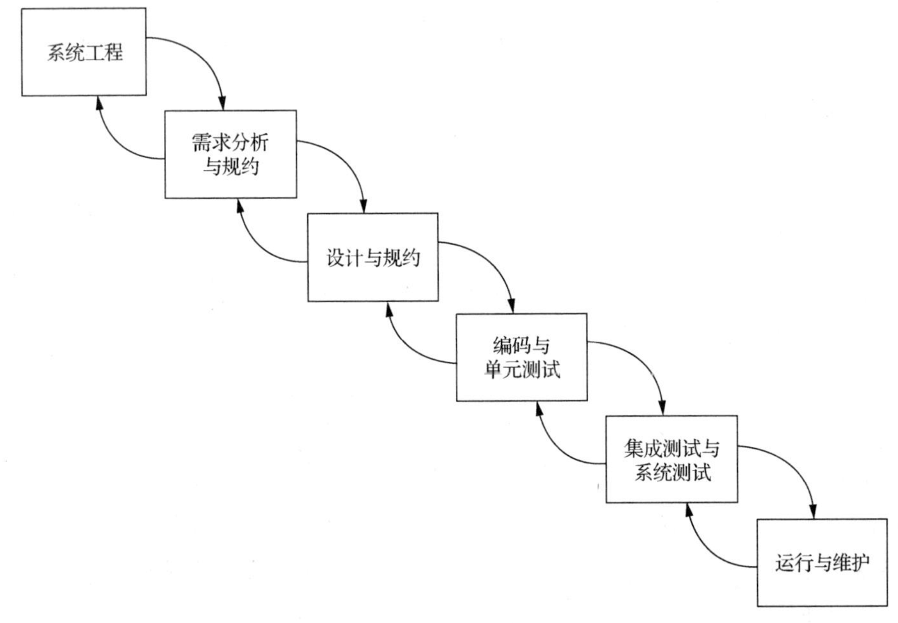

图 8.2 瀑布模型各阶段的相互关系

瀑布模型具有如下特点。

（1）阶段的顺序性和依赖性：必须等前一阶段的工作完成，才能开始后一阶段的工作；前一阶段的输出文档就是后一阶段的输入文档。

（2）推迟实现的观点：在编码之前设置了系统分析与系统设计的各个阶段，分析与设计阶段的基本任务规定。在这两个阶段主要考虑目标系统的逻辑模型，不涉及软件的物理实现。

（3）质量保证的观点：每一个阶段都必须完成相应文档所规定的任务；每一个阶段结束之前都必须对已完成的文档进行评审。

（4）存在的问题：瀑布模型是一种理想的线性开发模式，缺乏灵活性，特别是无法解决软件需求不明确或不准确的问题；早期开发存在的问题往往要到交付使用时才发现，维护代价大。

8.2.3 原型模型

原型（Prototype）需要快速建立一个能够反映客户主要需求的原型系统，它反映了系统性质（如功能、计算结果等）的一个选定的子集。一个原型不必满足目标软件的所有约束，其目的是快速、低成本地构建原型。

原型模型从软件工程师与客户的交流开始，目的是定义软件的总体目标并标注需求；然后快速制订原型开发的计划，确定原型的目标和范围，采用快速设计的方式进行建模，并构建原型。

被开发的原型应交付给客户试用，通过实践让客户了解未来目标系统的概貌，并收集客户的反馈意见，以便根据这些反馈意见在下一轮迭代中对原型进行改进。当前一个原型需要改进，或者需要扩展其范围的时候，进入下一轮原型的迭代开发，这样反复改进，最终建立完全符合客户需求的新系统，如图 8.3 所示。

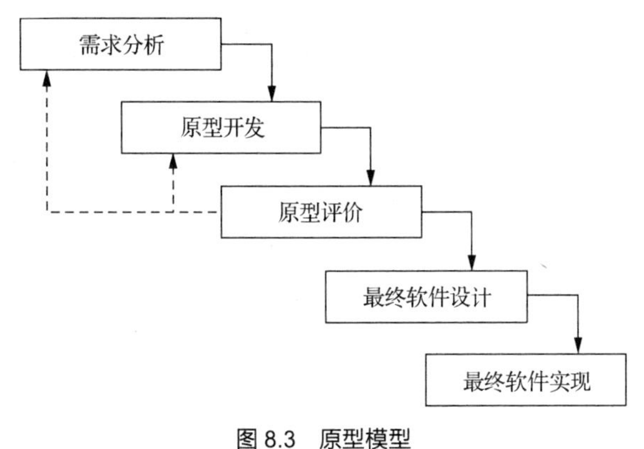

图 8.3　原型模型

8.2.4　增量模型

增量模型也称为渐增模型，它是瀑布模型的顺序特征和原型模型的迭代特征相结合的产物，是一种非整体开发的模型。增量模型将软件的开发过程分成若干个日程时间交错的线性序列，每个线性序列产生软件的一个可发布的“增量”版本（后一个版本是对前一个版本的修改和补充），重复增量发布的过程，直至产生最终的完善产品。

软件在模型中是“逐渐”被开发出来的。增量模型把软件产品作为一系列的增量构件来设计、编码、集成和测试。每个构件由多个相互作用的模型构成，并且能够完成特定的功能。开发出一部分，向客户展示一部分，可让客户及早看到部分软件，及早发现问题。增量模型如图 8.4 所示。

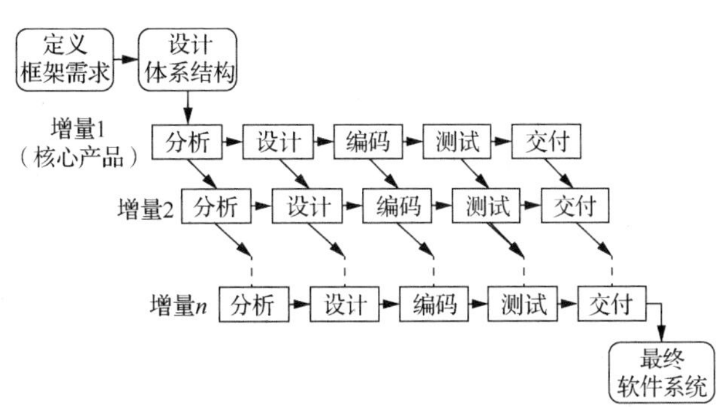

图 8.4　增量模型

增量模型特别适用于需求经常变化的软件开发，也适用于市场急需而现有的开发人员和资金不能在设定的市场期限之前实现一个完善产品的软件开发。

8.2.5　螺旋模型

螺旋模型加入了瀑布模型与增量模型都忽略了的风险分析，即将两种模型结合起来，弥补了两种模型的不足。它是一种风险驱动的模型。螺旋模型又是一种迭代模型，它把开发过程分为几个螺旋周期，每迭代一次，螺旋线就前进一周（螺旋模型沿着螺旋线旋转），如图 8.5 所示。在 4 个象限上分别表达 4 个方面的活动，具体如下。

（1）制订计划：确定软件目标，选定实施方案，明确项目开发的限制条件。

（2）风险分析：评价所选的方案，识别风险，消除风险。

（3）工程实施：实施软件开发，验证工作产品。

（4）客户评估：评价开发工作，提出修正建议。

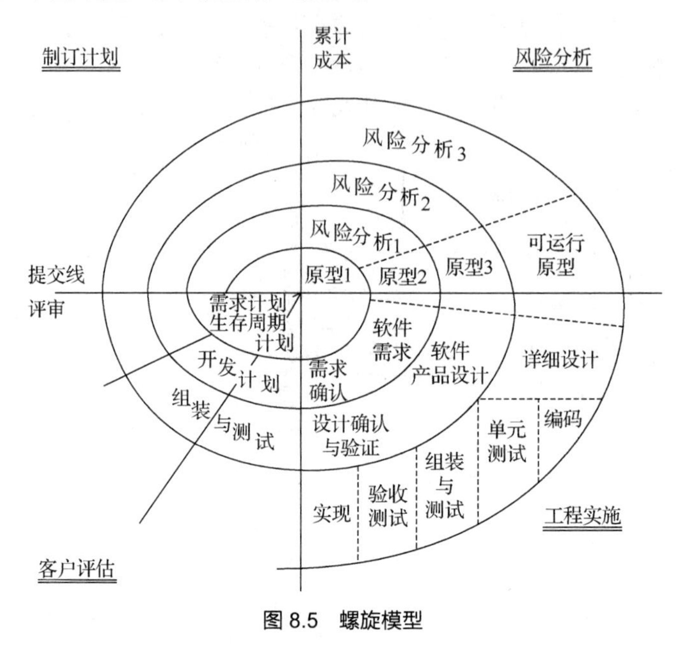

图 8.5　螺旋模型

螺旋模型出现了一些变种，它可以有 3～6 个任务区域。螺旋模型指引的软件项目开发沿着螺旋线自内向外旋转，每前进一周，表示开发出一个更为完善的新软件版本。

如果发现风险太大，开发人员和客户无法承受，则项目可能因此而终止，但多数情况下沿着螺旋线的活动会继续下去，自内向外，逐步延伸，最终得到所期望的系统。

8.3　软件开发方法

软件开发模型是指开发软件项目的总体思路。软件开发方法的核心在于使用一套早已定义好的技术集及符号表示习惯来系统地组织和指导软件开发的全过程。

良好的软件开发方法是克服软件危机的重要途径之一。因此，自软件工程诞生以来，人们重视软件开发方法的研究，已经提出了多种软件开发方法和技术。这些方法和技术对软件工程及软件产业的发展起到了不可估量的作用。

8.3.1　结构化方法

结构化方法（Structured Method）是最早的、最传统的软件开发方法。结构化方法由结构化分析、结构化设计和结构化程序设计构成，也称 Yourdon 方法。它适用于一般数据处理系统，是一种较流行的软件开发方法。

（1）结构化分析就是根据分解与抽象的原则，按照系统中数据处理的流程，用数据流图来建立系统的功能模型，从而完成需求分析。

（2）结构化设计就是根据模块独立性准则、软件结构准则，将数据流图转换为软件的体系结构，用软件结构图来建立系统的物理模型，实现系统的概要设计。

（3）结构化程序设计就是根据结构程序设计原理，将每个模块的功能用相应的标准控制结构表示出来，从而实现详细设计。

8.3.2　面向对象方法

面向对象的软件开发（Object-Oriented Software Development）是近年来流行的软件开发方法。它是一种运用对象、类、继承、封装、聚合、消息传送、多态性等概念来构造系统的软件开发方法。

面向对象的软件开发的基本出发点是尽可能按照人类认识世界的方法和思维方式来分析和解决问题。面向对象的软件开发方法将重点放在软件生存周期的分析阶段。因为面向对象的软件开发方法在开发的早期就定义了一系列面向问题领域的对象（即建立了对象模型），所以整个开发过程统一使用这些对象，且并不过分充实和扩展对象模型。

与面向过程的软件开发思想相比，面向对象的软件开发方法不再以功能划分为导向，而以对象作为整个问题分析的中心，围绕对象展开系统的分析与设计工作。

在开发过程方面，面向对象软件工程和传统软件工程一样把软件开发划分为分析、设计、编码和测试等几个阶段，但各个阶段的具体工作不同。

8.4　软件开发过程

软件开发过程是指按照项目的进度、成本和质量限制，开发和维护满足用户需求的软件所必需的一组有序的软件开发活动集合，主要包括可行性研究、需求分析、总体设计、详细设计、编码实现、测试和维护等过程。

8.4.1　可行性研究

开发一个基于计算机的系统通常受到资源（人力、财力、设备等）和时间上的限制。可行性研究主要从经济、技术和法律等方面分析所给出的解决方案是否可行，以及能否使用限定的资源在规定的时间内完成。

可行性研究的目的是用最小的代价在尽可能短的时间内确定问题是否能够解决。

1. 经济可行性分析

经济可行性主要进行成本效益分析，即从经济角度确定系统是否值得开发。基于计算机系统的成本主要包括：购置硬件、软件和其他设备的费用，系统开发的费用，系统安装、运行与维护的费用，以及人员培训的费用。

2. 技术可行性分析

技术可行性分析主要根据系统的功能、性能、约束条件等，分析在现有资源和技术条件下系统能否实现。技术可行性分析通常包括风险分析、资源分析和技术分析。

（1）风险分析是分析在给定的约束条件下设计和实现系统的风险，包括采用不成熟的技术可能造成的技术风险，人员流动可能给项目带来的风险，成本和人员估算不合理造成的预算风险。风险分析的目的是找出风险，评估风险的大小，并有效地控制和缓解风险。

（2）资源分析论证是否具备系统开发所需的各类人员、软件、硬件等资源和相应的工作环境。例如，如果有一支开发过类似项目的团队，或者开发人员比较熟悉系统所处的领域，并有足够的人员保证，所需的硬件和支撑软件能通过合法的手段获取，那么从技术角度看，可以认为具备设计和实现系统的条件。

（3）技术分析对当前的科学技术是否支持系统开发的各项活动进行判断。在技术分析过程中，分析员收集系统的性能、可靠性、可维护性和生产率方面的信息，分析实现系统功能、性能所需的技术、方法、算法或过程，从技术角度分析可能存在的风险，以及这些技术问题对成本的影响。

在进行技术可行性分析时通常需进行系统建模，必要时可建造原型和进行系统模拟。

3. 法律可行性分析

法律可行性分析研究系统开发过程中可能涉及的合同、侵权、责任和各种与法律相悖的问题。我国颁布了《中华人民共和国著作权法》，其中将计算机软件作为著作权法的保护对象。国务院颁布了《计算机软件保护条例》。这两个法律文件是法律可行性分析的主要依据。

8.4.2 需求分析

软件需求分析是软件生存周期中非常重要的环节。在完成可行性研究之后，如果软件系统的开发是可行的，就要在软件开发计划的基础上进行需求分析。需求分析的任务不是确定系统怎样完成它的工作，而是确定系统必须完成哪些工作，也就是对目标系统提出完整、准确、清晰且具体的需求。

1. 需求分析的定义

软件需求分析是软件开发期的第一个阶段，它的基本任务是准确地回答“系统必须完成哪些工作”这个问题。

IEEE 软件工程标准词汇表（1997 年）中将“需求”定义为：用户为解决某一问题或达到某个目标所需要的条件或能力。系统或系统部件要满足合同、标准、规格说明以及其他正式规定的文档所需要的条件或能力，以及反映上面两方面的文档说明。

目前虽然对软件需求的定义有着不同的看法，但是通常认为软件需求是指软件系统必须满足的所有功能、性能和限制。软件需求分析是将用户对软件的一系列要求、想法转变为软件开发人员所需要的有关软件的技术说明。

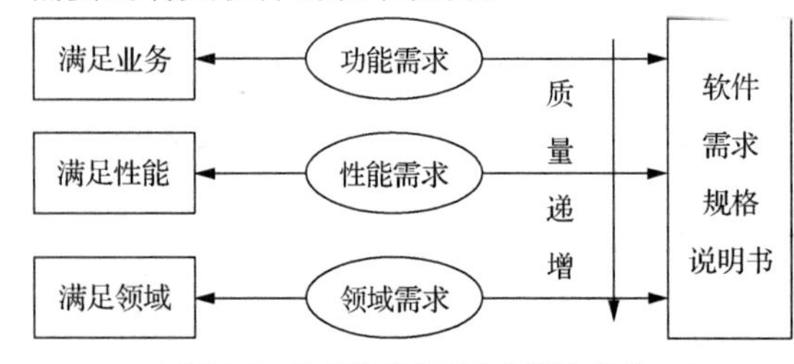

图 8.6 软件需求各层次之间的关系

在实际工作中，通常把软件需求细化为 3 个不同的层次：功能需求、性能需求和领域需求。功能需求包含组织机构或客户本人对系统、产品的高层次目标要求和低层次使用要求，定义了开发人员必须实现的软件功能，使得客户能够完成自己的工作，从而满足业务需求。图 8.6 所示的是软件需求各层次之间的关系。

（1）功能需求。功能需求用来描述组织机构或客户本人的各层次目标。通常，问题定义本身就是业务需求，业务需求必须具有业务导向性、可度量性、合理性及可行性。这类需求既来自高层，如项目投资人、购买产品的客户、实际用户的管理者、市场营销部门或产品策划部门，也来自低层的具体业务要求，如为完成某项任务而采用的具体业务流程。功能需求是一类软件区分其他软件的本质需求，如财务软件的功能需求不同于合同管理软件的功能需求。

（2）性能需求。为了有效地完成软件的功能需求，需要对软件的性能做出要求，例如，I/O 响应速度、界面的友好性、存储文件的大小、稳健性、可维护性和安全性等。性能要求是对软件质量的高层次要求。性能需求是所有软件的共性需求，不是软件彼此之间进行区分的本质特征。

（3）领域需求。软件的分类依据千差万别，不同领域的软件需求有着比较明显的差别，涉及国家军事、政治和经济方面的软件有着特定的领域要求，如法律、法规和道德需求，高保密性和安全性需求；涉及自动控制的、会引起生命危险的软件对容错、纠错和维护响应时间的需求非常高。单纯的信息管理软件则对数据安全性的要求比较高。

2. 需求分析的常用方法

需求分析的常用方法如下。

（1）功能分解方法。该方法将一个系统看成由若干个功能构成的集合，每个功能又可划分成若干个子功能（加工），一个子功能又可进一步分解成若干个子功能（即加工步骤）。因此，功能分解方法有功能、子功能和功能接口 3 个组成要素。

把软件需求当作一棵倒置的功能树，每个节点都是一项具体的功能，从树根往下，功能由粗到细。树根是总功能，树枝是子功能，树叶是子功能。

功能分解方法体现了“自顶向下，逐步求精”的思想，该方法难以适应客户的需求变化。

（2）结构化分析方法。结构化分析方法是一种从问题空间到某种表示的映射方法，软件功能由数据流图表示。这种方法是结构化方法中重要的、被普遍采用的方法，由数据流图和数据字典构成系统的逻辑模型。该方法使用简单，主要适用于求解数据处理领域问题。

（3）信息建模方法。信息建模方法是从数据的角度对现实世界建立模型的。该方法的基本工具是 E-R 图，由实体、属性和联系构成。在信息模型中，实体是一个对象或一组对象。实体把信息收集在其中，联系是表示实体之间的关系或交互作用的。

（4）面向对象方法。面向对象方法是把 E-R 图中的概念与面向对象程序设计语言中的概念结合在一起形成的一种分析方法。面向对象方法的关键是识别、定义问题域内的类与对象（实体），并分析它们之间的关系，根据问题域中的操作规则和内存性质建立模型。

3. 需求分析的描述工具

结构化分析（Structured Analysis，SA）是面向数据流的需求分析方法，20 世纪 70 年代后期被提出并得到广泛的应用。结构化分析是指使用数据流图、数据字典、结构化语言、判定树和判定表等工具，来建立一种新的称为结构化说明书的目标文档。

（1）数据流图。数据流图（Dataflow Diagram，DFD）是一种图形化技术，用于表示系统逻辑模型。它以直观的图形清晰地描述了系统数据的流动和处理过程，是分析人员与客户之间极好的沟通方式，其基本符号如图 8.7 所示。

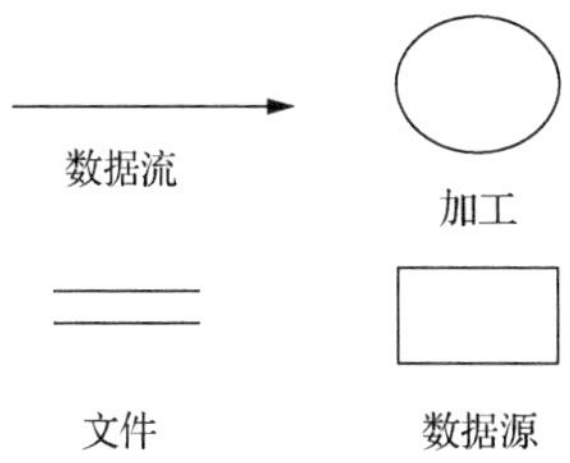

数据流 加工

文件 数据源

图 8.7 数据流图的基本符号

数据流图中没有任何具体的物理元素，它只是描述数据在软件中流动和被处理的逻辑过程。

① 数据源（源点或者终点）：数据源通常是系统之外的实体，可以是人、物或其他软件系统；一般只出现在数据流图的顶层中。

② 加工：加工是对数据进行处理的单元，一个加工框可以代表一系列程序、单个程序或程序的一个模块；每个加工的名称通常是动词短语，简明地描述完成什么处理。在分层的数据流图中，处理还应有编号，编号说明这个处理在层次分解中的位置。

③ 数据流：数据流是数据在系统内传输的路径，由一组固定的数据项组成。数据流应该用名词或名词短语命名，并且应该描述所有可能的数据流向，而不应该描绘出现某个数据流的条件。

④ 文件：文件用来存储数据。流向数据存储文件的数据流可理解为写入文件或查询文件，从数据存储文件流出的数据可理解为从文件读数据或得到查询结果。

（2）数据字典。数据字典（Data Dictionary，DD）是软件需求分析阶段的另一个有力工具。数据流图描述了系统的分解过程，直观且形象，但是没有对图中各个成分进行准确且完整的定义。而数据字典为数据流图中的每一个数据流、文件、加工及组成数据流或文件的数据项做出说明。

数据流图和数据字典一起构成了系统的逻辑模型。没有数据字典，数据流图就不严格；没有数据流图，数据字典也不起作用。在数据字典中建立严格一致的定义有助于改善分析人员和客户之间的交流，避免许多误解的发生。随着系统的改进，字典中的信息也会发生变化，新的数据会随时加入进来。

数据字典用于定义数据流图中各个图形元素的具体内容，为数据流图中出现的图形元素做出确切的解释。数据字典包含 4 类条目：数据流、数据存储、数据项和数据加工。

数据字典使用的符号如下。

① =：表示被定义为或等价于，或由……组成。

② +：表示“与”(和)，用来连接两个数据元素。例如，$X=a+b$ 表示 X 被定义为由 a 和 b 组成。

③ [···|···]：表示“或”，对“[ ]”中列举的数据元素可任选其中某一项。例如，$X=[a|d]$表示 X 由 a 或 d 组成。

④ {···}：表示“重复”，对“{}”中的内容可以重复使用。例如，$X=\{a\}$表示 X 由 0 个或 n 个 a 组成。

⑤ m\{···|···\}n：表示“{}”中内容至少出现 m 次，最多出现 n 次。其中，m、n 为重复次数的上、下限。例如，$X=2\{B\}6$ 表示在 X 中，B 至少出现 2 次，最多出现 6 次。

⑥ (···)：表示“可选”，对“()”中的内容可选、可不选。

(3)结构化语言。结构化语言是一种介于自然语言和形式化语言之间的半形式化语言。虽然使用自然语言来描述加工逻辑是最为简单的，但是自然语言往往不够精确，可能存在二义性，而且很难用计算机处理。形式化语言可以非常精确地描述事物，而且可以使用计算机来处理，但是往往不容易被用户理解。因此，可以采用一种结构化语言来描述加工逻辑。它在自然语言的基础上加入了一定的限制，通过使用有限的词汇和有限的语句来严格地描述加工逻辑。

结构化语言主要使用的词包括：祈使句中的动词、数据字典中定义的名词或数据流图中定义过的名词/动词、基本控制结构中的关键词、自然语言中具有明确含义的动词和少量的自定义词汇等。它一般不使用形容词或副词。另外，还可以使用一些简单的算术运算符、逻辑运算符和关系运算符。

结构化语言中 3 种基本结构及其描述方法如下。

① 顺序结构：由自然语言中的简单祈使语句序列构成。

② 选择结构：通常采用 IF···THEN···ELSE···ENDIF 结构和 CASE···OF···结构。

③ 循环结构：通常采用 DO WHILE···ENDDO 结构和 REPEAT···UNTIL 结构。

例如，某学院依据每个学生每学期已修课程的成绩制定奖励制度，具体为：成绩为优秀的课程比例占 60%以上且表现优秀的学生可以获得一等奖学金，表现一般的学生可以获得二等奖学金；成绩为优秀的课程比例占 40%以上且表现优秀的学生可以获得二等奖学金，表现一般的学生可以获得三等奖学金。

可以对上述例题用结构化语言描述加工逻辑，具体表现形式如下。

```
IF 成绩优秀的课程比例>=60%THEN
    IF 表现=优秀 THEN
        获得一等奖学金
    ELSE
        获得二等奖学金
    ENDIF
ELSEIF 成绩优秀的课程比例>=40%THEN
    IF 表现=优秀 THEN
        获得二等奖学金
    ELSE
        获得三等奖学金
    ENDIF
ENDIF
```

8.4.3　总体设计

总体设计又称为概要设计。经过学习需求分析阶段的内容，读者对系统必须完成哪些工作已经清楚了，总体设计阶段则应该决定如何完成。总体设计的基本目标就是回答“概括的话，系统该如何实现”这个问题。

1. 总体设计的内容

总体设计的任务是从软件需求规格说明书出发，根据需求分析阶段确定的功能设计软件系统的整体结构、划分功能模块、确定每个模块接口方案。典型的总体设计过程包括以下内容。

（1）设想供选择的方案。根据需求分析阶段得出的数据流图，考虑各种可能的实现方案，力求从中选出最佳方案。

（2）选取合理的方案。从前一步得到的一系列供选择的方案中选取若干个合理的方案。

（3）推荐最佳方案。分析人员应该综合分析、对比各种合理方案的利弊，推荐一个最佳的方案，并且为推荐的方案制订详细的实现计划。

（4）功能分解。首先进行结构设计，然后进行过程设计。结构设计确定程序由哪些模块组成，以及这些模块之间的关系；过程设计确定每个模块的详细设计处理过程。结构设计是总体设计阶段的任务，过程设计是详细设计阶段的任务。

（5）设计软件结构。通常程序中的一个模块可完成一个适当的子功能。对于系统来说，应当把模块组织成良好的层次系统。软件结构可以用层次图或结构图来描述该功能。如果数据流图已经细化到适当的层次，则可以直接从数据流图映射出软件结构，这就是面向数据流的设计方法。

（6）设计数据库。对于需要使用数据库的应用系统，软件工程师应该在需求分析阶段所确定的系统数据需求的基础上，进一步设计数据库。

（7）制订测试计划。在软件开发的早期阶段考虑测试问题，能促使软件设计人员在设计时注意提高软件的可测试性。

（8）书写文档。应该用正式的文档记录总体设计的结果。

（9）审查和复审。应该对总体设计的结果进行严格的技术审查和管理复审。

2. 总体设计的原理

在进行总体设计的过程中，应该遵循模块化、抽象化、逐步求精、信息隐藏和局部化、模块独立性这 5 方面的原理。

（1）模块化。模块化是指在解决一个复杂问题时，自顶向下逐层把系统划分成若干模块的过程。其有多种属性，它们分别反映其内部特性。模块化是一种将复杂系统分解为更好的、可管理模块的处理方式。模块化用来分割、组织和打包软件，每个模块完成一个特定的子功能，所有的模块按某种方法组装起来，形成一个整体，从而完成整个系统所要求的功能。例如，子程序、过程、函数、宏等都是模块，又如，学生信息管理系统中的学籍管理子程序是一个模块，学生信息汇总过程是一个模块，C 语言编写的某函数也是一个模块。

模块具有以下几种基本属性：接口、功能、逻辑和状态。接口、功能与状态反映模块的外部特性，逻辑反映模块的内部特性。在系统的结构中，模块是可组合、分解和更换的单元。

如果一个大型程序仅由一个模块组成，由于它引用跨度广、变量数目多、总体复杂度高，因此将很难被人理解。

（2）抽象化。抽象是一种思维方法。通过这种思维方法认识事物的时候，人们将忽略事物的细节，通过事物的本质特性来认识事物。具体地说，在现实世界中，一定的事物、状态或过程之间总存在着某些相似的共性，把这些相似的方面集中概括起来，暂时忽略它们之间的差异，就是抽象。在计算机科学中，抽象化（Abstraction）是以数据与程序的语义来呈现出它们的外观，但是隐藏起它们的实现细节。抽象化用于降低程序的复杂度，使得程序员可以专注于处理少数重要的部分。一个计算机系统可以被分成几个抽象层，使得程序员可以将它们分开处理。

（3）逐步求精。逐步求精是指对现实问题进行几次抽象处理，最后到求解域中，只是一些简单的算法描述和算法实现问题，即将系统功能按层次进行分解，每一层不断将功能细化，最后一层中都是功能单一、简单易实现的模块。求解过程可以被划分为若干个阶段，在不同阶段采用不同的工具来描述问题。在每个阶段有不同的规则和标准，产生不同阶段的文档资料。

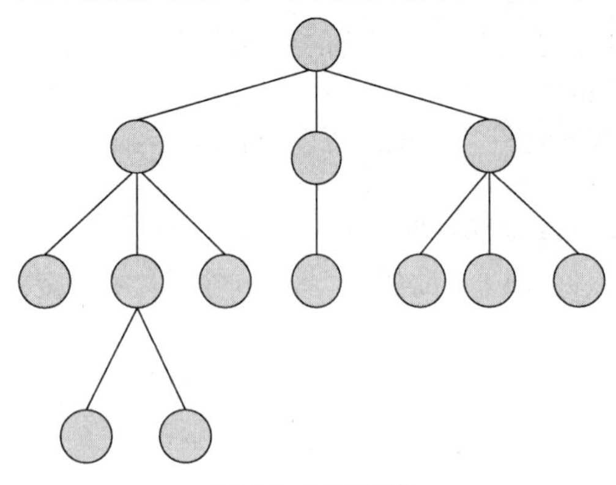

图 8.8 逐步求精

逐步求精是由克劳斯 • 沃思最初提出的一种自顶向下的设计策略，是人类解决复杂问题时常采用的一种技术。沃思是这样阐述逐步求精过程的：我们对付复杂问题的最重要的办法是抽象。因此，对一个复杂的问题不应该立刻用计算机指令、数字和逻辑符号来表示，而应该用较自然的抽象语句来表示，从而得出抽象程序。抽象程序对抽象的数据进行某些特定的运算，并用某些合适的记号来表示。对抽象程序进行进一步分解，并进入下一个抽象层次，这样的精细化过程一直进行下去，直到程序能被计算机接受为止。这时的程序可能是用某种高级语言或机器指令编写的。逐步求精如图 8.8 所示。

（4）信息隐藏和局部化。信息隐藏（Information Hiding）是 1972 年提出的把系统分解为模块时应遵循的指导思想。在应用模块化原理时，自然会产生一个问题：为了得到最好的一组模块，应该怎样分解软件？信息隐藏指出：在设计和确定一个模块时，应该让该模块内包含的信息对于不需要这些信息的模块来说是不能被访问的。当程序要调用某个模块时，只需要知道该模块的功能和接口，不需要了解它的内部结构。这就好比我们使用空调，只需要知道如何使用它，而不需要理解空调复杂的制冷、制热原理和电路图。

局部化概念和信息隐藏概念是密切相关的。所谓局部化，是指把一些关系密切的软件元素在物理上放得彼此靠近。在模块中使用局部数据元素是局部化的一个例子。显然，局部化有助于实现信息隐藏。

信息隐藏意味着有效的模块化可以通过定义一组独立的模块来实现，这些独立模块彼此间交换的仅是那些为了完成系统功能而必须交换的信息。抽象有利于定义组成软件的过程实体，而隐藏则定义并加强了对模块内部过程细节或模块使用的任何局部数据结构的访问约束。

（5）模块独立性。所谓模块独立性，是指软件系统中每个模块只涉及软件要求的具体的子功能，而与其他模块之间没有过多的相互作用。换句话说，若一个模块只具有单一的功能且与其他模块没有太多联系，就认为该模块具有独立性。具有独立性的模块由于接口简单，在软件开发过程中比较容易被开发，在测试时也容易被测试和维护。

一般使用两个定性标准来衡量模块的独立程度：耦合和内聚。耦合用于衡量不同模块彼此间互相依赖的紧密程度；内聚用于衡量一个模块内部各个元素彼此结合的紧密程度。

① 耦合。耦合性是程序结构中各个模块之间相互关联的度量。它取决于各个模块之间的接口的复杂程度、调用模块的方式及哪些信息通过接口。在软件设计中应该追求实现尽可能具有松散耦合的系统，这样在开发、测试任何一个模块时，不需要对系统的其他模块有太多的了解，而且如果一个模块发生错误，影响其他模块的可能性就很小。模块耦合越高，维护成本越高。因此，软件的设计应使模块之间的耦合尽可能最小。

耦合可以分为以下几种，它们之间的耦合度由高到低排列如下。

a. 内容耦合。如果一个模块直接修改或操作另一个模块的数据，又或一个模块不通过正常入口而转入另一个模块，这种耦合被称为内容耦合。内容耦合是最高程度的耦合，应该避免使用它。

b. 公共耦合。如果两个或两个以上的模块共同引用公共数据环境的一个全局数据项，这种耦合被称为公共耦合。在具有大量公共耦合的结构中，确定究竟哪个模块给全局变量赋予了一个特定的值是十分困难的。公共数据环境包括全局变量、共享的通信区、内存的公共覆盖区、任何存储介质上的文件、物理设备等。

c. 控制耦合。如果一个模块通过接口向另一个模块传递一个控制信号，接收信号的模块根据信号值而进行适当的动作，这种耦合被称为控制耦合。控制耦合是中等程度的耦合，它增加了系统的复杂程度。控制耦合往往是多余的，在把模块适当分解之后通常可以用数据耦合代替它。

d. 特征耦合。当模块之间传递的是某些数据结构，但是目标模块只是使用了数据结构中的部分内容时，这种耦合被称为特征耦合。例如，模块 A 给模块 B 传递某个图书对象时，模块 B 只使用了该对象的一个书号属性，那么模块 A 与模块 B 之间就是特征耦合，此时应该把模块 A 给模块 B 传递的参数改为某图书的书号，将特征耦合变为数据耦合。

e. 数据耦合。如果模块之间通过参数来传递数据，这种耦合被称为数据耦合。数据耦合是较低程度的耦合，系统中一般都存在这种类型的耦合，因为为了完成一些功能，往往需要将某些模块的输出数据作为另一些模块的输入数据。

f. 非直接耦合。两个模块之间没有直接关系，它们之间的联系完全是通过主模块的控制和调用来实现的，这种耦合被称为非直接耦合。

耦合是影响软件复杂程度和设计质量的一个重要因素，因此在设计中应采用以下原则：如果模块间必须存在耦合，就尽量使用数据耦合，少用控制耦合，限制公共耦合的范围，完全不用内容耦合。

② 内聚。内聚用于衡量一个模块内部各个元素彼此结合的紧密程度，它是信息隐蔽和局部化概念的自然扩展。内聚是从功能角度来度量模块内的联系的，一个好的内聚模块应当恰好做一件事。内聚按紧密程度（强度）从低到高排列的次序为偶然内聚、逻辑内聚、时间内聚、过程内聚、通信内聚、顺序内聚、功能内聚。

a. 偶然内聚。如果一个模块的各成分之间毫无关系，则称其为偶然内聚。也就是说模块完成的一组任务之间的关系松散，实际上没有什么联系。很多软件设计新手都喜欢把多个本来功能不相干的模块组合在一起形成一个模块，仅为了设计程序上的方便，但是这种偶然内聚会导致软件结构不清晰，难以理解和调试，也为后续模块重用带来了麻烦。

b. 逻辑内聚。如果几个逻辑上相关的功能被放在同一模块中，则称其为逻辑内聚。如果调用模块在每次调用时传递一个“读”或“写”参数给被调用模块，被调用模块根据该参数选择是“读”一个记录还是“写”一个记录，那么这个被调用模块就属于逻辑内聚。逻辑内聚也会导致模块结构不清晰，难以理解、调试及重用，应把“读”功能和“写”功能分解开，分别形成两个独立的模块。

c. 时间内聚。如果一个模块完成的功能必须在同一时间内执行（如系统初始化），但这些功能只是因为时间因素关联在一起，则称其为时间内聚。

d. 过程内聚。如果一个模块内部的处理是相关的，而且这些处理必须以特定的次序执行，则称其为过程内聚。在将程序流程图作为工具设计软件时，常常通过研究流程图确定模块的划分，这样得到的往往是过程内聚的模块。

e. 通信内聚。如果一个模块的所有元素都使用同一个输入数据和产生同一个输出数据，则称其为通信内聚。例如，某模块要求根据“书号”查询所有书的价格，再根据“书号”更改新书的最新数量，这两个处理动作都使用了相同的输入数据“书号”，那么该模块是通信内聚。可以把相同输入或相同输出的功能分解为多个模块，以提高内聚程度。

f. 顺序内聚。如果一个模块的处理元素和同一个功能密切相关，而且这些处理必须按某种顺序执行，则称其为顺序内聚。顺序内聚是指一部分的输出是另一部分的输入。显然，如果上一部分没有完成，下一部分是不可能执行的。

g. 功能内聚。如果一个模块的所有成分对于完成单一的功能都是必需的，则称其为功能内聚。软件结构中应多使用功能内聚模块。

耦合是软件结构中各模块之间相互连接的一种度量，耦合强弱取决于模块间接口的复杂程度、进入或访问一个模块的点及通过接口的数据。程序讲究低耦合、高内聚，即同一个模块内的各个元素之间要高度紧密，但是各个模块之间的相互依存度却不要过于紧密。内聚和耦合是密切相关的。

8.4.4 详细设计

总体设计是完成软件整体结构的设计。详细设计是对总体设计的细化，需要详细设计每个模块实现算法所需的局部结构。如同设计一栋楼房，总体设计要决定楼房有几层、每层有多少房间。详细设计要决定每个房间的设计，如灯、桌子等如何放置。在对楼房完成了总体和局部设计之后，工人就可以按照图纸进行施工了。因此，这里详细设计的作用是：为每一个模块的业务流程设计相应的逻辑流程，实现软件从需求分析到编码的顺利过渡。

详细设计确定应该怎样具体实现所要求的系统。经过这个阶段的设计工作，应该得出对目标系统的精确描述，具体就是为软件结构图中每一个模块确定采用的算法和模块内数据结构，每个模块的接口细节应该用某种选定的详细设计工具更清晰地进行描述，从而可以在编码阶段把这个描述直接翻译成用某种程序设计语言书写的程序。

详细设计工具用来描述每个模块执行的过程，可以分为图形工具、表格工具和语言工具 3 类。

（1）图形工具：包括传统的程序流程图、盒图和问题分析图等。

（2）表格工具：包括判定表、判定树等。

（3）语言工具：过程设计语言（Process Design Language，PDL）等。

无论是哪类工具，对它们的基本要求都是能提供针对设计的准确、无歧义的描述，即应该能指明控制流程、处理功能、数据组织及其他方面的实现细节，从而在编码阶段把对设计的描述直接翻译成程序代码。

1. **程序流程图**

程序流程图又称为程序框图，它是一种最古老、应用最广泛，且最有争议的描述详细设计的工具。它易学、表达算法直观。但它的缺点是不够规范，特别是使用箭头使质量受到很大影响，因此必须对它加以限制，使它成为规范的详细设计工具。

为了能够用程序流程图描述结构化的程序，一般只允许使用 3 种基本结构，如图 8.9 所示。

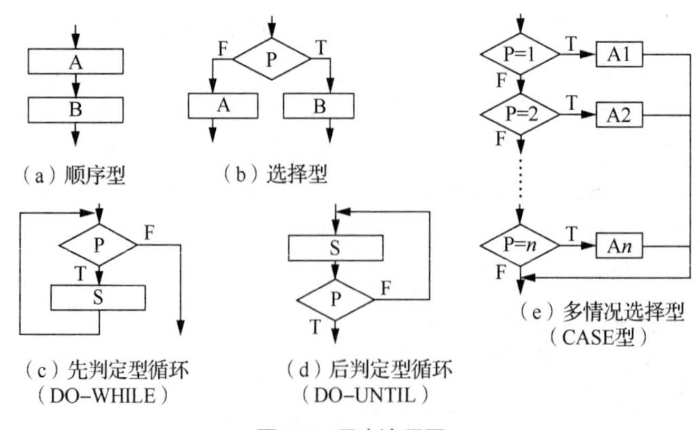

图 8.9 程序流程图

程序流程图的优点是直观清晰、易于使用，它是开发者普遍采用的工具，但是它有如下缺点。

（1）可以随心所欲地控制流程线的流向，容易造成非结构化的程序结构。

（2）不能反映逐步求精的过程，它往往反映的是最后的结果。

（3）不易表示数据结构。

2. 盒图

盒图（N-S 图）是为了克服流程图的缺陷，于 1973 年由纳西和施奈得曼提出的，且要求流程图都应由 3 种基本控制结构顺序组合和完整嵌套而成，不能有相互交叉的情况。它体现了结构化设计的精神，是过程设计中广泛使用的一种图形。

N-S 图仅含有 5 种基本成分，它们分别表示结构化程序设计（Structured Programming，SP）方法的几种控制结构。图 8.10 给出了结构化控制结构的 N-S 图表示，也给出了调用子程序的 N-S 图表示方法。

在 N-S 图中，每个“处理步骤”是用一个盒子表示的。所谓“处理步骤”可以是语句或语句序列。需要时，盒子可以嵌套另一个盒子，嵌套深度一般没有限制，只要整张图能画在一页纸上即可。由于只能从上边进入盒子，然后从下边退出，除此之外没有其他的入口和出口，因此，N-S 图约束了随意的控制转移，保证了程序的良好结构。

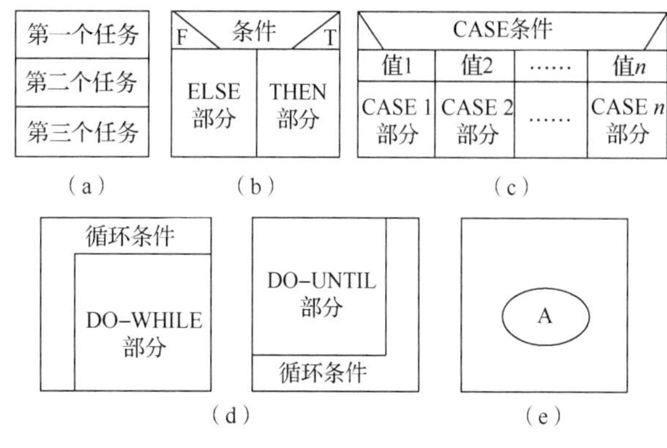

图 8.10　N-S 图

3. 问题分析图

问题分析图（Problem Analysis Diagram，PAD）是在 1977 年被研究与开发的。它使用二维树状结构图来描述程序的逻辑。将这种图翻译成程序代码比较容易，因此该种图是一种十分有前途的表达方法。

问题分析图仅具有顺序、选择、循环 3 类基本成分，其中选择和循环又有几种形式。问题分析图及基本符号如图 8.11 所示。

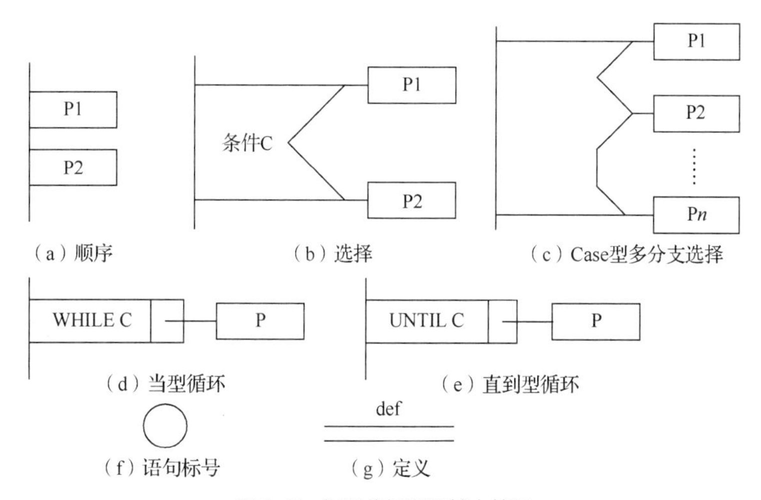

图 8.11　问题分析图及基本符号

4. 过程设计语言

过程设计语言（PDL）也称为伪代码，是一种用于描述功能模块的算法设计和加工细节的语言。

PDL 是一种“混杂式语言”，它采用某种语言（如英语或自然语言）的词汇和另一种语言（结构化程序设计语言）的全部语法。PDL 的语法规则分为“外语法”和“内语法”。

PDL 语法是开放式的，其外层语法确定，而内层语法则故意不确定。外层语法描述控制结构和数据结构，用类似于一般编程语言控制结构的关键字（如 IF-THEN-ELSE、WHILE-DO、REPEAT-UNTIL 等）表示，所以是确定的；而内层语法可使用自然语言的词汇描述具体操作。

例如，在 PDL 描述中，外层语法 IF-THEN-ELSE 是确定的，内层语法“square root of X”是不确定的。

```
if X is not negative
  then
    return(square root of X as a real number);
  else
    return(square root of -X as an imaginary number);
```

PDL 的特点如下。

（1）关键字的固定语法，它具备结构化控制结构、数据说明和模块化的特点。

（2）自然语言的自由语法，它描述处理特点。

（3）模块定义和调用的技术，它应该提供各种接口描述模式。

8.4.5 编码实现

经过软件的总体设计和详细设计后，便得到了软件系统的结构和每个模块的详细过程描述，接着便进入了软件的制作阶段，或者称编码实现阶段，也就是人们惯称的程序设计阶段。

程序设计语言的性能和编码风格在很大程度上影响着软件的质量和维护性能，即会对程序的可靠性、可读性、可测试性和可维护性产生深远的影响，所以选择哪一种程序设计语言和怎样来编写代码是需要认真考虑的。在这里只介绍与编程语言和编写程序有关的一些问题。

从不同的分类角度来看，程序设计语言可得出不同的分类体系。从软件工程的角度来看，编程语言可分为基础语言、结构化语言和面向对象语言三大类。

程序设计语言选择的理想标准主要有以下几点。

（1）为了使程序容易测试和维护以减少软件的总成本，所选用的高级语言应该有理想的模块化机制，以及可读性好的控制结构和数据结构。

（2）为了便于调试和提高软件可靠性，语言特点应该使编译程序能够尽可能多地发现程序中的错误。

（3）为了降低软件开发和维护的成本，选用的高级语言应该有良好的独立编译机制。

8.5 软件质量

生产高质量的软件产品是软件工程的目标。软件产品的质量好坏直接影响客户对软件产品的满意度和软件的市场营销。软件质量在整个软件生存周期中是至关重要的，它体现了软件开发过程中所使用的各种开发技术和验证方法。

软件质量可定义为“软件与明确和隐含定义的需求相一致的程度”，是软件符合明确描述的功能和性能需求、文档中明确描述的开发标准，以及所有专业开发软件都应具有的隐含特征的程度。该定义强调以下 3 点。

（1）软件需求是度量软件质量的基础，与需求不一致的软件的质量不高。

（2）如果没有遵守软件开发准则，几乎肯定会导致软件的质量不高。

（3）如果满足明确描述的需求，但不满足隐含的需求，那么软件的质量仍然值得怀疑。

8.5.1　软件可靠性

可靠性（Reliability）是产品在规定的条件下和规定的时间内完成规定功能的能力，它的概率度量称为可靠度。

软件可靠性（Software Reliability）是衡量软件整体质量的一个重要因素。如果程序在运行时频繁地出现故障或运行失败，其他的软件质量因素是否被接受就无从谈起。软件可靠性是软件系统的固有特性之一，它表明了一个软件系统按照客户的要求和设计的目标执行其功能的正确程度。软件可靠性与软件缺陷有关，也与系统输入和系统使用有关。理论上说，可靠的软件系统应该是正确、完整、一致和稳健的。但是实际上任何软件都不可能达到百分之百的正确，而且无法对其可靠性进行精确度量。一般情况下，只能通过对软件系统进行测试来度量其可靠性。

软件的可靠性定义为软件系统在规定的时间内及规定的环境条件下，完成规定功能而不发生故障的能力。根据这个定义，软件可靠性包含 3 个要素：规定的时间、规定的环境条件和规定的功能。

8.5.2　软件质量的度量

人们常说某软件好用、某软件功能全，这些表述很含糊，用来评价软件质量不够确切。对于企业来说，开发单位按照企业的需求，开发一个应用软件系统，按期完成并移交使用，系统正确执行客户规定的功能，仅满足这些是远远不够的。因为企业在引进一套软件的过程中，常常会出现如下问题。

（1）定制的软件可能难以理解、难以修改，导致在维护期间，企业的维护费用大幅度增加。

（2）企业对外购的软件质量有所怀疑，企业评价软件质量没有恰当的指标，对软件可靠性和功能性指标了解不足。

（3）软件开发商缺乏历史数据作为指南，所有关于进度和成本的估算都是粗略的。因为没有切实的生产率指标，没有过去关于软件开发过程的数据，企业无法精确评价软件开发商的工作质量。

软件产品的度量主要针对作为软件开发成果的软件产品的质量而言，独立于其被开发过程。

软件的质量由一系列质量要素组成，每一个质量要素又由一些衡量标准组成，每个衡量标准又由一些量度标准加以定量刻画。质量度量贯穿软件工程的全过程及软件交付之后。

在软件交付之前的质量度量主要包括程序复杂性、模块的有效性和总的程序规模等方面的度量。在软件交付之后的质量度量则主要包括残存的缺陷数和系统的可维护性方面的度量。一般情况下，可以将软件质量特性定义成分层模型。

为此，提出了三层评价度量模型，三层包括软件质量要素、准则、度量。随后，波音公司在软件开发过程中采用了 SQM 技术，日本的 NEC 也提出了自己的 SQM 工具（即 SQMAT），并且在成本控制和进度安排方面取得了良好的效果。该模型的第一层是软件质量要素，软件质量可分解成 6 个要素，这 6 个要素是软件的基本特征。

（1）功能性：是指软件所实现的功能满足客户需求的程度。功能性反映了所开发的软件满足客户陈述的或其陈述中隐含的需求的程度，即用户要求的功能是否全部实现了。

（2）可靠性：是指在规定的时间和条件下，软件所能维持其性能水平的程度。可靠性对某些软件来说是重要的质量要求，它除了反映软件满足客户需求正常运行的程度，还反映在故障发生时能继续运行的程度。

（3）易使用性：是指针对一个软件，用户在学习、操作、准备输入和理解输出时，所做努力的程度。易使用性反映了软件对用户的友好性，即用户在使用本软件时是否方便。

（4）效率：是指在指定的条件下，用软件实现某种功能所需的计算机资源（包括时间）的有效程度。效率反映了软件在完成功能要求时有没有浪费资源。此外，“资源”这个术语有比较广泛的含义，这里的资源包括内存、外存的使用，通道性能及处理时间。

（5）可维护性：是指在一个可运行软件中，为了满足客户需求、环境改变或软件错误发生时，进行相应修改所做努力的程度。可维护性反映了在客户需求改变或软件环境发生变更时，对软件系统进行相应修改的容易程度。一个易于维护的软件系统也是一个易理解、易测试和易修改的软件，易纠正或增加新的功能，又或允许在不同软件环境中进行操作。

（6）可移植性：是指从一个计算机系统或环境转移到另一个计算机系统或环境的容易程度。

8.5.3 软件评审

软件评审包括管理评审、技术评审、文档评审和过程评审。

（1）管理评审：高层管理者针对质量方针和目标，对质量体系的现状和适应性进行正式评价。

（2）技术评审：对软件及各阶段的输出内容进行评估，确保需求说明书、设计说明书与要求保持一致，并按计划对软件实施了开发。

（3）文档评审：分为格式评审和内容评审。格式评审检查文档格式是否满足要求；内容评审主要检查正确性、完整性、一致性、有效性、易测性、模块化、清晰性、可行性、可靠性、可追溯性等。

（4）过程评审：通过对流程监控，保证软件质量组织制定的软件过程在软件开发中得到遵循，同时保证质量方针得到更好的执行。

8.6 软件维护

软件系统被开发完成并被交付客户使用后，就进入软件的运行与维护阶段。软件维护阶段是软件生存周期中时间最长的一个阶段，也是耗费的精力和费用最多的一个阶段。

8.6.1 软件维护的定义

软件维护是指软件系统被交付客户使用后，为了改正软件运行错误，或者为满足客户新的需求而加入新功能等的修改软件的过程。

软件维护与硬件维修不同，不是简单地将软件产品恢复到初始状态，而是需要给客户提供一个经过修改的软件产品。软件维护活动需要改正现有错误，修改、改进现有软件以适应新环境。

软件维护不像软件开发一样从零做起，而是需要在现有软件结构中引入修改，并且要考虑代码结构所施加的约束。此外，软件维护所允许的时间通常很短。

8.6.2 软件维护的分类

软件维护活动类型总结起来大概有 4 种：改正性维护（校正性维护）、适应性维护、完善性维护、预防性维护。除此 4 类维护活动外，还有一些其他类型的维护活动，如支援性维护（用户的培训等）。

1. 改正性维护

改正性维护是指改正在系统开发阶段已发生而系统测试阶段尚未发现的错误。这方面的维护工作量占整个维护工作量的 17%～21%。所发现的错误有的不太重要，不影响系统的正常运行，其维护工作可随时进行；而有的非常重要，甚至会影响整个系统的正常运行，其维护工作必须制订计划，进行修改，并且要进行复查和控制。

2. 适应性维护

适应性维护是指使软件适应信息技术变化和管理需求变化而进行的修改。这方面的维护工作量占整个维护工作量的 18%～25%。由于计算机硬件价格的不断下降，各类系统软件层出不穷，人们常常为改善系统硬件环境和运行环境而产生系统更新换代的需求；企业的外部市场环境和管理需求的不断变化也使得各级管理人员不断提出新的信息需求。这些因素都将导致对适应性维护工作的需要。进行这方面的维护工作要像进行系统开发一样，有计划、分步骤地进行。

3. 完善性维护

完善性维护是为扩充功能和改善性能而进行的修改，主要是指对已有的软件系统增加一些在系统分析和设计阶段中没有规定的功能与性能特征。这些功能对完善系统功能来说是非常重要的。另外，完善性维护包括对处理效率和编写程序的改进。这方面的维护工作量占整个维护工作量的 50%～60%，也是关系到系统开发质量的重要方面。这方面的维护除了要有计划、分步骤地完成外，还要注意将相关的文档资料加入前面相应的文档中。

4. 预防性维护

预防性维护是指为了改进应用软件的可靠性和可维护性及为了适应未来的软硬件环境的变化，应主动增加预防性的新功能，以使应用系统适应各类变化而不被淘汰。例如，将专用报表功能改成通用报表生成功能，以适应将来报表格式的变化。这方面的维护工作量占整个维护工作量的 4%左右。

8.7 软件项目管理

项目管理是通过项目经理和项目组织的努力，运用系统理论的方法对项目及其资源进行计划、组织、协调、控制。软件项目管理是指软件生存周期中软件管理者所进行的一系列活动，其目的是在一定的时间和预设范围内，有效地利用人力、资源、技术和工具，使软件系统或软件产品按原定计划和质量要求如期完成。软件项目管理的基本内容包括项目定义、项目计划、项目执行、项目控制、项目结束。

8.7.1 软件开发成本估算

软件开发的成本受许多因素的影响，在开发工作尚未开始之前并不能精确计算，此时只能进行成本估算。主要的软件开发成本估算方法有自上而下的预算方法和自下而上的预算方法。

1. 自上而下的预算方法

自上而下的预算方法主要是依据上层、中层项目管理人员的管理经验进行判断，对构成项目整体成本的子项目成本进行估计，并把这些估计的结果传递给下层的管理人员，在此基础上，由这一层的管理人员对组成项目的子任务和子项目的成本进行估计，然后继续向下层传递他们的成本估计，直到传递到最低层。

如果使用此预算方法，在上层的管理人员根据他们的经验进行的费用估计分解到下层时，可能会出现下层人员认为上层的估计不足以完成相应任务的情况。这时，下层人员不一定会表达出自己的真实观点，不一定会和上层管理人员进行理智的讨论，从而得出更为合理的预算分配方案。在实际中，他们往往只能沉默地等待上层管理人员自行发现问题并予以纠正，这样往往会给项目带来诸多问题。

自上而下的预算方法更适用于项目启动的前期，预算成本与真实费用相差 30%～70%。

Scrum 使用自上而下的预算方法，它不会立即精确地确定成本，而是以最大限度容纳客户对未来产品要求所进行的变更。

2. 自下而上的预算方法

自下而上的预算方法要求运用 WBS（Work Breakdown Structure，工作分解结构）对项目的所有工作任务的用时和预算进行仔细考察。最初，预算是针对资源（团队成员的工作时间、硬件的配置）进行的。项目经理在此之上加上适当的间接费用（如培训费用、管理费用、不可预见费等），以及项目要达到的利润目标就得到了项目的总预算。自下而上的预算方法要求全面考虑所有涉及的工作任务，更适用于项目的初期与中期，它能准确地评估项目的成本，预算成本与真实费用相差 5%～10%。

8.7.2 风险分析

现代项目管理与传统项目管理的不同之处就是引入了风险管理技术。所谓风险，就是在给定情况下和特定时间内，那些可能发生的结果与预期结果之间的差异，差异越大，风险越大。

风险管理就是识别和评估风险，建立、选择、管理和解决风险的可选方案和组织方法，包括风险标志、风险预测、风险评估和风险管理与监控 4 个活动。

风险类别主要包括以下 3 种。

（1）项目风险：可能对项目的预算、进度、人力、资源、客户和需求等方面产生不良影响的潜在问题。

（2）技术风险：潜在的设计、实现、接口、验证和维护等方面的问题。此外，规约的二义性、技术的不确定性、陈旧或不成熟的“领先的”技术都可能造成技术风险。

（3）商业风险：威胁要开发软件的生存能力。

8.7.3 软件开发进度安排

软件开发进度安排是把工作量分配给特定软件工程阶段，并规定完成各项任务的起止日期。进度计划将随着项目进程的变化而有所更改，但作为整个项目开发时间的宏观控制，则不应有太大变化。

软件项目能否按计划时间完成并及时交付合格的产品是项目管理的重点，也是客户关心的重要内容。但如果为了缩短开发时间，则会大大增加项目的工作量。软件项目延期的原因通常有以下几种。

（1）项目进度安排本身不合理。

（2）团队或小组成员存在问题。

（3）软件架构存在问题。

（4）对项目各阶段任务所需的资源投入不足，这源于对各阶段工作量的估算不充分。

（5）在项目开发过程中，遇到难以克服的困难。

（6）用户需求变更。

（7）项目风险管理未做好。

8.7.4 软件项目的组织

随着软件项目规模的不断增加，软件项目参与的人员也越来越多，企业的组织结构也变得复杂，同时沟通的渠道也呈几何级数增加。项目组织形式不仅要考虑软件项目的特点，还要考虑参与人员的素质。

软件项目的组织通常采用建立程序设计小组的形式。程序设计小组主要是指从事软件开发活动的小组，常见的程序设计小组的建立形式有以下 3 种。

（1）主程序员制小组。主程序员通常由高级工程师担任，负责小组的全部技术活动、进行任务的分配、协调技术问题、组织评审、必要时设计和实现项目中的关键部分。程序员负责完成主程序员指派的任务，包括相关的文档编写。

（2）民主制小组。小组成员之间地位平等，虽然形式上有一位组长，但小组的工作目标及决策是由全体成员集体决定的。

（3）层次式小组。一名组长领导若干名高级程序员，每名高级程序员领导若干名程序员。组长通常就是项目负责人，负责全组的技术活动、进行任务分配、组织评审。高级程序员负责项目中的一个部分或一个子系统，负责该部分或子系统的分析、设计，并将子任务分配给程序员。

8.8 小结

本章首先介绍了软件工程的基本概念，对几种常见的软件开发模型进行了说明；然后介绍了结构化方法和面向对象方法两种软件开发方法；接下来对软件开发过程进行阐述，软件开发过程包括可行性研究、需求分析、总体设计、详细设计和编码实现等；接着对软件质量及其度量方法进行说明，同时讲解了软件的维护过程；最后对软件项目管理进行讨论。

习题 8

一、选择题

1. 系统定义明确之后，应对系统的可行性进行研究。可行性研究应包括（　　）分析。
   A. 软件环境可行性、技术可行性、经济可行性、社会可行性
   B. 经济可行性、技术可行性、法律可行性
   C. 经济可行性、社会可行性、系统可行性
   D. 经济可行性、实用性、社会可行性
2. 模块（　　），则说明模块的独立性越强。
   A. 耦合越强　B. 扇入数越高　C. 耦合越弱　D. 扇入数越低
3. 下列选项中，不是需求分析常用方法的是（　　）。
   A. 功能分解方法　B. 结构化分析方法
   C. 面向对象方法　D. 自顶向下、逐步求精的分析方法
4. 在整个软件维护阶段所进行的全部工作中，（　　）所占比例最大。
   A. 改正性维护　B. 适应性维护　C. 完善性维护　D. 预防性维护
5. 软件详细设计阶段的任务是（　　）。
   A. 算法设计　B. 功能设计　C. 调用关系设计　D. 输入输出设计

二、简答题

1. 什么是软件危机？软件危机的典型表现形式有哪些？其产生的主要原因是什么？
2. 什么是模块独立性？衡量的标准是什么？
3. 在软件项目的组织中，常见的程序设计小组的建立形式有哪些？

09 第 9 章　操作系统

操作系统是安装在裸机之上的第一层软件，管理着计算机内所有的硬件和软件资源，同时给用户提供了一个可方便地使用计算机资源的接口。正是由于操作系统的存在，计算机资源的使用才越来越方便；并且，随着操作系统的发展，计算机也越来越简单、易操作，计算机的应用越来越普及。本章从操作系统在计算机系统中的地位开始，介绍操作系统的定义、发展史，并详细介绍操作系统的特征和功能，简要介绍主流操作系统，同时对未来操作系统的发展方向进行预测。本章的学习目的是了解计算机操作系统究竟是做什么的，以及是如何来做这些工作的。

通过本章的学习，学生应该能够：

1. 理解并掌握操作系统的地位；
2. 了解操作系统的定义；
3. 了解操作系统的发展史；
4. 理解并掌握操作系统的特征；
5. 讨论并了解操作系统的各项功能；
6. 了解常见的 4 种操作系统——Windows、UNIX、Linux 和 macOS；
7. 对未来操作系统的发展方向有直观的了解。

9.1 操作系统概述

操作系统是为裸机配置的一种系统软件，它是用户和用户程序与计算机之间的接口，是用户程序和其他系统程序的运行平台和环境。计算机系统的抽象层次结构如图 9.1 所示。

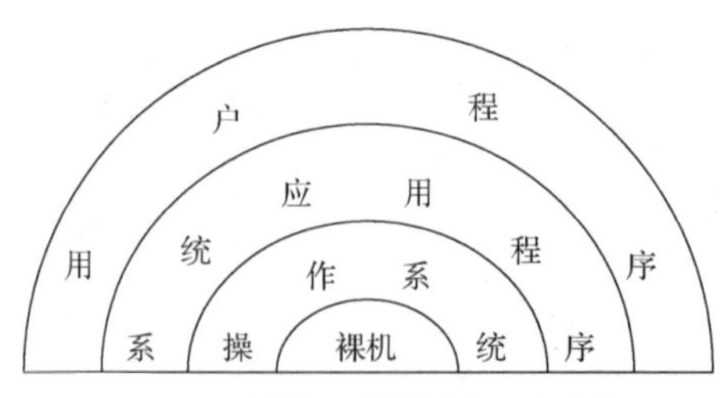

图 9.1　计算机系统的抽象层次结构

从图 9.1 可以看出，操作系统是安装在裸机之上的第一层软件，它能将裸机改造成功能更强、使用更为方便的机器，而各种系统应用程序和用户程序运行在操作系统之上，以操作系统为支撑环境，向用户提供完成其作业所需的各种服务。

操作系统是计算机系统的“灵魂”和代表。从用户的角度看，操作系统就是人机接口，是用户和计算机之间的“桥梁”，它屏蔽了计算机硬件和系统软件的很多细节，极大地方便了用户对计算机资源的使用，从而使得计算机变得易学易用。从系统的角度看，操作系统是计算机系统所有资源的管理者，负责管理系统内的所有硬件和软件资源；同时，操作系统这个重要的系统软件与其他软件不同，其他软件可能“来去匆匆”，而操作系统必须从机器开机运行到关机，它运行后可以控制其他软件运行。从发展的角度看，引入操作系统可以给计算机系统的功能扩展提供支撑平台，使之在追加新的服务和功能时更加容易和不影响原有的服务和功能。

综上所述，可以把操作系统定义为一组能有效地组织和管理计算机硬件和软件资源，合理地对各类作业进行调度，以及方便用户使用的程序的集合。

9.2　操作系统的发展史

操作系统是由客观的需要而产生的，它随着计算机技术本身及其应用的发展而不断发展和完善。操作系统的功能由弱到强，它在计算机系统中的地位不断提升，已经成为计算机系统的核心。其主要发展史如下。

9.2.1　手工操作（无操作系统）

从电子计算机诞生到 20 世纪 50 年代中期，此时计算机的工作方式采用手工操作方式。在手工操作阶段，程序员将对应于程序和数据的已穿孔的纸带（或卡片）装入输入机，然后启动输入机把程序和数据输入计算机内存，接着通过控制台开关启动程序以针对数据进行计算；计算完毕，打印机输出计算结果；用户取走结果并卸下纸带（或卡片）后，下一个用户才可以上机。

手工操作方式有以下两个特点。

（1）用户独占全机，不会出现因资源被其他用户占用而需要等待的现象，但资源的利用率低。

（2）CPU 等待手工操作，利用不充分。

20 世纪 50 年代后期，出现人机矛盾：手工操作的低速和计算机的高速之间形成了尖锐矛盾，手工操作方式已严重损害了系统资源的利用率（使资源利用率降为百分之几，甚至更低），让人无法容忍。唯一的解决办法是摆脱人的手工操作，实现作业的自动过渡，并由此出现了成批处理。

9.2.2　批处理系统

批处理系统是加载在计算机上的一个系统软件。在它的控制下，计算机能够自动地、成批地处理一个或多个用户的作业（这个作业包括程序、数据和命令）。

（1）联机批处理系统。首先出现的是联机批处理系统，即作业的 I/O 由 CPU 来处理。主机与输入机之间增加一个存储设备——磁带，在运行于主机上的监督程序的自动控制下，计算机可自动完成成批地把输入机上的用户作业读入磁带，依次把磁带上的用户作业读入主机内存并执行，把计算结果向输出机输出。完成上一批作业后，监督程序又从输入机上输入另一批作业，保存在磁带上，并按上述步骤重复处理。

监督程序不停地处理各个作业，从而实现了作业到作业的自动转接，减少了作业建立时间和手工操作时间，有效克服了人机矛盾，提高了计算机的利用率。但是，在作业输入和结果输出时，主机的高速 CPU 仍处于空闲状态，等待低速的 I/O 设备完成工作，即主机处于“忙等”状态。

（2）脱机批处理系统。为缓解高速主机与低速外部设备的矛盾，提高 CPU 的利用率，又引入了脱机批处理系统，即 I/O 脱离主机控制。这种系统的显著特征是：增加一台不与主机直接相连而专门用于与 I/O 设备打交道的卫星机。卫星机的功能如下。

① 从输入机上读取用户作业并放到输入磁带上。

② 从输出磁带上读取执行结果并传给输出机。

这样，主机不是直接与低速的 I/O 设备打交道，而是与速度相对较快的磁带机发生关系，有效缓解了主机与设备的矛盾。主机与卫星机可并行工作，二者分工明确，可以充分发挥主机的高速计算能力优势。

脱机批处理系统在 20 世纪 60 年代应用十分广泛，它极大缓解了人机矛盾及主机与外部设备的矛盾。IBM 7090/7094 配备的监督程序就是脱机批处理系统，也是现代操作系统的原型。其不足之处在于每次主机内存中仅存放一个作业，每当在运行期间发出 I/O 请求后，高速的 CPU 便处于等待低速的 I/O 完成的状态，致使 CPU 空闲。

为改善 CPU 的利用率，又引入了多道程序系统。

9.2.3 多道程序系统（多道批处理系统）

多道程序设计技术允许多个程序同时进入内存并运行，即同时把多个程序放入内存，并允许它们交替在 CPU 中运行，它们共享系统中的各种硬件、软件资源。当一道程序因 I/O 请求而暂停运行时，CPU 便立即转去运行另一道程序。

单道程序的运行过程如下。

假定系统中其他程序都不运行，单独运行一次 A 程序所需时间为 T_1，单独运行一次 B 程序所需时间为 T_2。

在 A 程序计算时，I/O 空闲。在 A 程序进行 I/O 操作时，CPU 空闲（对于 B 程序而言是一样的）。必须等到 A 程序工作完成后，B 程序才能进入内存中开始工作，两者是串行的。A 程序、B 程序全部完成共需时间等于 T_1+T_2。

多道程序的运行过程如下。

将 A、B 两道程序同时存放在内存中，它们在系统的控制下，可相互穿插、交替地在 CPU 上运行：当 A 程序因请求 I/O 操作而放弃 CPU 时，B 程序就可占用 CPU 运行，这样 CPU 不再空闲，而为 A 程序进行 I/O 操作服务的 I/O 设备也不空闲。显然，CPU 和 I/O 设备都处于“忙”状态，CPU 和 I/O 设备的工作时间出现了重叠，大大提高了资源的利用率，从而也提高了系统的效率。A 程序、B 程序全部完成所需时间大于 T_1+T_2。

多道程序设计技术不仅使 CPU 得到充分利用，同时改善 I/O 设备和内存的利用率，从而提高了整个系统的资源利用率和系统吞吐量[单位时间内处理作业（程序）的个数]，最终提高了整个系统的效率。

单处理机系统中多道程序运行时的特点如下。

（1）多道性：计算机内存中同时存放几道相互独立的程序。

（2）宏观上并行：同时进入系统的几道程序都处于运行过程，即它们先后开始了各自的运行，但都未运行完毕。

（3）微观上串行：实际上，各道程序轮流地用 CPU，并交替运行。

多道程序系统的出现标志着操作系统渐趋成熟。操作系统先后出现了作业调度管理、处理机管理、存储器管理、外部设备管理、文件系统管理等功能。

20 世纪 60 年代中期，在前述的批处理系统中，引入多道程序设计技术后形成多道批处理系统。它有如下两个特点。

（1）多道性：系统内可同时容纳多个作业。这些作业放在外存中，组成一个后备作业队列，系统按一定的调度原则每次从后备作业队列中选取一个或多个作业进入内存运行，运行作业结束、退出运行和后备作业进入运行均由系统自动实现，从而在系统中形成一个自动转接的、连续的作业流。

（2）成批性：在系统运行过程中，不允许用户与其作业发生交互，即一旦作业进入系统，用户就不能直接干预作业的运行。

多道批处理系统追求的目标是提高系统资源利用率和系统吞吐量，以及作业流程的自动化。

多道批处理系统的一个重要缺点是不提供人机交互功能，给用户使用计算机带来不便。

虽然用户独占全机资源，并且直接控制程序的运行，可以随时了解程序运行情况，但这种工作方式因独占全机而造成资源效率极低。因此一种新的追求目标出现了——既要保证计算机效率，又要方便用户使用计算机。20 世纪 60 年代中期，计算机技术和软件技术的发展使这种追求目标的实现成为可能。

9.2.4　分时系统

由于 CPU 速度不断提高和采用分时技术，一台计算机可同时连接多个用户终端，而每个用户可在自己的终端上联机使用计算机，好像自己独占了一台计算机一样。

分时技术是一种把计算机的运行时间分成很短的时间片，按时间片轮流把计算机分配给各联机作业使用的技术。若某个作业在分配给它的时间片内不能完成其计算，则该作业暂时中断，并把计算机让给另一个作业使用，等到下一轮时再继续计算。计算机运行速度很快，作业运行轮转得也很快，给每个用户的感受是，好像自己独占了一台计算机。而且，每个用户可以通过自己的终端向系统发出各种操作控制命令，在充分的人机交互情况下，完成作业的运行。

具有上述特征的计算机系统称为分时系统，它允许多个用户同时联机使用计算机。分时系统的特点如下。

（1）多路性。若干个用户可以同时使用一台计算机。微观上看，各用户是轮流使用计算机的；宏观上看，各用户是并行使用计算机工作的。

（2）交互性。用户可根据系统对请求的响应结果，进一步向系统提出新的请求。这种能使用户与系统进行人机对话的工作方式，明显有别于批处理系统，因而，分时系统又被称为交互式系统。

（3）独立性。用户可以独立操作，用户之间互不干扰。系统保证各用户程序运行的完整性，不会发生相互混淆或破坏现象。

（4）及时性。系统可对用户的输入及时做出响应。分时系统性能的主要指标之一是响应时间，它是指从终端发出命令到系统予以应答所需的时间。

（5）可靠性。分时系统对可靠性没有太高的要求。

分时系统的主要目标是及时响应用户，即不能使用户等待每一个作业的处理时间过长。

分时系统可以同时接纳数十个甚至上百个用户，由于内存空间有限，往往采用对换（又称交换）方式的存储方法，即将未“轮到”的作业放入磁盘，在“轮到”它时，再将其调入内存；而时间片用完后，又将作业存回磁盘（俗称“滚进”“滚出”法），使同一存储区域轮流为多个用户服务。

多用户分时系统是当今计算机操作系统中最普遍使用的一类操作系统。

9.2.5　实时系统

虽然多道批处理系统和分时系统能获得较令人满意的资源利用率和系统响应时间，但它们不能满足实时控制与实时信息处理两个应用领域的需求，于是实时系统就问世了。实时系统能够及时响应随机发生的外部事件，并在严格的时间范围内完成对该事件的处理。实时系统在一个特定的应用中常作为一种控制设备来使用。

实时系统可分成以下两类。

（1）实时控制系统。当用于飞机飞行、导弹发射等的自动控制时，要求计算机能尽快处理测量系统测得的数据，及时地对飞机或导弹进行控制或将有关信息通过显示终端提供给决策人员。当用于轧钢、石化等工业生产过程控制时，也要求计算机能及时处理由各类传感器送来的数据，然后控制相应的执行机构。

（2）实时信息处理系统。当用于预订飞机票和查询有关航班、航线、票价等事宜或用于银行系统、情报检索系统时，要求计算机能对终端设备发来的服务请求及时予以正确的回答。此类对响应及时性的要求稍弱于第一类。

实时系统的主要特点如下。

（1）多路性。实时控制系统的多路性是指系统周期性地对多路现场信息进行采集，以及对多个对象或多个执行机构进行控制；实时信息处理系统的多路性则表现为按照分时原则为多个终端用户服务。

（2）独立性。无论是实时信息处理系统的多个终端还是实时控制系统的多路信息，它们都相互独立，互不干扰。

（3）及时性。每一个信息接收、分析处理和发送的过程必须在严格的时间限制内完成。

（4）可靠性。需采取冗余措施，双机系统前后台工作，也包括必要的保密措施等。

（5）交互性。实时信息处理系统的交互性仅限于访问系统中某些特定的专用服务程序；实时控制系统则几乎无交互性可言。

良好的可靠性和及时性对实时系统而言是最重要的。

9.2.6 通用操作系统

操作系统的 3 种基本类型为批处理系统、分时系统、实时系统。

通用操作系统是指具有多种类型操作特征的操作系统，可以同时兼具多道批处理、分时、实时处理的功能或其中两种以上的功能。

例如，实时处理+批处理=实时批处理系统。该系统首先保证优先处理实时任务，插空进行批处理作业。常把实时任务称为前台作业，批作业称为后台作业。

再如，分时处理+批处理=分时批处理系统。该系统将时间要求不强的作业放入“后台”处理（批处理），需频繁交互的作业放在“前台”（分时）处理，处理机优先运行“前台”作业。

20 世纪 60 年代中期，国际上开始研制一些大型的通用操作系统。这些系统试图达到功能齐全、可适应各种应用范围和操作方式变化多的环境的目标。但是，这些系统过于复杂和庞大，不仅付出了巨大的代价，而且在解决其可靠性、可维护性和可理解性方面遇到很大的困难。

相比之下，UNIX 操作系统是一个例外。这是一个通用的多用户分时交互式的操作系统。它首先建立的是一个“精干”的核心，而其功能却足以与许多大型操作系统的功能相媲美，在核心层以外则可以支持庞大的软件系统。它很快得到应用和推广，并被不断完善，对现代操作系统有着重大的影响。

至此，操作系统的基本概念、功能、基本结构和组成都已形成并渐趋完善。

9.2.7 操作系统的进一步发展

进入 20 世纪 80 年代，大规模集成电路工艺技术的飞速发展、微处理器的出现和发展，掀起了计算机大发展、大普及的浪潮：一方面迎来了 PC 的时代，另一方面向计算机网络、分布式处理、巨型计算机和智能化方向发展。于是，操作系统有了进一步的发展，出现了 PC 操作系统、网络操作系统、分布式操作系统等。

（1）PC 操作系统。PC 上的操作系统是联机交互的单用户操作系统，它提供的联机交互功能与通用分时系统提供的功能很相似。由于它是个人专用的，因此一些功能会简单得多。然而，由于 PC 的应用与普及，人们对于提供更方便、友好的用户接口和丰富功能的文件系统的需求会越来越迫切。

（2）网络操作系统。网络操作系统是通过通信设施，将地理上分散的、具有自治功能的多个计算机系统连接起来，实现信息交换、资源共享、互操作和协作处理的系统。

网络操作系统在原来各自的计算机操作系统上，按照网络体系结构的各个协议标准增加网络管理模块，其中包括通信、资源共享、系统安全和各种网络应用服务。

（3）分布式操作系统。表面上看，分布式操作系统与网络操作系统没有多大区别（其硬件连接相同）。分布式操作系统通过通信网络，将地理上分散的、具有自治功能的数据处理系统或计算机系统连接起来，实现信息交换和资源共享，让它们协作完成任务。

但二者有如下一些明显的区别。

① 分布式操作系统要求一个统一的操作系统，实现系统操作的统一性。

② 分布式操作系统管理分布式操作系统中的所有资源，它负责全系统的资源分配和调度、任务划分、信息传输和控制协调工作，并为用户提供一个统一的界面。

③ 用户通过分布式操作系统提供的界面，实现所需要的操作和使用系统资源。至于操作定在哪一台计算机上执行或使用哪台计算机的资源，则是由操作系统决定的，用户不必知道，此谓系统的透明性。

④ 分布式操作系统更强调分布式计算和处理，因此对于多机合作、系统重构、坚强性和容错率有更高要求的用户，希望系统有更短的响应时间、高吞吐量和高可靠性。

（4）嵌入式操作系统。嵌入式操作系统（Embedded Operating System）是运行在嵌入式系统环境中的操作系统。具体来说，它是对整个嵌入式系统以及它所操作、控制的各种部件装置等资源进行统一协调、调度、指挥和控制的系统软件。嵌入式操作系统可以使整个系统高效地运行。

9.3　操作系统的特征

在操作系统的发展过程中，各种操作系统都有自己独有的特征。除此之外，现代操作系统有一些共同的特征，那就是并发性、共享性、虚拟性和异步性。

1. 并发性

并行性与并发性（Concurrency）是相似但有区别的两个概念。并行性是指两个或多个事件在同一时刻发生，即这些事件是同时发生的；并发性是指两个或多个事件在同一时间间隔内发生。换句话说，并发宏观上是并行的，微观上是串行的，即是交替执行的。

在多道程序环境下，并发性是指在一段时间内有多道程序在同时运行，但在单处理机的系统中，每一时刻仅能执行一道程序，故微观上这些程序是交替执行的。应当指出，通常的程序是静态实体，它们是不能并发执行的。为了使程序能并发执行，系统必须分别为每个程序建立进程。进程又称任务，简单来说，它是在系统中能独立运行并作为资源分配的基本单位，是一个活动的实体。多个进程之间可以并发执行和交换信息。一个进程在运行时需要一定的资源，如 CPU、存储空间及 I/O 设备等。在操作系统中引入进程的目的是使程序能并发执行，故并发的对象其实是进程。

2. 共享性

共享（Sharing）是指系统中的资源可供内存中多个并发执行的进程共同使用。由于资源的属性不同，故多个进程对资源的共享方式也不同，可以分为互斥性共享和同时访问的共享。

互斥性共享资源是指一次仅允许一个用户进程使用的资源，如打印机、键盘、磁带机等。

同时访问的共享资源则是指在一段时间内允许多个用户进程同时访问的资源，最典型的代表之一是磁盘设备。

并发性和共享性是操作系统最基本的两个特征，两者相互依存，互为存在条件。

3. 虚拟性

虚拟性（Virtual）是指通过某种技术把一个物理实体变成若干个逻辑上的对应物。在操作系统中虚拟的实现主要是通过时分复用技术或空分复用技术来实现的。

例如，分时系统就通过时分复用技术划分计算机的时间片，并把每一个时间片交给一个用户作业使用，虽然物理上存在的计算机只有一台，但每一个用户感觉自己单独占有一台计算机，从而从逻辑上对计算机进行了扩充。显然，如果 n 是某一个物理设备所对应的虚拟逻辑设备数，则虚拟设备的速度必然是物理设备速度的 $1/n$。

4. 异步性

在多道程序环境下，允许多个进程并发执行，由于资源共享等因素的限制，通常，进程的执行并非“一气呵成”，而是以“走—停—走—停”的方式完成的。内存中每个进程何时获得处理机资源以得以运行，何时又因为提出某种资源请求而暂停，以及进程以怎样的速度向前推进，每道程序总共需要多少时间才能完成等都是不可预知的，这种不确定性称为异步性（Asynchronism），或者说进程以不可预知的速度向前推进，即进程的异步性。尽管如此，只要运行环境相同，且操作系统配备有完善的进程同步机制，则作业经过多次运行也会获得与单次运行完全相同的结果。因此，异步运行方式是允许的，而且异步性是现代操作系统的一个重要特征。

9.4 操作系统的功能

引入操作系统主要是为了管理和控制计算机系统中所有的硬件和软件资源，合理组织多道用户程序的执行，最大限度地提高系统中各种资源的利用率，并为用户提供一个良好的工作环境和友好的接口，以方便用户使用。而计算机的硬件资源有处理机、内存、外存和各种 I/O 设备，软件和信息资源则以文件的形式存放在外存空间，因此从资源管理的角度和用户的角度来看，操作系统主要具有处理机管理、存储管理、设备管理、文件管理和用户接口这五大功能。

9.4.1 处理机管理

在单道程序环境下，系统内的所有资源都由唯一的作业或用户所占有，处理机管理起来很简单。但是，在多道程序环境下，多个用户作业同时运行，处理机分配和运行都是以进程为基本单位的，因此，处理机管理就变成了进程管理。

进程、程序和作业是 3 个不同的概念。在多道程序系统中，程序只是指令和数据的有序集合，是静态的。从一个程序被选中执行到其执行结束并再次成为一个程序的这段过程中，该程序被称为一个作业。因此，每个作业都是程序，但不是所有的程序都是作业。进程是程序在一个数据集合上的运行过程，是系统进行资源分配和处理机调度的独立单位。或者说，进程是一个在内存中运行的作业，它是从众多作业中选取出来并装入内存中的作业。需要注意的是，每个进程都是作业，但不是所有的作业都是进程。

进程与程序的区别在于，程序是静态的，而进程有自己的生命周期，会随着程序的运行而创建，随着程序的执行结束而消亡，而且它可以和其他进程并发执行，特别是，同一个程序运行在不同的数据集合上将属于不同的进程。

处理机管理的主要功能包括创建和撤销进程，控制进程生命周期中各个阶段的状态变迁；对并发执行的进程进行协调，保证其执行的正确性和可再现性；实现进程之间的信息交换；按照一定的算法为并发执行的进程分配处理机资源。

1. 进程控制

在多道程序环境下，要为每道作业创建一个或几个进程，并为其分配必需的资源使作业能够并发执行。因此，进程控制的主要功能是为作业创建进程、撤销（终止）已结束的进程，以及控制进程运行过程中的状态变迁。

由于并发执行的进程共享系统资源，得到资源的执行，得不到资源的等待，致使进程运行过程中呈现间断性运行规律，即以异步（“走—走—停—停”）的方式向前推进，因此，进程在其生命周期内可能具有多种状态。每个进程至少处于以下 3 种基本状态之一。

（1）就绪（Ready）态。就绪态是指进程得到了除处理机之外的其他资源，只要得到处理机的调度就可以投入运行时所处的状态。

（2）运行（Running）态。运行态是指进程得到了处理机的调度后正在处理机上运行时所处的状态。

（3）阻塞（Block）态。阻塞态是指进程因某种事件发生而放弃处理机的使用权所进入的一种等待状态。

进程的 3 种基本状态之间的变迁关系如图 9.2 所示。

明白了进程的状态变迁后，程序、作业和进程之间的转换关系如图 9.3 所示。

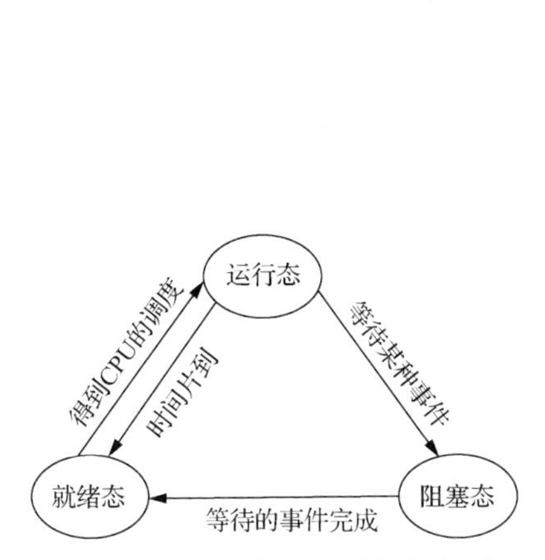

图 9.2 进程的 3 种基本状态之间的变迁关系

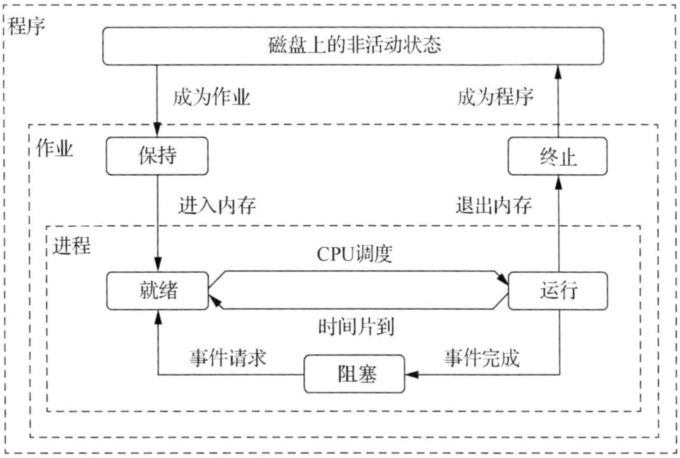

图 9.3 程序、作业和进程之间的转换关系

2. 进程同步

对多个相关进程在并发执行次序上进行协调，使并发执行的诸进程间能按照一定的规则（或时序）共享系统资源，并能很好地合作，从而使程序的执行具有可再现性。

为了实现进程同步，并发执行的进程在使用互斥性共享资源的时候就必须保证前一个进程使用完后一个进程再使用，即保证使用上具有严格的互斥性。为了做到这一点引入了临界资源的概念：一次仅允许一个进程使用的资源为临界资源。同时，程序中使用临界资源的代码区域称为临界区。临界资源的互斥使用就意味着临界区整体的互斥执行。

为了做到进程同步，并发执行的进程必须遵循以下 4 个原则。

（1）空闲让进。当无进程处于临界区时，表明该临界资源处于空闲状态，应允许一个请求进入该临界区（使用该临界资源）的进程立即进入临界区，以有效使用临界资源。

（2）忙则等待。当有进程处于临界区时，表明该临界资源正在被访问，因而其他试图进入临界区的进程必须等待，以保证对临界资源的互斥使用。

（3）有限等待。对要求访问该临界资源的进程，应保证其在有限时间内进入自己的临界区，以免陷入“死等”状态。

（4）让权等待。当进程不能进入自己的临界区时，应立即释放处理机，以免进程陷入“忙等”状态。

在进程并发执行的过程中，只要有资源共享，就有可能出现死锁现象。

例如有这样一种情况：进程 P1 和进程 P2 在执行的过程中都需要使用到 R1 和 R2 两种资源，系统中 R1 和 R2 资源初始时各有 1 个。现在，进程 P1 得到了 R2 资源，进程 P2 得到了 R1 资源，P1 想继续执行需要 R1，P2 想继续执行需要 R2，否则都无法继续，而不继续则无法释放已占有的资源。因此，P1 占有 P2 申请的 R2 资源，申请 P2 占有的 R1 资源；P2 占有 P1 申请的 R1 资源，申请 P1 占有的 R2 资源。此时，两者均无法继续执行，这种僵局称为死锁，即进程陷入了相互的“死等”状态。

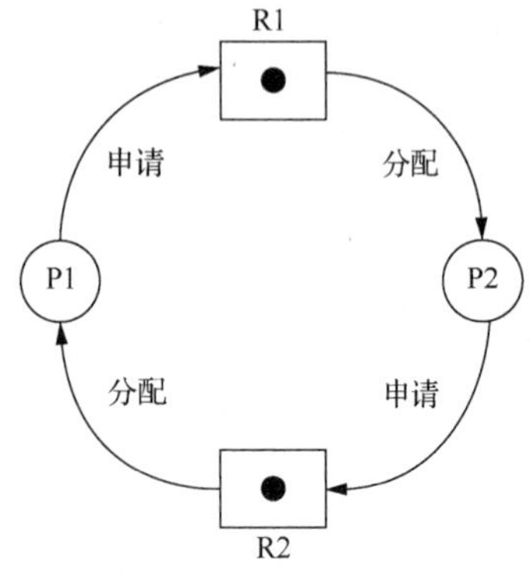

图 9.4　死锁发生时的资源分配图

用圆形表示进程、矩形表示资源、矩形中的点表示资源的个数、资源指向进程的边表示分配边、进程指向资源的边表示申请边的图称为资源分配图。图 9.4 所示的是死锁发生时的资源分配图。

竞争互斥性资源是死锁产生的最根本的原因，而且陷入死锁状态的进程至少是两个，它们至少占有两种资源。死锁不经常发生，但死锁发生时必须满足如下 4 个必要条件。

（1）互斥条件。竞争的一定是互斥性资源。

（2）请求和保持条件（也称为部分分配条件）。进程已经占有了至少一种资源，但又提出了新的资源请求，而该资源已被其他进程占有，此时请求进程被阻塞，但该进程不会释放自己占有的资源。

（3）不可剥夺条件。进程占有的资源在未使用完之前不能被强制剥夺，只能在进程使用完时由进程自己释放。

（4）环路等待条件。发生死锁时，必然存在一个进程—资源循环链，即进程相互占有对方申请的资源，申请对方占有的资源，出现了循环等待的现象。

3. 进程通信

进程通信实现的是相互合作的进程之间信息的交换。例如，存在相互合作的输入进程、计算进程和输出进程：输入进程负责将数据送给计算进程；计算进程对输入的数据进行计算，并把计算结果送给输出进程；输出进程将结果输出。

进程通信可以有低级通信和高级通信两种：低级通信是指进程间只有少量信息的传递，而高级通信则是指进程间有大量信息的传递。高级通信通常有基于共享存储器的方式、消息传递机制和管道方式 3 种。

4. 调度

调度包括作业调度和进程调度。

作业调度是指按照某种调度算法从后备作业队列中选择若干个作业调入内存，为其分配相应的资源并创建进程，将创建的进程插入就绪队列。进程调度则是指按照某种调度算法从就绪队列中选择一个进程把处理机分配给它使之投入运行。处理机的调度过程如图 9.5 所示。

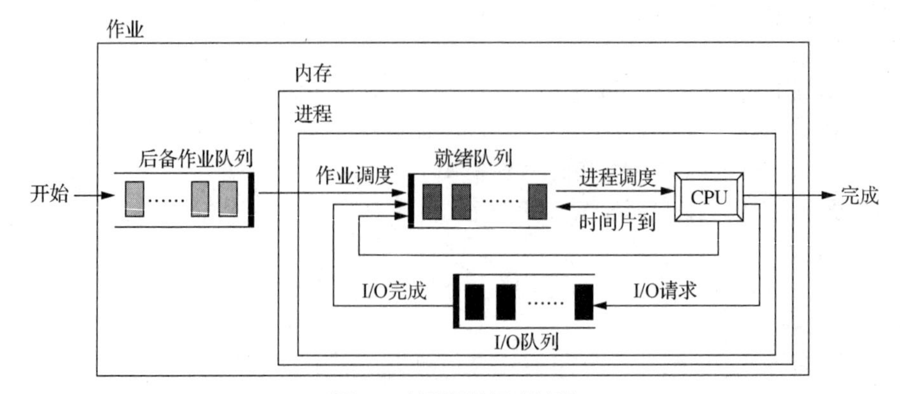

图 9.5　处理机的调度过程

9.4.2　存储管理

本节所谓的存储器仅指内存。在操作系统启动后，一部分系统程序是要常驻内存的，占用了一部分内存空间，这部分空间称为系统区；除了系统区之外的内存空间称为用户区，如图 9.6 所示。内存管理的就是用户区。内存管理又分为两种情况：单道程序和多道程序。

在单道程序下，整个内存的用户区分给唯一的一道程序使用，其内存使用情况如图 9.7 所示。在这种情况下，整个程序必须全部装入内存才可以运行，当程序结束后，用户区由其他用户程序取代。现在，单道程序已经成为过去式。

在多道程序下，内存的用户区同时分配给多道程序使用，CPU 轮流为其服务，图 9.8 所示的是多道程序的内存使用情况。现在，操作系统中内存管理的就是多道程序。

图 9.6　内存空间

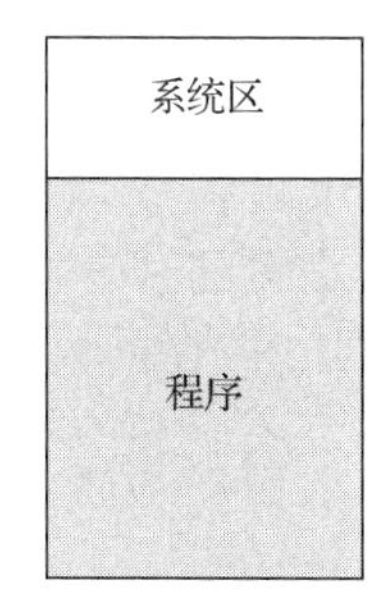

图 9.7　单道程序的内存使用情况

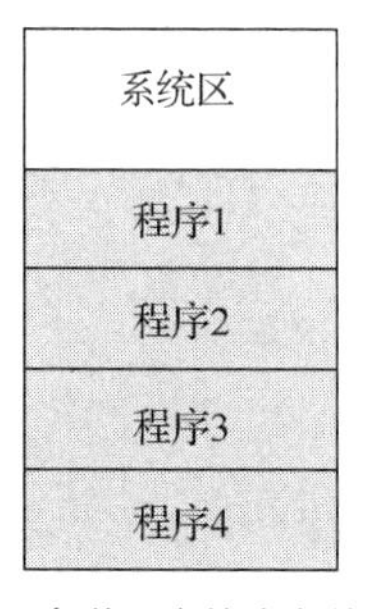

图 9.8　多道程序的内存使用情况

现代操作系统是多道程序技术下的操作系统。存储管理的主要任务就是为多道程序的运行提供良好的运行环境，提高存储器的利用率，方便用户使用，并从逻辑上扩充内存。因此，存储管理具有内存分配、地址映射、内存保护和内存扩充等功能。

1. 内存分配

在为调入内存的每道程序分配内存空间时，要尽可能提高内存的利用率。内存分配可以分为非交换和交换两种技术范畴。在非交换技术范畴下，程序运行期间始终全部驻留在内存中，直至运行结束；而在交换技术范畴下，程序运行期间可以多次在内存和磁盘之间交换数据。在内存分配管理技术中，分区分配管理、基本分页存储管理和基本分段存储管理属于非交换技术范畴，而请求分页存储管理和请求分段存储管理则属于交换技术范畴。相应的内存分配技术如图 9.9 所示。

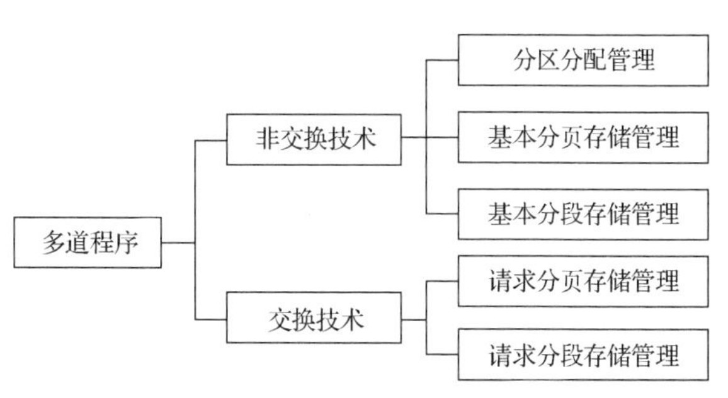

图 9.9　多道程序的内存分配技术

（1）分区分配管理

分区分配管理有固定分区和动态分区两种。

① 固定分区是提前将内存空间分配成若干个大小固定、个数固定、位置固定的分区，分配和回收都以分区为单位。在这种情况下，内存空间的管理比较容易，但是每一个分区空间未必能够用完，内存的空间利用率较低。

② 动态分区则是按照作业的大小量身分配空间，因此，根据内存中并发运行的程序的不同，内存中分区的个数、每一个分区的大小和位置都不固定，会随着作业的分配和回收动态发生变化。在这种情况下，内存空间的管理系统开销比较大，但是内存的利用率较高。

无论使用哪种分区分配管理方式，每个程序全部装入内存，并且占有连续的内存空间。

（2）基本分页存储管理

基本分页存储管理将程序的逻辑空间划分为若干大小相等的页面，内存物理空间划分为与页面大小相等的块——物理块，页面被装入内存的物理块中。基本分页存储管理与分区分配管理的最大区别在于，同一个程序的若干个页面可以装入内存中不连续的物理块中，其分配过程如图 9.10 所示。基本分页存储管理从一定程度上提高了系统的效率，但是整个程序在运行前仍需要全部装入内存。

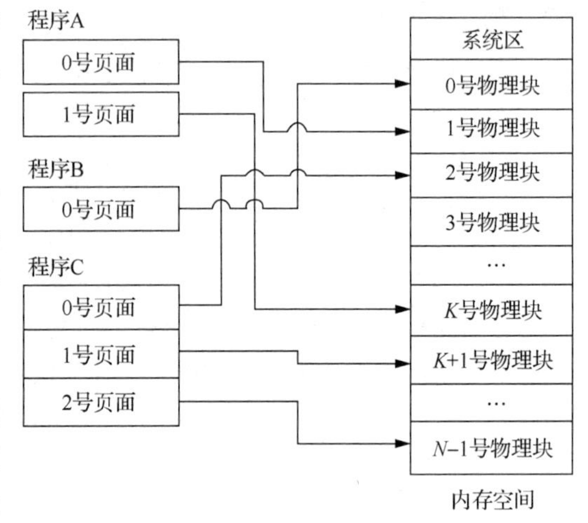

图 9.10　基本分页存储管理的分配过程

（3）基本分段存储管理

基本分段存储管理是按照程序空间是否构成完整的逻辑含义划分成若干个段，每个段的长度各不相同。每个段在内存中需要占用连续的内存空间，但是程序的各个段之间占用的空间可以不连续，其分配过程如图 9.11 所示。与基本分页存储管理相同，在这种情况下，整个程序在运行前仍需要全部装入内存。引入基本分段存储管理方式不是为了提高内存的利用率，而是为了实现信息共享。

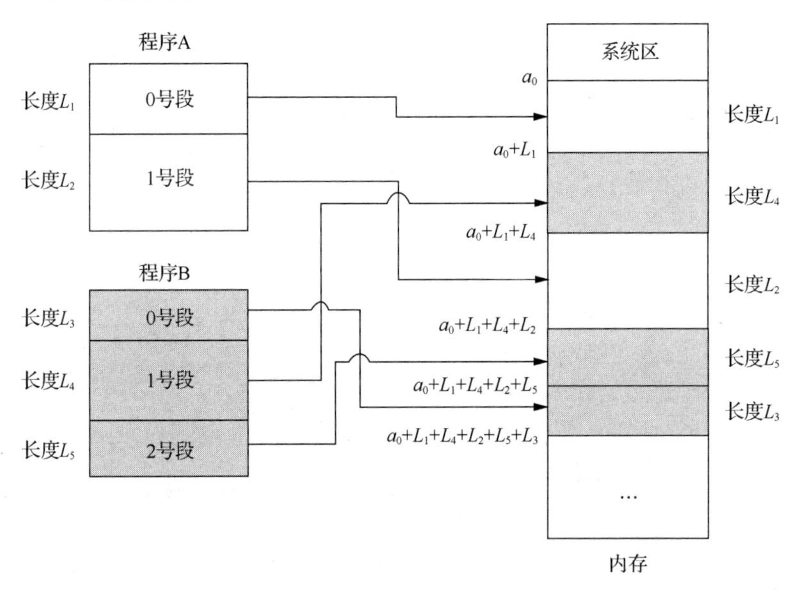

图 9.11　基本分段存储管理的分配过程

（4）请求分页存储管理

基本分页存储管理不需要将程序装入连续的内存空间，但仍需将程序全部装入内存才可以运行。请求分页存储管理解除了这一限制。在请求分页存储管理技术中，只需要装入程序所需的一部分页面程序就可以开始运行；在运行的过程中，如果发现所需的页面不在内存中，再把所需的页面调入内存。在这个过程中，如果有空白的物理块则直接把页面调入，如果没有则可以按照某种置换算法从某个物理块中淘汰一个页面出去，把所需的页面调入进来。请求分页存储管理的分配过程如图 9.12 所示。

（5）请求分段存储管理

请求分段存储管理和请求分页存储管理类似，只需调入程序所需的一部分段到内存中就开始执行；在执行的过程中，如果发现所需的段不在内存中，再把所缺的段调入内存。图 9.13 所示的是请求分段存储管理的分配过程，由于内存中段的长度是相同的，但实际程序中段的长度各不相同，因此内存中段的一部分可能是空的。

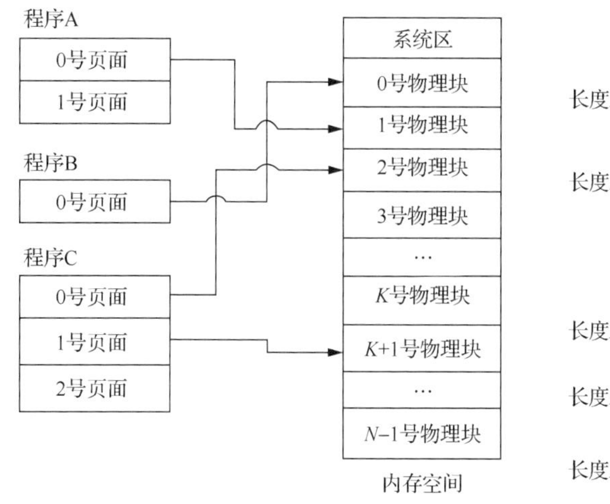

图 9.12 请求分页存储管理的分配过程

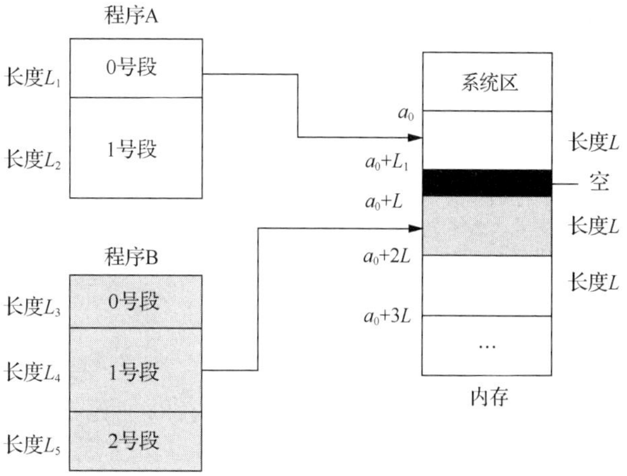

图 9.13 请求分段存储管理的分配过程

2. 地址映射

在多道程序技术下，每道程序经编译和链接后形成的可装入程序地址（称为逻辑地址）都是从 0 开始的，而内存地址（即物理地址）只有一个起始 0，因此各程序段的地址空间内的地址（逻辑地址）与其在内存中的地址空间中地址（物理地址）不一致。为了确保程序正确运行，需将逻辑地址转换为其所在的内存空间中的地址，这被称为地址映射。

3. 内存保护

内存保护的任务是设置相应的内存保护机制，确保每道用户程序都在自己的内存空间内运行，互不干扰，而且不允许用户访问系统的程序和数据，也不允许用户程序转移到非共享的其他用户程序中去执行。

4. 内存扩充

内存扩充是借助于虚拟存储技术，从逻辑上扩充内存空间而非增加实际的物理内存空间，从而使用户从感官上认为内存容量比实际的物理内存容量大得多，以便让更多的用户程序并发运行。这样扩充的内存就是通常所说的虚拟内存。

9.4.3 设备管理

设备管理是指对计算机系统中所有的 I/O 设备进行管理。设备管理涉及很多的物理设备，品种众多、用法各异；而且设备和主机都能够并行操作，有的设备还可以被多个用户程序共享；同时，设备之间、设备与主机之间存在很大的工作速度差异。因此，设备管理是操作系统中最为烦琐、庞杂的一部分。

设备管理需要完成用户进程提出的 I/O 请求，为用户分配其所需的 I/O 设备并完成指定的 I/O 操作，同时要匹配 CPU 和 I/O 设备之间的速度差异，提高资源的利用率，提高 I/O 速度，方便用户使用 I/O 设备。为此，设备管理应该具有设备分配、设备处理、缓冲管理和虚拟设备等功能。

1. 设备分配

设备分配是指根据用户进程的 I/O 请求及当前系统的资源拥有情况，按照某种分配策略，为用户进程分配所需的 I/O 设备。由于设备是在控制器的控制下工作的，而控制器和 CPU 之间存在着通道，因此，设备的分配其实还包括控制器的分配及通道的分配。为了实现设备的分配，系统中需要设置相应的数据结构记录设备、设备控制器和通道的状态等信息，根据这些数据结构来进行设备的分配和回收。

同时，设备分配中还涉及设备无关性。设备无关性也称为设备独立性，它是指用户在编程时所使用的设备（即逻辑设备）独立于具体的物理设备，即用户在程序中只需要指明使用哪种设备而不需要具体指明使用哪一个物理设备，程序真正运行后会根据系统的实际情况在第一次使用该逻辑设备时为其分配合适的物理设备，并通过逻辑设备表（Logic Unit Table，LUT）给出该逻辑设备名和具体物理设备的映射关系。之后，不管程序中用到多少次这个逻辑设备，都会被映射到同一个物理设备上。这样做的好处有以下两点。

① 提高设备分配时的灵活性。程序中不指明具体的物理设备，只要同种的物理设备有一个空闲就可以分配给进程使用。

② 有利于 I/O 重定向。如需更换 I/O 设备，只需要在逻辑设备表中更换映射关系即可，程序中不需要做过多改动。

2. 设备处理

设备处理程序又称为设备驱动程序，其基本任务是实现处理机和设备控制器之间的通信。目前，大部分的设备处理不是借助于操作系统来实现的，而是借助于设备厂商提供的驱动程序来实现的。

3. 缓冲管理

缓冲管理是在 I/O 设备和 CPU 之间引入缓冲区以缓存数据，进而缓和 CPU 和 I/O 设备之间的工作速度差异，提高 CPU 的利用率，提高系统吞吐量。同时，缓冲区也可以协调传输数据大小不一致的设备。缓冲区设置在内存空间中，通过增加缓冲区的容量可以改善系统的性能。不同的系统使用的缓冲机制各不相同，但操作系统的缓冲机制可以将系统内的缓冲区有效地管理起来。

4. 虚拟设备

虚拟设备是利用假脱机（Simultaneous Peripheral Operations On Line，SPOOL）技术将一台物理设备虚拟成多台逻辑设备，从而将一个互斥访问的独占设备转变成可以同时访问的共享设备，允许多个用户共享一台物理 I/O 设备。

以上即操作系统中对硬件进行管理的功能。而软件和数据在计算机内是以文件的形式存在的，所以软件管理主要是指文件管理。

9.4.4 文件管理

文件是具有文件名的相关信息的集合。文件名是用来标记一个文件的，由主名和扩展名两部分组成，其命名规则随着操作系统的不同而不同。表 9.1 中列出了微软系统下不同版本操作系统文件的命名规则。

表 9.1 微软系统下不同版本操作系统文件的命名规则

<table>
<tr><th>项目</th><th>DOS/Windows 3.1</th><th>Windows 9x 及以后的版本</th></tr>
<tr><td>文件的主名长度</td><td>1～8 个字符</td><td>1～255 个字符</td></tr>
<tr><td>文件的扩展名长度</td><td>0～3 个字符</td><td>0～255 个字符（但是在系统层面，仍然保留 3 个字母的命名方式，这对很多用户来说都是不可见的）</td></tr>
<tr><td>是否可以含有空格</td><td>否</td><td>是</td></tr>
<tr><td>不允许使用的字符</td><td>/、[、]、=、"、\、:、,、|、*、?、>、<</td><td><、>、/、\、|、:、"、*、?</td></tr>
</table>

不允许使用的文件名有：Aux、Com1、Com2、Com3、Com4、Lpt1、Lpt2、Lpt3、Lpt4、Prn、Nul、Con。这是因为这些名字在微软系统中已有特定的含义，如 Aux 表示音频输入接口；Com 表示串行通信端口；Lpt 表示打印机或其他设备；Con 表示键盘或屏幕。

文件的主名主要是用来标识文件的；文件的扩展名则用来标识文件的类型，不同类型的文件的用途也是不同的。操作系统根据扩展名对文件建立与程序的关联。大多数程序在创建数据文件时，会自动给出数据文件的扩展名。例如，使用 Word 创建文档，在保存文件时会自动提示加上.doc（或.docx）扩展名。常见的文件扩展名如表 9.2 所示。

表 9.2　常见的文件扩展名

扩展名	文件类型	扩展名	文件类型	扩展名	文件类型
.com	命令文件	.sys	系统文件	.xls（.xlsx）	Excel 电子表格文件
.bat	批处理文件	.exe	可执行文件	.doc（.docx）	Word 文档
.rar	WinRAR 压缩文件	.dll	动态链接库文件	.jpg	普通图形文件
.swf	Adobe Flash 影片文件	.pdf	便携文件格式文件	.bak	备份文件
.ppt（.pptx）	PowerPoint 演示文稿文件	.txt	纯文本文件	.png	图形文件
.c	C 语言的源程序文件	.db	数据库文件	.ini	初始化文件

要在成千上万个文件中查找其中的一个或者一部分特定的文件，需要使用两个通配符——“*”“?”。其中，“*”代表在其位置上连续且合法的 0 个到多个字符，“?”代表它所在位置上的任意一个合法字符。

例如：

A*.txt　表示主名以 A 开头的.txt 文件；

ab??.*　表示主名以 ab 开头、最多 4 个字符，扩展名不限的文件；

???.exe 表示主名最多 3 个字符的.exe 文件；

.　　表示所有文件。

大多数操作系统都支持这两个通配符，但在不同的操作系统中，它们的使用方法和含义可能略有不同。

文件管理是对存放在磁盘空间的各种文件（包括用户文件和系统文件）进行管理，以方便用户的使用，并保证文件的安全性的。因此，文件管理包括文件存储空间的管理、目录管理、文件读/写管理、文件保护等功能。

1. 文件存储空间的管理

文件存储空间的管理是在系统中设置相应的数据结构，记录文件存储空间的使用情况，以便为每个文件分配其所需的外存空间，提高外存利用率，进而提高文件系统的存/取速度；同时，其还应该有空间回收的功能。

2. 目录管理

引入目录管理是为了实现“按名存取文件”，因此，需要为每个文件建立一个目录项，记录其文件名、属性、位置等相关信息，实现方便地按名存取；同时，需要提供快速的目录查询技术，提高对文件的检索速度。

3. 文件读/写管理和文件保护

文件读/写管理是根据用户的请求，检索文件目录，找到指定的文件位置，进而利用文件读/写指针从外存中读取数据或将数据写入外存。

文件保护则是在文件系统中设置有效的存取控制机制，防止系统中的文件被非法窃取和破坏，包括非法用户的非法存取、破坏，以及合法用户对文件的误操作。

9.4.5 用户接口

用户接口是操作系统提供给用户的方便使用计算机的接口或操作界面。通常，用户接口可以分成 3 类：图形用户接口、命令接口和程序接口。

（1）图形用户接口采用了图形化界面，用户可以通过在菜单（或对话框）上选择菜单项的方式完成对应用程序和文件的操作。大家比较熟悉的 Windows 使用的就是图形用户接口。

（2）命令接口由一组键盘操作命令和命令解释程序组成，用户通过输入不同的命令，进而执行相应的命令解释程序，完成对作业的控制，直至作业完成。DOS 使用的就是命令接口。

（3）程序接口是为用户程序在执行中访问系统资源而设置的，是用户程序取得操作系统服务的唯一途径。

9.5 操作系统的分类

经过了几十年的迅速发展，操作系统种类繁多，不同操作系统的功能也相差很大。如今，操作系统已能够适应各种应用环境和各种硬件配置。操作系统按不同的分类标准可分为不同的类型，如图 9.14 所示。

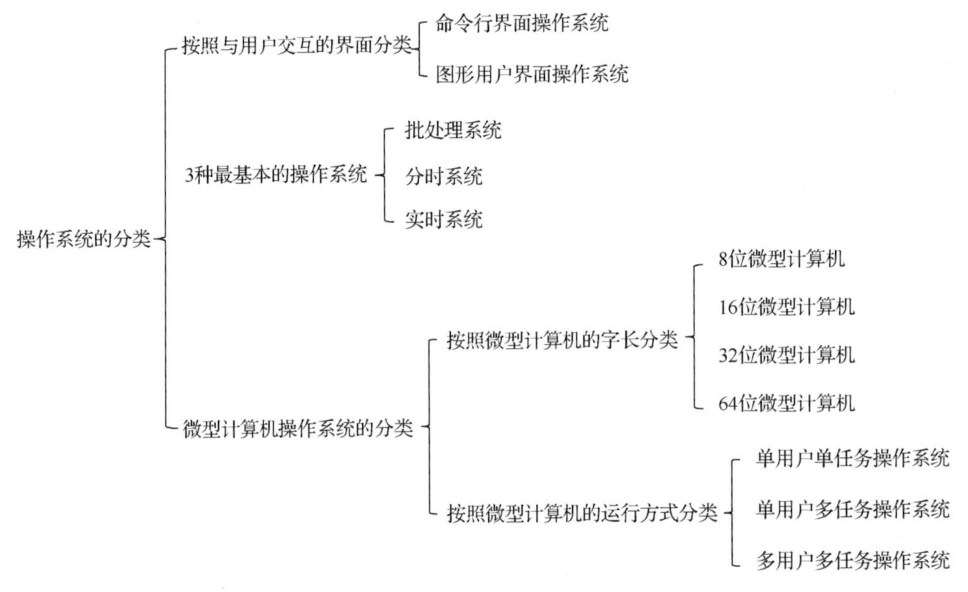

图 9.14 操作系统的分类

1. 按照与用户交互的界面分类

（1）命令行界面操作系统。在命令行界面操作系统中，用户只有在命令提示符（如 C:\>）后输入命令并执行，才能操作计算机。其界面不友好，用户需要记忆各种命令，否则无法使用系统。命令行界面操作系统包括 MS-DOS、Novell 等系统。

（2）图形用户界面操作系统。图形用户界面操作系统采用图形化的界面，用非常容易识别的各种图标来将系统的各项功能、各种应用程序和文件直观、逼真地表示出来，用户无须记忆命令，可以通过在菜单（或对话框）中移动鼠标的方式取代命令的输入，以方便、快捷地完成对应用程序和文件等的操作，交互性好、简单易学。图形用户界面操作系统包括 Windows 等系统。

2. 3 种最基本的操作系统

3 种最基本的操作系统是批处理系统、分时系统和实时系统。9.2 节已介绍，此处不赘述。之后的操作系统都是在这三者的基础上发展起来的。

3. 微型计算机操作系统的分类

（1）按照微型计算机的字长分类。按照字长，微型计算机可以分为 8 位微型计算机、16 位微型计算机、32 位微型计算机和 64 位微型计算机。

（2）按照微型计算机的运行方式分类。按照运行方式，微型计算机可以分为单用户单任务操作系统、单用户多任务操作系统和多用户多任务操作系统 3 种。

① 单用户单任务操作系统。单用户单任务操作系统是指只允许一个用户登录，并且一次仅允许用户程序作为一个任务运行的操作系统。简单来说，该操作系统只允许一个用户登录，且这个用户一次只能提交一个任务给计算机执行。这是最简单的微型计算机操作系统，主要配置在 8 位和 16 位微型计算机上。这种操作系统的典型代表就是 Digital Research 公司的 CP/M 和微软公司的 MS-DOS。

② 单用户多任务操作系统。单用户多任务操作系统是指只允许一个用户登录，但一次仅允许用户程序分为多个任务，使它们并发运行，从而有效地改善操作系统性能的操作系统。换句话说，这种操作系统一次仅允许一个用户登录，但这个用户可以同时向计算机提交多个任务去执行。目前，32 位和 64 位微型计算机上配置的大部分是单用户多任务操作系统。这种操作系统的典型代表就是微软公司的 Windows 操作系统。从 Windows 3.0 开始，到之后的 Windows 95、Windows 98、Windows NT，一直到现在的 Windows 7、Windows 8、Windows 10，它们都属于单用户多任务操作系统。

③ 多用户多任务操作系统。多用户多任务操作系统是指允许多个不同的用户通过各自的终端同时登录到同一台计算机，共享系统内的各种资源，而且可将每个用户程序进一步分为多个任务，使它们并发运行，从而进一步提高资源利用率和系统吞吐量的操作系统。在大、中、小型计算机中配置的大多数是多用户多任务操作系统。现在，32 位和 64 位微型计算机中也有不少配置的是多用户多任务操作系统。这种操作系统的典型代表是 UNIX 和 Linux 操作系统。

9.6 主流操作系统

1. Windows

Windows 是指由微软公司推出的一系列操作系统。它问世于 1985 年，起初仅是 MS-DOS 之下的桌面环境，而后其后续版本逐渐发展并占据了世界 PC 操作系统软件的重要地位，成为深受欢迎的 PC 操作系统之一。

Windows 采用了图形用户接口操作模式，比起从前的指令操作系统 DOS 更为人性化。随着计算机硬件和软件系统的不断升级，微软公司的 Windows 操作系统也在不断升级，从最初的 Windows 1.0 和 Windows 3.2 到大家熟知的 Windows 95、Windows 98、Windows 2000、Windows Me、Windows XP、Windows Vista、Windows 7、Windows 8、Windows 8.1，再到 Windows 10 和 Windows 11，目前已包括 16 位、32 位、64 位操作系统。

2. UNIX

UNIX 操作系统最早是 1969—1970 年在美国电报电话公司（AT&T）的贝尔实验室被开发出来的。1979 年推出的 UNIX v7 已经被广泛应用于多种小型计算机上，它是一个在程序员和计算机科学家群体中较为流行的操作系统。UNIX 是一个非常强大的操作系统，经历了许多次的版本升级，目前它的商标权由国际开放标准组织所拥有，只有符合单一 UNIX 规范的 UNIX 系统才能使用 UNIX 这个名称，否则只能称为类 UNIX（UNIX-like）。

UNIX 是一个多用户、多任务、可移植的操作系统，支持多种处理器架构，可用来编程、文本处理、通信等。它包含几百个简单的函数，这些函数组合在一起功能之强大，可以完成任何可以想象到的处理任务，而且 UNIX 非常灵活，可以用于单机系统、分时系统和客户/服务器系统。

UNIX 操作系统由内核、命令解释器、一组标准工具和应用程序 4 部分组成。内核是其“心脏”，负责最基本的内存管理、进程管理、文件管理和设备管理；命令解释器是用户最可见的部分，负责接收并解释命令；一组标准工具是 UNIX 标准程序，为用户提供支持过程功能；应用程序为用户提供对系统的扩展功能。

UNIX 操作系统有如下特性。

（1）UNIX 操作系统主要是用 C 语言而不是特定于某种计算机系统的机器语言编写而成的，这使得 UNIX 操作系统易读、易修改、易移植，可以不经较大改动就很方便地从一个平台移植到另一个平台。

（2）UNIX 操作系统有一套功能强大的工具（命令），它们组合起来可以解决许多问题，而这一工作在其他操作系统中需要通过编程来实现。

（3）UNIX 操作系统本身就包含设备驱动程序，具有设备无关性，用户可以方便地配置运行设备。

3. Linux

Linux 操作系统诞生于 1991 年（这是第一次正式向外公布的时间），是芬兰赫尔辛基大学的在校大学生莱纳斯 • 贝内迪克特 • 托瓦兹开发的，其初始内核与 UNIX 小子集的相似。1997 年发布的 Linux 2.0 称为商业操作系统，它是一套免费使用和自由传播的类 UNIX 操作系统。

Linux 操作系统由内核、系统库（一组被应用程序使用的函数，包括命令解释器，用于与内核交互）和系统工具（使用系统库提供的服务，执行管理任务的各个程序）3 部分组成。

Linux 拥有许多不同的 Linux 版本，但它们都使用了 Linux 内核。Linux 可安装在各种计算机硬件设备（如手机、平板电脑、路由器、视频游戏控制台、台式计算机、大型计算机和超级计算机）中。严格来讲，Linux 这个词本身只表示 Linux 内核，但实际上人们已经习惯了用 Linux 来形容整个基于 Linux 内核，并且使用 GNU 工程各种工具和数据库的操作系统。

Linux 的基本思想有两点：第一，一切都是文件；第二，每个软件都有确定的用途。第一点详细来讲就是系统中的所有都归结为一个文件，例如命令、硬件和软件设备、操作系统、进程等，对于操作系统内核而言，都被视为拥有各自特性或类型的文件。

Linux 是一款免费的操作系统，用户可以通过网络或其他途径免费获得，并可以任意修改其源代码。这是其他的操作系统几乎做不到的。正是由于这一点，来自全世界的无数程序员参与了 Linux 的修改、编写工作，程序员可以根据自己的兴趣和灵感对其进行修改，这让 Linux 吸收了无数程序员的思想，得以不断壮大。同时，它是多用户、多任务、嵌入式操作系统，支持多处理机技术，可以运行在平板电脑或游戏机上。

4. macOS

macOS 操作系统是一套运行于苹果 Macintosh 系列计算机上的操作系统，由苹果公司自行开发。macOS 操作系统是苹果计算机专用系统，是基于 UNIX 内核的图形化操作系统，一般情况下在普通 PC 上无法被安装。另外，疯狂肆虐的计算机病毒几乎都是针对 Windows 操作系统的，macOS 架构与 Windows 操作系统的不同，很少受到病毒的袭击。

macOS 操作系统界面非常独特，突出了形象的图标和人机对话。苹果公司不仅开发系统，也涉足硬件的开发。

9.7 操作系统的发展方向

随着计算机技术的不断发展，操作系统的功能会变得越来越复杂。在这种趋势下，操作系统的发展将面临两个方向的选择：一是向微内核方向发展；二是向大而全的方向发展。微内核操作系统虽然有不少人在研究，但在工业界获得的认可并不多，其代表是 Mach 系统。对工业界来说，希望操作系统向着多功能、全方位方向发展。Windows XP 操作系统约有 4000 万行代码，Windows 7 的代码规模更大，某些版本 Linux 约有 2 亿行代码，Solaris 的代码行数也在不断增多。鉴于大而全的操作系统管理起来比较复杂，现代操作系统采取的都是模块化的方式，即一个小的内核加上模块化的外围管理功能。

例如，新的 Solaris 将操作系统划分为核心内核和可装入模块两部分。其中，核心内核又划分为系统调用、调度、内存管理、进程管理、VFS（Virtual File System，虚拟文件系统）框架、内核锁定、时钟和计时器、中断管理、引导和启动、陷阱管理、CPU 管理；可装入模块又划分为调度类、文件系统、可加载系统调用、可执行文件格式、流模块、设备和总线驱动程序等。

Windows 操作系统可划分成内核（Kernel）、执行体（Executive）、视窗和图形驱动和可装入模块。Windows 执行体又划分为 I/O 管理、文件系统缓存、对象管理、热插拔管理器、能源管理器、安全监视器、虚拟内存、进程与线程、配置管理器、本地过程调用等。而且，Windows 还在用户层设置了数十个功能模块，可谓功能繁多、结构复杂。

进入 21 世纪，操作系统发展的一个新动态是出现了虚拟化技术和云操作系统。虽然虚拟化技术和云操作系统听上去有点不易理解，但它们不过是传统操作系统和分布式操作系统的延伸和深化。虚拟化技术扩展的是传统操作系统，它将传统操作系统提供的一个虚拟机变成多个虚拟机，从而同时运行多个传统操作系统。云操作系统扩展的是分布式操作系统，而这种扩展有两层意思：分布式范围的扩展和分布式从同源到异源的扩展。虚拟化技术带来的最大好处是闲置计算资源的利用，云操作系统带来的最大好处是分散的计算资源整合和同化。

操作系统的另一个研究方向侧重于专用于某种特定任务的设备，如医疗设备、车载电子设备等。这些设备中的操作系统称为嵌入式操作系统。嵌入式操作系统通常能够节省电池电量、严格满足实时截止时间或在很少/完全没有人的监管下的连续工作。

9.8　小结

本章从操作系统在计算机系统中的地位开始，引入了操作系统的定义，介绍了计算机操作系统的发展史，并详细说明了引入多道程序设计技术后的操作系统所具有的特征和功能，最后对主流的操作系统和未来操作系统的发展方向做了介绍。本章可以使读者对操作系统有深入的认识，能够了解操作系统的发展过程，熟练掌握操作系统的定义、特征和功能，并对主流的操作系统和操作系统未来的发展方向有更系统的、更直观的、更全面的认识。通过本章的学习，读者可以更加清楚地了解操作系统的功能及这些功能的具体实现方式，更有利于后期读者利用操作系统方便地使用计算机资源，并利用操作系统内核所提供的强大功能进行大型项目的设计、开发和实现。

习题 9

一、选择题

1.（　　）不是基本的操作系统。

A. 批处理系统　　B. 分时系统　　C. 实时系统　　D. 网络系统

2.（　　）不是分时系统的基本特征。

A. 同时性　　B. 独立性　　C. 及时性　　D. 交互性

3. 进程所请求的一次输出结束后，将使进程状态从（　　）。

A. 运行态变为就绪态　　B. 运行态变为阻塞态

C. 就绪态变为运行态　　D. 阻塞态变为就绪态

4. 临界区是指并发进程中访问共享变量的（　　）段。
A. 管理信息　B. 信息存储　C. 数据　D. 程序
5. 操作系统是一种（　　）。
A. 通用软件　B. 系统软件　C. 应用软件　D. 软件包
6. 下列选项中，（　　）不是操作系统关心的主要问题。
A. 管理计算机裸机　B. 设计、提供用户程序与计算机硬件系统的界面
C. 管理计算机系统资源　D. 高级程序设计语言的编译器
7. 操作系统的（　　）管理部分负责对进程进行调度。
A. 主存储器　B. 控制器　C. 运算器　D. 处理机
8. 操作系统是对（　　）进行管理的软件。
A. 软件　B. 硬件　C. 计算机资源　D. 应用程序
9. 从用户的观点看，操作系统是（　　）。
A. 用户与计算机之间的接口　B. 控制和管理计算机资源的软件
C. 合理地组织计算机工作流程的软件　D. 由若干层次的程序按一定的结构组成的
10. 操作系统的功能是进行处理机管理、（　　）管理、设备管理及信息管理。
A. 进程　B. 存储　C. 硬件　D. 软件
11. 操作系统中采用多道程序设计技术提高 CPU 和外部设备的（　　）。
A. 利用率　B. 可靠性　C. 稳定性　D. 兼容性
12. 现代操作系统具有并发性和共享性，这是由（　　）的引入而导致的。
A. 单道程序　B. 磁盘　C. 对象　D. 多道程序
13. 操作系统是现代计算机系统不可缺少的组成部分，是为了提高计算机的（　　）和方便用户使用计算机而配备的一种系统软件。
A. 工作速度　B. 利用率　C. 灵活性　D. 兼容性
14. 操作系统的基本类型主要有（　　）。
A. 批处理系统、分时系统及多任务系统
B. 实时系统、批处理系统及分时系统
C. 单用户系统、多用户系统及批处理系统
D. 实时系统、分时系统和多用户系统
15.（　　）不是多道程序系统。
A. 单用户单任务操作系统　B. 多道批处理系统
C. 单用户多任务操作系统　D. 多用户分时系统
16. Windows 是（　　）操作系统。
A. 多用户分时　B. 批处理
C. 单用户多任务　D. 单用户单任务
17. 当（　　）时，进程从运行态转变为就绪态。
A. 进程被调度程序选中　B. 时间片到
C. 等待某一事件　D. 等待的事件发生
18. 在进程状态转换时，下列（　　）转换是不可能发生的。
A. 就绪态→运行态　B. 运行态→就绪态
C. 运行态→阻塞态　D. 阻塞态→运行态
19. 把逻辑地址转换成物理地址称为（　　）。
A. 地址分配　B. 地址映射　C. 地址保护　D. 地址越界

20. 实现虚拟存储的目的是（　　）。
    A. 实现存储保护　B. 实现程序浮动　C. 扩充外存容量　D. 扩充内存容量

二、简答题

1. 简述操作系统的地位。
2. 解释下列名词：操作系统、并发性、并行性、程序、作业、进程、死锁。
3. 简述分时系统和实时系统的异同点。
4. 操作系统用户接口的作用是什么？有几类用户接口？
5. 单道程序和多道程序有什么区别？
6. 基本分页存储管理和分区分配管理有什么区别？
7. 程序和进程有什么区别？
8. 简述进程的 3 种基本状态，并画图说明 3 种基本状态之间的变迁关系。
9. 死锁发生时必须满足的条件是什么？
10. 什么是设备的独立性？设备的独立性有什么好处？
11. 微型计算机操作系统按照微型计算机的运行方式被分成哪几类？典型的代表分别是哪一个？
12. 文件管理中为什么要引入目录管理？
13. UNIX 操作系统有什么样的特性？

10 第10章　多媒体技术概述

多媒体是一种融合了多种媒体形式的人机交互式信息交流和传播媒体，它使用的媒体形式包括文字、图形、图像、音频、动画和视频等。多媒体是超媒体系统的一个子集，而超媒体系统则是用超链接构成的全球信息系统。多媒体计算机把文字、图形、图像、音频、动画和视频等多种媒介集于一体，并采用了图形界面、窗口操作、触摸屏技术，使人机交互水平大大提高。它极大地改变了人类获取、处理、使用信息的方式，同时也深刻影响了人类的学习、工作和生活的方式。

通过本章的学习，学生应该能够：

1. 了解多媒体相关的基本概念；
2. 理解声音信号的数字化和音频处理的相关技术；
3. 理解颜色信息的表示和常见的颜色模型；
4. 理解图像的分类及相关概念和术语；
5. 理解视频信息的表示和相关标准；
6. 理解计算机图形的表示和生成理论；
7. 理解多媒体信息的压缩原理和方法。

10.1　多媒体的基本概念

10.1.1　媒体

媒体又称媒介或介质，它是信息表示、传输和存储的载体。在计算机领域中，媒体有两种含义：一种是指用以存储或传输信息的实体，如磁盘、光盘及半导体存储器、光纤等；另一种是指信息的载体，如数字、文字、声音、图像和图形等。

按照国际电信联盟（International Telecommunications Union，ITU）的建议，媒体可以划分成以下5种类型。

（1）感觉媒体（Perception Medium）：直接作用于人的感官，产生感觉（视、听、嗅、味、触觉）的媒体。例如，语言、音乐、图形、动画、数据、文字、文件等都是感觉媒体。而人们通常所说的多媒体就是感觉媒体的多种组合。

（2）表示媒体（Presentation Medium）：为了对感觉媒体进行有效的传输，以便进行加工和处理，而人为地构造出的一种媒体。例如，语言编码、静止和动态图像编码以及文本编码等都称为表示媒体。

（3）显示媒体（Display Medium）：显示感觉媒体的设备。显示媒体又分为两类：一类是输入显示媒体，如话筒、摄像机、光笔及键盘等；另一类是输出显示媒体，如扬声器、显示器及打印机等。

（4）传输媒体（Transmission Medium）：传输信号的物理载体，如同轴电缆、双绞线、光纤及电磁波等都是传输媒体。

（5）存储媒体（Storage Medium）：用于存储表示媒体的媒体，即用于存放感觉媒体数字化编码等的媒体，如磁盘、磁带、光盘等。

10.1.2　多媒体

多媒体是多种媒体的综合体，如图 10.1 所示。首先，多媒体是信息交流和传播媒体，这说明多媒体和电视、杂志、报纸等媒体的功能是一样的，都是为信息的交流和传播服务。其次，多媒体是人机交互式媒体，“机”指机器，主要是指计算机或由微处理器控制的其他终端设备（如手机）。最后，多媒体信息都是以数字信号的形式而不是以模拟信号的形式存储和传输的，而且传播信息的媒体有很多种，如文字、声音、图形、图像、动画等。宽泛地讲，融合任何两种以上媒体的媒体就可以称为多媒体。

图 10.1　多媒体

借助互联网和“超文本”思想与技术，多媒体构成了一个全球范围内的超媒体（Hypermedia）空间。通过网络、各种数字存储器和多媒体计算机，人们表达、获取、使用信息的方式和方法将因此产生重大变革。

10.1.3　多媒体系统

多媒体系统是一个能处理多媒体信息的计算机系统，它是计算机与多种媒体系统的有机结合。一个完整的多媒体系统由硬件和软件两部分组成，其核心是计算机，外围主要是视听等多种媒体设备。多媒体系统的构成可用图 10.2 表示。

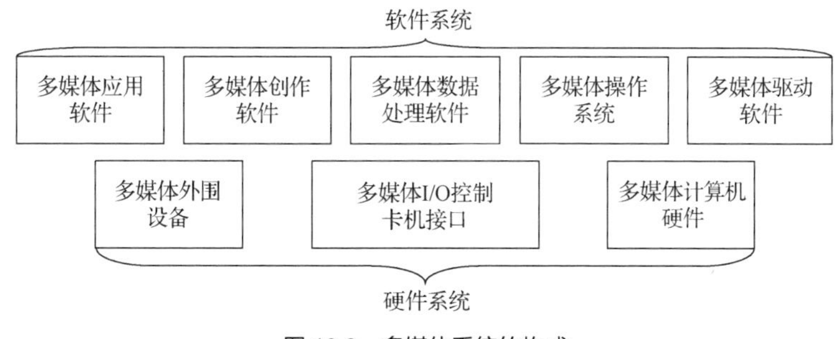

图 10.2　多媒体系统的构成

10.1.4　多媒体技术

多媒体技术是以计算机为主体，结合通信、微电子、激光、广播电视等多种技术，用来综合处理多种媒体信息的交互性信息处理技术。具体来讲，多媒体技术就是以计算机为中心，将文本、图形、图像、音频、视频和动画等多种媒体信息通过计算机进行数字化处理，使之建立起逻辑连接，集成为一个具有交互性的系统。

与多媒体相关的理论技术种类繁多，因此，多媒体技术是多种学科和多种技术相互交叉的技术。目前，有关多媒体技术的研究和应用主要在如下一些方面。

（1）多媒体数据的表示技术。该技术包括文字、声音、图形、图像、动画、影视等媒体在计算机中的表示方法。由于多媒体的数据量非常庞大，尤其是声音和图像及高清晰度数字视频等连续媒体，因此，为了突破数据传输通道带宽和存储容量的限制，数据压缩和解压缩技术在多媒体领域变得尤为重要。此外，为了丰富人与计算机的交互方式，人机接口技术也逐渐被重视，如语音识别和文本—语音转换（Text To Speech，TTS）是多媒体研究中的重要课题。此外，虚拟现实（Virtual Reality，VR）和信息可视化（Information Visualization）也是当今多媒体技术研究中的热点技术之一。

（2）多媒体创作和编辑工具。使用工具的目的是提高信息加工的效率，而在快节奏的今天，方便易用的多媒体创作和编辑工具正在逐渐替代传统制作工具。

（3）多媒体数据的存储技术。多媒体数据有两个显著的特点：一是数据表现形式多样，且数据量很大，动态的声音和视频更为明显；二是多媒体数据传输具有实时性，声音和视频必须严格地同步。这样就要求存储设备的存储容量必须足够大，存取速度快，以便高速传输数据，使得多媒体数据能够实时地传输和显示。多媒体信息存储技术主要研究多媒体信息的逻辑组织，存储体的物理特性，逻辑组织到物理组织的映射关系，多媒体信息的存取访问方法、访问速度、存储可靠性等问题，具体技术包括磁盘存储技术、光存储技术以及其他存储技术。

（4）多媒体的应用开发。多媒体的应用开发包括多媒体节目制作、多媒体数据库、环球超媒体信息系统、多目标广播（Multicasting）、视频点播（VOD）、电视会议（Video Conference）、远程教育系统、多媒体信息的检索等。

（5）多媒体网络通信技术。多媒体网络通信技术是指通过对多媒体信息特点和网络技术的研究，建立适合传输文本、图形、图像、声音、视频、动画等多媒体信息的信道、通信协议和交换方式等，解决多媒体信息传输中的实时与媒体同步等问题。

10.2 音频处理技术

声音源自空气的振动，如由乐器的琴弦或扬声器的振膜所产生的振动。这些振动会压缩附近的空气分子，造成附近空气压力增加，如图10.3所示，受压的空气分子继而推动压缩它们周围的空气分子，被压缩的空气分子再继续推动下一组，如此往复。高压区在空气中向前移动的过程中，留下身后的低压区。当这些有高低压变化的波浪抵达人体时，转换为人耳朵里受体的振动，作为声音被人们接收。

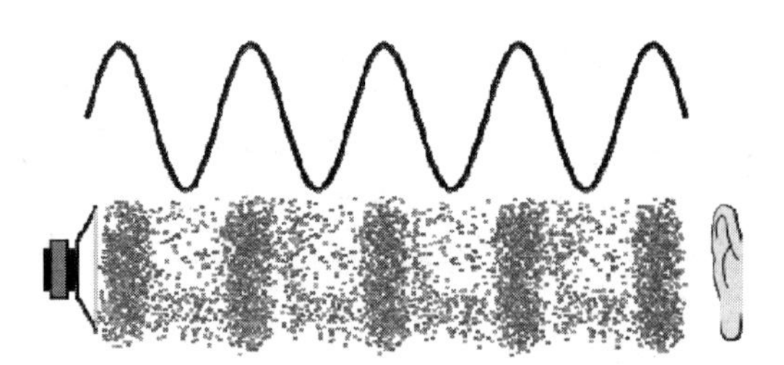

图 10.3 声音源自空气的振动

声音是多媒体技术研究中的一项重要内容，它是一种可携带信息的媒体。声音的种类繁多，如人的语音、乐器声、动物发出的声音、机器产生的声音及自然界的其他各种声音等。这些声音有许多共同的特性，但也有各自的特性。

10.2.1 声音的本质与听觉系统

声音本质上是一种通过空气传播的连续波，即声波。声波具有普通波所具有的一般特性，如反射（Reflection）、折射（Refraction）和衍射（Diffraction）等。声波一般通过空气经过外耳道使鼓膜产生振动，然后经中耳放大，传到内耳转换成神经脉冲，刺激听觉神经，从而令人产生听到声音的感觉。声波压力的大小体现出声音的强弱，声波频率的大小则体现出音调的高低。

在物理学中，描述波形的量主要有振幅、周期、频率、相位和波长。声波的基本属性如图 10.4 所示，振幅（图 10.4 中的 *C*）反映波形中从波峰到波谷的压力变化幅度。大振幅的波形表示声音大，小振幅的波形表示声音小。周期（图 10.4 中的 *A*）则描述了周期性的压力变化（从 0 开始经过波峰到达波谷再返回 0）中的一个基本单位。频率以 Hz（赫兹）为单位，描述 1s 内振动的次数。频率越高，音调越高。相位（图 10.4 中的 *B*）以 360° 来表示一个周期中波形所处的位置。0° 表示起点，90° 表示高压点，180° 表示中间点，270° 表示低压点，360° 表示终点。波长是用长度单位来计量的，表示度数相同的两个相位之间的距离。当频率增加时，波长变短。

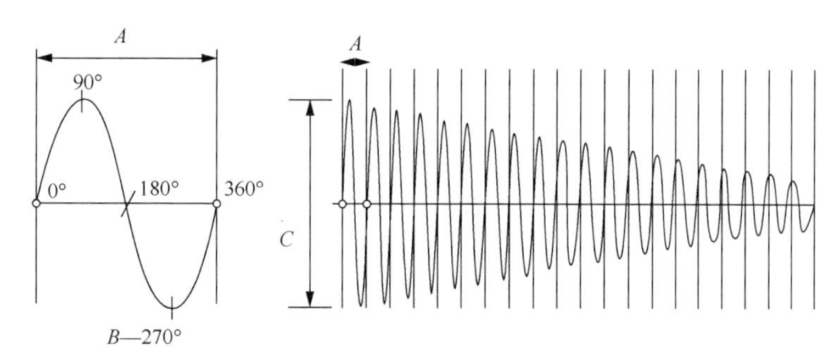

图 10.4　声波的基本属性

声音信号在时间和幅度上都是连续的模拟信号。对声音信号的进一步分析发现，声音信号其实是由许多不同频率的单一信号构成的，这类信号一般称为复合信号，而单一信号称为分量信号。

描述声音信号的重要参数之一是带宽，它用来表示构成复合信号的频率范围，如高保真声音（High Fidelity Audio）信号的频率范围为 10～20000Hz，它的带宽约为 20kHz。描述声音信号的其他两个属性参数是频率和幅度。信号的频率是指信号每秒周期变化的次数，单位为 Hz。通常把频率小于 20Hz 的信号称为亚声（Subsonic）信号或次声信号。这类信号在一定的强度范围内，人的听觉系统一般是听不到的，如人体内脏的活动频率为 4～6Hz，这就是一种次声信号。而频率范围为 20Hz～20kHz 的信号称为音频（Audio）信号，虽然人的发音器官发出的声音频率为 80～3400Hz，但人说话的信号频率通常为 300～3000Hz，人们把在这种频率范围内的信号称为语音（Speech）信号。高于 20kHz 的信号称为超音频信号或超声波（Ultrasonic）信号。超音频信号具有很强的方向性，并且能够形成波束，在工业上得到广泛的应用，如超声波探测仪、超声波成像仪等设备就利用了这种信号。多媒体系统所处理的信号主要是音频信号，包括音乐、语音等。

人的听觉系统能否听到声音，主要取决于人类的年龄和耳朵的灵敏性。一般来说，人的听觉器官能感知的声音频率为 20～20000Hz，在这种频率范围内感知的声音幅度为 0～120dB。除此之外，人的听觉系统对声音的感知还有一些其他特性，这些特性在声音数据压缩中已经得到了广泛的应用。

10.2.2　声音信号的数字化

1. 从模拟信号过渡到数字信号

通过模仿声音的振动原理将声音接收器内振膜的振动转换成强弱不同的电流信号，这种电流信号不仅在时间上是连续的，在幅度上也是连续的。在时间上“连续”是指在一个固定的时间范围内，声音信号的幅值有无穷多个；在幅度上“连续”是指幅度的数值有无穷多个。把在时间和幅度上都连续的信号称为模拟信号。

电流信号在早期一直是用模拟元部件对模拟信号进行处理的，但是，在计算机产生之后，数字信

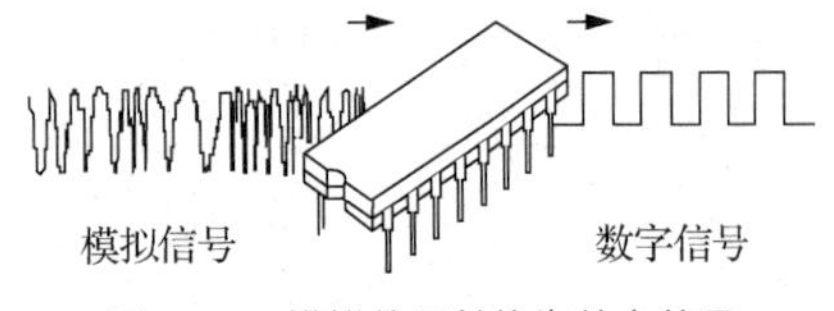

图 10.5　模拟信号转换为数字信号

号处理技术渐渐成为主流。现代计算机几乎都以数字信号的表示和处理为基础。这就需要将模拟信号转换为数字信号，用数字来表示模拟量，并以数字信号为基础进行计算和处理，如图 10.5 所示。为了实现这一目的，数字信号处理器（Digital Signal Processor，DSP）应运而生。

在数字域而不在模拟域中进行信号处理的主要原因：首先，数字信号计算是一种相对精确的运算方法，因为数字元器件不受时间和环境变化的影响；其次，表示部件功能的数学运算不是物理上实现的部件功能，而是仅用数学运算去模拟，其中的数学运算也相对容易实现；最后，可以对数字运算部件进行编程，如果想要改变算法或改变某些功能，还可对数字部件进行再编程。

2. 采样和量化

声音存入计算机的第一步便是数字化，数字化的主要工作就是采样和量化。

采样得到的幅值是无穷多个实数值中的一个，因此幅度还是连续的。例如，假设输入电压的范围是 0～15.0V，并假设它的取值只限定在 0,1,2,⋯,15 共 16 个值。如果采样得到的幅度值是 2.6V，它的取值就应算作 3V；如果采样得到的幅度值是 6.1V，它的取值就应算作 6V。这种数值就称为离散数值。把时间和幅度都用离散的数字表示的信号称为数字信号。

如前所述，连续时间的离散化通过采样来实现，即每隔相等的一小段时间就采样一次，这种采样称为均匀采样（Uniform Sampling）。连续幅度的离散化则通过量化（Quantization）来实现。如果信号幅度的划分是等间隔的，就称为线性量化，否则就称为非线性量化。图 10.6 所示的是一个正弦波的均匀采样并线性量化的例子。

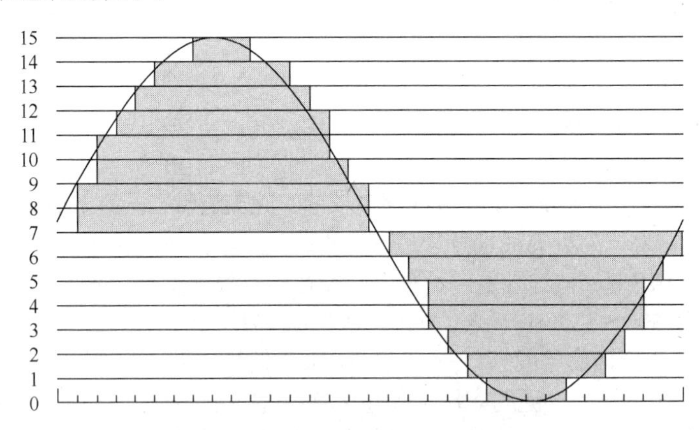

图 10.6　正弦波的均匀采样并线性量化的例子

声音数字化过程中需要考虑以下两个问题。

（1）每秒需要采集多少个声音样本，即采样频率是多少。

（2）每个声音样本的量化位数应该是多少，即量化精度是多少。

3. 采样频率

根据奈奎斯特理论（Nyquist Theory），用数字形式表达的声音想要精确还原成原来的真实声音，那么采样频率不应低于声音信号最高频率的 2 倍，满足这种条件称为无损数字化（Lossless Digitization）。因此，采样频率的高低是由奈奎斯特理论和声音信号自身的最高频率决定的。

在进行模拟—数字信号的转换过程中，当采样频率 f_s 不小于信号中最高频率 f_{max} 的 2 倍，即 $f_s \geqslant 2f_{max}$ 时，采样之后的数字信号将完整地保留原始信号中的信息。因此，如果一个信号中的最高频率为 f_{max}，则采样频率最低要选择 $2f_{max}$。例如，电话语音的信号频率约为 3.4kHz，那么采样频率选为 8kHz 显然是合适的。

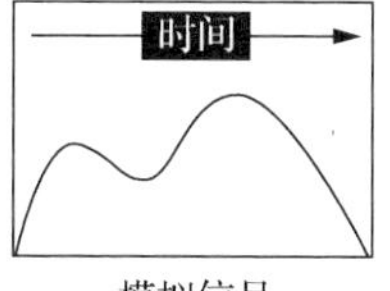

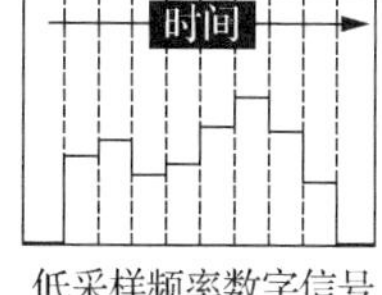

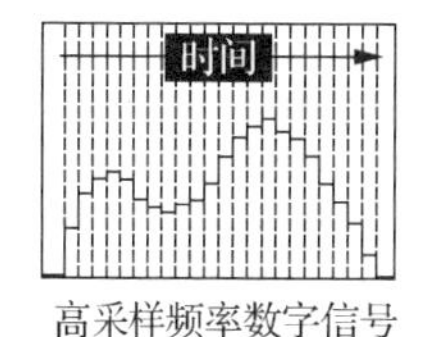

图 10.7 高低采样率对比

如图 10.7 所示，采样频率越高，量化位数越多，声音信号被还原得越精确，声音质量就越好。但是这意味着需要更大的数据量来表示同样的信息。庞大的数据量不仅会造成处理上的困难，也不利于声音在网络中传输。如何在声音的质量和数据量之间找到平衡点呢？人类语言的基频频率范围为 50～800Hz，泛音频率一般不超过 3kHz，因此，使用 11.025kHz 的采样频率和 10 位的量化位数进行数字化，就可以满足绝大多数人的要求。同样，乐器声的数字化也要根据不同乐器的最高泛音频率来确定选择多高的采样频率。例如，钢琴的第四泛音频率为 12.558kHz，若仍旧用 11.025kHz 的采样频率则显然不能满足要求，因此需要采用 44.1kHz 或更高的采样频率。

4. 采样精度

声音波形幅度的精度可以由样本大小来度量，即每个声音样本的量化位数。样本量化位数的多少影响到声音的质量，位数越多，声音的质量越好，但是需要的存储空间也越多；位数越少，声音的质量越差，需要的存储空间越少。

采样精度的另一种衡量方法是信号噪声比，简称信噪比（Signal-to-Noise Ratio，SNR）。信噪比的大小是用有用信号功率（或电压）和噪声功率（或电压）比值的对数来表示的。这样计算出来的数据的单位称为“贝尔”。在实际应用中，因为“贝尔”这个单位太大，所以用它的十分之一作为计算单位，称为“分贝”，即 dB。其计算方法是 $10\log(P_s/P_n)$，其中，P_s 和 P_n 分别代表信号和噪声的有效功率。它们之间的关系也可以换算成电压幅值的比率关系，如下式所示，其中 U_{signal} 和 U_{noise} 分别代表信号和噪声电压的有效值。

$$\mathrm{SNR}_{dB} = 10\log_{10}\left[\left(\frac{U_{signal}}{U_{noise}}\right)^2\right] = 20\log_{10}\left(\frac{U_{signal}}{U_{noise}}\right)$$

5. 声音质量

根据声音的频带，通常把声音质量分成 5 个等级，由低到高分别是电话（Telephone）、调幅（Amplitude Modulation，AM）广播、调频（Frequency Modulation，FM）广播、激光唱盘（CD）和数字音频磁带（Digital Audio Tape，DAT）的声音。在这 5 个等级中，分别使用的采样频率、采样精度和比特率列于表 10.1 中。其中，比特率是指每秒传输的二进制位的个数；电话使用 *m* 律编码，动态范围为 13 位，而不是 8 位。

表 10.1 声音质量的 5 个等级

声音质量等级	采样频率/kHz	采样精度/位	比特率/（bit/s）（未压缩）	频率范围/Hz
电话	8	8	8	200～3400
调幅广播	11.025	8	11.0	20～15000
调频广播	22.050	16	88.2	50～7000
激光唱盘	44.1	16	176.4	20～20000
数字音频磁带	48	16	192.0	20～20000

10.2.3 声音文件的存储格式

计算机为文本的存储提供了多种格式，如.doc 和.txt 等；同样，在因特网上和各种机器上存储及表示的声音文件格式也很多。

1. WAV 格式

以.wav 为扩展名的文件格式称为波形文件格式（Wave File Format），简称 WAV 格式，它在多媒体编程接口和数据规范 1.0（Multimedia Programming Interface and Data Specifications 1.0）文档中有详细的描述。该文档是由 IBM 公司和微软公司于 1991 年 8 月联合开发的，它是一种为交换多媒体资源而开发的资源交换文件格式（Resource Interchange File Format，RIFF）。

WAV 格式支持存储各种采样频率和采样精度的声音数据，并支持声音数据的压缩。WAV 格式文件由许多不同类型的文件构造块组成，其中最主要的两个文件构造块是 Format Chunk（格式块）和 Sound Data Chunk（声音数据块）。格式块包含描述波形的重要参数，例如采样频率和采样精度等，声音数据块则包含实际的波形声音数据。

2. MP3 格式

MP3 的全称是 MPEG-1 Audio Layer 3 音频文件，它是 MPEG-1 标准中的声音部分，也称 MPEG 音频层。MPEG 标准根据压缩质量和编码复杂程度划分为 3 层，即 Layer1、Layer2、Layer3，分别对应 MP1、MP2、MP3 这 3 种声音文件。根据用途不同，可使用不同层次的 MPEG 音频编码，层次越高，则编码器越复杂，压缩比也越高。MP1 和 MP2 的压缩比分别为 4∶1 和 6∶1～8∶1，而 MP3 的压缩比则高达 10∶1～12∶1。1min CD 音质的音乐未经压缩需要大约 10MB 的存储空间，而经过 MP3 压缩编码后只需要 1MB 左右的存储空间。几乎所有的音频编辑工具都支持打开和保存 MP3 格式的文件，还有许多硬件播放器也支持 MP3 格式的文件。

3. CD 格式

CD 格式文件的音质是比较高的，这是因为 CD 音轨是近似无损的，它的声音基本上是忠于原声的。因此，如果你是一个音响发烧友，CD 格式是首选。在大多数播放软件的“打开文件类型”中，都可以看到 CDA 格式，这就是 CD 文件格式。一个 CDA 文件只是一个索引信息，它并未真正包含声音数据信息，所以无论 CD 音乐的长短，在计算机上看到的 CDA 文件的长度都是 44 字节。CD 可以在 CD 唱机中播放，也能用计算机中的各种播放软件来播放。注意：不能直接复制 CD 格式的 CDA 文件到硬盘上播放，而是需要使用无损音频抓轨（Exact Audio Copy，EAC）软件把 CD 格式的文件转换成 WAV 或其他格式的文件后再播放；在这个转换过程中，如果光盘驱动器质量过关，而且 EAC 的参数设置得当，可以基本实现无损抓取音频。

4. RealAudio 格式

RealAudio（RA）是 RealNetworks 公司开发的一种新型流式音频文件格式，主要用于在低速率的广域网上实时传输音频信息，它包含在 RealNetworks 所定制的音频和视频压缩规范 RealMedia 中。RealAudio 格式在网速较慢的情况下，仍然可以较为流畅地传送数据，因此 RealAudio 主要适用于网络上的在线播放。RealAudio 格式主要有 RA、RM（RealMedia）、RMX（RealAudio Secured）3 种，这些格式的文件的共性在于随着网络带宽的不同而改变声音的质量，在保证大多数人听到流畅声音的前提下，最大限度地保证音频的质量。

5. WMA 格式

WMA 是由微软公司开发的音频格式。一般情况下，其音质要强于 MP3 格式的音质，更远胜于 RA 格式的音质。它和日本 Yamaha 公司开发的 VQF 一样，是以减少数据流量但保持音质的方法来达到比 MP3 压缩比更高的目的的。WMA 的压缩比一般都可以达到 1∶18 左右。WMA 的另一个优点是内容提供商可以通过 DRM（Digital Rights Management，数字权利管理）加入防复制保护。这种内置了版权保护技术可以限制播放时间和播放次数甚至于播放的机器等，这对音乐公司来说是一个福音。另外，WMA 还支持音频流（Stream）技术，适合在网络上在线播放，不用像 MP3 那样安装额外的播放器，而 Windows 操作系统和 Windows Media Player 的无缝捆绑让用户只要安装了

Windows 操作系统就可以直接播放 WMA 格式的音乐。Windows Media Player 可以直接把 CD 格式转换为 WMA 格式。在操作系统 Windows XP 中，WMA 是默认的编码格式。WMA 这种格式在录制时可以对音质进行调节。同一格式，音质好的可与 CD 媲美，压缩比较高的可用于网络广播。WMA 在压缩比上进行了深化，它的目标是在相同音质条件下使文件变得尽量小。

10.2.4　音频处理软件

音频处理软件用来录放、编辑和分析音频文件。音频软件使用得相当普遍，但它们的功能相差很大。下面简单介绍几种比较常见的音频软件。

1. Adobe Audition

Adobe 推出的 Adobe Audition 是一个完整的、应用于运行 Windows 操作系统的 PC 上的多音轨唱片工作室软件，其操作界面如图 10.8 所示。Adobe Audition 是一个专业级的音频工具，提供了高级混音、编辑、控制和特效处理功能，允许用户编辑个性化的音频文件、创建循环，引进了 45 个以上的 DSP 特效及高达 128 个音轨。

图 10.8　Adobe Audition 软件的操作界面

Adobe Audition 拥有集成的多音轨和编辑视图、实时特效、环绕支持、分析工具、恢复特性和视频支持等功能，为音频设计专业人员提供全面集成的音频编辑和混音解决方案。用户可以听到即时的变化和跟踪 EQ（Equalizer，均衡器）的实时音频特效。该软件包括灵活的循环工具和数千个高质量、免除专利使用费的音乐样本，有助于音乐跟踪和音乐创作。

2. GoldWave

GoldWave 是一个融声音编辑、播放、录制和转换功能为一体的音频工具，它体积小巧、功能强大。GoldWave 支持多种声音格式，它不但可以编辑 WAV、MP3、AU、VOC、AVI、MPEG、MOV、RAW、SDS 等格式的声音文件，还可以编辑苹果计算机所使用的声音文件，并且可以把 MATLAB 中的 MAT 格式的文件当作声音文件来处理，用户使用这些功能可以很容易地制作出所需要的声音。用户也可以从 CD 或其他视频文件中提取声音。GoldWave 内含丰富的音频处理特效，从一般特效（如多普勒效应、回声、混响、降噪）到高级的公式计算（利用公式在理论上可以产生任何用户想要的声音）。它能够支持以动态压缩保存 MP3 格式的文件。除了附有许多的效果处理功能外，它还能将编辑好的文件保存为 WAV、AU、SND、RAW、AFC 等格式的文件，而且若用户的 CD-ROM（Compact Disc Read-Only Memory，只读存储光盘）是 SCSI（Small Computer System Interface，小型计算机系统接口）形式的，它可以不经过声卡直接抽取 CD-ROM 中的音频来录制和编辑，GoldWave 软件的操作界面如图 10.9 所示。

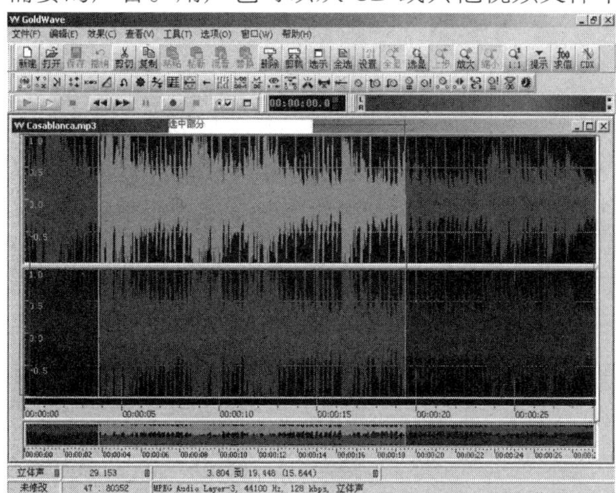

图 10.9　GoldWave 软件的操作界面

3. Audacity

Audacity 是一个免费的跨平台（可使用的平台包括 Linux、Windows、macOS）音频编辑器。Audacity 软件的操作界面如图 10.10 所示。用户可以使用它来录音、播放、输入、输出 WAB/AIFF/Ogg Vorbis 和 MP3 格式的文件，并支持大部分常用的功能，如裁剪、粘贴、混音、升/降音及变音特效等功能。用户可以剪切、复制和粘贴（带有无约束的取消）音频，混合音轨，给录音添加效果。它还有一个内置的封装编辑器、一个用户可自定义的声谱模板和实现音频分析功能的频率分析窗口。

Audacity 能够让用户轻松且无负担地编辑音频文件，它提供了理想的音频文件功能，以及自带的声音效果，而内置的剪辑、复制、混音与特效功能更能够满足一般的编辑需求。除此之外，它还支持 VST 和 LADSPA 插件效果。

4. Total Recorder Editor

Total Recorder Editor 是 High Criteria 公司出品的一款录音软件，其功能强大，支持的音源极为丰富，不仅支持硬件音源，如话筒、电话、CD-ROM 等，还支持软件音源，如 RealPlayer、Media Player 等，而且支持网络音源，如在线音乐、网络电台等。Total Recorder Editor 的工作原理是利用一个虚拟的“声卡”去截取其他程序输出的声音，然后将其传输到物理声卡上，整个过程完全是数码录音，因此从理论上来说不会出现任何失真。Total Recorder Editor 软件的操作界面如图 10.11 所示。

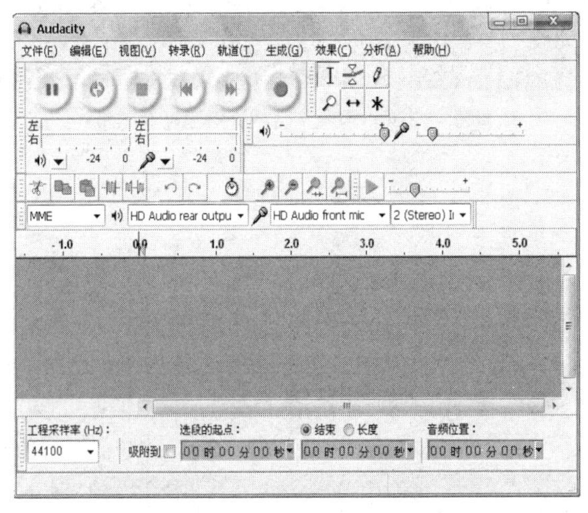

图 10.10 Audacity 软件的操作界面

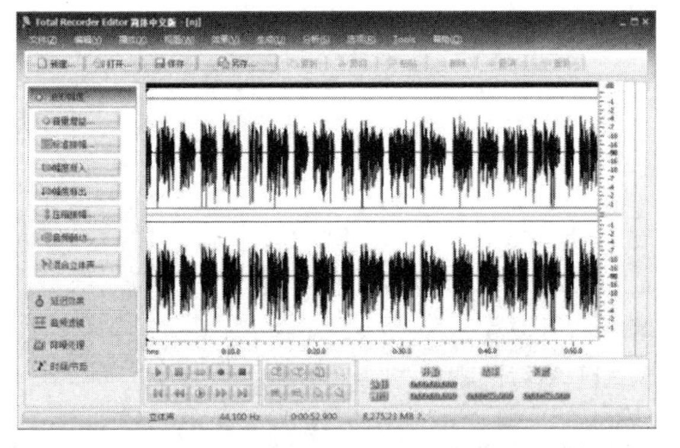

图 10.11 Total Recorder Editor 软件的操作界面

10.3 颜色信息的表示

颜色是人类的眼睛、大脑及生活经验对光所产生的一种综合的视觉效应。对颜色的视觉感知是人类视觉系统的固有能力。彩色图像比黑白图像包含更多的信息，而为了精确地表达和处理颜色信息，则需要建立相应的颜色模型，并了解各种模型的特点，以便根据不同的需求选择合适的颜色模型。

10.3.1 视觉系统对颜色的感知特点

人类的视网膜上分布着数以亿计的感光细胞，它们负责将不同色光的刺激转换为视神经的响应信号。这些细胞分为视锥细胞和视杆细胞两类。

视锥细胞大都集中在视网膜的中央区域，每个眼球的视网膜内大约有 700 万个视锥细胞。每个视锥细胞有不同的感光色素，分别对红、绿、蓝 3 种色光敏感。每个眼球的视网膜内有超过 1 亿个视杆细胞，这类细胞对光线更为敏感，一个光子就足以激发它的活动。但是，视杆细胞不能分辨光的颜色，只能对光的强弱有感知。

因此，当一束光线进入眼球时，视网膜的感光细胞会产生 4 种强度的信号：3 种视锥细胞的信号（红、绿、蓝）和视杆细胞的信号。这些信号的组合就构成了人类对光和颜色信息的综合感知。

10.3.2 颜色的数字化

根据前面讲述的视觉理论，只需要选定红、绿、蓝 3 种颜色（即三原色），并且对三原色进行量化，就可以将人类的颜色知觉量化为数字信号，由此产生了三色加法模型。在该模型中，如果某一种颜色给人的感觉与三原色构成的某种混合色相一致，那么这 3 种颜色的分量称为该颜色的三色刺激值。对于如何选定三原色、如何量化颜色知觉、如何确定刺激值等问题，国际照明委员会（Commission Internationale de L'Eclairage，CIE）专门制定了一套国际标准，也就是 CIE 标准色度学系统。

CIE 是位于欧洲的一个国际学术研究机构。1931 年，CIE 根据之前的实验成果提出了一个标准，即 CIE1931-RGB 标准色度系统。根据人类视觉实验结果，CIE1931-RGB 系统选择了 700nm（R）、546.1nm（G）、435.8nm（B）3 种波长的单色光作为三原色。之所以选择这 3 种颜色是因为它们可以比较容易精确地产生（通过汞弧光谱滤波产生，色度稳定、准确）。从图 10.12 中可以看到，3 个颜色的刺激值 R、G、B 如何构成某一种颜色，例如，580nm 左右（红绿线交叉点）的黄色光，可以用 1 : 1 的红绿两种原色混合来模拟。

可以发现，图 10.12 中的曲线坐标有一部分是负值，这是由颜色匹配实验所导致的。如图 10.13 所示，当用三原色（右边）来匹配某些光谱色（左边）时，无论怎样调节三原色，都不能使两个视场达到匹配，因此，必须在光谱色添加适量的原色才行。这就是图 10.12 所示的刺激值曲线中，红色出现一部分负值的原因。

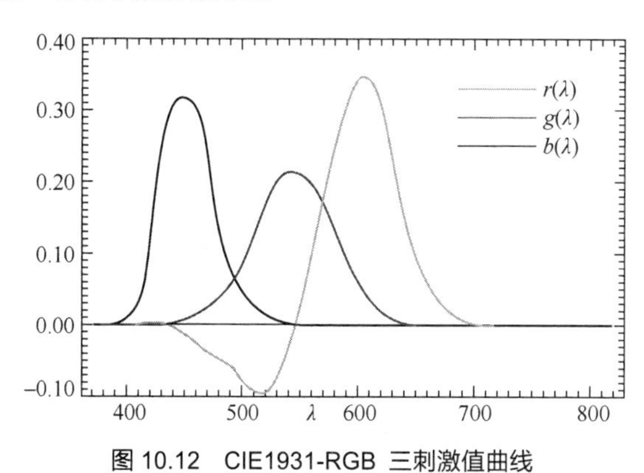

图 10.12 CIE1931-RGB 三刺激值曲线

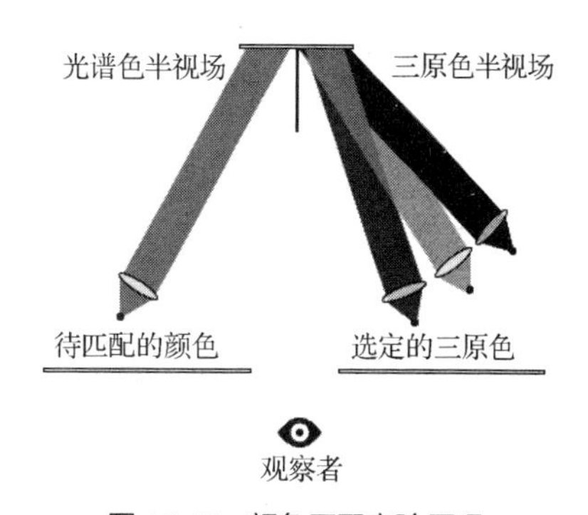

图 10.13 颜色匹配实验原理

如果要根据 3 个刺激值 R、G、B 来表现可视颜色，绘制的可视图形必须是三维的。但是为了能在二维平面上表现颜色空间，就需要进行一些转换。颜色的概念可以分为两部分：亮度（光的振幅，即明暗程度）、色度（光的波长组合，即具体某种颜色）。将光的亮度（Y）变量分离出来，然后用比例来表示 3 个颜色的刺激值：

$$r=\frac{R}{R+G+B} \qquad g=\frac{G}{R+G+B} \qquad b=\frac{B}{R+G+B}$$

同时，可以得出 $r+g+b=1$，而色度坐标 r、g、b 中只有两个变量是独立的。于是把刺激值 R、G、B 转换成 r、g、Y（亮度）这 3 个值，然后把 r、g 两个值绘制到二维空间，便得到图 10.14 所示的视域图。图 10.14 中，马蹄形曲线表示单色的光谱（即光谱轨迹）。例如 540nm 的单色光，可以看到由 r=0、g=1、b=(1−r−g)=0 三原色的分量组成。再如 380～540nm 波段的单色光，由于颜色匹配实验结果中红色存在负值的原因，因此处在 r 轴的负区间内。自然界中，人眼可分辨的颜色都落在光谱曲线包围的范围内。

图 10.14 显示的是根据 CIE1931-RGB 模型绘制的 r-g 色度图，它是根据实验结果制定的，精确地反映了人类对视觉的感知情况，但是，负值的出现使得转换计算非常不便。于是，CIE 假定人对颜色的感知是线性的，因此对 r-g 色度图进行了线性变换，并将可见光色域变换到正数区间内。CIE 先在 CIE1931-RGB 色域中选择了一个三角形，该三角形覆盖了所有可见色域，然后将该三角形进行如下线性变换，就可以将可见色域变换到(0,0)(0,1)(1,0)的正数区域内。

$$\begin{bmatrix} X \\ Y \\ Z \end{bmatrix} = \frac{1}{b_{21}}\begin{bmatrix} b_{11} & b_{12} & b_{13} \\ b_{21} & b_{22} & b_{23} \\ b_{31} & b_{32} & b_{33} \end{bmatrix}\begin{bmatrix} R \\ G \\ B \end{bmatrix}$$

$$= \frac{1}{0.17697}\begin{bmatrix} 0.49 & 0.31 & 0.20 \\ 0.17697 & 0.81240 & 0.01063 \\ 0.00 & 0.01 & 0.99 \end{bmatrix}\begin{bmatrix} R \\ G \\ B \end{bmatrix}$$

其中，X、Y、Z 是假想的三原色，它们不存在于自然界中，仅为了方便计算，其结果如图 10.15 所示。CIE1931-XYZ 标准是国际上色度计算、颜色测量和颜色表征的统一标准，是几乎所有颜色测试仪器的设计与制造依据。

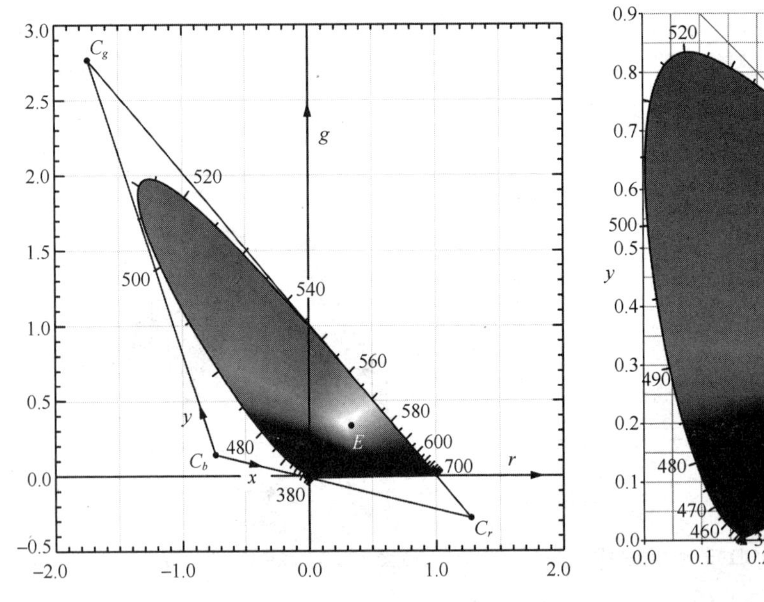

图 10.14 根据 CIE1931-RGB 模型绘制的 r-g 色度图

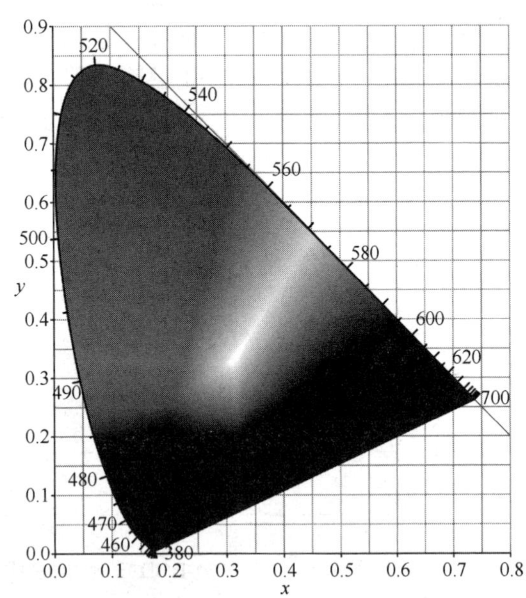

图 10.15 CIE1931-XYZ 色度图

需要注意的是，图 10.15 中的颜色只是示意，实际上没有设备能完全还原里面所有的自然色域。但是，CIE1931-XYZ 色度图所示意的颜色包含人类一般情况下可见的所有颜色，即人类视觉的色域。图 10.15 中，色域的马蹄形曲线边界对应自然界中的单色光；色域下方直线的边界只能由多种单色光混合而成。在该图中任意选定两点，两点间直线上的颜色可由这两点的颜色混合而成；选定 3 个点，3 个点构成的三角形区域内的颜色可由这 3 个点的颜色混合而成。

10.3.3 常见颜色模型

为了正确、有效地表达颜色信息，需要建立和选择合适的表达模型。针对不同的应用情况，人们已经提出了很多种颜色模型。颜色模型是建立在颜色空间中的，因此颜色模型和颜色空间密切相关。颜色空间可被看成一个三维的坐标系统，而每种具体的颜色就是其中的一个点。

颜色模型通常分为两类：设备相关的颜色模型和设备无关的颜色模型。设备无关的颜色模型是基于人眼对颜色感知的度量建立的数学模型，例如 RGB、XYZ 颜色模型，再如由此衍生的 xyY、L*u*v、L*a*b 等颜色模型。这些颜色模型主要用于计算和测量，为颜色的表示提供标准。在设备相关的颜色模型中，最常见的是 RGB 模型。例如用一组确定的 RGB 数值来确定三色 LED（Light Emitting Diode，发光二极管）的电压，并最终在液晶显示屏上显示。这样一组值在不同设备上解释时，得到的颜色可能并不相同；再如 CMYK 模型需要依赖打印设备解释。其他常见的设备相关模型还有 YUV、HSL、HSB（HSV）、YCbCr 等，这类颜色模型主要用于设备显示、数据传输等。

1. RGB 模型

如图 10.16 所示，RGB 模型是最常见的设备相关的颜色模型。其中，红、绿、蓝 3 种颜色分量由 R、G、B 表示，在计算机和常见的图像设备中分量的取值范围一般为[0,255]。注意：一般设备采用的 RGB 模型实际上仅能表现 XYZ 模型中很少一部分颜色。以笔记本电脑的液晶显示屏为例，这类设备能表现的色域投影到 xyY 模型中的情况如图 10.17 所示。

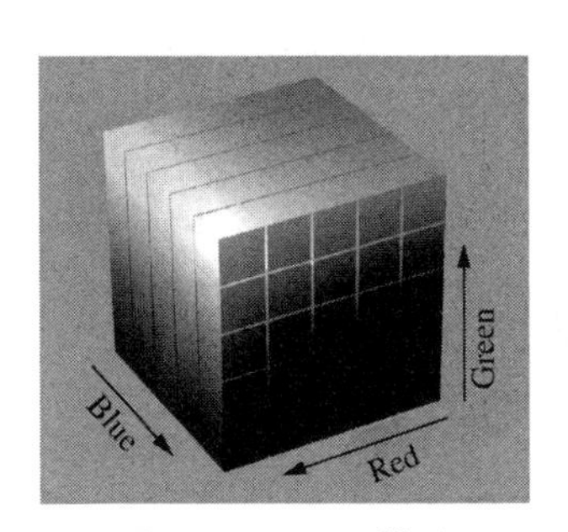

图 10.16　RGB 模型

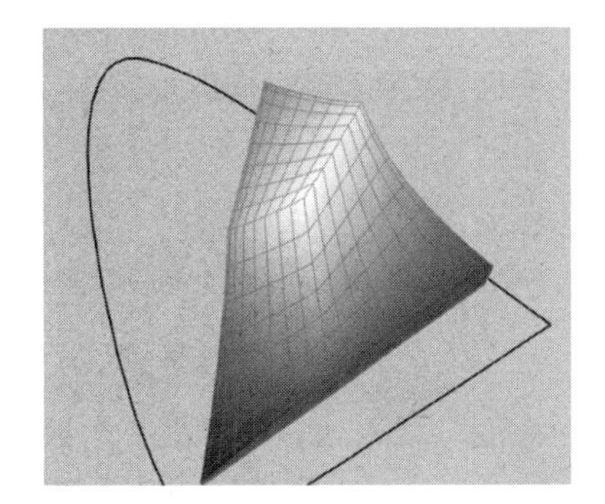

图 10.17　能表现的色域投影到 xyY 模型中

2. CMYK、CMY 模型

CMYK 模型常用于印刷出版领域。CMYK 分别表示青（Cyan）、品红（Magenta）、黄（Yellow）、黑（Black）4 种颜料，如图 10.18 所示。

由于颜料有不同的特性，因此 CMYK 模型也是与设备相关的。相对于 RGB 的加色混色模型，CMY 是减色混色模型，颜色混在一起，亮度会降低。之所以加入黑色是因为打印时由品红、黄、青构成的黑色不够纯粹。通常，CMYK 模型能表现的色域很小。将普通 CMKY 表现的色域投影到 xyY 模型中的情况如图 10.19 所示。

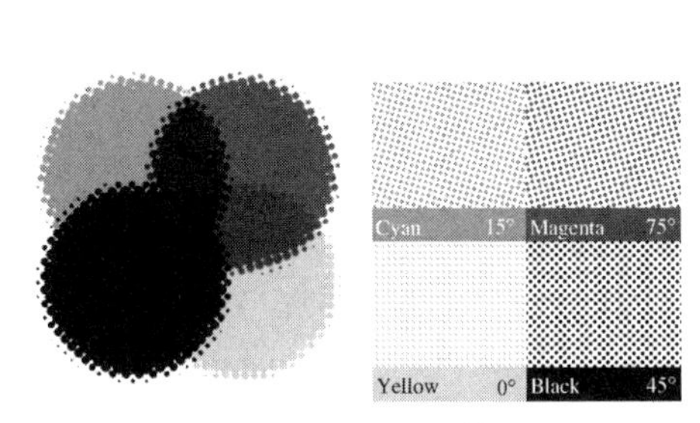

图 10.18　CMYK 模型

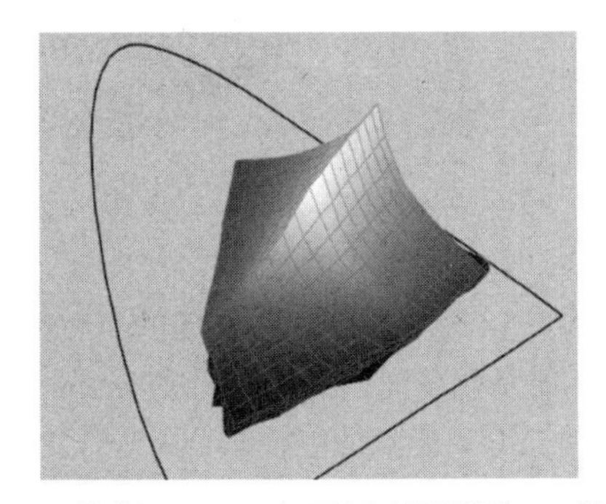

图 10.19　将普通 CMYK 表现的色域投影到 xyY 模型中

3. HSL、HSV 模型

HSL、HSV 模型比较相近，用它们来描述颜色相对于 RGB 等模型会显得更加自然。在进行计算机绘画时，这两个模型非常受欢迎。在 HSL 模型和 HSV 模型中，H 都表示色调或色相（Hue）。通常该值的取值范围是 0° ～360°，对应红—橙—黄—绿—青—蓝—紫—红这样顺序的颜色，构成一个首尾相接的色相环。色调的物理含义是光的波长，不同波长的光呈现了不同的色调。

在 HSL 模型和 HSV 模型中，S 都表示饱和度（Saturation）（有时也称为色度、彩度），即颜色的纯净程度。从物理含义上讲，一束光可能由很多种波长的单色光构成，而波长越多，光越分散，则颜色纯净度越低，所以单色光构成的颜色纯净度很高。

HSL 和 HSV 两个颜色模型的不同之处是最后一个分量。HSL 中的 L 表示亮度（Lightness、Luminance 或 Intensity）。根据缩写的不同，HSL 有时也称作 HLS 或 HSI（即 HSL、HLS、HSI 是同一类模型）。HSV 中的 V 表示明度（Value 或 Brightness）。根据缩写的不同，HSV 有时也被称作 HSB（即 HSV 和 HSB 是同一类模型）。亮度和明度的区别在于，纯色的明度是白色的明度，而纯色的亮度等于中灰色的亮度。

图 10.20 能更好地对比 HSL 和 HSV 的区别：在圆柱体外围是纯色（红、黄、绿、蓝、紫……），在 HSL 中，这圈纯色位于亮度（L）等于 1/2 的部位，而在 HSV 中，这圈纯色位于明度（V）等于 1 的部位。

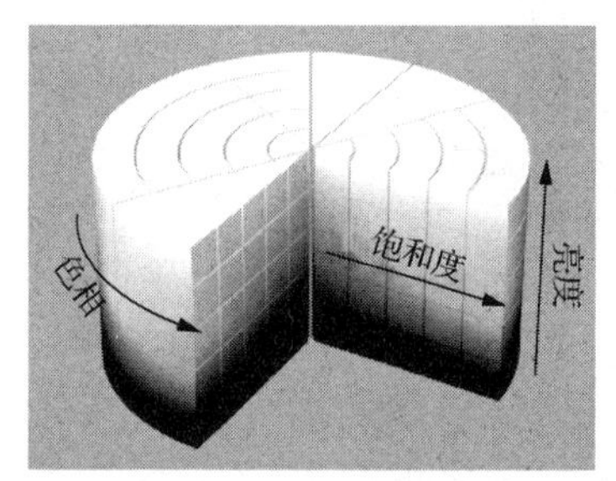

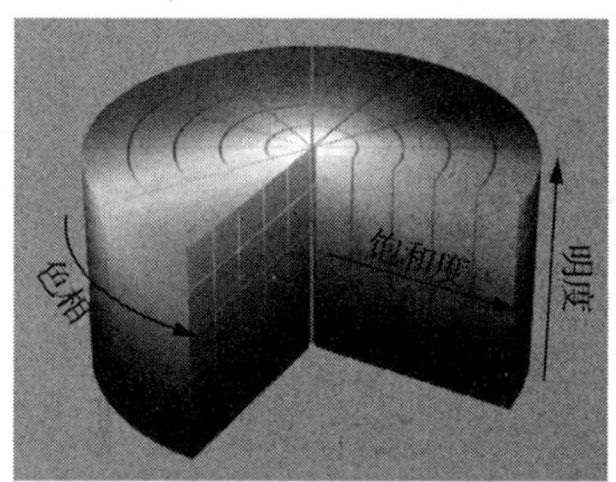

图 10.20　HSL 和 HSV 的圆柱体颜色模型

将图 10.20 所示的圆柱体中无用的部分裁掉，得到的是图 10.21 所示的圆锥体模型，图 10.21 中能更明显地看出 HSL 和 HSV 的区别。

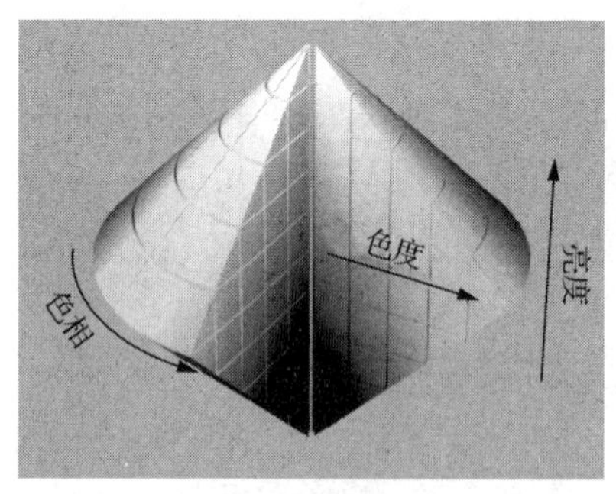

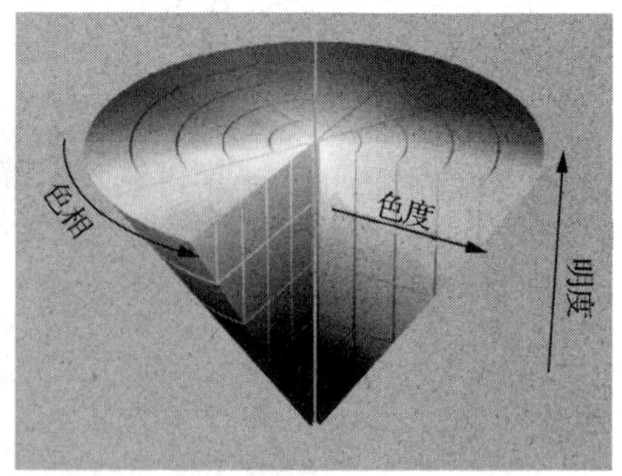

图 10.21　HSL 和 HSV 的圆锥体颜色模型

4. YUV、YCbCr、YPbPr、YDbDr、YIQ 模型

YUV、YCbCr、YPbPr、YDbDr、YIQ 模型大多用在电视系统、数字摄影等方面。其中的 Y 分量都表示的是亮度（Luminance 或 Luma）。YUV 模型中，U 和 V 表示的是色度（Chrominance 或 Chroma）。YUV 是欧洲电视系统所采用的颜色模型［属于 PAL（Phase Alternation Line，逐行倒相）制式］，颜色被分为一个亮度信号和两个色差信号进行传输。

在 YCbCr（简称 YCC）模型中，Cb 和 Cr 分别是指蓝色（Blue）和红色（Red）的色度。YCbCr 模型是 YUV 的压缩和偏移之后的模型。

YPbPr 模型与 YCbCr 模型类似，两者的不同之处是，YPbPr 模型选用的 CIE 色度坐标略有不同。一般标准清晰度电视（Standard Definition Television，SDTV）传输的色差信号被称作 Cb、Cr，而高清晰度电视（High Definition Television，HDTV）传输的色差信号被称作 Pb、Pr。

YDbDr 模型也与 YCbCr 模型类似，但它们使用的 CIE 色度坐标略有不同。YDbDr 模型是 SECAM 制式电视系统所用的颜色模型。

10.3.4　颜色模型之间的转换

如 10.3.3 小节所述，颜色模型通常分为设备相关的颜色模型和设备无关的颜色模型，同样，不同颜色模型在相互转换的时候也会考虑颜色模型的这种分类情况。

设备相关的颜色模型（如 RGB 模型、CMYK 模型）只是规定了一个取值的范围，如 R、G、B 每个分量的取值范围是 0～255，该值如何呈现出光来，是需要具体设备来解释的。这样的颜色模型不会关联到人眼刺激值的具体值，它们之间的转换相对简单且有成熟的转换公式。

设备无关的颜色模型（如 XYZ 模型、Lab 模型）是需要反映真实的可见颜色的，所以它们与设备无关，但是转换时相对较麻烦，需要很多前提条件。

设备相关、设备无关的颜色模型间的互相转换，一般是以 RGB 和 XYZ 作为“桥梁”来进行的，如图 10.22 所示。

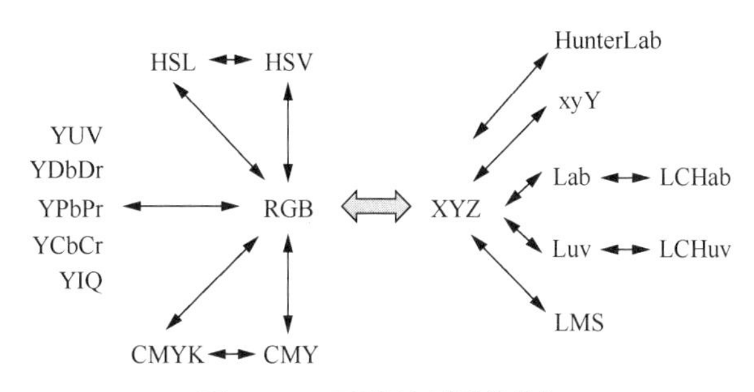

图 10.22　不同颜色模型的转换

10.4　图像处理技术

图像是用各种观测系统以不同形式和手段观测客观世界而获得的，可以直接或间接作用于人眼，进而产生视觉感知的实体。图像是一种可携带大量信息的媒体形式。据统计，人们获取的信息中有大约 70%来自视觉系统，而涉及的媒体就是图像和视频。在实际应用中，图像的概念是比较广泛的，如照片、绘画、草图、动画和视像等都是图像的形式。

10.4.1　图像处理概述

图像可以由光学设备获取，如由照相机、望远镜、显微镜等获取；也可以人为创作，如手工绘画等。图像可以记录与保存在纸质媒介、胶片等对光信号敏感的介质上。随着数字采集技术和信号处理理论的发展，越来越多的图像以数字形式存储。因此，很多情况下，“图像”一词实际上是指数字图像。

数字图像是指以数字方式存储的图像。它是将图像在空间上离散，然后量化存储每一个离散位置的信息，这样就可以得到最简单的数字图像。这种数字图像的数据量一般很大，需要采用图像压缩或编码技术以便能更有效地存储在数字介质上。

1. 图像的获取

如图 10.23 所示，当被测对象在一定的光照条件下，经过光学系统映射到数字图像传感器，然后由数字图像传感器转换成电压信号，该信号经过数字化后就变成了数字图像，这样一个真实场景或物体就被转换成了一幅数字图像。目前，计算机所处理的多数图像信息都是通过类似方式获得的。

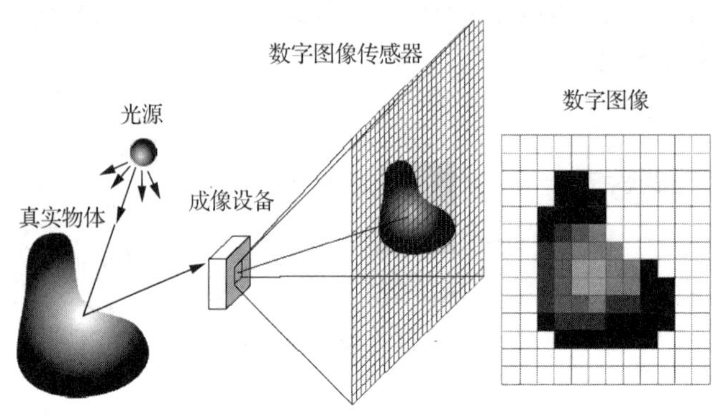

图 10.23 图像的获取过程

2. 图像的数字化

现实中的图像如果想要被多媒体系统或计算机系统存储和表示，就需要以数字形式表示，即进行数字化，这一过程需要两个关键步骤：采样和量化。

（1）采样是将二维空间上连续的图像在水平方向和垂直方向上等间距地分割成矩形网状结构，所形成的微小方格称为像素（Pixel）点。像素是用来计算数字图像的一种单位，用来表示一幅图像的像素越多，结果就越接近原始的图像，即图像的精度越高。因此，像素总量也是衡量采样结果质量的手段之一。经过采样后，一幅图像就被变换成由有限个像素构成的集合。

（2）量化是指要使用多大范围的数值来表示图像采样之后的每一个点。量化的结果是图像能够容纳的颜色总数。在量化时所确定的离散取值个数称为量化级数。表示量化的颜色值（或亮度值）所需的二进制位数称为量化字长，一般可用 8 位、16 位、24 位或更高的量化字长来表示图像的颜色；量化的字长越大，则越能真实反映原有的图像的颜色，但得到的数字图像的大小也越大。

如图 10.24 所示，通过采样和量化，可以将一幅以自然形式存在的图像变换为适合计算机处理的数字形式。图像在计算机内部被表示为一个数字矩阵，矩阵中每一元素称为像素。像素灰度取值上表现为有限个离散的可能值，一般的取值范围为[0,255]。因此，一幅图像可定义为一个二维函数 $f(x,y)$，这里 x 和 y 是空间坐标，而在任何一对空间坐标 $f(x,y)$上的幅值 f 称为该点图像的强度或灰度。

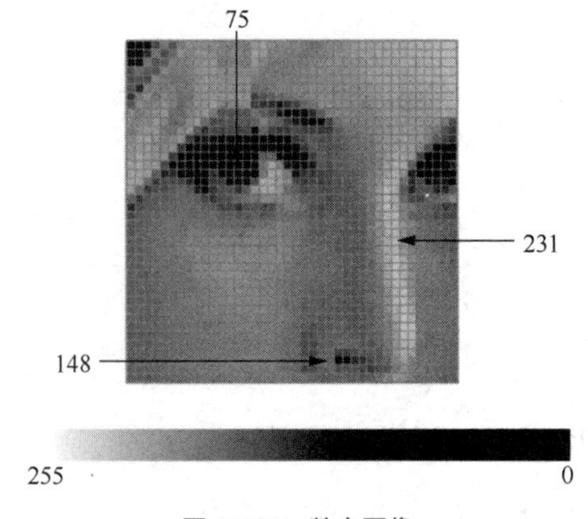

图 10.24 数字图像

3. 数字图像处理的发展

20 世纪 20 年代，数字图像处理首次应用于改善伦敦和纽约之间海底电缆发送的图片质量。到 20 世纪 50 年代，数字计算机发展到一定的水平后，数字图像处理才真正引起人们的研究兴趣。20 世纪 60 年代末，数字图像处理具备了比较完整的体系，形成了一门独立的学科。20 世纪 70 年代，数字图像处理技术得到迅猛发展，其理论和方法进一步完善，应用范围更加广泛。在这一时期，图像处理主要与模式识别及图像理解系统的研究（如文字识别、医学图像处理、遥感图像的处理等）相联系。

20 世纪 70 年代后期到现在，各个应用领域对数字图像处理提出越来越高的要求，从而促进了这门学科向更高级的方向发展。特别是在景物理解和计算机视觉（即机器视觉）方面，图像处理已由二维处理发展到三维理解或解释。图像处理技术的应用迅速从航空航天领域扩展到生物医学、信息科学、资源环境科学、天文学、物理学、工业、农业、国防、教育、艺术等各个领域与行业，对经济、军事、文化及人们的日常生活产生了重大的影响。

10.4.2　数字图像的属性

描述一幅图像的基本情况需要使用图像的属性，其属性包含分辨率、像素深度、真彩色、伪彩色、直接色等。

1. 分辨率

分辨率是一个比较笼统的属性。一般来说，经常遇到的分辨率有两种：显示分辨率和图像分辨率。为了加以区分，下面分别介绍这两种分辨率。

（1）显示分辨率。

显示分辨率是指显示设备上能够显示出的像素数目。显示分辨率一般用“水平像素数×垂直像素数”的方式来表示。例如，显示分辨率为 640 像素×480 像素表示显示屏分成 480 行，每行显示 640 像素，整个显示屏就含有 307200 个显像点。屏幕能够显示的像素越多，说明显示设备的分辨率越高，显示出的图像质量也就越高。

（2）图像分辨率。

图像分辨率是数字图像中像素密度的一种度量。对于同样大小的一幅图像，构成该图像的像素数目越多，则说明图像分辨率越高，显得越逼真；反之，图像显得越模糊。如图 10.25 所示，图 10.25（a）是低分辨率图像，图 10.25（b）是高分辨率图像。

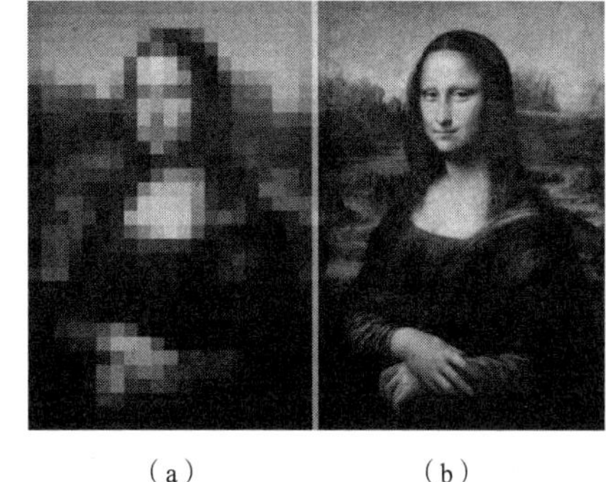

（a）　　（b）

图 10.25　低分辨率图像和高分辨率图像对比

在用扫描仪扫描彩色图像时，通常要指定图像的分辨率，用点每英寸（Dots Per Inch，DPI）表示。分辨率越高，像素就越多。如果用 300DPI 来扫描一幅 8in×10in 的彩色图像，就得到一幅有 2400 像素×3000 像素的图像。

图像分辨率与显示分辨率是两个不同的概念。图像分辨率用于确定组成一幅图像的像素数目，而显示分辨率用于确定显示图像的区域大小。如果显示屏的分辨率为 640 像素×480 像素，那么一幅 320 像素×240 像素的图像只占显示屏的 1/4；相反，2400 像素×3000 像素的图像在这个显示屏上就不能显示一个完整的画面。

2. 像素深度

像素深度（又称为位深）是指存储每个像素所用的位数，它用来度量图像的分辨率。像素深度决定彩色图像的每个像素可能拥有的颜色数量，或者确定灰度图像的每个像素可能有的灰度级数量。例如，一幅彩色图像的每个像素用 R、G、B 这 3 个分量表示，若每个分量用 8 位表示，那么一个像素共用 24 位表示，即像素深度为 24 位，每个像素可以是 2^{24}=16777216 种颜色中的一种。表示一个像素的位数越多，它能表达的颜色数就越多，且它的深度就越大。

虽然像素深度可以设置得很大，但是一些硬件设备能够处理的颜色深度受到了限制。例如，早期标准 VGA（Video Graphic Array，视频图形阵列）支持 4 位 16 种颜色的彩色图像，多媒体应用中推荐至少用 8 位 256 种颜色。由于设备的限制，加上人眼分辨率的限制，一般情况下，不一定要追求特别大的像素深度。

像素深度越大，所占用的存储空间越大。但是，如果像素深度太小，会影响图像的质量，图像会显得很粗糙、很不自然。如图 10.26 所示，像素深度分别为 16 位和 8 位在表示灰度级上有明显差别，像素深度越大则明暗过渡得更自然。从图 10.27 中可以看到，彩色信息用不同的像素深度表示时的差异。

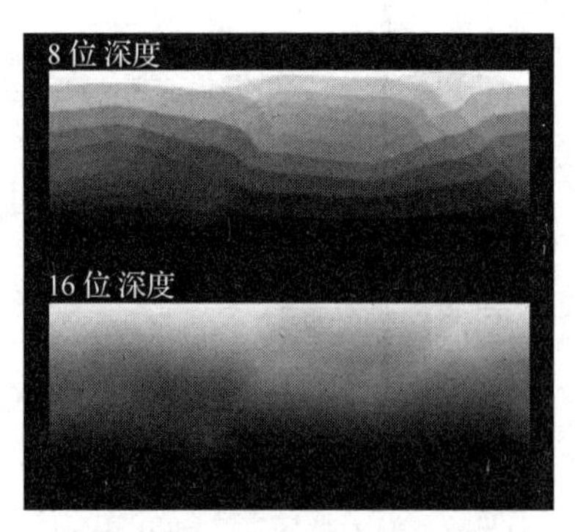

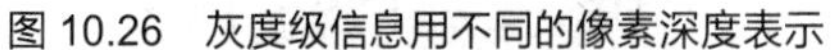

图 10.26　灰度级信息用不同的像素深度表示

图 10.27　彩色信息用不同的像素深度表示时的差异

在用二进制数表示彩色图像的像素时，除 R、G、B 分量用固定位数表示外，往往还增加 1 位或几位作为属性（Attribute）位。例如，用 RGB 表示一个像素时，用 2 字节共 16 位表示，其中 R、G、B 各占 5 位，剩下的 1 位作为属性位。在这种情况下，像素深度为 16 位，而图像深度实际上为 15 位。

属性位用来指定该像素应具有的性质。例如，用 16 位表示 RGB 像素，其中最高位用作属性位，并把它称为透明（Transparency）位，记为 T。T 的含义可以这样来理解：假如显示屏上已经有一幅图像存在，当这幅图像或者这幅图像的一部分要重叠在上面时，T 就用来控制原图是否能看得见。例如，定义 T=1，原图完全被看不见；T=0，原图完全能被看见。

当用 32 位表示一个像素时，若 R、G、B 分别用 8 位表示，剩下的 8 位常称为 α 通道（Alpha Channel）位，或称为覆盖（Overlay）位、中断位、属性位。它的用法可用一个预乘 α 通道（Premultiplied Alpha Channel）的例子说明。假如一个像素(A,R,G,B)的 4 个分量都用规一化的数值表示，(A,R,G,B)为(1,1,0,0)时显示红色。当像素为(0.5,1,0,0)时，预乘的结果就变成(0.5,0.5,0,0)，这表示原来该像素显示的红色的强度为 1，而现在显示的红色的强度降低了一半。

用这种办法定义一个像素的属性在实际中很有用。例如，在一幅彩色图像上叠加文字说明，又不想让文字把图覆盖掉，就可以用这种办法来定义像素。有人把该像素显示的颜色称为混合色。在图像产品生产中，也往往把数字电视图像和计算机生成的图像混合在一起，这种技术称为视图混合技术，它也采用 α 通道。

3. 真彩色、伪彩色与直接色

真彩色、伪彩色与直接色针对图像的颜色信息进行编码，对于编写图像显示程序、理解图像文件的存储格式有直接的指导意义。了解真彩色、伪彩色与直接色后，就不会对出现诸如本来是用真彩色表示的图像，但在有些显示器上显示的图像颜色却不是原来图像的颜色这样的现象感到困惑。

（1）真彩色（True Color）。在组成一幅彩色图像的每个像素值中，有 R、G、B 这 3 个基色分量，每个基色分量直接决定显示设备的基色强度，这样产生的彩色称为真彩色。例如，对于用 RGB 5：5：5 表示的彩色图像，R、G、B 各用 5 位，用 R、G、B 分量大小的值直接确定 3 个基色的强度，这样得到的彩色是真实的原图彩色。

如果用 RGB 方式表示一幅彩色图像，即 R、G、B 都用 8 位来表示，每个基色分量占 1 字节，共 3 字节，每个像素的颜色就由这 3 字节中的数值直接决定，可生成的颜色数是 2^{24} = 16777216。用 3 字节表示的真彩色图像所需要的存储空间很大，而人的眼睛是很难分辨出这么多颜色的，因此在许多场合往往用 RGB 5：5：5 来表示，即每个彩色分量占 5 位，再加 1 位表示属性控制位，共 16 位 2 字节，生成的真颜色数为 2^{15}=32K。

在许多场合，真彩色图像通常是指 RGB 8：8：8，即图像的颜色数等于 2^{24}，也常称为全彩色（Full Color）图像。要得到真彩色图像需要有真彩色显示适配器。

（2）伪彩色（Pseudo Color）。伪彩色图像的每个像素值实际上是一个索引值或代码，该代码值作为查色表（Color Look-Up Table，CLUT）中某一项的入口地址，根据该地址可查找出实际 R、G、B 的强度值，然后用查找出的 R、G、B 强度值产生的彩色称为伪彩色。

如图 10.28 所示，CLUT 是一个事先做好的表，表项入口地址也称为索引号。例如，对于 16 种颜色的 CLUT，0 号索引对应黑色，15 号索引对应白色。彩色图像本身的像素值和 CLUT 的索引号有一个变换关系，这个关系可以使用系统定义的变换关系，也可以使用自己定义的变换关系。使用查找得到的颜色数值有限，一般情况下得到的颜色不是图像本身真正的颜色，所以它不能完全反映原图的颜色。

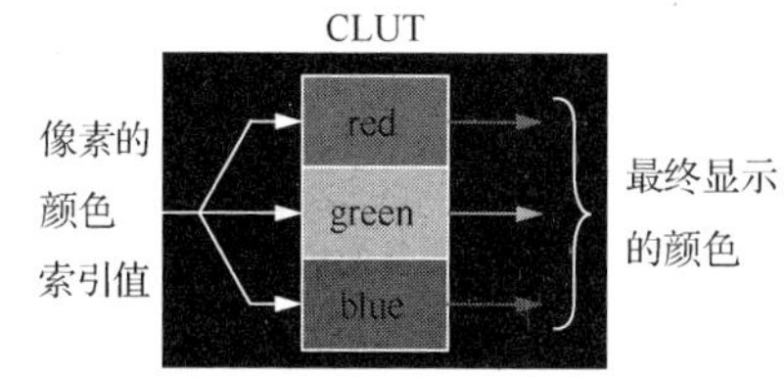

图 10.28　基于 CLUT 的伪彩色机制

（3）直接色（Direct Color）。直接色是指将每个像素值分成 R、G、B 分量，每个分量作为单独的索引值进行变换，也就是通过相应的彩色变换表找出基色强度，用变换后得到的 R、G、B 强度值产生的彩色称为直接色。它的特点是对每个基色进行变换。

用直接色系统产生颜色与用真彩色系统产生颜色的相同之处是都采用 R、G、B 分量决定基色强度；不同之处是前者的基色强度直接用 R、G、B 决定，而后者的基色强度由 R、G、B 经变换后决定。因此这两种系统产生的颜色有差别。实验结果表明，使用直接色在显示器上显示的彩色图像看起来更加真实、自然。

直接色系统与伪彩色系统的相同之处是都采用 CLUT；不同之处是前者对 R、G、B 分量分别进行变换，后者是把整个像素当作 CLUT 的索引值进行彩色变换。

10.4.3　图像的分类

1. 点位图与矢量图

在计算机中，图像和计算机生成的图像有两种常用的表示方法：一种是矢量图（Vector Image）法；另一种是点位图（Bitmap）法，又称点阵图法或栅格图像（Raster Image）法。虽然两种生成图像的方法不同，但在显示器上显示的结果几乎是一样的。

点位图是把一幅彩色图像分成许多像素，每个像素用若干个二进制位来指定该像素的颜色、亮度和属性。因此一幅点位图由许多描述每个像素的数据组成，如图 10.29（a）所示，这些数据通常称为图像数据，存储这些数据的文件称为图像文件。

点位图的获取通常用扫描仪，以及摄像机、录像机、激光视盘与视频信号数字化卡这一类设备把模拟的图像信号变成数字图像数据。

点位图文件占据的存储器空间比较大。影响点位图文件大小的因素主要有两个：图像分辨率和像素深度。图像分辨率越高，组成一幅图像的像素越多，图像文件就越大；像素深度越大，表达单个像素的颜色和亮度的位数越多，图像文件就越大。而矢量图文件的大小则主要取决于图的复杂程度。

矢量图法与点位图法不同。矢量图是用一系列基本图元指令来表示一幅图像的，如画点、画直线、画曲线、画圆、画矩形等，如图 10.29（b）所示。这种方法实际上是用数学方法来描述一幅图像，然后变成许多的数学表达式。在计算显示图像时，往往能看到画图的过程。绘制和显示这种图像的软件通常称为绘图程序。

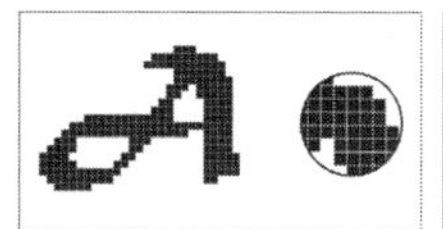
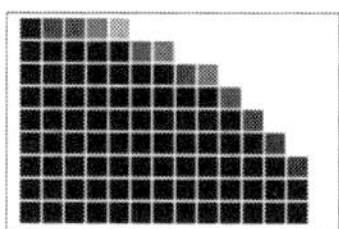

（a）

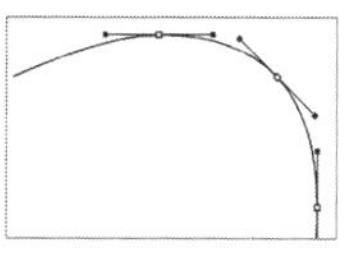

（b）

图 10.29　点位图与矢量图

矢量图有许多优点。例如，当需要管理每一小块图像时，矢量图法非常有效；目标图像的移动、缩小、放大、旋转、复制、属性的改变（如线条变粗/变细、颜色的改变）也很容易做到；可以把相同或类似的图像当作图的构造块，并把它们存到图库中，这样不仅可以加速图像的生成，而且可以减小矢量图文件的大小。然而，当图像变得很复杂时，计算机就要用很长的时间去执行绘图指令。此外，一幅复杂的彩色照片很难用数学方法来描述，因此就不能采用矢量图法表示，而是需要采用点位图法表示。

矢量图与点位图的比较如下。

（1）显示点位图文件比显示矢量图文件要快。

（2）矢量图侧重于“绘制”“创造”，而点位图侧重于“获取”“复制”。

（3）矢量图和点位图之间可以用软件进行转换，由矢量图转换成点位图采用光栅化（Rasterizing）技术，这种转换也相对容易；由点位图转换成矢量图用跟踪（Tracing）技术，这种技术在理论上讲比较容易，但在实际中很难实现，对复杂的彩色图像来说更难。

2. 二值图像、灰度图像与彩色图像

按照颜色和灰度的多少可以将图像分为二值图像、灰度图像和彩色图像 3 种基本类型。目前，大多数图像处理软件都支持这 3 种类型的图像。

（1）二值图像。一幅二值图像的二维矩阵仅由 0、1 两个值构成，“0”代表黑色，“1”代表白色，如图 10.30 所示。一幅 640 像素×480 像素的单色图像需要占据 37.5KB 的存储空间。因为每一像素（矩阵中每一元素）取值仅有 0、1 两种可能，所以计算机中二值图像的数据类型通常为 1 个二进制位。二值图像通常用于文字、光学字符识别（Optical Character Recognition，OCR）和图像掩模（Image Mask）的存储。

（2）灰度图像。如果每个像素的像素值用 1 字节表示，灰度值级数就等于 256 级，每个像素可以是 0～255 中的任何一个值，“0”表示纯黑色，“255”表示纯白色，中间的数字从小到大表示由黑到白的过渡色，如图 10.31 所示。一幅 640 像素×480 像素的灰度图像需要占据 300KB 的存储空间。在某些软件中，灰度图像也可以用双精度（Double）数据类型表示，像素的值域为[0,1]，“0”代表黑色，“1”代表白色，0～1 中的小数表示不同的灰度等级。二值图像可以看成灰度图像的一个特例。

（3）彩色图像。彩色图像可按照颜色数来划分，如 256 色图像和真彩色（$2^{24}=16777216$ 种颜色）等。一幅 640 像素×480 像素的 256 色图像需要 307.2KB 的存储空间；而一幅 640 像素×480 像素的真彩色图像需要 921.6KB 的存储空间。图 10.32 显示了一幅真彩色图像。

图 10.30 二值图像

图 10.31 灰度图像

图 10.32 真彩色图像

许多 24 位彩色图像是用 32 位存储的，这个附加的 8 位称为 Alpha 通道，它的值称为 Alpha 值，用来表示该像素如何产生特效。使用真彩色表示的图像需要很大的存储空间，在网络中传输也很费时间。由于人的视觉系统的颜色分辨率不高，因此，图像在很多情况下没有必要使用真彩色表示。

10.4.4　数字图像处理常用的方法

数字图像处理常用的方法如下。

（1）图像变换。由于图像阵列很大，直接在空间域中对其进行处理涉及的计算量很大，因此，往往采用各种图像变换的方法，如傅里叶变换、沃尔什变换、离散余弦变换等间接处理方法，将空间域的处理转换为变换域的处理。这样不仅可以减少计算量，而且可以获得更有效的处理（如利用傅里叶变换可在频域中进行数字滤波处理）。目前小波变换（Wavelet Transform）在时域和频域中都具有良好的局部化特性，它在图像处理中也有着广泛而有效的应用。

（2）图像编码压缩。图像编码压缩技术可减少描述图像的数据量（即位数），以便节省图像传输、处理时间和减少所占用的存储空间。压缩可以在不失真的前提下进行，也可以在允许的失真条件下进行。编码是压缩技术中最重要的方法，它在图像处理技术中是发展最早且比较成熟的技术。

（3）图像增强和复原。图像增强和复原的目的是提高图像的质量，如去除噪声、提高图像的清晰度等。图像增强不需要考虑图像降质的原因，只需突出图像中所感兴趣的部分，如强化图像高频分量可使图像中物体轮廓清晰、细节明显，强化低频分量可减少图像中噪声影响。图像复原要求对图像降质的原因有一定的了解。一般来讲，应根据图像降质过程建立“降质模型”，再采用某种滤波方法恢复或重建原来的图像。

（4）图像分割。图像分割是数字图像处理中的关键技术之一。图像分割是指将图像中有意义的特征部分提取出来。其有意义的特征有图像中的边缘、区域等，提取出它们是进一步进行图像识别、分析和理解的基础。虽然目前已研究出不少边缘提取、区域分割的方法，但还没有一种普遍适用于各种图像的有效的图像分割方法。因此，对图像分割的研究还在不断深入之中。图像分割也是目前图像处理研究中的热点之一。

（5）图像描述。图像描述是图像识别和理解的必要前提。最简单的二值图像可采用其几何特性描述物体的特性，一般图像的描述方法采用二维形状描述，它包括边界描述和区域描述两类方法。对于特殊的纹理图像可采用二维纹理特征描述。随着图像处理研究的深入发展，已经开始进行三维物体描述的研究，提出了体积描述、表面描述、广义圆柱体描述等方法。

（6）图像分类（识别）。图像分类（识别）属于模式识别的范畴，其主要内容是在图像经过某些预处理（增强、复原、压缩）后，对其进行图像分割和特征提取，从而进行分类。图像分类常采用经典的模式识别方法，有统计模式分类和句法（结构）模式分类，近年来新发展起来的模糊模式识别和人工神经网络模式分类在图像识别中越来越受到重视。

10.4.5　图像文件的存储格式

图像文件的存储格式如下。

（1）EPS 格式。EPS（Encapsulated PostScript）是保存图像的较好的文件格式，它是用 PostScript 语言描述的一种 ASCII 文件格式，既可以用于存储点位图，也可以用于存储矢量图。它在图形和版面设计中被广泛使用，几乎每个绘画程序及大多数页面布局程序都允许保存 EPS 格式的文件。EPS 格式的文件由一个 PostScript 文本文件和一幅低分辨率的由 PICT 格式或 TIFF 描述的图像组成，因此它可以包含图像和文本信息，在图像、图形与排版软件之间方便地实现互换，而且可以进行编辑与修改。EPS 格式的文件采用矢量方式描述，但它亦可容纳点位图像，而且它并非将点位图像转换为矢量描述，而只是将所有像素数据整体经原描述保存，因此 EPS 格式文件的信息量较大，如果只是保存图像，建议不要使用 EPS 格式。

（2）BMP 格式。BMP（Bitmap）格式是微软公司开发的 Microsoft Paint 的固有格式，BMP

文件是 Windows 操作系统下使用的与设备无关的点位图文件，允许在任何输出设备上显示该点位图。BMP 格式被大多数软件所支持。BMP 格式采用了一种称为行程长度编码的无损压缩方式，这种方式不会对图像质量产生影响。BMP 格式的文件由文件头、位图信息数据块和图像数据组成。

（3）TIFF。TIFF（Tag Image File Format）是应用最为广泛的标准图像文件格式，在理论上它具有无限的像素深度。它是跨越 macOS 与 PC 平台最广泛的图像输出格式，在 Macintosh 和 PC 上移植 TIFF 文件十分便捷。TIFF 位图可具有任意尺寸和任意分辨率。TIFF 是目前流行的图像文件交换标准之一，几乎所有的图像处理软件都能接受并编辑 TIFF 文件。TIFF 文件主要由文件头、参数指针表与参数域、参数数据表和图像数据 4 部分组成。

（4）JPEG 格式。JPEG（Joint Photographic Experts Group）格式是印刷和网络媒体上应用最广的压缩文件格式。使用这种格式可以对扫描或自然图像进行大幅度的压缩，节约存储空间，尤其适合图像在网络上的快速传输和网页设计中的运用。使用 JPEG 格式会损失一些有关原图的数据，这是由于它采用了有损压缩方法。在使用 JPEG 压缩标准压缩图像文件时，JPEG 标准可以将人眼难以分辨的图像信息删除，从而提高压缩比。在将图像存储为 JPEG 格式时，品质参数可以设置为 0～12 的数值，数值设置越大，图像在压缩时压缩比越小，图像损失越小。JPEG 格式文件占用空间较小，因此应用较广泛。不过，这种格式的图片不适宜放大观看或制成印刷品。

（5）DCS 格式。DCS（Desktop Color Separation）是 Quark 公司开发的一个 EPS 格式的变异格式。在支持这种格式的 QuarkXPress、PageMaker 和其他应用软件上工作可以方便地进行分色打印。而 Photoshop 在使用 DCS 格式时，必须转换成 CMYK 四色模式。

（6）GIF。GIF（Graphics Interchange Format）是输出图像到网页最常采用的格式，但它并不适用于印刷和任何类型的高分辨率彩色输出，因为 GIF 文件的颜色保真度很差，而且显示的图像几乎总是出现色调分离的效果。GIF 采用蓝波-立夫-卫曲（Lempel-Ziv-Welch，LZW）编码法压缩，目的在于最小化文件大小，从而减少电子传输时间。它将图像颜色限定在 256 色以内，这些颜色被保存在作为 GIF 文件自身一部分的调色板上，这个调色板被称为索引调色板。GIF 使用无损压缩方法来充分减小文件的大小，因此压缩量完全取决于图像内容。如果图像几乎是单色调的，则图像文件大小可缩小到原文件大小的 1/10 到 1/100，而对自然图像压缩量通常非常小。因此，通过减少文件中的颜色数可以减小 GIF 图像的大小。另外，GIF 保留索引颜色图像中的透明度，但不支持 α 通道。

（7）PNG 格式。PNG（Portable Network Graphic）格式是为网络传输而设计的一种位图格式，和 GIF 一样，在保留清晰细节的同时，也高效地压缩实色区域。但与 GIF 不同的是，它可以保存 24 位的真彩色图像，可采用无损压缩方式减小文件的大小，并且支持透明背景和消除锯齿边缘的功能，可以在不失真的情况下压缩、保存图像。它的压缩比要高于 GIF 的，而且它不支持动画效果。

（8）PICT 格式。PICT 是 macOS 上常见的数据文件格式之一。如果要将图像保存成一种能够在 macOS 上打开的格式，选择 PICT 格式要比选择 JPEG 格式好，因为这种格式的文件被打开的速度相当快。另外，如果要在 PC 上用 Photoshop 打开一个 macOS 上的 PICT 格式的文件，建议在 PC 上安装 QuickTime，否则将不能打开 PICT 格式的图像。

（9）TGA 格式。TGA 格式现为通用的图像格式之一。目前大部分 TGA 文件为 24 位或 32 位真彩色，具有很强的色彩表达能力，故该格式被广泛应用于真彩色扫描与动画设计方面。TGA 文件由固定长度的字段和 3 个可变长度的字段组成；前 6 个字段为文件头，后 2 个字段记录了实际的图像数据。

10.5　视频处理技术

视觉接收的信息可分为两大类：静止的和运动的。前面介绍的图像是静止的信息，而视频（Video）则可以被看作运动的图像。视频是直观、具体、信息量丰富的媒体。在日常生活中看到的电视、电影及用摄像机、手机等拍摄的动态图像等都属于视频的范畴。

10.5.1　视频概述

人眼具有“视觉暂留”的时间特性，即人眼对光像的主观感觉与光像对人眼作用的时间并不同步，主观感觉亮度是逐渐下降的，当影像显示结束后，主观感觉仍会持续 0.1～0.4s。因此，利用这一现象，以足够快的速度连续播放一系列画面中物体移动或形状改变很小的图像，就会产生连续运动的场景。可见，视频在某种程度上是连续地随着时间变化的一组图像。它由一个个单独的画面（称为帧）序列组成，这些画面以一定的速率（帧率，即每秒播放帧的数目）连续地投射在屏幕上，与连续的音频信息在时间上同步，使观察者具有对象或场景在运动的感觉。

视频的概念最初是在电视系统中提出的。在不考虑电视调制发送和接收等诸多环节的情况下，仅研究电视基带信号的摄取、改善、传输、记录、编辑和显示的技术统称为“视频技术”。

按照存储和处理方式不同，视频可分为模拟视频和数字视频两大类。

（1）模拟视频。在日常生活中看到的电视、电影都属于模拟视频的范畴。模拟视频信号是基于模拟技术及图像显示的国际标准来产生视频画面的。模拟视频信号具有成本低、还原性好等优点，但是模拟视频有一个很大的缺陷：信息的表示不够精确。存储的模拟数据在被取出时不能保证和原来存储时的一模一样，如果经过长时间的存放，视频信号和画面的质量将会降低。模拟电视信号在放大、处理、传输、存储过程中，难免会引入失真噪声，而且多种噪声与失真叠加到电视信号后不易去除，且会随着处理次数和传输距离的增加不断积累，导致图像质量及信噪比的下降。

电视信号是视频处理的重要信息源，电视信号的标准称为电视制式。目前，各国（地区）使用的电视制式不尽相同，不同制式之间的主要区别在于不同的刷新速度、颜色编码系统、传送频率等。世界上最常用的模拟广播视频标准（制式）有我国、欧洲使用的 PAL 制式，美国、日本使用的 NTSC（National Television System Committee，国家电视系统委员会）制及法国使用的 SECAM（Séquentiel Couleur À Mémoire）制（即顺序传送彩色与存储）。

（2）数字视频。数字视频是对模拟视频信号进行数字化后的产物，它是基于数字技术记录视频信息的。可以通过视频采集卡将模拟视频信号进行 A/D（Analog-to-Digital，模/数）转换，这个转换过程就是视频捕捉（或采集过程）；将转换后的信号采用数字压缩技术存入计算机磁盘中就变成了数字视频。

数字视频从字面上来理解，就是以数字方式记录的视频信号。而实际上它包括两方面的含义：一方面是指将模拟视频数字化以后得到的数字视频；另一方面是指由数字摄录设备直接获得或由计算机软件生成的数字视频。

数字视频具有如下特点。

① 数字视频可以不失真地进行无数次复制。

② 数字视频便于长时间的存放而不会有任何的质量降低。

③ 可以对数字视频进行非线性编辑，并可增加特效等。

④ 数字视频数据量大，在存储与传输的过程必须进行压缩编码。

10.5.2　彩色视频的编码方法

彩色视频可用复合法和分量法两种方法来进行数字化或编码，即彩色视频有复合编码和分量编码两种编码方法。

（1）复合编码。数字化视频信号的最简单方法是将整个模拟信号（彩色复合视频信号）进行采样，这样所有的信号分量都被转化为一个数字表示。这种整个视频信号的“集成编码”从根本上要比数字化单独的信号分量（亮度信号分量和两个色度信号分量）简单。然而这种编码方法有许多缺点：在亮度信号和色度信号之间经常存在串扰；电视信号的复合编码取决于所采用的电视标准（难以统一）；由于亮度信号比色度信号更为重要，因此它将占用更多的带宽；当采用复合编码时，采样频率并不能适应不同分量的带宽需求。

（2）分量编码。分量编码是将各分量（也就是亮度信号分量和色差信号分量）单独数字化。例如，对于来自录像带、激光视盘、摄像机等的视频信号，通常的做法是首先把模拟的全彩色视频信号分离成 YCbCr、YUV、YIQ 等颜色空间中的信号分量，然后用 3 个 A/D 转换器分别对它们数字化，最后它们可以采用复用的方式来一起传输。亮度信号（Y）通常比色度信号更为重要，它的采样频率较高（如 13.5MHz），色度信号的采样频率是亮度信号采样频率的一半（如 6.75MHz），数字化的亮度和色度信号都统一采用 8 位进行量化。

10.5.3 视频技术相关术语

视频技术相关术语如下。

（1）帧。帧（Frame）就是影像动画中最小的单位，一帧就是一幅静止的画面，它相当于电影胶片上的每一格镜头，连续的帧就形成了动画。

（2）帧率。视频是连续快速地显示在屏幕上的一系列图像，可提供连续的运动效果。每秒出现的帧数称为帧率（Frame Rate），它以 FPS（Frames Per Second，帧每秒）为单位度量。帧率越高，每秒用来显示系列图像的帧数就越多，从而使得视频中的运动更加流畅。视频品质越高，帧率也越高，也就需要越多的数据来显示视频，从而视频占用的频宽也越大。在电视制式中，PAL 制式每秒显示 25 帧，NTSC 制式每秒显示 30 帧。帧率在有些时候还表示图形处理器处理视频信息时每秒能够更新的次数。

（3）比特率。比特率（Bit Rate）是数据传输时单位时间传送的数据位数，一般用的单位是 kbit/s。通常，比特率越大精度就越高，得到的数字文件就越接近原始文件。但是文件大小与比特率是成正比的，所以几乎所有的视频编码格式都在追求如何用最低的比特率达到最小程度的失真。因为编码算法不一样，所以不能单纯地用比特率来统一衡量音质或画质。

（4）分辨率。分辨率用来反映视频中每一帧图像的像素密度。现在的高清视频几乎全部使用数字方式。在这种方式下，若干像素构成每一帧图像，一幅图像的水平像素乘垂直像素就表示分辨率，例如分辨率为 1920 像素×1080 像素，则表示图像的水平方向上每行有 1920 像素，垂直方向上每列有 1080 像素。分辨率越高，构成图像的像素越多，包含的图像信息越丰富，图像越清晰，所以分辨率是视频质量的重要指标之一。

（5）逐行扫描与隔行扫描。隔行（Interlaced）和逐行（Progressive）是描述早期阴极射线管（Cathode-Ray Tube，CRT）显示器水平扫描显示的方式的。CRT 显示器的每一帧画面都通过电子枪自上而下的扫描来完成。这一过程中，如果逐一完成每一条水平扫描线，就称这种扫描方式为逐行扫描；如果先扫描所有奇数扫描线，再完成偶数扫描线，就称这种扫描方式为隔行扫描。假设一帧有 500 行，如果这一帧画面中所有的行是从上到下一行接一行地连续完成的，即扫描顺序是 1,2,3,⋯,500，就称这种扫描方式为逐行扫描；如果一帧画面需要进行两遍扫描，第一遍只扫描奇数行，即第 1,3,5,⋯,499 行，第二遍只扫描偶数行，即第 2,4,6,⋯,500 行，就称这种扫描方式为隔行扫描。一幅只含奇数行或偶数行的画面称为“场”（Field），其中，只含奇数行的场称为奇数场或前场（Top Field），只含偶数行的场称为偶数场或后场（Bottom Field），也就是说一个奇数场加上一个偶数场等于一帧。

进入数字时代，虽然采用液晶、等离子等数字技术的显示设备本身不再采用CRT扫描显示方式，但是隔行扫描和逐行扫描仍然为高清信号的两种格式，视频每一帧画面仍是由若干条水平方向的扫描线组成的。经常见到参数值720p、1080i、1080p中的p就是指逐行扫描，i就是指隔行扫描。电视制式中，PAL制式为625行/帧，NTSC制式为525行/帧。

逐行扫描的图像画面平滑、无闪烁，而隔行扫描的图像画面行间闪烁比较明显、会造成锯齿现象，这是由组成单一帧的两个视场间的相对位移造成的。隔行扫描还是一种压缩方式，通过偏置两个视场来组建一帧，从而减少了一半需要传输或存储的信息量，而对于未被压缩的隔行高清晰度视频，这个数据产生速度大约是前面的两倍。

（6）关键帧。关键帧是插入视频剪辑的连续间隔中的完整视频帧（或图像）。关键帧之间的帧包含前后两个关键帧之间所发生的移动及场景变换的信息。例如，将一个人经过门口作为一段视频，关键帧包含该人物的完整图像及背景中门的图像，间隔帧则包含描述人物从门口经过这一连串动作的信息，这些帧通过相互比较来除去多余的信息。这一环节会采用具有运动补偿的帧间预测编码，这是视频压缩的关键技术之一。关键帧之间的帧数称为关键帧间隔值。一般来说，关键帧间隔值越小，文件将会越大。如果视频包含大量场景变换或迅速移动的运动或动画，减小关键帧间隔值将会提高图像的整体品质。

10.5.4　视频文件的存储格式

一个完整的视频文件是由音频和视频两部分组成的。例如，将一个DivX格式视频编码文件和一个MP3格式音频编码文件按AVI封装标准封装以后，就得到一个以.avi为扩展名的视频文件，这个就是常见的AVI格式视频文件。由于很多种视频编码文件、音频编码文件都符合AVI封装要求，会出现同是以.avi为扩展名的文件，但是其中的具体编码格式并不同，因此常常会出现在一些设备上，对于扩展名相同的文件，有些可以被播放，而有些无法被播放。

目前，数字视频格式可以分为适合本地播放的本地影像视频和适合在网络中播放的网络流媒体视频两大类。尽管后者在播放稳定性和播放画面质量上可能没有前者优秀，但网络流媒体视频的广泛传播性使之正被广泛应用于视频点播、网络演示、远程教育、网络视频广告等互联网信息服务领域。

1. 本地影像视频

（1）AVI格式。AVI的英文全称为Audio Video Interleaved，AVI格式即音频视频交错格式。它于1992年被微软公司推出，随Windows 3.1一起被人们所认识和熟知。所谓“音频视频交错”，就是可以将视频和音频交织在一起进行同步播放。这种视频格式的优点是图像质量好，可以跨多个平台使用；其缺点是视频文件过于庞大，而且更加糟糕的是它的压缩标准不统一，最普遍的问题就是高版本Windows媒体播放器播放不了采用早期编码编辑的AVI格式视频，而低版本Windows媒体播放器又播放不了采用最新编码编辑的AVI格式视频，所以在进行一些AVI格式视频播放时常会出现由视频编码问题而造成的视频不能播放或即使能够播放，但不能调节播放进度和播放时只有声音没有图像等一些莫名其妙的问题。如果用户在进行AVI格式视频播放时遇到了这些问题，可以通过下载相应的解码器来解决。

（2）nAVI格式。nAVI是newAVI的缩写，与上面所说的AVI格式没有太大联系。它是由Microsoft ASF压缩算法修改而来的，但是与下面介绍的网络流媒体视频中的ASF有所区别，它以牺牲原有ASF视频文件视频“流”特性为代价而通过增加帧率来大幅提高ASF视频文件的清晰度。

（3）DV-AVI格式。DV的英文全称是Digital Video，这种格式是由索尼、松下、JVC等多家厂商联合提出的一种家用数字视频格式。目前非常流行的数码摄像机就是使用这种格式记录视频数据的。它可以通过计算机的IEEE 1394端口传输视频数据到计算机，也可以将计算机中编辑好的视频数据回录到数码摄像机中。这种视频格式的文件扩展名一般是.avi，所以这种格式被称为 DV-AVI 格式。

（4）MPEG 格式。家里常看的 VCD（Video Compact Disc，小型影碟）、SVCD（Super Video Compact Disc，超级数字激光视盘）、DVD 使用的就是 MPEG 格式。MPEG 格式是动态图像压缩算法的国际标准，它采用了有损压缩方法减少动态图像中的冗余信息，具体来说就是 MPEG 的压缩方法依据是相邻两个画面绝大多数是相同的，把后续图像中和前面图像有冗余的部分去除，就可以达到压缩的目的（其最大压缩比可达到 200：1）。目前 MPEG 格式有 3 个压缩标准，分别是 MPEG-1、MPEG-2 和 MPEG-4，另外，还有 MPEG-7 与 MPEG-21。

① MPEG-1：制定于 1992 年，它是针对 1.5Mbit/s 以下数据传输速率的数字存储媒体动态图像及其伴音编码而设计的国际标准，也就是通常所见到的 VCD 制作格式。使用 MPEG-1 的压缩算法可以把一部 120min 的电影压缩到 1.2GB 左右大小。这种视频格式的文件扩展名包括.mpg、.mlv、.mpe、.mpeg 及 VCD 中的.dat 等。

② MPEG-2：制定于 1994 年，设计目标为高级工业标准的图像质量及更高的传输速率。这种格式主要应用在 DVD/SVCD 的制作（压缩）方面，同时在一些 HDTV 和一些高要求视频编辑、处理上也有相当多的应用。使用 MPEG-2 的压缩算法可以把一部 120min 的电影压缩到 4GB～8GB 的大小。这种视频格式的文件扩展名包括.mpg、.mpe、.mpeg、.m2v 及 DVD 上的.vob 等。

③ MPEG-4：制定于 1998 年，是为了播放流式媒体的高质量视频而专门设计的，它可利用很窄的带宽，通过帧重建技术压缩和传输数据，以求使用最少的数据获得最佳的图像质量。目前 MPEG-4 最有吸引力的地方在于它能够保存接近于 DVD 画质的小视频文件。另外，这种文件格式还包含以前 MPEG 的压缩标准所不具备的比特率的可伸缩性、动画精灵、交互性甚至版权保护等一些特殊功能。这种视频格式的文件扩展名包括.asf、.mov 等。

（5）DivX 格式。这是由 MPEG-4 衍生出的一种视频编码（压缩）标准，即通常所说的 DVDRip 格式。它采用了 MPEG-4 的压缩算法，同时综合了 MPEG-4 与 MP3 各方面的技术。具体地说，它就是使用 DivX 压缩技术对 DVD 的视频图像进行高质量压缩，同时用 MP3 或 AC3 对音频进行压缩，然后将视频与音频合成并加上相应的外挂字幕文件而形成的视频格式。其画质直逼 DVD，并且文件大小只有 DVD 的几分之一。这种编码对机器的要求不高。

（6）MOV 格式。它是苹果公司开发的一种视频格式，默认的播放器是苹果公司的 QuickTime Player，具有较高的压缩比和较完美的视频清晰度等特点，但是其最大的特点还是具有跨平台性，即它不仅能支持 macOS，还能支持 Windows 系列系统。

2. 网络流媒体视频

（1）ASF。ASF 的英文全称为 Advanced Streaming Format，它是微软公司为了与 RealPlayer 竞争而推出的一种视频格式，用户可以直接使用 Windows 自带的 Windows Media Player 对这种格式的文件进行播放。由于它使用了 MPEG-4 的压缩算法，因此其压缩比和图像的质量都很好（高压缩比有利于视频流的传输，但图像质量肯定会有损失，所以有时候 ASF 的画面质量不如 VCD 是正常的）。

（2）WMV 格式。WMV 的英文全称为 Windows Media Video，WMV 格式也是微软公司推出的一种采用独立编码方式且可以直接在网上实时观看视频节目的文件压缩格式。WMV 格式的主要优点是支持本地或网络回放、可扩充的媒体类型、部件下载、可伸缩的媒体类型、流的优先级化、多语言，以及具有环境独立性、丰富的流间关系和扩展性等。

（3）RM 格式。RealNetworks 公司所制定的音频和视频压缩规范称为 RealMedia（RM），用户可以使用 RealPlayer 或 RealOne Player 对符合 RM 技术规范的网络音频和视频资源进行实况转播，并且 RM 可以根据不同的网络传输速率制定出不同的压缩比，从而实现在低速率的网络上进行影像数据实时传送和播放。RM 格式的一个特点是用户使用 RealPlayer 或 RealOne Player 可以在不下载音频和视频内容的条件下实现在线播放。另外，RM 格式作为主流网络视频格式，还可以通过其 Real Server 将其他格式的视频转换成 RM 格式的视频并由 Real Server 负责对外发布和播放。RM 格式和 ASF 可以说各有千秋，通常 RM 格式的视频更柔和一些，而 ASF 视频则相对清晰一些。

（4）RMVB 格式。这是一种由 RM 格式升级、延伸出的新视频格式，它的先进之处在于改变了原先 RM 格式平均压缩采样的方式，在保证平均压缩比的基础上合理利用比特率资源，即静止和动作场面少的画面场景采用较低的编码速率，以留出更多的带宽空间，而这些带宽空间会在出现快速运动的画面场景时被利用。这样可以在保证静止画面质量的前提下，大幅提高动态图像的画面质量，从而使图像质量和文件大小之间达到微妙的平衡。另外，相对于 DVDRip 格式，RMVB 格式有着较明显的优势，例如一部大小为 700MB 左右的 DVD 影片，如果将其转录成同样视听品质的 RMVB 格式，其大小一般在 400MB 左右。不仅如此，这种视频格式还具有内置字幕和无须外挂插件支持等独特优点。要想播放这种格式的视频，可以使用高版本的 RealPlayer。

10.6 计算机图形学

人们生活在一个有形的世界里，认识事物和相互交流都离不开“形”。如果事物没有“形”，就很难描述和表达它。正是因为“形”的存在，所以一谈到某物品，人们就自然会联想到它的形状，从而知道对方要表达的意思，达到交流的目的。因此，形状信息是人类从外界获得信息的主要来源。当形状以可见的方式表达出来，它就可能变成了图，所以图是形的载体，也是形的表达手段。在人们的日常交流中，图和形是不可分割的，因此形成了图形的统一概念。如今，图形已成为科学技术领域中的一种通用语言，在工程上用来构思、设计、指导生产、交换意见、介绍经验；在科学研究中用来处理实验数据、图示和图解各种平面及空间几何图元之间的关系问题、选择最佳方案等。可以说，工、农业生产和国防建设等都离不开图形。

10.6.1 计算机图形学概述

计算机图形学（Computer Graphics，CG）是研究用计算机表示、生成、处理和显示图形的学科。计算机图形学的主要研究内容是如何在计算机中表示图形及利用计算机进行图形的计算、处理和显示的相关原理与算法。当计算机完成一组物体形状的绘制之后，它就变成了一幅图像；从一幅图像中，人们也可以抽取出物体的形状。计算机图形技术和图像技术有时会相互结合，完成更高级的应用需求，如虚拟现实、基于图像的三维建模等。

1. 计算机图形学研究的内容

计算机图形学用计算机生成景物的数字模型，并将它显示在计算机屏幕上，或者绘制在纸张或胶片上。它不同于单纯用几何方法研究图形的各种几何学，也不同于用一般数学证明和计算来研究各种图形的纯数学方法。它是用计算机便于处理的数学方法来研究各种图形的表示和处理等，并把处理的结果在显示器上显示或送到绘图机绘出图来。因此，计算机图形学是研究如何在计算机环境下描述、交互处理和绘制的一门学科。它研究的主要内容有以下几点。

（1）图形描述。为了在可视界面上以直观的方式处理图形，便于交互式地修改，需要以恰当的形式来描述图形，这就涉及对事物的几何建模（Geometric Modeling）方法的研究。在算法的要求上，一方面要与当前的绘图设备的处理能力和工作特点相适应，另一方面要满足一些特定的需求，如曲线、曲面的光顺度等，因此，高效又逼真的建模方法是计算机图形学研究中的主要内容之一。

（2）交互处理。交互处理主要是指对几何模型的绘制（Rendering）技术和图形输入与控制的人机交互界面（User Interface）。这部分内容涉及对景物位置形状的改变、视点的选取、对区域的填充、颜色渲染、裁剪和光照技术等。图像的处理所研究的内容包括图像增强、边缘提取和图像分割、图像压缩、纹理分析、模式识别、机器人视觉和三维形体重建等。

（3）绘制。计算机图形学中的绘制技术是指基于光栅图形显示技术的“真实感图形”绘制技术，包括各种光照模型、明暗处理和纹理生成等内容。绘制技术追求的是真实感和绘制速度。

2. 计算机图形学的发展历史

（1）图形学的诞生。1950 年，第一台图形显示器作为美国麻省理工学院（Massachusetts Institute of Technology，MIT）旋风 1 号（Whirlwind Ⅰ）计算机的附件诞生了。该显示器用一个类似示波管的 CRT 来显示一些简单的图形。1958 年，美国 Calcomp 公司把联机的数字记录仪发展成滚筒式绘图仪，GerBer 公司把数控机床发展成平板式绘图仪。

在整个 20 世纪 50 年代，图形学主要处于准备和酝酿时期，被称为“被动式”图形学。到 20 世纪 50 年代末期，MIT 在旋风计算机上开发了 SAGE（Semi-Automatic Ground Environment，半自动地面防空系统），第一次使用了具有指挥和控制功能的显示器，操作者可以用笔在屏幕上指出被确定的目标。与此同时，类似的技术在设计和生产过程中也陆续得到了应用，这预示着计算机图形学的诞生。

1962 年，MIT 的伊万 • 萨瑟兰发表了题为《Sketchpad：一个人机交互通信的图形系统》的博士论文。他在论文中首次使用了“计算机图形学”这个术语，证明了计算机图形学是一个可行的、有用的研究领域，从而确定了计算机图形学作为一个崭新的科学分支的独立地位。这也标志着计算机图形学的正式诞生。他在论文中所提出的一些基本概念和科技，如交互技术、分层存储符号的数据结构等至今还在广泛应用。此前的计算机主要是符号处理系统；自从有了计算机图形学，计算机可以部分地表现人的右脑功能。

（2）线框图形学。1964 年，S. A. 孔斯提出了插值 4 条任意的边界曲线的孔斯曲面，它后来发展成系统的超限插值曲面造型技术，用小块曲面片组合自由曲面。1966 年，法国雷诺汽车公司发展了一套自由曲线和曲面的方法，成功地用于几何外形设计，并开发了用于汽车外形设计的系统。上边的两种方法是计算机辅助几何设计（Computer-Aided Geometric Design，CAGD）早期的开创性工作。

1972 年，有理 B 样条的理论被提出，后来出现了非均匀有理 B 样条（Non-Uniform Rational B-Spline，NURBS）曲线和曲面。

（3）光栅图形学。20 世纪 70 年代是计算机图形学发展过程中一个重要的历史时期。由于光栅显示器的产生，在 20 世纪 60 年代就已萌芽的光栅图形学算法迅速发展起来，区域填充、裁剪、消隐概念及其相应算法纷纷诞生，图形学进入了第一个兴盛时期，并开始出现实用的 CAD 图形系统。这一阶段图形学的特点是充分利用区域填充来表现线框、线条不能表现的复杂对象。同时，这一阶段因为通用、与设备无关的图形软件的发展，图形软件功能的标准化问题被提了出来。

早在 1974 年，“与机器无关的图形技术”的工作会议提出了计算机图形的标准化和制定有关标准的基本规则。在此会议后，ACM 专门成立了一个图形标准委员会，开始制定有关标准。该委员会在总结以往多年图形软件工作经验的基础上，于 1977 年公布了“核心图形系统规范”（Core Graphics System，CGS），并于 1979 年公布了修改后的第二版。

ISO 在 1986 年又公布了面向程序员的层次交互图形标准（Programmer’s Hierarchical Interactive Graphics Standard，PHIGS）。该标准向程序员提供了控制图形设备的图形系统的接口。这些标准的制定对计算机图形学的推广、应用和资源信息共享起了重要作用。

（4）真实感图形学。随着图形学的发展，图形表示的更高要求逐渐提上日程，真实感图形学应运而生。事实上，真实感图形学自 20 世纪 70 年代就已经萌芽。1970 年提出了第一个光反射模型，1971 年提出“漫反射模型+插值”的思想，1975 年提出了著名的简单光照模型——Phong 模型，这些可以算是真实感图形学最早的开创性工作。

1980 年，惠特提出了一个光透视模型——Whitted 模型，并第一次给出光线跟踪算法的范例，实现 Whitted 模型。1984 年，美国康奈尔大学和日本广岛大学的学者分别将热辐射工程中的辐射度方法引入计算机图形学，用辐射度方法成功地模拟了理想漫反射表面间的多重漫反射效果。光线跟踪算法和辐射算法的提出，标志着真实感图形学的显示算法已经逐渐成熟。从 20 世纪 80 年代中期以来，超大规模集成电路的发展为图形学的飞速发展奠定了物质基础。计算机运算能力的提高、图形处理速度的加快，使得图形学的各个研究方向得到充分发展。现在，图形学已广泛应用于动画、科学计算可视化、CAD/CAM 及影视娱乐等各个领域。

10.6.2　计算机图形学的应用

计算机图形学经历了数十年的发展，其应用已经渗透到了各行各业，在经济建设和社会发展的各个领域中起着越来越重要的作用，并在以下几方面取得了长足的进展。

1. 计算机辅助设计

计算机辅助设计（CAD）是计算机图形学在工业界最为广泛和活跃的应用领域。计算机图形学被用于土建工程、机械结构和产品设计，包括设计发电厂等各种工厂的布局和飞机、汽车等设备的外形及电子线路、电子器件等。有时，CAD 被用于产生工程和产品相应结构的精确图形，但更常见的是用于对所设计的系统、产品和工程的相关图形进行人机交互的设计和修改，经过反复的迭代设计，利用结果数据输出零件表、材料表、加工流程和工艺卡或数据加工代码的指令。

在电子工业中，计算机图形学应用到集成电路、印制电路板、电子线路和网络分析等方面的优势是十分明显的。一个复杂的大规模或超大规模集成电路板图很难手工设计和绘制，用计算机图形系统不仅能进行设计和绘制，而且可以在较短的时间内完成，并把结果直接送至后续工艺进行加工处理。在航空航天业中，波音飞机公司已经用有关的 CAD 系统来实现波音飞机的整体设计及模拟，包括飞机外形、内部零部件的安装和检验。随着计算机网络的发展，在网络环境下进行异地异构系统的协同设计已经成为 CAD 领域最为热门的话题之一。

CAD 领域的一个非常重要的研究领域是基于工程图纸的三维形体重建。三维形体重建是从二维信息中提取三维信息，然后通过对这些信息进行分类、综合等一系列的处理，进而在三维空间中重新构造出二维信息所对应的三维形体，恢复形体的点、线、面及其拓扑关系，从而实现三维形体的重建。二维图纸设计在工程界中仍占有主导地位，工程上有大量的旧透视图和投影图片可以利用和借鉴，许多新的设计凭借原有的设计基础进行修改即可完成。同时三维几何造型系统可做装配件的干涉检查，以及有限元分析、仿真、加工等后续操作，也是 CAD 技术的发展方向。目前主要的三维形体重建算法是针对多面体和对主轴方向有严格限制的二次曲面体的。至今，任意曲面体的三维形体重建仍是一个未解决的世界难题。

2. 计算机动画和艺术

计算机动画和艺术是指利用计算机来生成各种逼真的虚拟场景画面和特效，从而为人们提供一个充分展示个人想象力和艺术才能的空间。随着计算机图形学和计算机硬件的发展，仅生成高质量的静态场景已经满足不了人们的需求，于是计算机动画应运而生。其实，计算机动画也是生成一幅幅的静态图像，但每一幅都对前一幅进行了一小部分修改，如何修改就是计算机动画的研究内容。当这些画面连续播放时，整个场景就动起来了。目前，计算机动画已经渗入人们的生活，在平时所见的各类游戏、电影中，人们已经充分领略了计算机动画的惊人魅力及美感。

在艺术领域中，计算机图形学和 CAD 技术的应用也非常广泛。它们在轻工业产品的工业塑形、地毯、陶瓷等艺术品的外形设计等方面获得了很大的成功，兼具很好的实用价值与较高的艺术价值。

在服装设计中，开始阶段要使用计算机辅助服装设计软件进行款式的设计，其中包括各种各样的款式、布料及颜色的选择，然后通过交互设计技术进行设计，最后获得满意的服装款式。

3. 地理信息系统

地理信息系统（Geographic Information System，GIS）是对整个或部分地球表层（包括大气层）空间中的有关地理分布数据进行采集、存储、管理、运算、分析、显示和描述的计算机系统。GIS是一门综合性学科，结合了地理学、地图学、遥感和计算机科学。它以地理空间数据库为基础，在计算机软硬件的支持下，运用系统工程和信息科学的理论，科学管理和综合分析具有空间内涵的地理数据，以提供管理、决策等所需信息的技术系统。GIS 记录着关于人口、城镇乡村、道路桥梁、高山平原地形、矿藏、森林、旅游等的大量信息。GIS 在发达国家已经得到了广泛应用，我国也对其开展了相关的研究与应用。利用 GIS 中的图形软件可绘制出地理的、地质的及其他自然现象的高精度勘探、测量图形，如地形图、人口分布图、海洋地理图、气象气流图、水资源分布图等及其他各类等值线、等位面图，进而为管理和决策者提供真实、有效的数据支持。

在计算机虚拟现实技术出现后，GIS 与计算机图形学更紧密地结合在一起。在很多应用领域，GIS 都必须以图形学作为辅助手段而进行应用。计算机图形学可以使 GIS 中的数字信息图形化，并以简单易懂且美观的可视化界面展现在用户的面前。

4. 虚拟现实技术

虚拟现实，又称灵境技术，是以沉浸性、交互性和构想性为基本特征的计算机技术。它综合利用了计算机图形学、仿真技术、多媒体技术、人工智能技术、计算机网络技术、并行处理技术和多传感器技术，模拟人的视觉、听觉、触觉等感觉器官功能，使人能够沉浸在计算机生成的虚拟境界中，并能够通过语言、手势等自然的方式与之进行实时交互，创建了一种适人化的多维信息空间。

虚拟现实是由计算机实时生成一个虚拟的三维空间。这个空间可以是小到分子、原子的微观世界，大到天体的宏观世界，也可以是类似于真实社会的生活空间。用户可以在虚拟现实中自由地运动，随意观察周围的景物，通过一些特殊的设备与虚拟物体进行交互操作。在虚拟现实中，用户看到的是全立体彩色景象、听到的是虚拟环境中的声响，用户的手或脚可以感受到虚拟环境所反馈的作用力，从而产生一种身临其境的感觉。不仅如此，用户还能够突破空间、时间以及其他客观限制，拥有到真实世界中无法亲身经历的体验。

简单的虚拟现实系统早在 20 世纪 70 年代便被应用于军事领域，如飞行模拟器的设计和应用。目前，虚拟现实技术已经在航空航天、医学、教育、艺术、建筑等领域得到广泛的应用。

5. 科学计算可视化

随着科学技术的迅猛发展和广泛应用，数据量的与日俱增使得人们完成对数据的分析和处理变得越来越难，如天体物理、航空航天、生物学、气象、数学、空气动力学、医学图像等领域都产生了大量数据。面对如此庞大的数据，如何从中找出隐藏的规律、提取最本质的特征，对人脑的分析能力是一个严峻的挑战。图形图像是沟通思维中最自然的手段之一，人类大脑具有高度的处理视觉信息的能力，因此，复杂的数据以视觉形式表现是最容易理解的。科学计算可视化的基本思想是将准备数据、实施计算、表达结果都用图形或图像来完成或表现，并且在许多情况下，最后结果还可以用具有真实感的动态图形模拟来描述。因此，可视化是将“不可见的”变为“可见的”，从而丰富了科学发现的过程。

1987 年召开了有关科学计算可视化的首次会议。会议一致认为“将图形和图像技术应用于科学计算是一个全新的领域”，科学家不仅需要分析由计算机得出的计算数据，而且需要了解在计算过程中数据的变化。会议将这一技术定名为“科学计算可视化”（Visualization in Scientific Computing）。科学计算可视化将图形生成技术、图像理解技术结合在一起，它既可理解送入计算机的图像数据，也可以从复杂的多维数据中产生图形。它涉及下列相互独立的几个领域：计算机图形学、图像处理、计算机视觉、计算机辅助设计及交互技术等。科学计算可视化按其实现的功能可以分为 3 个档次：结果数据的后处理；结果数据的实时跟踪处理及显示；结果数据的实时显示及交互处理。

目前，科学计算可视化广泛应用于医学、流体力学、有限元分析、气象分析中。尤其在医学领域，科学计算可视化有着广阔的发展前途。依靠精密机械做脑部手术以及由机器人和医学专家配合做远程手术是目前医学上很热门的课题，而这些技术的实现基础就是科学计算可视化。

10.6.3　光栅图形学概述

光栅显示器可以看成由许多可发光的离散点（即像素）组成的矩阵，它需要专门的算法来生成直线、圆弧和曲线等图形。在光栅显示器上显示的图形称为光栅图形。光栅显示器上显示的任何一个图形，实际上都是一些具有一种或多种颜色和灰度像素的集合。由于对一个具体的光栅显示器来说，像素的个数是有限的，像素的颜色和灰度等级也是有限的，像素是有大小的，因此光栅图形只是近似的实际图形。本节简单介绍生成光栅图形的相关算法。

在数学上，理想的点和直线都是没有宽度的。但是，由于每个像素对应于图形设备上的一个矩形区域，当在光栅图形设备上显示一个点时，实际上这个点是用一个发光的矩形区域来表示的。当在光栅图形设备上显示一条直线时，只能在显示器所给定的有限个像素组成的矩阵中，按扫描线顺序，依次确定最佳的逼近于该直线的一组像素，并且对这些像素进行写操作，这个过程称为直线的扫描转换。

对于水平线、垂直线和 45° 斜线，确定选用哪些像素来表示是十分容易的，但是对于其他直线，确定选用哪些像素来表示就没那么简单了。图 10.33 所示的图形是通过一定算法确定了一个像素集合（该图中的 6 个圆点）来显示出一条位于(0,0)点和(5,2)点之间的线段。

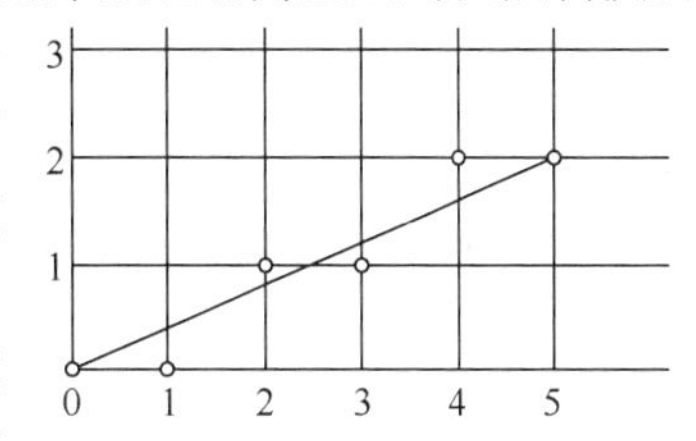

图 10.33　光栅上显示一条线段

可以通过了解一个具体的直线扫描算法来认识光栅图形的生成技术。在介绍画线算法之前，先讨论画直线的基本要求：直线必须有精确的起点和终点，外观要直，线宽应当均匀一致，且与直线的长度和方向无关，算法速度要快。

Bresenham 算法是计算机图形学领域使用最广泛的直线扫描转换算法。该算法最初是为数字绘图仪设计的，后来被广泛地应用于光栅图形显示和数控加工。该算法构思巧妙，使得每次只需检测误差项的符号就能决定直线上的下一个像素的位置。利用 Bresenham 算法思想还可完成圆弧的生成。

假设直线的斜率在 0～1。算法的原理如下：在各个像素的中心构造一组虚拟网格线，首先按直线从起点到终点的顺序计算直线与各垂直网格线的交点，然后采用增量计算，使得对于每一列，只要检查一个误差项的符号，就可以确定该列像素中与此交点最近的像素。

假设直线的方程式如下：

$$y_{i+1}=y_i+k(x_{i+1}-x_i)=y_i+k$$

其中，k 为斜率，且 $k=\mathrm{d}y/\mathrm{d}x$。

那么，如图 10.34 所示，x 的下标每增加 1，d 的值相应地递增 k，即 $d=d+k$。一旦 $d\geqslant 1$，则减去 1，这样就可以保证 d 在 0～1。然后通过判断 d 是否大于或等于 0.5 来判断 y 是否增加 1。算法如下：

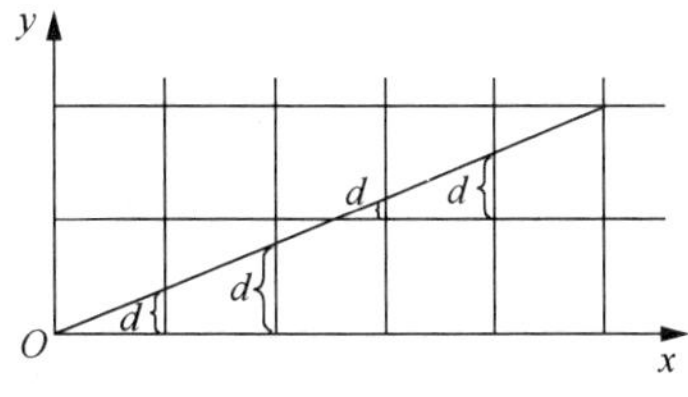

图 10.34　横坐标 x 的下标每增加 1 则 d 的值相应地增加一个斜率的值

当 $d\geqslant 0.5$ 时，则最接近当前像素的光栅点的坐标为(x_i+1,y_i+1)；

当 $d<0.5$ 时，则直线当前像素最接近(x_i+1,y_i)。

为了方便计算，令 $e=d-0.5$，e 的初值为-0.5，增量为 k，则算法变为：

当 $e\geqslant 0$ 时，则取当前像素(x_i,y_i)的右上方像素(x_i+1,y_i+1)；

当 $e<0$ 时，则当前像素更接近于右方像素(x_i+1,y_i)。

算法的代码如下：

```
void Bresenhamline (int x0, int y0, int x1, int y1)
{
    int x, y, dx, dy;
    float k, e;
    dx=x1-x0, dy=y1-y0, k=dy/dx;
    e=-0.5, x=x0, y=y0;
    for (i=0; i<=dx; i++)
    {
        drawpixel (x, y);
        x=x+1, e=e+k;
        if (e>=0)
        { y++, e=e-1; }
    }
}
```

光栅图形学技术除了研究点、线及多边形等基本图形元素的扫描转换外，还包括区域填充、裁剪、反走样和消隐等技术。

10.6.4 OpenGL 简介

三维图形编程工具中最为突出的是 SGI 公司的 OpenGL（Open Graphics Library）。OpenGL 已成为图形方面的工业标准，广泛应用于游戏开发、建筑、产品设计、医学、地球科学、流体力学等领域。许多软件厂商以 OpenGL 为基础开发自己的产品，硬件厂商提供对 OpenGL 的支持。由于 OpenGL 被广泛应用，它已经成为一个工业标准。下面简单介绍 OpenGL 的基本使用方法。

1. 点

数学上的点只有位置，没有大小。但在计算机中，无论计算精度如何提高，始终不能表示一个无穷小的点。而且，无论图形输出设备（如显示器）如何精确，始终不能输出一个无穷小的点。因此，在一般情况下，OpenGL 中的点被画成单个像素，虽然它可能足够小，但并不会无穷小。

OpenGL 提供了一系列函数来指定一个点，它们都以 glVertex 开头，后面跟一个数字，数字后面有 1 个或 2 个字母。例如，glVertex2d()、glVertex3f()、glVertex3fv()等。其中，数字表示参数的个数："2"表示有两个参数（即二维空间中表示的点），"3"表示有 3 个参数。字母表示参数的类型，"s"表示 16 位整型（OpenGL 中将这个类型定义为 GLshort），"i"表示 32 位整型（OpenGL 中将这个类型定义为 Glint 或 GLsizei），"f"表示 32 位浮点型（OpenGL 中将这个类型定义为 GLfloat 或 GLclampf），"d"表示 64 位浮点型（OpenGL 中将这个类型定义为 GLdouble 或 GLclampd），"v"表示传递的几个参数将使用指针的方式。

2. 基本图形

所有图形都是通过顶点来确定的。如果指定了若干顶点，那么 OpenGL 是如何知道编程者想用这些顶点来画什么图形的呢？是将它们连成线还是构成一个多边形？OpenGL 要求指定顶点的命令必须包含在 glBegin()函数之后和 glEnd()函数之前，否则指定的顶点将被忽略。同时，由 glBegin()来指明如何使用这些点。例如：

```
glBegin(GL_LINES);
glVertex2f(0.0f, 0.0f);
glVertex2f(0.5f, 0.0f);
glEnd();
```

两个点确定的直线将显示出来。glBegin()支持的基本图形元素除了直线，还有三角形、多边形等，具体如图 10.35 所示。

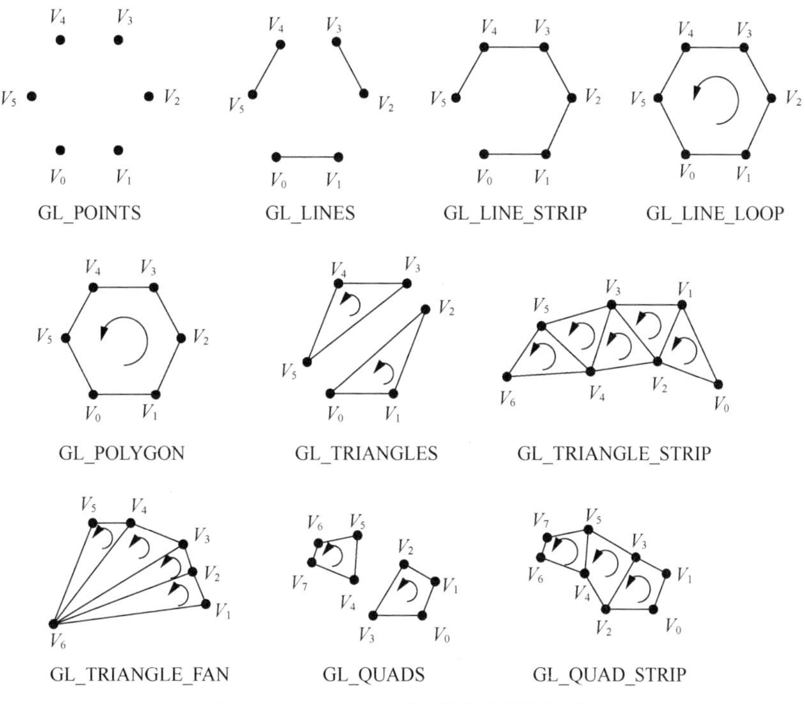

图 10.35 glBegin()支持的基本图形元素

点的大小默认为 1 像素，但也可以通过 glPointSize()函数设置，其函数原型如下：

```
void glPointSize(GLfloat size);
```

此外，如果绘制的是直线，还可以通过如下函数指定宽度：

```
void glLineWidth(GLfloat width);
```

3. 颜色的设置

OpenGL 支持两种颜色模式：一种是 RGBA 模式，另一种是颜色索引模式。在 RGBA 模式中，每一个像素会保存以下数据：R 值（红色分量）、G 值（绿色分量）、B 值（蓝色分量）和 A 值（Alpha 分量）。在 RGBA 模式下可以通过如下两个函数来设定颜色：

```
void glColor3f(GLfloat red, GLfloat green, GLfloat blue);
void glColor4f(GLfloat red, GLfloat green, GLfloat blue, GLfloat alpha);
```

其中，用浮点数作为参数，0.0 表示不使用该种颜色，而 1.0 表示该种颜色值最大。浮点数可以精确到小数点后若干位，但这并不表示计算机可以显示这么多颜色。实际上，计算机可以显示的颜色种数将由硬件决定。

在颜色索引模式中，OpenGL 需要一个颜色表。这个表就相当于画家的调色板：虽然可以调出很多种颜色，但同时存在于调色板上的颜色种数将不会超过调色板的格数。通常使用函数 glIndexi()在颜色表中选择颜色，其原型如下：

```
void glIndexi(GLint c);
```

OpenGL 还支持坐标变换、动画绘制、光照处理、材质属性设置、三维真实感图形的绘制等功能。由于篇幅所限，不一一阐述，更多信息可参考 OpenGL 相关教程。

10.7 多媒体数据压缩技术

数据压缩的目标是去除各种冗余。在多媒体应用系统中，为了实现令人满意的图像、视频画面质量和听觉效果，必须解决图像、视频、音频等大容量数据的存储和实时展示等问题。一方面，经过数字化的视频、音频信号数据量非常大，如果不进行处理，很难对它们进行存取和交换；另一方面，图像、视频、音频等数据的冗余度很大，具有很大的压缩潜力。多媒体数据的压缩主要是对视频数据和音频数据的压缩，二者使用的基本技术是相同的。

多媒体数据压缩主要根据两个基本事实来实现：一个是多媒体信息中有许多重复的数据，使用数学方法来表示这些重复数据可以减少数据量；另一个是人类的听觉和视觉系统对多媒体信息的细节（如颜色、对比度、音量等）的辨认有一个极限，把超过极限的部分去掉，就达到了压缩数据的目的。利用前一个事实的压缩技术就是无损压缩技术，利用后一个事实的压缩技术就是有损压缩技术。实际上，多媒体数据压缩是综合使用各种无损和有损压缩技术来实现的。

10.7.1　多媒体信息的冗余性

数据之所以能够压缩是因为基本原始信源的数据存在着很大的冗余度。一般来说，多媒体数据中存在以下种类的数据冗余。

（1）空间冗余。空间冗余是图像数据中经常存在的一种冗余。在同一幅图像中，规则物体和规则背景（所谓规则是指表面颜色分布是有序的而不是完全杂乱无章的）的表面物理特征具有相关性，这些相关性在数字化图像中就表现为数据冗余。

（2）时间冗余。时间冗余是序列图像（电视图像、动画）和言语数据中所经常包含的冗余。对于图像序列中的两幅相邻的图像，后一幅图像与前一幅图像之间有较大的相关性，这反映为时间冗余。同理，在言语中，由于人在说话时发音的音频是一个连续的渐变过程，而不是一个完全在时间上独立的过程，因而存在时间冗余。

（3）结构冗余。有些图像从大的区域上看存在着非常强的纹理结构，如布纹图像和草席图像，这代表着它们在结构上存在冗余。

（4）知识冗余。有许多图像的理解与某些基础知识有相当大的相关性。例如，人脸的图像有固定的结构，即嘴的上方有鼻子、鼻子的上方有眼睛、鼻子位于正面图像的中线上等。这类规律性的结构可由先验知识和背景知识得到，因此此类冗余称为知识冗余。

（5）认知（视觉和听觉）冗余。人类的视觉系统并不能感知到场景中的任何变化。例如，在进行图像编码和解码处理时，由于压缩或量化截断引入了噪声而使图像发生了一些变化，如果这些变化不能为视觉所感知，则仍认为图像足够好。事实上，人类的视觉系统一般的分辨能力约为 26 灰度等级，而一般图像量化采用 28 灰度等级，因此这类冗余称为视觉冗余。在听觉上也存在类似的冗余。

数据压缩就是去掉信号数据的冗余性。数据压缩常常又称为数据信源编码或简称为数据编码。与此对应，数据压缩的逆过程称为数据解压缩，也称为数据信源解码或简称为数据解码。

10.7.2　数据压缩编码技术

如图 10.36 所示，数据压缩的典型操作包括预准备、处理、量化和熵编码等，数据可以是静止图像、视频和音频等。解压缩则是压缩的逆过程。

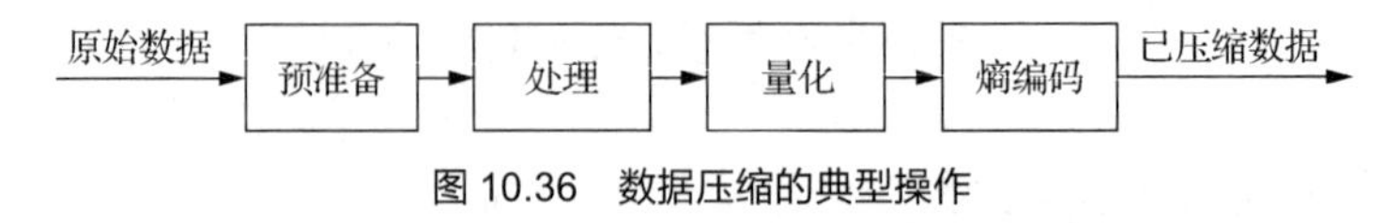

图 10.36　数据压缩的典型操作

预准备操作包括 A/D 转换和生成适当的数据表达信息。处理操作实际上是使用复杂算法压缩处理的第一个操作，主要是从时域到频域的变换，一般可以用离散余弦变换和小波变换等。量化操作对上一个操作产生的结果进行处理，该操作定义了从实数到整数映射的方法，这一操作导致精度的降低。被量化对象视它们的重要性而进行区别处理。熵编码通常是最后一个操作，它会对序列数据流进行无损压缩。

数据压缩可分成两种类型：一种称为无损压缩，另一种称为有损压缩。

无损压缩是指使用压缩后的数据进行重构（又称为解压缩），重构后的数据与原来的数据完全相同。无损压缩适用于要求重构的信号与原始信号完全一致的场合。一个很常见的无损压缩的例子是磁盘文件的压缩。根据目前的技术水平，无损压缩算法一般可以把普通文件的数据压缩到原来的 1/4～1/2。常用的无损压缩算法有霍夫曼算法和 LZW 压缩算法等。

有损压缩是指使用压缩后的数据进行重构，重构后的数据与原来的数据有所不同，但不会让人对原始资料表达的信息产生误解。有损压缩适用于重构信号不一定非要和原始信号完全一致的场合。例如，图像和声音的压缩就可以采用有损压缩，因为图像和声音中包含的数据往往多于人们的视觉系统和听觉系统所能接收的信息，去除一些数据不至于让人对声音或图像所表达的意思产生误解，但可大大提高压缩比。

10.7.3　常见多媒体压缩算法

常见多媒体压缩算法如下。

1. RLE

现实中有许多包含很多颜色相同的图块的图像。在这些图块中，许多行上都具有相同的颜色，或者在一行上有许多连续的像素都具有相同的颜色值。在存储这种图像时就不需要存储每一个像素的颜色值，而只需要存储一个像素的颜色值，以及具有相同颜色的像素数目即可，或者存储一个像素的颜色值，以及具有相同颜色值的行数。这种压缩编码称为行程长度编码，常用 RLE（Run Length Encoding）表示；具有相同颜色的连续像素数目称为行程长度。

假定一幅灰度图像第 n 行的像素值如图 10.37 所示。用 RLE 得到的代码为 **8**0**3**1**50**8**4**1**8**0。代码中用黑体表示的数字是行程长度，黑体数字后面的数字代表像素的颜色值。例如黑体数字 50 代表有连续 50 个像素具有相同的颜色值，它的颜色值是 8。

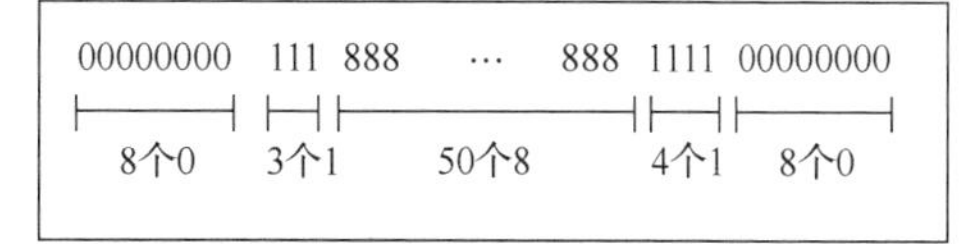

图 10.37　行程编码实例

对比 RLE 前后的代码数可以发现，在编码前要用 73 个代码表示这一行的数据，而编码后只需用 11 个代码表示原来的 73 个代码，压缩前后的数据量之比约为 7∶1，即压缩比约为 7∶1。这说明 RLE 确实是一种压缩技术，而且它相当直观，也非常经济。RLE 所能获得的压缩比有多大主要取决于图像本身的特点。图像中具有相同颜色的图像块越大，图像块数目越少，获得的压缩比就越大；反之，压缩比就越小。

译码时按照与编码时采用的相同规则进行，还原后得到的数据与压缩前得到的数据完全相同。因此，RLE 是无损压缩技术。

RLE 尤其适用于计算机生成的图像，对减小图像文件的存储空间非常有效。然而，RLE 对颜色丰富的自然图像的压缩就显得力不从心，这种图像在同一行上具有相同颜色的连续像素往往很少，而具有相同颜色值的连续行数就更少。如果仍然使用 RLE，不仅不能压缩图像数据，反而可能使原来的图像数据变得更大。注意：这并不是说 RLE 不适用于自然图像的压缩；相反，在自然图像的压缩中少不了 RLE，只不过不能单纯使用 RLE，需要和其他的压缩算法联合应用。

2. JPEG 编码

JPEG 是一个组织，是由 ISO 和 IEC 两个组织机构联合组成的一个专家组。该专家组负责制定静态的数字图像数据压缩编码标准，其中包括 JPEG 算法，该算法已经成为国际上通用的标准，因此又称为 JPEG 标准。JPEG 标准是一个适用范围很广的静态图像数据压缩标准，既可用于灰度图像又可用于彩色图像。

JPEG 开发了两种基本的压缩算法：一种是以离散余弦变换（Discrete Cosine Transform，DCT）为基础的有损压缩算法；另一种是以预测技术为基础的无损压缩算法。在使用有损压缩算法时，在压缩比为 25：1 的情况下，压缩后还原得到的图像与原始图像相比较，多数观察者难以找出它们之间的区别，因此这种算法得到了广泛的应用。例如，DVD-Video 图像压缩技术就使用 JPEG 的有损压缩算法来消除空间方向上的冗余数据。为了在保证图像质量的前提下进一步提高压缩比，JPEG 2000（简称 JP 2000）标准中采用小波变换算法。

JPEG 压缩是有损压缩，它利用了人的视觉系统的特性，使用量化和无损压缩编码相结合的方式来去掉视觉的冗余信息和数据本身的冗余信息。JPEG 压缩编码大致分成以下 3 个步骤。

（1）使用正向离散余弦变换把空间域表示的图变换成频域表示的图。

（2）使用加权函数对 DCT 系数进行量化，这个加权函数对于人的视觉系统是最佳的。

（3）使用霍夫曼可变字长编码器对量化系数进行编码。

译码或解压缩的过程与压缩编码的过程正好相反。

JPEG 算法与彩色空间无关，因此“RGB 到 YUV 的变换”“YUV 到 RGB 的变换”不包含在 JPEG 算法中。JPEG 算法处理的彩色图像是单独的彩色分量图像，因此它可以压缩来自不同颜色空间（如 RGB、YCbCr 和 CMYK）的数据。

3. MPEG Audio 标准

MPEG Audio 标准在本书中是指 MPEG-1 Audio、MPEG-2 Audio 和 MPEG-2 AAC，它们处理 10Hz～20000Hz 之间的声音数据。数据压缩的主要依据是人的听觉系统的特性，使用“心理声学模型”（Psychoacoustic Model）来达到压缩声音数据的目的。MPEG-1 和 MPEG-2 的声音数据压缩编码是利用人的听觉系统的特性来达到压缩声音数据的目的的，这种压缩编码称为感知声音编码（Perceptual Audio Coding）。

心理声学模型中的一个基本概念是听觉系统中存在一个听觉阈值，人类听不到低于这个阈值的声音信号，因此就可以把这部分信号去掉。听觉阈值的大小随声音频率的改变而改变，每个人的听觉阈值也不同。大多数人的听觉系统对 2kHz～5kHz 的声音最敏感。一个人是否能听到声音取决于声音的频率，以及声音的幅度是否高于这种频率下的听觉阈值。

心理声学模型中的另一个基本概念是听觉掩饰特性，它是指听觉阈值电平是自适应的，即听觉阈值会随着听到的不同频率的声音而发生变化。例如，假设同时有两种频率的声音存在，一种是 1000Hz 的声音，另一种是 1100Hz 的声音，但后者的强度比前者的低 18dB，在这种情况下，1100Hz 的声音就不会被听到。也许读者有这样的体验，在安静房间里的普通谈话可以听得很清楚，但在嘈杂的聚会上，同样的普通谈话就很难听清楚。声音压缩算法也同样可以确立这种特性的模型来去掉更多的冗余数据。

前面提到过，声音的数据量由两方面决定：采样频率和采样精度。要减小数据量，就需要降低采样频率或降低采样精度。但是人耳可听到的频率范围是 20Hz～20kHz。根据奈奎斯特定理，要想不失真地重构信号，采样频率不能低于 40kHz。再考虑到实际中使用的滤波器都不可能是理想滤波器，以及考虑各国所用的交流电源的频率，为保证声音频带的宽度，所以采样频率一般不能低于 44.1kHz。因此，压缩就必须从降低采样精度这个角度出发，即减少每位样本所需要的位数。

MPEG-1 和 MPEG-2 的声音压缩采用子带编码（Sub-Band Coding，SBC）方法，这是一种功能很强且很有效的声音信号编码方法。与音源特定编码法不同，SBC 方法不局限于对语音进行编码，也不局限于哪一种声源。这种方法的具体思想是首先把时域中的声音数据变换到频域中，对频域内的子带分量分别进行量化和编码，然后根据心理声学模型确定样本的精度，从而达到压缩数据的目的。

MPEG 声音数据压缩的基础技术是量化。虽然量化会带来失真，但 MPEG 标准要求量化失真对于人耳来说是感觉不到的。在 MPEG 标准的制定过程中，MPEG-Audio 委员会进行了大量的主观测试实验。实验表明，当采样频率为 48kHz、采样精度为 16 位的声音数据压缩到 256kbit/s 时，即在 6：1 的压缩比下，即使是专业测试员也很难分辨出听到的是原始声音还是编码压缩后的声音。

10.8　小结

本章较为全面地介绍了多媒体系统相关的基本概念、原理及一般处理方法，主要内容包括多媒体系统的构成，音频信息的表示和处理，颜色信息的数字化及颜色模型，图像信息的表示方法、图像的分类及常见图像处理方法，计算机图形学及光栅图形学技术，OpenGL 的简单使用，多媒体信息的编码和压缩方法。

习题 10

一、选择题

1.（　　）是用于处理文本、图形、图像、音频、动画和视频等计算机编码的媒体。

A. 感觉媒体　　B. 表示媒体　　C. 显示媒体　　D. 传输媒体

2. 一般来说，要求声音的质量越高，则（　　）。

A. 量化级数越低和采样频率越低　　B. 量化级数越高和采样频率越高

C. 量化级数越低和采样频率越高　　D. 量化级数越高和采样频率越低

3. 音频和视频信息在计算机内是以（　　）表示的。

A. 数字信息　　B. 模拟信息

C. 模拟信息或数字信息　　D. 某种转换公式

4. 下列声音类型中质量最高的是（　　）。

A. 电话　　B. 调幅广播　　C. 调频广播　　D. 激光唱盘

5. 印刷行业中通常采用的颜色模型是（　　）。

A. RGB　　B. HSV　　C. CMYK　　D. CIE

二、填空题

1. HSV 模型中 H 和 S 分别代表________和_________。

2. 国际电信联盟将媒体分为 5 种类型，分别是：__________、___________、__________、________和________。

3. 将声音由模拟信号转换为数字信号需要两步关键的操作，分别为______和______。

4. 按照颜色和灰度的多少，图像可以分为彩色图像、______和______。

5. 数据压缩可分成两种类型：一种称为_______；另一种称为_________。

三、简答题

1. 利用 RLE 对字符串“KKKKKKAAAAVVVVAAAAAA”进行编码，给出编码结果。

2. 解释二值图像与灰度图像，并说出二者的区别。

3. 简单介绍 HSV 模型。

4. 什么是图像的像素深度？

11 第 11 章　社会和职业问题

ACM 和 IEEE 提出的教学体系 CC2005（Computing Curricula 2005）和中国计算机科学与技术学科教程 2002（China Computing Curricula 2002）都要求计算机专业学生不但要了解计算机专业技术知识，还要了解与之相关的社会和职业问题。本章首先介绍计算机对社会的影响，从而引出新兴的交叉学科——社会计算；然后介绍计算机与道德，其中包含计算机行业从业人员职业道德和计算机用户道德，并简单介绍计算机犯罪和公民隐私问题；最后介绍知识产权、个人与团队及计算机与哲学。

通过本章的学习，学生应该能够：

1. 了解计算机对社会的影响；
2. 了解计算机行业从业人员职业道德以及计算机用户道德；
3. 了解计算机犯罪；
4. 了解计算机环境下的隐私与言论自由；
5. 了解计算机环境下的知识产权；
6. 了解个人与团队的关系；
7. 了解计算机与哲学的关系。

11.1　计算机与社会

11.1.1　计算机对社会的影响

世界第一台通用电子计算机只是为了满足美国军方计算弹道需要而研制的。然而，令人意外的是在之后短短的几十年里，计算机及相关技术以惊人的速度发展着，其应用领域也由最初的军事领域扩充到现在的各个领域，给人类生活和人类社会的发展带来了翻天覆地的变化。

人类社会由高度工业化时代进入了高度信息化时代。计算机及其相关技术的广泛使用给社会的发展带来了重大影响，主要表现在社会生产力、经济发展和人类日常生活 3 个方面。

（1）推动了社会生产力的发展。当前正处在第三次技术革命时期，其中最具划时代意义的是电子计算机的迅速发展和广泛应用。计算机与传统技术相结合，形成了机电一体化，促进了生产自动化、管理现代化，在很大程度上减轻了人类的体力劳动，同时能够生产出精度高、质量好、成本低的产品，而且生产效率成倍提高。计算机及其相关技术的快速发展解决了科学由潜在生产力向现实生产力转换的问题，使得科学技术在推动生产力发展方面起到了越来越重要的作用，科学技术转换为生产力的速度不断加快。

（2）推动了经济发展。计算机及相关技术推动了社会生产力的发展，同时对整个社会的经济产生了巨大影响。近年来，原有的社会经济结构发生了变化，第一产业和第二产业在国民经济中的比重下降，而以电子计算机为基础，实现信息的生产、传递、加工和处理的信息产业凭借自身优势，从第三产业中划分出来，在国民经济中占据越来越大的比重。

（3）丰富了人类日常生活。现在，计算机技术已经融入人们的日常生活中。人们可以利用计算机获取想要的合法信息，例如教学资源、国内外新闻、工作资料等；计算机可以帮助人们进行复杂信息的处理和计算，例如图像、声音、文字信息处理；远程医疗可以让医生和患者不用面对面，而且大型智能的医疗设备能够辅助医生更好地给出诊断结果；计算机技术和现代通信技术的结合改变了人与人之间的沟通方式，甚至人们的上班方式。一方面，人们可以通过计算机方便地进行交流和沟通，缩短了人与人之间在空间上、时间上的距离，从而让世界成为"地球村"；另一方面，人们利用计算机可以得到任何需要的服务，例如，一部分人可以将原来按时定点上班变为在家网上办公，可以收发电子邮件，可以在网上看电影、听歌、购物、授课等，计算机使人们的生活变得更加丰富多彩。

虽然计算机及其相关技术为社会发展带来了许多正面的影响，然而任何事物的出现都具有两面性，如果计算机不能被正确使用，同样会给人带来很多危害。

（1）淡化人与人之间的关系。计算机及相关技术的广泛使用，使得人们的生活与计算机的关系越来越密切，而人与人之间的关系却越来越淡化。一部分人把自己大量的时间投入虚拟的网络世界里，通过虚拟的网络满足自己的各种需求，不与人面对面地沟通，最终导致交际能力弱化。如果人与人之间越来越陌生，整个社会也会变得冷漠。

（2）影响人们的身心健康。长时间使用计算机且不注意自身调节和身体锻炼，很容易引起头疼、头晕、易疲劳、视力下降、颈椎病等问题。据统计，近年来我国学生的形态发育水平不断提高、营养状况得到改善，但是耐力、力量、速度等体能指标呈明显下降趋势，肺功能持续降低、视力不良率居高不下，城市超重青少年的比例明显增加。这些情况的出现都与计算机的快速发展有关。另外，人们获取信息越来越方便，然而网络上违背社会公德、正确价值观和人生观等的信息也越来越多，这些信息很容易危害辨识能力较弱的青少年的身心健康。

11.1.2　社会计算

计算机及相关技术对社会产生了巨大的影响，同时促使了一些交叉学科诞生，社会计算就是其中一种。社会计算目前没有一个确定的概念，它是一门现代计算技术与社会科学之间的交叉学科，国内有学者将其定义为：面向社会活动、社会过程、社会结构、社会组织和社会功能的计算理论和方法。社会计算的研究分为两个方面：一方面研究计算机以及信息技术在社会中得到应用，从而影响传统社会行为的过程，这一方面的研究多限于微观和技术层面，从人机交互等相关研究领域出发，研究用以改善人们使用计算机和信息技术的手段；另一方面研究基于社会科学知识、理论和方法学，借助计算技术和信息技术的力量来帮助人类认识和研究社会科学的各种问题，提升人类社会活动的效益和水平，这一方面的研究试图从宏观的层面来观察社会，凭借现代计算技术的力量，解决以往社会科学研究中使用经验方法和数学方程式等手段难以解决的问题。

着眼于微观和技术层面的社会计算的研究与人机交互有着千丝万缕的联系。计算机不仅是一种计算工具，在计算机网络出现之后，计算机成为一种新兴的通信工具。于是，社会计算的一项重要功能就在于研究信息技术工具，实现社会性的交互和通信，使得人们可以更方便地利用计算机构建一个人与人之间沟通的虚拟空间。这样的一类技术也就是所谓的社会软件（Social Software），其核心问题是改进信息技术工具以协助个人进行社会性沟通与协作。从这个意义上而言，电子邮箱、Internet 论坛、办公自动化系统、群件（Groupware）等许多传统网络工具都是一种社会软件。

11.2 计算机与道德

道德是一种社会意识形态，它是人们共同生活及行为的准则与规范。道德不是一个制度化的规范，而是依靠社会舆论、宣传教育、人的信仰等力量去调节人与人、人与社会之间关系的一种特殊的行为规范。计算机与人们之间的关系越来越密切，人们在使用计算机（例如发微博、发评论、散发各种信息、开发软件等）的时候很可能会影响到其他人的生活，这时就需要一些与计算机相关的道德约束。计算机的使用者分为两种人：一种是计算机行业从业人员，主要是指计算机软件开发的专业人员；另一种是普通的计算机用户。

11.2.1 计算机行业从业人员职业道德

职业道德是指人们在职业生活中应遵循的基本道德，即一般社会道德在职业生活中的具体体现。职业道德既是本行业从业人员在职业活动中的行为规范，又是行业对社会所负的道德责任和义务。不同职业之间的职业道德有所区别，但是无论是哪个职业的职业道德，主要应包括以下几方面的内容。

1. 爱岗敬业

爱岗敬业是对人们工作态度的一种普遍的要求，在任何部门、任何岗位工作的公民都应爱岗、敬业。从这个意义上说，爱岗敬业是社会公德中一个最普遍、最重要的要求。爱岗，就是热爱自己的本职工作，能够为做好本职工作尽心尽力；敬业，就是用一种恭敬、严肃的态度来对待自己的职业，即对自己的工作要专心、认真、负责任。爱岗与敬业相辅相成、相互支持。

2. 诚实守信

诚实守信是为人处世的基本准则，是一个人能在社会生活中安身立命的根本。诚实守信也是一个企业、单位行为的基本准则。若企业不能诚实守信，它的经营则难以持久。诚实守信是社会主义社会公民的职业道德之一，每一位公民、每个企业主、每个经营者都要遵守这一基本准则。

3. 办事公道

办事公道是很多行业、岗位必须遵守的职业道德，其含义是以国家法律、法规、各种纪律、规章及公共道德准则为标准，秉公办事，公平、公正地处理问题。

4. 热情服务

热情服务是为人民服务的道德要求在职业道德中的具体体现，是国家机关工作人员和各个服务行业工作人员必须遵守的道德规范。

5. 奉献社会

奉献社会是社会主义职业道德的最高要求，是为人民服务和集体主义精神的最好体现。每个公民无论在什么行业、什么岗位，从事什么工作，只要爱岗敬业、努力工作，就是在为社会做出贡献。如果在工作过程中不求名、不求利，只奉献、不索取，则体现出宝贵的无私奉献精神，这是社会主义职业道德的最高境界。

每个公民，无论是从事哪种职业，在职业活动中都要遵守道德规范。例如，教师要遵守教书育人、为人师表的职业道德，医生要遵守救死扶伤的职业道德等。为了给计算机从业人员建立一套道德准则，ACM 对其成员制定了《ACM 道德和职业行为规范》。作为一名计算机专业人员应该做到以下几点。

（1）致力于专业工作的程序及产品，以达到最高的质量、最高的效率，实现最高的价值。

（2）获取并保持本领域的专业能力。

（3）了解并遵守与专业相关的现有法令。

（4）接受并提供合适的专业评论。

（5）对计算机系统的冲击应有完整的了解并给出详细的评估。

（6）尊重协议并承担相应的责任。

（7）增进非专业人员对计算机工作原理和运行结果的理解。

（8）仅在获得授权时才使用计算和通信资源。

计算机道德学会成立于 20 世纪 80 年代，是一个非营利组织，目的是鼓励人们从事计算机工作时要考虑道德方面的问题。该组织颁布的道德规范如下。

（1）不使用计算机伤害他人。

（2）不干预他人的计算机工作。

（3）不偷窃他人的计算机文件。

（4）不使用计算机进行偷窃。

（5）不使用计算机提供伪证。

（6）不使用自己未购买的私人软件。

（7）在没有被授权或没有给予适当补偿的情况下，不使用他人的计算机资源。

（8）不窃取他人的知识成果。

（9）考虑自己编写的程序或设计的系统对社会造成的影响。

（10）在使用计算机时，替他人设想并尊重他人。

以上两种道德准则出自不同的机构，但是其目的都是给计算机行业从业人员提供道德准则和约束，使他们在工作当中能够进行自我约束，为计算机的健康发展贡献力量。

11.2.2　计算机用户道德

在现实生活中使用计算机的人非常多，只有一部分是计算机行业从业人员，其他都是普通的计算机用户。这类用户一般使用计算机的相关资源，不开发新的计算机技术和软件。这类用户在使用计算机的过程中也应该遵守一定的道德规范。

1. **遵守知识产权法**

1990 年，我国颁布了《中华人民共和国著作权法》，把计算机软件列为享有著作权保护的作品；1991 年，我国颁布了《计算机软件保护条例》，规定计算机软件是个人或者团体的智力产品，同专利、著作一样受法律的保护。任何未经授权的使用、复制都是非法的，按规定要受到法律的制裁。人们在使用计算机软件或数据时，应遵照国家有关法律规定，尊重其版权，这是使用计算机的基本道德规范。人们应养成良好的道德规范，具体包含两个方面：一方面是应该使用正版软件，坚决抵制盗版软件，尊重软件作者的知识产权；另一方面是不对软件进行非法复制。计算机的应用越来越广，计算机软件也越来越多。然而大多数的计算机软件是有版权的，相关法律禁止对有版权的软件进行非法复制和使用。现在的软件盗版形势已经从早期的生产商仿制软件光盘、销售商在所售的计算机中预装软件发展成为互联网在线软件盗版。

有一类软件比较特殊，这类软件可以被自由且免费地使用，复制给别人也不需要支付任何费用，也没有任何日期的限制或软件使用上的限制，这类软件统称为免费软件。不过，当复制给别人免费软件的时候，不允许收取任何费用或者将其转为商业用途。在未经原作者同意的情况下，不能擅自修改免费软件的程序代码，否则也视为侵权。

2. 维护计算机安全

计算机安全是指计算机信息系统的安全。计算机信息系统是由计算机及其相关和配套的设备、设施（包括网络）构成的。为维护计算机系统的安全、防止病毒的入侵，使用计算机时应该注意以下几点。

（1）不要蓄意破坏和损伤他人的计算机系统设备及资源。

（2）不要使用带病毒的软件，更不要有意传播病毒给其他计算机系统。

（3）维护计算机的正常运行，保护计算机系统数据的安全。

（4）被授权者对自己享用的资源负有保护责任，口令密码不得泄露给他人，不得下载和传播私人信息和资源。

3. 网络行为规范

计算机网络正在改变着人们的行为方式和思维方式乃至社会的结构，它对信息资源的共享起到了无与伦比的巨大作用，并且蕴藏着无尽的潜能。但是网络的作用不是单一的，在它广泛的积极作用背后，也有使人堕落的陷阱。这些陷阱产生着巨大的反作用，其主要表现在：网络文化的误导，传播暴力、色情内容；网络引发的不道德和犯罪行为等。各个国家均制定了相应的法律法规，以约束人们使用计算机以及在计算机网络上的行为。

总之，无论是计算机行业从业人员还是计算机的普通用户都应该遵守相应的道德规范，使得我们的计算机环境更加健康，使青少年健康成长，使社会健康发展。

11.2.3 计算机犯罪

不是所有人都能严格遵守计算机相关的道德规范，总有人在利益或好奇心的驱使下触犯道德底线，这时候就产生了计算机犯罪。计算机犯罪的概念是20世纪五六十年代在美国等信息科学技术比较发达的国家提出的。不同国家对计算机犯罪的定义不尽相同，国际上也没有给出一个明确的概念。我国公安部给出的定义是：所谓计算机犯罪，就是在信息活动领域中，利用计算机信息系统或计算机信息知识作为手段，或者针对计算机信息系统，对国家、团体或个人造成危害，依据法律规定，应当予以刑罚处罚的行为。

与传统犯罪相比，计算机犯罪更加容易，往往只需要一台连接到网络上的计算机，便能借助于网络对计算机系统或信息进行攻击、破坏，又或利用网络进行其他犯罪。由于计算机犯罪具有可以不亲临现场、远程操控等特点，计算机犯罪的表现形式多种多样，主要如下。

（1）网络入侵，散布破坏性病毒、逻辑炸弹，或者放置后门程序犯罪。这种计算机网络犯罪行为以造成最大的破坏性为目的，入侵的后果往往非常严重，轻则造成系统局部功能失灵，重则导致计算机系统全部瘫痪，经济损失大。

（2）网络入侵，偷窥、复制、更改或者删除计算机信息犯罪。网络的发展使得用户的信息库实际上如同向外界敞开了一扇大门，入侵者可以在受害人毫无察觉的情况下侵入其信息库，偷窥、复制、更改或者删除计算机信息，从而损害正常使用者的利益。

（3）网络诈骗、教唆犯罪。由于网络具有传播快、散布广、匿名性强的特点，而有关在因特网上传播信息的法规远不如传统媒体监管那么严格与健全，这为虚假信息与误导广告的传播开了方便之门，也为利用网络传授犯罪手法、散发犯罪资料、鼓动犯罪开了方便之门。

（4）网络侮辱、诽谤与恐吓犯罪。出于各种目的，向各种电子邮箱发送大量有人身攻击性的文章或散布各种谣言，更有恶劣者利用各种图像处理软件进行人像合成，将攻击目标的头像与某些黄色图片拼合形成所谓的写真照上传到网上。由于网络具有开放性的特点，发送成千上万封电子邮件是轻而易举的事情，其影响和后果是非常严重的。

（5）网络色情传播犯罪。由于因特网支持图片的传输，随着网络速度的提高和多媒体技术的发展及数字压缩技术的完善，色情资料以声音和影片等多媒体方式出现在因特网上。

与传统的犯罪相比，计算机犯罪具有一些独特的特点。

（1）隐蔽性。由于网络具有开放性、不确定性、虚拟性和超越时空性等特点，计算机犯罪具有极高的隐蔽性，这增加了计算机犯罪案件的侦破难度。罪犯可以通过反复匿名登录，几经周折，最后直奔目标，而进行侦查时，得按部就班地调查取证，等到接近犯罪目标时，犯罪分子早已逃之夭夭了。

（2）跨国性。网络冲破了地域限制，计算机犯罪呈国际化趋势。因特网具有“时空压缩化”的特点，当各式各样的信息通过因特网传送时，国界和地理距离的暂时消失就是空间压缩的具体表现。

（3）损失大、对象广泛、发展迅速、涉及面广。随着社会的网络化，计算机犯罪从金融犯罪到侵犯个人隐私、危害国家安全（如窃取军事机密）等，涉及范围广泛，而且发展迅速。利用计算机犯罪的案件危害的领域和范围大，危害的程度也更严重、涉及面更广。

（4）持获利和探秘动机居多。计算机犯罪作案动机多种多样，但是，越来越多计算机犯罪活动集中于获取高额利润和探寻各种秘密。据统计，金融系统的计算机犯罪占计算机犯罪总数的 60% 以上。

（5）低龄化和内部人员多。计算机犯罪主体的低龄化是指计算机犯罪的作案人员年龄越来越小，即低龄人员占所有犯罪人员的比例越来越高。从发现的计算机犯罪来看，犯罪分子大多是具有一定学历的、知识面较宽的、了解某地的计算机系统的、对业务比较熟练的年轻人。

（6）巨大的社会危害性。网络的普及程度越高，计算机犯罪的危害就越大，而且计算机犯罪的危害性远非一般传统犯罪的危害性所能比拟的，不仅会造成财产损失，而且可能危及公共安全和国家安全。

在科技发展迅猛的今天，计算机犯罪能使一个企业倒闭、个人隐私泄露，甚至一个国家经济瘫痪，这些绝非危言耸听。作为一个公民，我们有责任也有义务遵纪守法，从自身出发了解计算机犯罪，从而避免犯错。如果发现计算机犯罪的情况，我们应及时制止和报案。

11.2.4 隐私与言论自由

1. 隐私

隐私顾名思义是隐蔽、不公开的私事，是一种与公共利益、群体利益无关，当事人不愿他人知道或他人不便知道的个人信息，当事人不愿他人干涉或他人不便干涉的个人私事，以及当事人不愿他人侵入或他人不便侵入的个人领域。

随着网络的不断发展，相关的安全问题，特别是个人隐私的保护备受关注。银行卡信息的泄露，个人私密照片的网上传播，手机号码、淘宝账号等个人信息的泄露已经屡见不鲜。只要用户上网，用户的个人信息就有泄露的危险。

隐私是每个人都不愿别人知道的信息，每个人的隐私都应该得到保护，这促使了隐私权的产生。下列行为可归入侵犯隐私权范畴。

（1）未经公民许可，公开其姓名、肖像、住址和电话号码。

（2）非法侵入、搜查他人住宅，或以其他方式破坏他人居住安宁。

（3）非法跟踪他人，监视他人住所，安装窃听设备，私拍他人私生活，窥探他人室内情况。

（4）非法刺探他人财产状况或未经本人允许公布其财产状况。

（5）私拆他人信件，偷看他人日记，刺探他人私人文件内容及将它们公开。

（6）调查、刺探他人社会关系并非法公之于众。

（7）泄露公民的个人材料或公之于众或扩大公开范围。

（8）收集公民不愿向社会公开的纯属个人的情况。

作为一个普通公民，我们应该保护自己的隐私，同时也不去侵犯和泄露他人隐私信息。

2. 言论自由

言论自由（Freedom of Speech）是公民按照自己的意愿自由地发表言论及听取他人陈述意见的基本权利，但要保证被议人员的人身权利和人格尊严。随着计算机和网络的快速发展，公民的言论自由形式变得多样化，例如公民在微博、微信朋友圈、各种新闻下方的评论区等，都可以发表自己的言论。然而公民在发表言论时，也要有一定的制约。

11.3 知识产权

1. 知识产权的概念

知识产权又称为智力成果权和智慧财产权，它是指对智力活动创造的精神财富所享有的权利。知识产权从本质上说是一种无形财产权，它的客体是智力成果或是知识产品，是一种无形财产或者一种没有形体的精神财富，是创造性的智力劳动所创造的劳动成果。它与房屋、汽车等有形财产一样，都受到国家法律的保护，都具有一定价值。有些重大专利、驰名商标或作品的价值也远远高于房屋、汽车等有形财产。知识产权是在生产力发展到一定阶段后，才在法律中作为一种财产权利出现的，是经济和科技发展到一定阶段后出现的一种新型财产权。计算机软件是人类知识、经验、智慧和创造性劳动的结晶，是一种典型的由人的智力创造性劳动产生的“知识产品”。一般软件知识产权指的是计算机软件的版权。

2. 知识产权组织及法律

1967年，在瑞典斯德哥尔摩成立了世界知识产权组织。1980年，我国正式加入该组织。1990年，我国颁布了《中华人民共和国著作权法》，确定计算机软件为保护的对象。1991年，国务院正式颁布了《计算机软件保护条例》。该条例是我国第一部计算机软件保护的法律法规，它标志着我国计算机软件的保护已走上法制化的轨道。

3. 知识产权的主要特点

知识产权的主要特点包括以下几点。

（1）无形性：指被保护对象是无形的。

（2）专有性：指未经知识产权人的同意，除法律有规定的情况外，他人不得占有或使用该项智力成果。

（3）地域性：指法律保护知识产权的有效地区范围。

（4）时间性：指法律保护知识产权的有效期限，期限届满即丧失效力，这是为了避免权利人对其智力成果的垄断期过长而阻碍社会经济、文化和科学事业的进步和发展。

4. 计算机软件受著作权保护

计算机软件是指计算机程序及其有关文档。计算机程序是指为了得到某种结果而可以由计算机等具有信息处理能力的装置执行的代码化指令序列，或者可以被自动转换成代码化指令序列的符号化指令序列或符号化语句序列；同一计算机程序的源程序和目标程序为同一作品。文档是指用来描述程序的内容、组成、设计、功能规格、开发情况、测试结果及使用方法的文字资料和图表等，如程序设计说明书、流程图、用户手册等，是为程序的应用而提供的文字性服务资料，使普通用户能够明白如何使用软件，其中包含许多软件设计人员的技术智慧，具有较高的技术价值，是文字作品的一种。

计算机软件是人类知识、智慧和创造性劳动的结晶，软件产业是知识和资金密集型的新兴产业。由于软件开发具有开发工作量大、周期长，而生产（复制）容易、复制费用低等特点，因此，靠非法窃取他人软件而牟取商业利益成了信息产业中投机者的一条途径。软件知识产权保护已成为亟待解决的一个社会问题，也是我国软件产业健康发展的重要保障。

目前大多数国家采用著作权法来保护软件。对计算机软件来说，著作权法并不要求软件达到某个较高的技术水平，只要是开发者独立自主开发的软件，即可享有著作权。一个软件必须在其创作出来，并固定在某种有形物体（如纸、磁盘、光盘等）上，能为他人感知、传播、复制的情况下，才享有著作权保护。计算机软件的体现形式是程序和文件，它们是受著作权法保护的。

著作权法的基本原则是：只保护作品的表现，而不保护作品中所体现的思想、概念。目前人们比较一致的观点是：软件的功能、目标、应用属于思想、概念，不受著作权法的保护；而软件的程序代码则属于表现，应受著作权法的保护。

5. 软件著作权人享有的权利

根据我国著作权法的规定，作品著作人（或版权人）享有以下的专有权利。

（1）发表权：决定作品是否公之于众的权利。

（2）署名权：表明作者身份，在作品上署名的权利。

（3）修改权：修改或授权他人修改作品的权利。

（4）保护作品完整权：保护作品不受歪曲、篡改的权利。

（5）使用权和获得报酬权：以复制、表演、播放、展览、发行、摄制影视或改编、翻译、编辑等方式使用作品的权利，以及许可他人以上述方式作为作品，并由此获得报酬的权利。

11.4　个人与团队

20 世纪 90 年代以来，技术的快速更新、全球化发展的趋势及日益增长的企业间竞争，需要组织具有多元化的技能、高层次的专家技能、快速的市场反应能力和适应能力，这些都不是一个人能够完成的，而团队化运作被认为是实现这些目标的有效途径。团队（Team）是由基层和管理层人员组成的一个共同体，它合理利用每一个成员的知识和技能协同工作、解决问题，从而达到共同的目标。

11.4.1　个人在团队中的作用

团队是由个人组成的，每个人在团队当中承担的角色和作用各不相同。成功的团队里没有失败的个人，失败的团队里没有成功的个人。一个团队就像一台机器，当机器每一个部件都正常运作时，这部机器才能正常运转。然而只要有一个部件没起作用甚至起负作用，那么这台机器就无法正常运转，甚至失效。团队里的每个人就像机器里的一个部件，都要发挥自己在团队中的作用。那么个人怎样才能发挥自己在团队中的作用呢？主要方法如下。

（1）树立团队利益高于个人利益的意识。现在很多人，尤其是年轻人，由于从小生活环境优越，自我意识较强，做事习惯性地从自我利益出发，喜欢独立独行，不服从团队安排，忽略团队利益。这时候个人在团队当中就发挥不了应有的作用，甚至会起反作用，阻碍一个团队的前进。

（2）严于律己，遵纪守法，遵守团队规定。国有国法，家有家规，团队也有自己的规定。每个人都应该严格要求自己，做任何事情都不能触犯法律，同时要遵守团队规定。

（3）善于沟通，善于倾听，乐于助人。沟通是团队每一个成员必备的基本技能。要实现团队的目标，需要团队里的所有人员参与进来，这个过程当中人与人之间的沟通就显得尤为重要。团队成员具有良好的沟通能力不但能够提高团队工作效率，也能够使得团队成员之间的关系更加融洽，工作氛围更加轻松。每个人都有每个人的想法，每个人都会遇到困难，工作当中难免会出现矛盾，这时要学会聆听，要学会换位思考，要学会帮助别人渡过难关。

11.4.2 个人与团队的合作

一个人在追求个人成功的过程中，离不开团队合作，因为没有一个人是万能的。团队合作是指一群能力互补、甘于奉献的人在一起，为了共同的目标而合作、奋斗，相互承担责任的过程。它可以调动团队成员的所有资源和才智，并且自动地驱除所有不和谐和不公正现象，同时会给予那些诚心、大公无私的奉献者适当的回报。如果团队合作出于自觉自愿，此时必将会产生一股强大且持久的力量。团队合作是一群人为了一个共同目标而走在一起的，因此首先需要一个团队目标；为了让团队成员合作更加愉快，更加有动力，还需要团队精神，以及一些团队激励机制。

1. 团队目标

建立优秀团队的首要任务是确定团队目标，这个目标是团队合作的基础，也是发展团队合作的一面旗帜。团队目标的实现关系到团队全体成员的利益，自然也是鼓舞大家斗志、协调大家行动的关键因素。团队目标的制定有以下 5 个原则。

（1）了解由谁来确定团队目标。团队目标的确定需要几个方面的成员。首先，团队的领导者必须参加；其次，团队的核心成员需要参加，也可能是团队的全体成员共同参与。

（2）团队目标必须跟团队的愿景相连接，愿景是指所向往的前景。目标与愿景的方向是一致的，它是达成愿景的一部分，所以团队目标必须跟团队的愿景，也可能是团队发展的目的相连接。

（3）必须开发一套目标运行的流程来随时纠正或修正团队目标，并对团队目标进行持续改进。制定好的团队目标不一定准确，需要根据监督、检查的情形随时将团队目标往正确的路上引导，如在团队不断发展的过程中与时俱进，根据行业、市场、国家政策等外力环境不断地调整、精进团队目标。

（4）实施有效目标的分解。目标来自愿景，愿景又源于组织的大目标，而个人的目标来自团队的目标，它对团队目标起支持性的作用。

（5）必须有效地把团队目标传达给所有相关的人。相关的人可能是团队内部的成员，也可能是团队外部的成员，例如相关的团队、有业务关系的团队，也可能是团队的领导者。

2. 团队精神

团队精神，简单来说就是大局意识、协作精神和服务精神的集中体现。团队精神的基础是尊重个人的兴趣和成就，核心是协同合作，最高境界是全体成员的向心力、凝聚力，反映的是个体利益和整体利益的统一，进而保证组织的高效运转。团队精神的形成并不要求团队成员牺牲自我，相反，团队精神中的挥洒个性、表现特长保证了成员共同完成团队目标，而明确的协作意愿和协作方式则让团队成员产生了真正的内在动力。团队精神是组织文化的一部分，良好的管理可以通过合适的组织形态将每个人安排至合适的岗位，充分发挥个人和集体的潜能。如果没有正确的管理文化、没有良好的从业心态和奉献精神，就不会有团队精神。

3. 团队激励机制

激励是指持续地激发人的动机和内在动力，使其始终保持在激奋的状态中，朝着所期望的目标采取行动的心理过程。如果一个团队中的每一个人在工作过程中为了实现团队目标都充满激情，保持激奋的状态，那么这个团队将更有可能获得成功。然而，人总是有惰性的，有碰到困难想退缩的时候，这时就需要团队激励机制。团队激励机制主要包括以下内容。

（1）物质激励。一分耕耘，一分收获，每个人在付出了努力之后都想获得应有的回报。在一个团队中，如果某些人在本次任务当中贡献比较大，就应该给予他们相应的物质奖励，以表示鼓励，让团队里的每一个人都明白他们的努力和收获是成正比的。同时，当一个团队提前或者超额完成任务的时候，应该给予整个团队一些物质奖励，因为团队的成功不可能是某一个人努力的结果，而是团队中每一个人努力的结果。

（2）精神激励。人除了有薪水、奖金、津贴、福利和股票期权等物质待遇的需求以外，还有工作的胜任感、成就感、责任感、受重视、有影响力、个人成长和富有价值的贡献等精神待遇的需求，这种需求相关的激励就是精神激励。精神激励即内在激励，是指精神方面的无形激励，包括向员工授权，对他们工作的认可，公平、公开的晋升制度，提供学习和进一步提升自己的机会等。精神激励是一项深入细致、复杂多变、应用广泛、影响深远的工作，团队每个成员的情况各不相同，管理者必须深入了解每一个成员的精神需求，并制定对应的精神激励政策才能激发团队中每一个成员的内在潜力。

11.5　计算机与哲学

哲学是一个历史悠久的社会学科，而计算机是一个新兴的快速发展的自然学科。前者非常抽象，后者具体而实物化，两者相距甚远。如果深入了解计算机的发展历史和哲学的研究范畴，会发现哲学和计算机之间也存在一般与个体的关系。哲学研究的是整个世界的一般规律，而计算机研究的是特殊领域的具体规律，两者之间存在既相互区别又相互联系的辩证统一关系。计算机学科中处处包含着哲学思想。

11.5.1　计算机哲学

计算机和自然万物一样，拥有自己的哲学。计算机的产生和发展是符合唯物辩证法所阐述的事物发展的一般规律的。计算机的应用领域越来越广泛，计算机与通信技术的结合形成了现在庞大的通信系统，计算机网络与数据库的结合实现了数据远程共享及协同工作，计算机、通信、医疗的结合形成了现在的远程医疗和智能医疗等。这些新兴产业和研究领域的出现都证明了唯物辩证法所说的事物之间是普遍联系的。

事物发展的动力源于事物内部的矛盾性，矛盾的统一性和斗争性在事物发展中起着重要作用。计算机科学也不例外，计算机科学的发展源于其内部的矛盾性。计算机系统在整体上分为硬件系统和软件系统，二者是对立统一的。只有硬件的计算机如同一堆废器件，什么也不能做，而软件只有依附在硬件之上才能工作。但二者又相互斗争：硬件希望软件越简单越好，而软件本身追求的是功能的多样化和复杂化，同时也希望硬件速度越快、性能越稳定越好。正是由于存在这种矛盾性，软件促使硬件技术不断进步，而硬件技术的发展又推动了软件的进步。目前，硬件可满足软件实现的功能越来越多，软件系统也越来越完善，双方在矛盾运动中不断提升计算机的功能和性能。

11.5.2　计算机教育哲学

教育哲学是运用哲学的基本原理探讨教育基本问题的哲学，是系统化的世界观和方法论。人们将计算机和教育哲学结合起来，应用哲学的基本原理探讨计算机教育问题，这就是计算机教育哲学。计算机教育哲学的研究对象是计算机教育中的根本理论问题，而不是具体枝叶问题。它从哲学的高度对计算机教学进行研究和探讨，从中找出一般规律。

计算机教师在自己的教学中合理地运用唯物辩证法及其基本规律，可以起到以下重要作用。

（1）引导学生把不同的计算机知识联系起来，建立起计算机科学知识的结构框架，从整体上理解和掌握计算机科学的精髓，而不仅是学到一些支离破碎的知识片段。

（2）引导学生在学习中发现知识的内在联系，从不同的角度分析所给问题，掌握灵活多变的方法。

（3）引导学生知道学习过程是一个由量变到质变的积累过程。对于计算机这门理论抽象、实践性强的学科，不能急于求成，而要耐心学习、逐步提高。

（4）引导学生辩证地看待学习中的成功与失败，勇于面对学习中出现的困难，并在不断克服困难的过程中体验和享受计算机科学带来的快乐。

11.6 小结

本章介绍了计算机对社会产生的影响，引入了计算机和社会的交叉学科——社会计算；阐述了计算机行业从业人员职业道德和普通的计算机用户道德，从而让读者对计算机与道德之间的关系有所了解，在以后的生活中养成良好的职业道德和用户道德；同时介绍了计算机犯罪、隐私与言论自由，让读者明白哪些行为属于计算机犯罪，哪些侵犯了隐私权，使用网络发表言论的时候应该注意哪些言论内容；简单介绍了知识产权相关内容，使得读者了解知识产权的概念，了解计算机软件著作权是什么，以及在使用软件的时候应该注意哪些事项；讲解了个人在团队中的作用，使得读者懂得团队的重要性，同时懂得如何在团队中发挥自己的作用；最后讲述了计算机与哲学之间的关系，引导读者用唯物辩证法的思想看待计算机的出现和发展。

习题 11

一、选择题

1. 当讨论一个人的行为是否正确时，这个问题属于的研究领域是（　　）。

   A. 标准　　B. 道德　　C. 原则　　D. 以上都不是

2. 下列选项中，我国公安部公布的《计算机信息网络国际联网安全保护管理办法》中规定任何单位和个人不得利用国际联网制作、复制、查阅和传播的信息是（　　）。

   A. 煽动抗拒、破坏宪法和法律、行政法规实施的
   B. 煽动民族仇恨、民族歧视，破坏民族团结的
   C. 宣扬封建迷信、淫秽、色情、赌博、暴力、凶杀、恐怖，教唆犯罪的
   D. 以上都是

3. 普通用户可以合法使用的软件是（　　）。

   A. 免费软件　　B. 盗版软件
   C. 购买的正版软件　　D. A 项和 C 项

4. 以下行为中，侵犯了隐私权的是（　　）。

   A. 调查、刺探他人社会关系并非法公之于众
   B. 经公民许可，公开其姓名、肖像、住址和电话号码
   C. 授权查询别人的个人材料
   D. 以上都不是

5. 以下说法正确的是（　　）。

   A. 免费软件能够免费使用和修改源程序的代码
   B. 在行使人身自由权利和政治权利的同时，必须符合法律法规的要求
   C. 个人利益大于团队利益
   D. 可以使用带病毒的软件，只要不传播即可

二、简答题

1. 计算机道德学会颁布的道德规范包含哪些内容？

2. 计算机及其相关技术的广泛使用给社会发展带来了重大影响，正面影响和负面影响都有哪些？

3. 据我国国情及国外有关资料，哪些行为可归入侵犯隐私权范畴？

4. 与传统的犯罪相比，计算机犯罪具有哪些特点？

三、 讨论题

1. 计算机给每个人的日常生活都带来了巨大的影响，请结合自身经历和日常所见，说明计算机对你及朋友和家人的影响。

2. 在今后计算机的使用及未来从事计算机行业工作的时候，应该遵守哪些道德规范？

3. 在生活当中，是否碰到过隐私泄露的情况，谈一谈隐私泄露对你或者周围人带来的危害及如何保护自己的隐私？

4. 查阅资料，找到一些具体的计算机犯罪例子，并进行分析。

5. 在使用计算机的过程当中，你是否有侵犯他人知识产权的行为？在未来的工作中，如何保护自己的知识产权？

6. 你的特长是什么？你认为你在一个团队里能够发挥什么样的作用？你是更注重物质激励还是更注重精神激励？原因是什么？

12 第12章 计算机新技术

随着计算机的快速发展，各种新技术和新理论不断出现，给人们的生活带来了极大的方便。人们的各种互动设备和社交网络等正在生成海量的数据。人工智能等手段可以很好地处理这些数据，挖掘其中的潜在价值。物联网、云计算等新兴服务促使人类社会的数据种类和规模正以前所未有的速度增长，大数据时代正式到来，数据从简单的处理对象开始转变为一种基础性资源。

本章对近年来流行的人工智能、物联网、大数据、云计算与云平台等新技术进行简单介绍。

通过本章的学习，学生应该能够：

1. 掌握人工智能的基本概念，了解其发展阶段、研究领域和研究方法；
2. 掌握物联网的基本概念，了解其发展趋势和关键技术；
3. 掌握大数据的基本概念，了解其发展趋势和处理技术；
4. 了解云计算与云平台的基本概念和特征。

12.1 人工智能

2016年3月15日，谷歌人工智能围棋程序AlphaGo与世界围棋冠军李世石的人机大战落下帷幕，最终AlphaGo战胜了李世石，并且在5局比赛中以4∶1的绝对优势取得了胜利。在这样一个历史性时刻，几乎所有的科技新闻都聚焦至人工智能，从各个论坛、社区、微信公众号、专栏等渠道发布出来的人工智能文章数不胜数。

12.1.1 人工智能的概念

大多数人一提到人工智能就想到机器人。事实上，机器人只是人工智能的容器，机器人有时候是人形，有时候不是，人工智能本质上只是机器人体内的计算机。如果认为人工智能是大脑，机器人就是身体，而且这个身体不一定是必需的。

人工智能的定义可以分为两部分，即“人工”“智能”。“人工”比较好理解，争议性也不大。关于什么是“智能”，涉及的问题就多了，例如意识、自我、思维（包括无意识的思维）等。人唯一了解的智能是人本身的智能，这是普遍被认同的观点。但是人们对自身智能的理解非常有限，对构成人的智能的必要元素也了解有限，所以很难定义什么是“人工”制造的“智能”。人工智能的研究往往涉及对人自身智能的研究，其他关于动物或人造系统的智能也普遍被认为是人工智能相关的研究课题。

人工智能实质上是从人脑的功能入手，利用计算机，通过模拟来揭示人脑思维的奥秘。具体来说，人工智能是研究使用计算机来模拟、延伸和扩展人的智能行为（如学习、推理、思考、规划等）的学科，主要包括计算机实现智能的原理及制造类似于人脑智能的计算机，使计算机能实现更高层次的应用。

12.1.2　人工智能的发展阶段

1956 年夏季，以麦卡锡、明斯基、罗切斯特和香农等为首的一批有远见卓识的年轻科学家聚在一起，共同研究和探讨用机器模拟智能的一系列有关问题，并首次提出了“人工智能”这一术语，这标志着“人工智能”这门新兴学科的正式诞生。

20 世纪 60 年代末至 20 世纪 70 年代初，人工智能开始从理论走向实践，开始用于解决一些实际问题。同时，人们很快发现，归结法比较费时，人工智能在下棋时赢不了专业人员，机器翻译一团糟，人工智能的研究进入低谷。但是，一批年轻科学家改变战略思想，于 1977 年提出了知识工程的概念，以知识为基础的专家系统开始广泛应用。

20 世纪 80 年代，人工智能的发展达到阶段性的顶峰。在专家系统及其工具越来越商品化的过程中，国际软件市场形成了一门旨在生产和加工知识的新产业——知识产业。

20 世纪 90 年代，计算机发展趋于小型化、并行化、网络化和智能化。人工智能技术逐渐与数据库、多媒体等主流技术相结合，旨在使计算机更聪明、更有效、与人更接近。

进入 21 世纪，人机博弈、语音交互、专业机器人、信息安全、机器翻译等专业应用技术，无人驾驶、智能制造、智慧医疗、智慧农业、智能交通、智能家居等综合应用技术开始陆续进入实用性阶段，人工智能在各个领域都开始发挥出巨大的威力，尤其是，智能控制和智能机器已经开始在工业生产中得到应用，智能计划排产、智能决策支撑、智能质量管控、智能资源管理、智能生产协同、智能互联互通等也陆续出现，智能化已经成为产业转型升级的新动力和新引擎，也成为第三次工业革命中继机械化、电气化、信息化等的新的产业特征，推动工业发展进入新的阶段。

总而言之，人工智能的发展经历了曲折的过程，但它在自动推理、认知建模、机器学习、神经元网络、自然语言处理、专家系统、智能机器人等方面的理论和应用上都取得了称得上具有“智能”的成果。许多领域中都引入了知识和智能思想，使一些问题得以较好地解决。

12.1.3　人工智能的研究领域

人工智能是一种外向型的学科，它要求研究它的人不仅要懂得与它有关的知识，而且要有比较扎实的数学、哲学和生物学基础。只有这样的人才可能让一台什么也不知道的机器模拟人的思维。参照人在各种活动中的功能，可以得到人工智能研究的领域不过就是代替人的活动而已。有人进行的智力活动的领域就是人工智能研究的领域。在这里仅对其中几种研究领域进行粗略的介绍。

模式识别是通过计算机用数学的技术方法来研究模式的自动处理和判读，是对表征事物或现象的信息进行处理和分析，以对其进行描述、辨认、分类和解释。

自然语言处理研究用计算机模拟人的语言交际过程，使计算机能理解和运用人类社会的自然语言（如汉语、英语等），实现人机之间的自然语言通信，以用计算机代替人的部分脑力劳动，包括查询资料、解答问题、摘录文献、汇编资料及一切有关自然语言信息的加工处理。

专家系统是一种具有特定领域内大量知识与经验的程序系统，它应用人工智能技术、模拟人类专家求解问题的思维过程求解特定领域内的各种问题，其水平可以达到甚至超过人类专家的水平。

机器学习专门研究计算机怎样模拟或实现人类的学习行为，以获取新的知识或技能，重新组织已有的知识结构使之不断改善自身的性能。它是人工智能的核心，是使计算机具有智能的根本途径。

机器人学是研究如何将人工智能技术——学习、规划、推理、问题求解、知识表示及计算机视觉等应用到机器人中的学科。

人工神经网络从信息处理角度对人脑神经元网络进行抽象，建立某种数学模型，按不同的连接方式组成不同的网络。人工神经网络以其独特的结构和处理信息的方法，在许多实际应用领域中取得了显著的成效，它的主要应用领域有：自动控制、组合优化问题处理、模式识别、图像处理、传感器信号处理、医疗、经济、化工、焊接、地理、数据挖掘、电力系统、交通、军事、矿业、农业和气象等。

12.1.4 人工智能的研究方法

对一个问题的研究方法从根本上说分为两种：其一，将要解决的问题扩展到它所隶属的领域，对该领域进行广泛了解，在研究时应注意研究的广度，然后将对该领域的广泛研究收缩到问题本身；其二，把研究的问题特殊化，提炼出要研究问题的典型子问题或实例，从一个更具体的问题出发，进行深刻的分析，对该问题进行透彻的研究，再将研究扩展到要解决的问题，在研究时应注意研究的深度，然后从更具体的问题入手将研究扩展到问题本身。

人工智能的研究方法主要可以分为以下 3 类。

（1）结构模拟，就是根据人脑的生理结构和工作机理，实现计算机的智能，即人工智能。结构模拟基于人脑的生理模型，采用数值计算的方法，从微观上模拟人脑，实现机器智能。采用结构模拟，运用神经网络和神经计算的方法研究人工智能者，被归为生理学派、连接主义。

（2）功能模拟，就是在当前数字计算机上，对人脑从功能上进行模拟，从而实现人工智能。功能模拟基于人脑的心理模型，将问题或知识表示成某种逻辑网络，采用符号推演的方法实现搜索、推理、学习等功能，从宏观上模拟人脑的思维实现机器智能。采用功能模拟和符号推演的方法研究人工智能者，被归为心理学派、逻辑学派、符号主义。

（3）行为模拟，就是模拟人在控制过程中的智能活动和行为特性。以行为模拟方法研究人工智能者，被归为行为主义、进化主义、控制论学派。

目前，人工智能的研究方法已从“一枝独秀”发展到多学派的“百花争艳”，除了上面提到的 3 种方法，又提出了“群体模拟，仿生计算”“博采广鉴，自然计算”“原理分析，数学建模”等方法。人工智能的目标是理解包括人在内的自然智能系统及行为。这样的系统在现实世界中以分层进化的方式形成了一个谱系，而智能作为系统的整体属性，其表现形式又具有多样性，人工智能的谱系及其多样性的行为使得研究的具体目标和对象注定具有多样性。人工智能与前沿技术的结合，使人工智能的研究日趋多样化。

12.2 物联网

以下是对物联网构想的一个故事。

早上，在你没起床之前，你的床会根据你的睡眠状态，在适当的时候发出信息告知厨房开始烹饪你昨晚选择好的早餐，同时会根据你的身体状况及你购买的营养食谱软件，对早餐进行微调；当你醒来洗漱完成之后、享用早餐之时，家中的机器人会提醒你近日需要完成及处理的各类事情，并对室外天气进行分析，给出一套合理的日程安排；当你出门后，家中的智能控制中心会根据你的安排，将家中能源消耗控制到最合理的范围……

这就是物联网应用下人类的生活，听起来很酷、很遥远。事实上，随着智能手环、智能手机、智能机器人等的兴起，这些或许并不会太遥远。

12.2.1 物联网概述

物联网就是万物相连的互联网。它是指通过各种信息传感设备，实时采集任何需要监控、连接、互动的物体或过程等各种需要的信息，与互联网结合形成的一个巨大网络（见图 12.1）。物联网的目的是实现物与物、物与人，以及所有物品与网络的连接，从而方便识别、管理和控制。物联网的目的有两层意思：其一，物联网的核心和基础仍然是互联网，是在互联网基础上延伸和扩展的网络；其二，其用户端延伸和扩展到了物品与物品之间，进行信息交换和通信。物联网通过智能感知、识别技术与普适计算等广泛应用于网络的融合中，因此被称为继计算机、互联网之后世界信息产业发展的第三次浪潮。

图 12.1 物联网示意

物联网用途广泛，遍及智能交通、环境保护、政府工作、公共安全、平安家居、智能消防、工业监测、环境监测、路灯照明管控、景观照明管控、楼宇照明管控、老人护理、个人健康、花卉栽培、水系监测、食品溯源和情报搜集等方面。

12.2.2 物联网的发展趋势

物联网将是下一个推动世界高速发展的“重要生产力”。物联网一方面可以提高经济效益，大大节约生产成本；另一方面可以为全球经济的复苏提供技术动力。我国也正在高度关注物联网的研究，在新一代信息技术方面开展研究。

此外，物联网普及以后，用于动物、植物、机器、物品的传感器与电子标签及配套接口装置的数量将大大超过手机的数量。物联网的推广将会成为推进经济发展的一个驱动器，为信息产业开拓了一个潜力无穷的发展机会。

物联网的发展已经上升到国家战略的高度，必将有大大小小的科技企业受益于国家政策的扶持，致力于科技产业化的进程中。从行业的角度来看，物联网主要涉及的行业包括电子、软件和通信等，即物联网通过电子标签感知、识别相关信息，通过通信设备和服务传输信息，最后通过计算机处理并存储信息，而这些产业链的任何环节都会带动相应的市场快速发展，这些市场汇合在一起的市场规模相当大。可以说，物联网产业链的细化将带动市场进行进一步细分，造就一个庞大的物联网产业市场。

12.2.3 物联网的关键技术

物联网包括感知层、网络层、应用层。相应地，物联网的技术体系包括感知层技术、网络层技术、应用层技术及公共技术（见图 12.2）。

（1）感知层技术。数据采集与感知主要用于采集物理世界中发生的物理事件和数据，包括各类物理量、标识、音频数据、视频数据。物联网的数据采集涉及传感器、二维码、RFID、多媒体信息采集和实时定位等技术。其中，传感器技术是计算机应用中的关键技术。众所周知，到目前为止，绝大部分计算机处理的都是数字信号。自从有计算机以来就需要使用传感器把模拟信号转换成数字信号以便计算机处理。RFID 技术是融合了无线射频技术和嵌入式技术的综合技术，RFID 在自动识别、物流管理等领域有着广阔的应用前景。

（2）网络层技术。网络层技术用于实现更加广泛的互连功能，能够把感知到的信息无障碍、高可靠、高安全地进行传送，需要传感器网络与移动通信、互联网等技术相融合。经过 10 余年的快速发展，移动通信、互联网等技术已比较成熟，基本能够满足物联网数据传输的需要。

（3）应用层技术。应用层技术主要包含物联网应用子层和物联网应用支撑平台子层。其中，物联网应用子层包括环境监测、智能电力、智能交通、工业监控等行业应用；物联网应用支撑平台子层用于支撑跨行业、跨应用、跨系统之间的信息协同、共享、互通的功能。

（4）公共技术。公共技术不属于物联网技术的某个特定层面，而与物联网技术架构的三层都有关系。它包括标识与解析、安全技术、服务质量（Quality of Service，QoS）管理和网络管理。

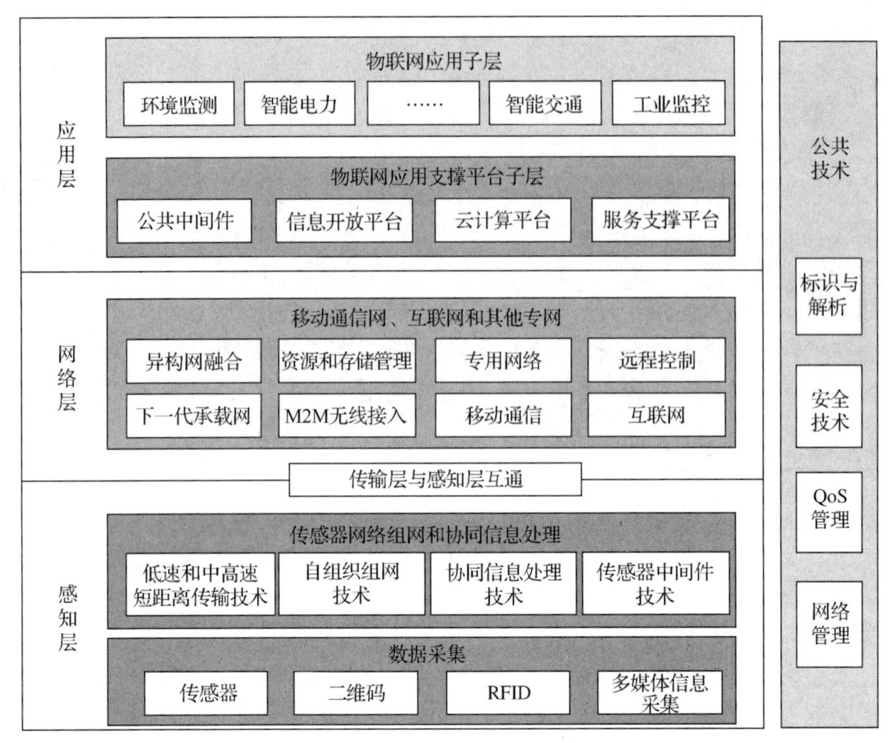

图 12.2　物联网技术体系架构

12.3　大数据

一组名为“互联网上的一天”的数据显示，一天之内，互联网上产生的全部内容可以刻满约 1.68 亿张 DVD；发出的邮件有 2940 亿封之多，上传的照片超过 5 亿张；1min 内微博、推特上新发的数据量超过 10 万条……这些庞大的数字，意味着什么呢？它们意味着，一种全新的致富手段就摆在面前。

正如《纽约时报》中的一篇专栏所述，“大数据”时代已经到来，在商业、经济及其他领域中，决策将日益基于数据和分析得出，而非基于经验和直觉。

12.3.1　大数据的基本概念和特征

大数据用来描述信息爆炸时代产生的海量数据，如企业内部的经营信息、互联网世界中的商品物流信息、互联网世界中人与人的交互信息、位置信息等，这些数据规模巨大到无法通过目前主流的软件工具，在合理的时间内达到采集、管理、处理并整理成为帮助企业做出更合理的经营决策的目的。

“大数据”不仅有“大”这个特征，还有很多其他的特征。总体而言，大数据的特征可以用“4V+1C”来概括。

（1）Variety（多样）。大数据一般包括以事务为代表的结构化数据、以网页为代表的半结构化数据和以视频、语音信息为代表的非结构化数据等，并且它们的处理和分析方式的区别很大。

（2）Volume（数据量大）。通过各种智能设备产生了大量的数据，数据量达到 PB 级别可谓是常态，国内大型互联网企业每天产生的数据量已经接近 TB 级别。

（3）Velocity（快速）。大数据要求快速处理，因为有些数据存在时效性。例如对于电商的数据，假如今天的数据的分析结果要等到明天才能得到，那么将会使电商很难进行类似补货的决策，从而导致这些数据失去了分析的意义。

（4）Vitality（灵活）。在互联网时代，和以往相比，企业的业务需求更新的频率加快了很多，那么相关大数据的分析和处理模型必须快速适应新的业务需求。

（5）Complexity（复杂）。虽然传统的商务智能（Business Intelligence，BI）已经很复杂了，但是前面4个“V”的存在使得针对大数据的处理和分析更艰巨，并且过去那套基于关系数据库的BI开始有点不合时宜了，同时需要根据不同的业务场景，采取不同的处理方式和工具对大数据进行处理和分析。以上新时代下“大数据”的特征决定它肯定会对当今信息时代的数据处理产生很大的影响。

12.3.2　大数据的发展趋势

未来，将是大数据的时代。“得数据者得天下”，在大数据的浪潮下，如果企业仅靠传统的降价促销之类的手段将很难在激烈的竞争中生存。随着企业业务的拓展、数据的积累，各路人员必将使出浑身解数，以求在大数据市场上分得一杯羹。因此，大数据的发展前景是非常广阔的。但总体来看，大数据的发展将会呈现如下趋势。

（1）趋势一：数据的资源化。资源化是指大数据成为企业和社会关注的重要战略资源，并已成为大家争相抢夺的新焦点。因而，企业必须提前制订大数据营销战略计划，抢占市场先机。

（2）趋势二：与云计算的深度结合。大数据离不开云处理，云处理为大数据提供了弹性可拓展的基础设备，云平台是产生大数据的平台之一。大数据技术已开始和云计算深度结合，未来两者关系将更为密切。除此之外，物联网、移动互联网等新兴网络形态，也将共同助力“大数据革命”，让大数据发挥出更大的影响力。

（3）趋势三：科学理论的突破。随着大数据的快速发展，就像计算机和互联网一样，大数据很有可能引发新一轮的技术革命。随之兴起的数据挖掘、机器学习和人工智能等相关技术，可能会改变数据世界中的很多算法和基础理论，实现科学技术上的突破。

（4）趋势四：数据科学和数据联盟的成立。未来，数据科学将成为一门专门的学科，被越来越多的人所认知。各大高校将设立专门的数据科学类专业，一批与之相关的新的就业岗位也将出现。与此同时，基于数据这个基础平台，也将建立起跨领域的数据共享平台。之后，数据共享将扩展到企业层面，并且成为未来产业的核心之一。

另外，大数据作为一种重要的战略资产，已经不同程度地渗透到各个行业领域和部门，其深度应用不仅有助于企业经营活动，还有利于推动国民经济发展。它在推动信息产业创新、应对大数据存储管理挑战、改变经济社会管理面貌等方面也有重大意义。

12.3.3　大数据的处理技术

大数据的处理技术一般包括大数据采集、大数据预处理、大数据存储及管理、大数据分析及挖掘、大数据展现与应用（大数据检索、大数据可视化、大数据安全等）。

（1）大数据采集技术。数据是指通过RFID、传感器、社交网络交互及移动互联网等方式获得的各种类型的结构化、半结构化（或称为弱结构化）及非结构化的海量数据，是大数据知识服务模型的根本。该技术的重点是突破分布式、高速、高可靠数据爬取或采集、高速数据全映像等大数据收集技术；突破高速数据解析、转换与装载等大数据整合技术；设计质量评估模型，开发数据质量评估技术。

大数据采集一般分为智能感知层和基础支撑层。智能感知层主要包括数据传感体系、网络通信体系、传感适配体系、智能识别体系及软硬件资源接入系统，实现对结构化、半结构化、非结构化的海量数据的智能识别、定位、跟踪、接入、传输、信号转换、监控、初步处理和管理等。必须重点攻克针对大数据源的智能识别、感知、适配、传输、接入等技术。基础支撑层提供大数据服务平台所需的虚拟服务器，结构化、半结构化、非结构化数据的数据库及物联网络资源等基础支撑环境。

该技术的重点是攻克分布式虚拟存储技术，大数据获取、存储、组织、分析和决策操作的可视化接口技术，大数据的网络传输与压缩技术，大数据隐私保护技术等。

（2）大数据预处理技术。大数据预处理技术主要完成对已接收数据的抽取和清洗等操作。第一，抽取。因获取的数据可能具有多种结构和类型，数据抽取过程可以帮助人们将这些复杂的数据转换为单一的或者便于处理的构型，以达到快速分析、处理的目的。第二，清洗。大数据所包含的数据并不全是有价值的，一些数据并不是我们所关心的内容，而另一些数据则是完全错误的干扰项，因此要对数据通过过滤“去噪”提取出有效数据。

（3）大数据存储及管理技术。大数据存储及管理要用存储器把采集到的数据存储起来，建立相应的数据库，并进行管理和调用。该技术重点解决复杂结构化、半结构化和非结构化大数据管理与处理技术；主要解决大数据的存储、表示及处理等几个关键问题。上述问题涉及能效优化存储、计算融入存储、大数据去冗余及高效低成本存储等技术。

（4）大数据分析及挖掘技术。大数据分析技术主要改进已有数据挖掘和机器学习技术，开发数据网络挖掘、特异群组挖掘、图挖掘等新型数据挖掘技术，突破基于对象的数据连接、相似性连接等大数据融合技术，突破用户兴趣分析、网络行为分析、情感语义分析等面向领域的大数据挖掘技术。

数据挖掘就是从大量的、不完全的、有噪声的、模糊的、随机的实际应用数据中，提取隐含在其中的、人们事先不知道的但又是潜在有用信息和知识的过程。数据挖掘涉及的技术方法很多，对这些方法有多种分类法。根据挖掘任务可将这些方法分为分类或预测模型发现、数据总结、聚类、关联规则发现、序列模式发现、依赖关系或依赖模型发现、异常和趋势发现等。根据挖掘对象可将这些方法分为关系数据库、面向对象数据库、空间数据库、时态数据库、文本数据源、多媒体数据库、异质数据库、遗产数据库以及环球网 Web。根据挖掘方法可将这些方法粗分为机器学习方法、统计方法、神经网络方法和数据库方法。在机器学习中，数据挖掘方法可细分为归纳学习方法（决策树、规则归纳等）、基于范例学习方法、遗传算法等。在统计方法中，数据挖掘方法可细分为回归分析（多元回归、自回归等）、判别分析（贝叶斯判别、费歇尔判别、非参数判别等）、聚类分析（系统聚类、动态聚类等）、探索性分析（主成分分析法、相关分析法等）等。神经网络方法中，数据挖掘方法可细分为前向神经网络[误差逆传播（Back Propagation，BP）算法等]、自组织神经网络（自组织特征映射、竞争学习）等。数据库方法主要是多维数据分析或联机分析处理（Online Analytical Processing，OLAP）方法，另外还有面向属性的归纳方法。

从数据挖掘任务和数据挖掘方法的角度，着重突破的内容如下。第一，可视化分析。数据可视化无论对于普通用户或数据分析专家而言，都是最基本的功能。数据可视化可以让数据自己“说话”，让用户直观地看到结果。第二，数据挖掘算法。可视化是将机器语言翻译给人看，而数据挖掘就是机器的“母语”。分割、集群、孤立点分析还有各种各样的算法让我们能够精练数据、挖掘数据的价值。这些算法一定要能够应对海量数据，同时具有很快的处理速度。第三，预测性分析。预测性分析可以让分析师根据图像化分析和数据挖掘的结果做出一些前瞻性判断。第四，语义引擎。语义引擎需要设计到有足够的人工智能以足以从数据中主动地提取信息。语言处理技术包括机器翻译、情感分析、舆情分析、智能输入、问答系统等。第五，数据质量和数据管理。数据质量和数据管理是管理的最佳实践，通过标准化流程和机器对数据进行处理可以确保获得一个预设质量的分析结果。

（5）大数据展现与应用技术。大数据技术能够将隐藏于海量数据中的信息和知识挖掘出来，为人类的社会经济活动提供依据，从而提高各个领域的运行效率，大大提高整个社会经济的集约化程度。在我国，大数据将重点应用于以下三大领域：商务智能、政府决策、公共服务。例如商务智能技术、政府决策技术、电信数据信息处理与挖掘技术、电网数据信息处理与挖掘技术、气象信息分析技术、环境监测技术、警务云应用系统（道路监控、视频监控、网络监控、智能交通、反电信诈骗、指挥调度等公安信息系统）、大规模基因序列分析比对技术、Web 信息挖掘技术、多媒体数据并行化处理技术、影视制作渲染技术，以及其他各种行业的云计算和海量数据处理应用技术等。

12.4　云计算与云平台

随着计算机技术、网络技术、虚拟技术、并行计算、分布式计算、网格计算发展和应用的广泛与深入，业界需要一种能够更充分利用网络上各种资源的计算模式。这些资源没有地域、种类、架构的限制，只要能给应用带来效益的资源就都可以利用，其开放性和资源利用充分性是以前计算模式所没有的。“云”就应运而生了。云是网络、互联网的一种比喻说法，之所以称之为“云”，是因为计算设施可以不在本地而在网络中，用户不需要关心运行计算所提供资源的具体位置，用户只需关心自己提交的应用需求，具体实现由云端中的分析、处理、执行机构进行协同合作，而后把执行的结果反馈给用户（见图 12.3）。

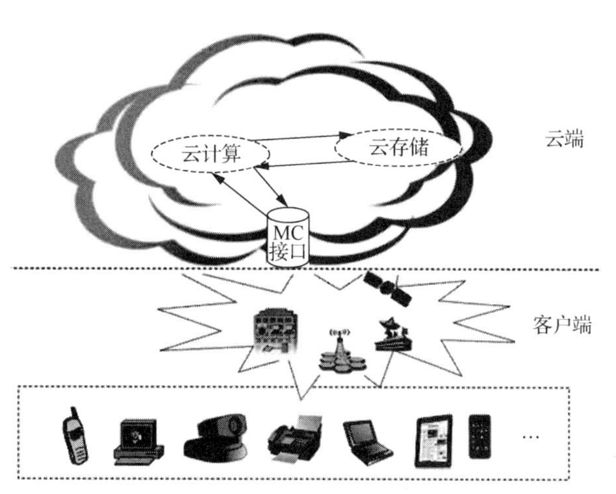

图 12.3　云端和客户端示意

12.4.1　云计算

1. 云计算概念

云计算是继 20 世纪 80 年代大型计算机到客户端—服务器的大转变之后的又一巨变。作为一种把超级计算机的能力传播到整个互联网的计算方式，云计算似乎已经成为研究人员苦苦追寻的“能够解决最复杂计算任务的精确方法”的最佳答案。

云计算是分布式计算、并行计算、效用计算、网络存储、虚拟化、负载均衡等传统计算机和网络技术发展融合的产物。对云计算的定义有多种。对于到底什么是云计算，至少可以找到上百种解释。现阶段被广泛接受的是美国国家标准与技术研究院的定义：云计算是基于互联网的相关服务的增加、使用和交付模式，通常涉及通过互联网来提供动态易扩展且经常是虚拟化的资源。

“云计算”带来的就是这样一种变革——由专业网络公司来搭建计算机存储、运算中心，用户通过一根网线借助浏览器就可以很方便地访问，把“云”作为资料存储以及应用服务的中心。

2. 云计算的特点

使用云计算好比是从古老的单台发电机模式转向了电厂集中供电的模式。它意味着计算能力可以作为一种商品进行流通，就像煤气、水、电一样，取用方便、费用低廉。云计算与煤气、水、电最大的不同在于，它是通过互联网进行传输的。云计算的特点如下。

（1）超大规模。“云”具有相当大的规模，谷歌云计算已经拥有上百万台服务器，亚马逊、IBM、微软、雅虎等的“云”均拥有几十万台服务器。企业私有云一般拥有成百上千台服务器。“云”能赋予用户前所未有的计算能力。

（2）虚拟化。云计算支持用户在任意位置、使用各种终端获取应用服务。用户所请求的资源来自“云”，而不是固定的、有形的实体。应用在“云”中某处运行，但实际上用户无须了解，也不用担心应用运行的具体位置。用户只需要使用一台笔记本电脑或一部手机，就可以通过网络服务来实现需要的一切，甚至完成超级计算这样的任务。

（3）高可靠性。“云”使用了数据多副本容错、计算节点同构可互换等措施来保障服务的高可靠性，使用云计算比使用本地计算机可靠。

（4）通用性。云计算不针对特定的应用，在“云”的支撑下可以构造出千变万化的应用，而且同一个“云”可以同时支撑不同的应用运行。

（5）高可扩展性。“云”的规模可以动态伸缩，满足应用和用户规模增长的需要。

（6）按需服务。“云”是一个庞大的资源池，用户可以按需购买；云可以像水、电、煤气那样计费。

（7）费用低廉。由于“云”具有特殊容错措施，因此可以采用费用低廉的节点来构成云。“云”的自动化集中式管理使大量企业无须负担日益高昂的数据中心管理成本，“云”的通用性使资源的利用率较之传统系统大幅提升，因此用户可以充分享受“云”的低成本优势，经常只需花费几百美元、用几天时间就能完成以前需要数万美元、数月时间才能完成的任务。云计算可以在很大程度上改变人们未来的生活，但同时要重视环境问题，这样才能真正为人类进步做出贡献，而不是实现简单的技术提升。

（8）潜在的危险性。云计算除了提供计算服务外，还提供存储服务。但是云计算服务当前垄断在私人机构（企业）手中，而他们仅能够提供商业应用。政府机构、商业机构（特别像银行这样持有敏感数据的商业机构）对于云计算服务的选择应保持足够的警惕性。一旦商业用户大规模使用私人机构提供的云计算服务，无论其技术优势有多强，都不可避免地让这些私人机构以“数据（信息）”的重要性挟制整个社会。对于信息社会而言，“信息”是至关重要的。另外，云计算中的数据对于数据所有者以外的其他用户是保密的，但是对于提供云计算的商业机构而言毫无秘密可言。所有这些潜在的危险是商业机构和政府机构选择云计算服务，特别是国外机构提供的云计算服务时，不得不考虑的一个重要前提。

3. 云计算的发展阶段

云计算主要经历了 4 个阶段才发展到现在这样比较成熟的水平，这 4 个阶段依次是电厂模式、效用计算、网格计算和云计算。

（1）电厂模式阶段。电厂模式好比是利用电厂的规模效应来降低电的价格，并让用户使用起来更方便，且无须维护和购买任何发电设备。

（2）效用计算阶段。在 1960 年左右，计算设备的价格是非常高昂的，远非普通企业、学校和机构所能承受，所以很多人产生了共享计算资源的想法。1961 年，麦卡锡在一次会议上提出了“效用计算”这个概念，其核心借鉴了电厂模式，具体目标是整合分散在各地的服务器、存储系统以及应用程序来共享给多个用户，让用户能够像把灯泡插入灯座一样来使用计算机资源，并且根据其所使用的量来付费。但因为当时整个 IT 产业还处于发展初期，很多强大的技术（如互联网等）还未诞生，所以虽然这个想法一直为人称道，但是总体而言“叫好不叫座”。

（3）网格计算阶段。网格计算研究如何把一个需要使用巨大的计算能力才能解决的问题分成许多小的部分，然后把这些部分分配给许多低性能的计算机来处理，最后把这些计算结果综合起来攻克大问题。可惜的是，由于网格计算在商业模式、技术和安全性方面的不足，其并没有在工程界和商业界取得预期的成功。

（4）云计算阶段。云计算的核心与效用计算和网格计算的非常类似，也是希望使用 IT 能像使用电那样方便，并且成本低廉。但与效用计算和网格计算不同的是，云计算在需求方面已经有了一定的规模，同时在技术方面也已经基本成熟。

4. 云计算前景

21 世纪初，云计算作为一个新的技术得到了快速的发展。云计算改变了人们的工作方式，也改变了传统软件工程企业的运作模式。以下是云计算现阶段发展最受关注的几大方面。

（1）使用云计算扩展投资价值。云计算简化了业务流程和访问服务，很多企业通过云计算来优化它们的投资。在相同的条件下，企业通过云计算进行创新，从而获得了更多的商业机会。

（2）混合云计算的出现。企业使用云服务（包括私人和公共）来补充内部基础设施和应用程序的不足。有专家预测，这些服务将优化业务流程的性能。采用云服务是一个新开发的业务功能。

（3）移动云服务。移动云服务是通过互联网将服务从云端推送到终端的一种服务。随着近几年移动互联网用户的大幅度增长，移动云服务的市场潜力非常大。

（4）云安全。用户期待看到更安全的应用程序和技术来保证他们保存在云端的数据的安全，因此，未来可能会出现越来越多的加密技术、安全协议。

12.4.2　云平台

1. 云平台概念

云平台，是云计算平台的简称。顾名思义，这种平台允许开发者或将写好的程序放在“云”里运行，或使用“云”里提供的服务，或二者皆是。简单来说，云平台就是一个云端平台，是服务器端的数据存储和处理中心，用户可以通过客户端进行操作、发出指令，数据的处理会在服务器中进行，处理完成后将结果反馈给用户，而云端平台数据可以被共享，用户可以在任意地点对其进行操作，从而节省大量资源，并且云端可以同时对多个对象组成的网络进行控制和协调，云端的各种数据也可以同时被多个用户使用。

云平台可以划分为 3 类：以数据存储为主的存储型云平台、以数据处理为主的计算型云平台以及计算和数据存储处理兼顾的综合云平台。

2. 云平台组成

云平台和其他应用程序平台一样，由 3 部分组成：基础、一组基础结构服务、一批应用服务。

（1）基础。在它们运行的机器上，几乎每个应用程序都需要使用一些平台软件。这个通常包括多种多样的支持功能，如标准库和存储，一个基础的操作系统。

（2）一组基础结构服务。在现代分布式环境中，应用程序经常使用其他计算机提供的服务，如提供远程存储、集成服务、识别服务等。

（3）一批应用服务。正如越来越多的应用程序发展成面向服务的，它们提供的功能逐渐成为新应用程序的可访问对象，即使这些应用程序最初是提供给最终用户的，也会使它们成为应用程序平台的一部分。

3. 典型云平台介绍

云计算涉及的技术范围非常广泛，目前各大 IT 企业提供的云计算服务主要是根据自身的特点和优势实现的。下面以谷歌、IBM、亚马逊及微软等的云平台为例进行说明。

（1）谷歌的云平台。谷歌的硬件条件优势及大型的数据中心、搜索引擎的支柱应用，促使谷歌云计算迅速发展。谷歌云计算基础平台主要由 MapReduce、谷歌文件系统（Google File System，GFS）、Bigtable 组成。谷歌还构建其他云计算组件，包括领域描述语言及分布式锁服务机制等。Sawzall 是一种建立在 MapReduce 基础上的领域语言，专门用于大规模的信息处理。Chubby 是一个高可用、分布式数据锁服务，当有机器失效时，Chubby 使用 Paxos 算法来保证备份。

（2）IBM 的“蓝云”平台。“蓝云”是由 IBM 云计算中心开发的企业级云计算解决方案。它将 Internet 上使用的技术扩展到企业平台上，使得数据中心使用类似于互联网的计算环境。“蓝云”大量使用了 IBM 先进的大规模计算技术，结合了 IBM 自身的软硬件系统及服务技术，支持开放标准与开放源代码软件。“蓝云”基于 IBM Almaden 研究中心研究的云基础架构，采用了 Xen 和 PowerVM 虚拟化软件、Linux 操作系统映像及 Hadoop 软件。“蓝云”的一个重要特点是虚拟化技术的使用。虚拟化的方式在“蓝云”中有两个级别，一个是在硬件级别上实现虚拟化，另一个是通过开源软件实现虚拟化。解决方案可以对企业现有的基础架构进行整合，通过虚拟化技术和自动化技术构建企业自己拥有的云计算中心，实现企业硬件资源和软件资源的统一管理、统一分配、统一部署、统一监控和统一备份，打破应用对资源的独占，从而帮助企业引入云计算理念。

（3）亚马逊的弹性云平台。亚马逊的弹性云平台由名为亚马逊网络服务的现有平台发展而来。弹性计算云用户使用客户端通过 SOAP over HTTPS 与亚马逊弹性计算云内部的实例进行交互。这样，弹性计算云平台为用户或者开发人员提供了一个虚拟的集群环境，在让用户具有充分灵活性的同时，减轻了云平台拥有者（亚马逊公司）的管理负担。弹性计算云中的每一个实例代表一个运行中的虚拟机。用户对自己的虚拟机具有完整的访问权限，包括针对此虚拟机操作系统的管理员权限虚拟机的收费也是根据虚拟的计算能力进行费用计算的。实际上，用户租用的是虚拟的计算能力。

（4）微软的云平台。2010 年，微软推出了 Azure 云平台。Azure 可以提供应用程序开发、部署和更新等在线服务。Azure 可以使开发人员无须使用虚拟机和其他基础架构资源而开发应用，也就是说，Azure 可以提供虚拟机进行应用测试，但只限运行于微软 Windows 服务器。

12.5 小结

跨入 21 世纪，知识经济、信息时代的脚步已清晰可见。在这样的时代里，新兴的计算机技术的发展更是一日千里。本章对目前比较热门的人工智能、物联网、大数据、云计算与云平台等新技术进行了简单的介绍。其他的诸如移动互联网、虚拟现实等方面的知识，读者可以查阅相关图书进行进一步了解。

习题 12

一、填空题

1. 人工智能的研究方法包括________、________和________ 3 类。

2. 物联网包括物联网感知层、物联网网络层、物联网应用层。相应地，物联网的技术体系包括________、________、________及公共技术。

3. 大数据的 4V 特征分别是________、________、________、________。

二、选择题

1. 人工智能是让计算机能够（　　），从而使计算机能实现更高层次的应用。

A. 具有智能　　B. 和人一样工作

C. 完全代替人的大脑　　D. 模拟、延伸和扩展人的智能

2. 下列选项中，不是人工智能的研究领域的是（　　）。

A. 模式识别　　B. 自然语言处理　　C. 专家系统　　D. 编译原理

3. 从研究现状上看，下列选项中不属于云计算特点的是（　　）。

A. 超大规模　　B. 高可靠性　　C. 私有化　　D. 虚拟化

三、简答题

1. 人工智能的概念是什么？

2. 物联网的定义是什么？包含哪些关键技术？

3. 大数据的概念是什么？大数据的基本特征有哪些？

4. 云计算的概念是什么？